Python 网络爬虫从入门到精通

明日科技　编著

清華大学出版社
北　京

内容简介

本书从初学者角度出发，通过通俗易懂的语言、丰富多彩的实例，详细介绍了使用 Python 实现网络爬虫开发应该掌握的技术。全书共分 19 章，内容包括初识网络爬虫、了解 Web 前端、请求模块 urllib、请求模块 urllib3、请求模块 requests、高级网络请求模块、正则表达式、XPath 解析、解析数据的 BeautifulSoup、爬取动态渲染的信息、多线程与多进程爬虫、数据处理、数据存储、数据可视化、App 抓包工具、识别验证码、Scrapy 爬虫框架、Scrapy_Redis 分布式爬虫、数据侦探。书中所有知识都结合具体实例进行介绍，涉及的程序代码给出了详细的注释，读者可轻松领会网络爬虫程序开发的精髓，快速提高开发技能。

本书列举了大量的小型实例、综合实例和部分项目案例；所附资源包内容有实例源程序及项目源码等；本书的服务网站提供了模块库、案例库、题库、素材库、答疑服务。

本书内容详尽，实例丰富，非常适合作为编程初学者的学习用书，也可作为 Python 开发人员的案头参考资料。

图书在版编目（CIP）数据

Python 网络爬虫从入门到精通 / 明日科技编著. —北京：清华大学出版社，2021.6（2024.11重印）
ISBN 978-7-302-56700-4

Ⅰ. ①P… Ⅱ. ①明… Ⅲ. ①软件工具—程序设计 Ⅳ. ①TP311.561

中国版本图书馆 CIP 数据核字（2020）第 202952 号

责任编辑： 贾小红
封面设计： 飞鸟互娱
版式设计： 文森时代
责任校对： 马军令
责任印制： 宋　林

出版发行： 清华大学出版社
网　　址： https://www.tup.com.cn，https://www.wqxuetang.com
地　　址： 北京清华大学学研大厦 A 座　　**邮　　编：** 100084
社 总 机： 010-83470000　　**邮　　购：** 010-62786544
投稿与读者服务： 010-62776969，c-service@tup.tsinghua.edu.cn
质量反馈： 010-62772015，zhiliang@tup.tsinghua.edu.cn
印 装 者： 三河市龙大印装有限公司
经　　销： 全国新华书店
开　　本： 203mm×260mm　　**印　　张：** 26　　**字　　数：** 712 千字
版　　次： 2021 年 6 月第 1 版　　**印　　次：** 2024 年 11 月第 8 次印刷
定　　价： 99.80 元

产品编号：089827-01

前　言

Preface

在大数据、人工智能应用越来越普遍的今天，Python 可以说是当下世界上最热门、应用最广泛的编程语言之一，在人工智能、爬虫、数据分析、游戏、自动化运维等各个方面，无处不见其身影。随着大数据时代的来临，数据的收集与统计占据了重要地位，而数据的收集工作在很大程度上需要通过网络爬虫来爬取，所以网络爬虫技术变得十分重要。

本书内容

本书提供了 Python 网络爬虫开发从入门到编程高手所必需的各类知识，共分 4 篇，大体结构如下图所示。

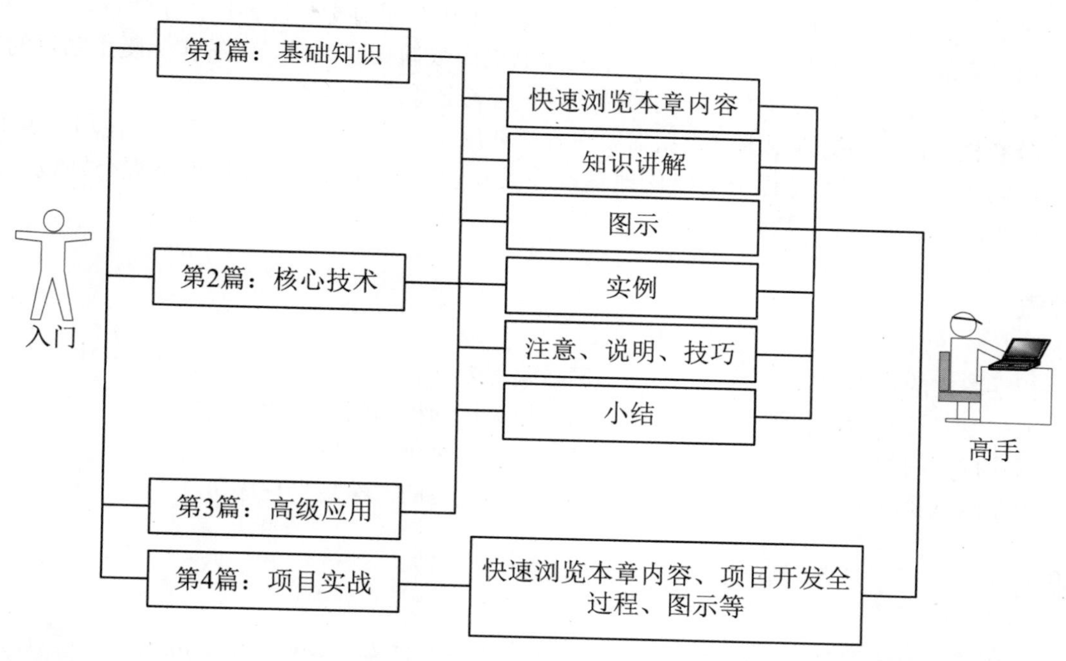

第 1 篇：基础知识。本篇内容主要介绍网络爬虫入门知识，包括初识网络爬虫、搭建网络爬虫的开发环境、Web 前端知识、Python 自带的网络请求模块 urllib、第三方请求模块 urllib3 和 requests，以及高级网络请求模块。结合大量的图示、举例等使读者快速掌握网络爬虫开发的必备知识，为以后编写网络爬虫奠定坚实的基础。

第 2 篇：核心技术。本篇主要介绍如何解析网络数据（包括正则表达式解析、Xpath 解析和 BeautifulSoup 解析），以及如何爬取动态渲染的信息、多线程与多进程爬虫、数据处理与数据存储等相关知识。学习完这一部分，读者可熟练掌握如何通过网络爬虫获取网络数据并存储数据。

第 3 篇：高级应用。本篇主要介绍数据可视化、App 抓包工具、识别验证码、Scrapy 爬虫框架，以及 Scrapy_Redis 分布式爬虫等知识。

第 4 篇：项目实战。本篇通过一个完整的数据侦探爬虫项目，运用软件工程与网络爬虫的设计思想，让读者学习如何对电商数据进行网络爬虫软件项目的实践开发。书中按照“需求分析→系统设计→公共模块设计→数据库设计→实现项目”的流程进行介绍，带领读者一步一步亲身体验开发项目的全过程。

本书特点

☑ **由浅入深，循序渐进**。本书以初中级程序员为对象，采用图文结合、循序渐进的编排方式，从网络爬虫开发环境的搭建到网络爬虫的核心技术应用，最后通过一个完整的实战项目对网络爬虫的开发进行了详细讲解，帮助读者快速掌握网络爬虫开发技术，全面提升开发经验。

☑ **实例典型，轻松易学**。通过例子学习是最好的学习方式，本书通过“一个知识点、一个例子、一个结果、一段评析”的模式，透彻详尽地讲述了实际开发中所需的各类知识。另外，为了便于读者阅读程序代码，快速学习编程技能，书中几乎每行代码都提供了注释。

☑ **项目实战，经验累积**。本书通过一个完整的电商数据爬取项目，讲解实际爬虫项目的完整开发过程，带领读者亲身体验开发项目的全过程，积累项目经验。

☑ **精彩栏目，贴心提醒**。本书根据需要在各章使用了很多“注意”“说明”“技巧”等小栏目，让读者可以在学习过程中更轻松地理解相关知识点及概念，并轻松地掌握个别技术的应用技巧。

读者对象

☑ 初学编程的自学者
☑ 编程爱好者
☑ 大中专院校的老师和学生
☑ 相关培训机构的老师和学员
☑ 毕业设计的学生
☑ 初、中级程序开发人员
☑ 程序测试及维护人员
☑ 参加实习的“菜鸟”程序员

读者服务

本书附赠的各类学习资源，读者可登录清华大学出版社网站（www.tup.com.cn），在对应图书页面下获取其下载方式，也可扫描本书封底的“文泉云盘”二维码，获取其下载方式。

致读者

本书由明日科技 Python 开发团队组织编写。明日科技是一家专业从事软件开发、教育培训及软件开发教育资源整合的高科技公司，其编写的教材非常注重选取软件开发中的必需、常用内容，同时也

很注重内容的易学、方便性及相关知识的拓展性，深受读者喜爱。其教材多次荣获“全行业优秀畅销品种”“全国高校出版社优秀畅销书”等奖项，多个品种长期位居同类图书销售排行榜的前列。

在编写本书的过程中，我们始终本着科学、严谨的态度，力求精益求精，但疏漏之处在所难免，敬请广大读者批评指正。

感谢您购买本书，希望本书能成为您编程路上的领航者。

“零门槛”编程，一切皆有可能。祝读书快乐！

编　者

2021 年 4 月

目 录

Contents

第1篇 基础知识

第 2 篇　核　心　技　术

第3篇 高级应用

第 4 篇　项 目 实 战

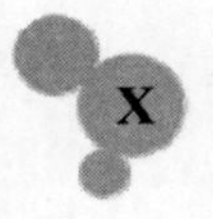

第 1 篇　基础知识

本篇主要介绍网络爬虫入门知识，包括初识网络爬虫、搭建网络爬虫的开发环境、Python 自带的网络请求模块 urllib、第三方请求模块 urllib3 和 requests，以及高级网络请求模块。本篇结合大量的图示、举例等，使读者快速掌握网络爬虫开发的必备知识，为以后编写网络爬虫奠定坚实的基础。

第 1 章

初识网络爬虫

在这个大数据的时代里，网络信息量变得越来越大、越来越多，此时如果通过人工的方式筛选自己所感兴趣的信息是一件很麻烦的事情，爬虫技术便可以自动高效地获取互联网中的指定信息，因此网络爬虫在互联网中的地位变得越来越重要。

本章将介绍什么是网络爬虫？网络爬虫都有哪些分类、网络爬虫的基本原理以及爬虫环境的搭建工作。

1.1　网络爬虫概述

网络爬虫（又被称为网络蜘蛛、网络机器人，在某社区中经常被称为网页追逐者），可以按照指定的规则（网络爬虫的算法）自动浏览或抓取网络中的信息，通过 Python 可以很轻松地编写爬虫程序或者是脚本。

在生活中网络爬虫经常出现，搜索引擎就离不开网络爬虫。例如，百度搜索引擎的爬虫名字叫作百度蜘蛛（Baiduspider）。百度蜘蛛，是百度搜索引擎的一个自动程序。它每天都会在海量的互联网信息中进行爬取，收集并整理互联网上的网页、图片视频等信息。然后当用户在百度搜索引擎中输入对应的关键词时，百度将从收集的网络信息中找出相关的内容，按照一定的顺序将信息展现给用户。百度蜘蛛在工作的过程中，搜索引擎会构建一个调度程序，来调度百度蜘蛛的工作，这些调度程序都是需要使用一定算法来实现的，采用不同的算法，爬虫的工作效率也会有所不同，爬取的结果也会有所差异。所以，在学习爬虫时不仅需要了解爬虫的实现过程，还需要了解一些常见的爬虫算法。在特定的情况下，还需要开发者自己制定相应的算法。

1.2　网络爬虫的分类

网络爬虫按照实现的技术和结构可以分为通用网络爬虫、聚焦网络爬虫、增量式网络爬虫。在实际的网络爬虫中，通常是这几类爬虫的组合体，下面分别介绍。

1. 通用网络爬虫

通用网络爬虫又叫作全网爬虫（Scalable Web Crawler），通用网络爬虫的爬行范围和数量巨大，正是由于其爬取的数据是海量数据，所以对于爬行速度和存储空间要求较高。通用网络爬虫在爬行页面的顺序要求上相对较低，同时由于待刷新的页面太多，通常采用并行工作方式，所以需要较长时间才可以刷新一次页面。所以存在着一定的缺陷，这种网络爬虫主要应用于大型搜索引擎中，有着非常高的应用价值。通用网络爬虫主要由初始 URL 集合、URL 队列、页面爬行模块、页面分析模块、页面数据库、链接过滤模块等构成。

2．聚焦网络爬虫

聚焦网络爬虫（Focused Crawler）也叫主题网络爬虫（Topical Crawler），是指按照预先定义好的主题，有选择的进行相关网页爬取的一种爬虫。它和通用网络爬虫相比，不会将目标资源定位在整个互联网中，而是将爬取的目标网页定位在与主题相关的页面中。极大地节省了硬件和网络资源，保存的页面也由于数量少而更快了，聚焦网络爬虫主要应用在对特定信息的爬取，为某一类特定的人群提供服务。

3．增量式网络爬虫

增量式网络爬虫（Incremental Web Crawler），所谓增量式，对应着增量式更新。增量式更新指的是在更新时只更新改变的地方，而未改变的地方则不更新。所以增量式网络爬虫，在爬取网页时，只会在需要的时候爬行新产生或发生更新的页面 ，对于没有发生变化的页面，则不会爬取。这样可有效减少数据下载量，减小时间和空间上的耗费，但是在爬行算法上增加了一些难度。

1.3　网络爬虫的基本原理

一个通用网络爬虫的基本工作流程，如图 1.1 所示。

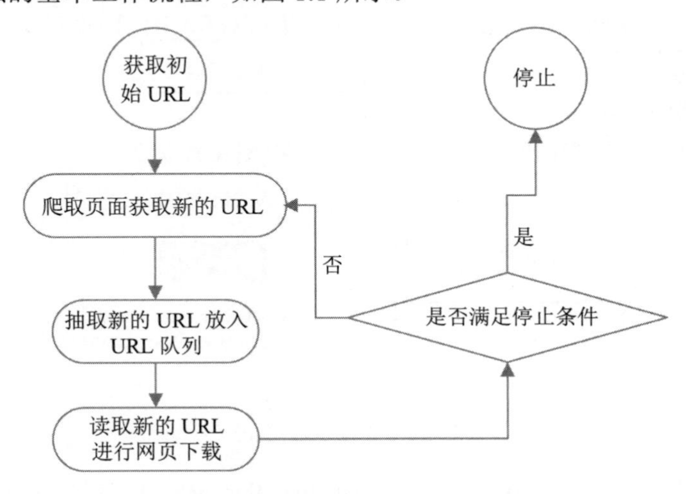

图 1.1　通用网络爬虫的基本工作流程

网络爬虫的基本工作流程如下。

（1）获取初始的 URL，该 URL 地址是用户自己制定的初始爬取的网页。

（2）爬取对应 URL 地址的网页时，获取新的 URL 地址。

（3）将新的 URL 地址放入 URL 队列。

（4）从 URL 队列中读取新的 URL，然后依据新的 URL 爬取网页，同时从新的网页中获取新的 URL 地址，重复上述的爬取过程。

（5）设置停止条件，如果没有设置停止条件，那么爬虫会一直爬取下去，直到无法获取新的 URL 地址为止。设置了停止条件后，爬虫将会在满足停止条件时停止爬取。

1.4 搭建开发环境

1.4.1 安装 Anaconda

Anaconda 是一个完全免费的大规模数据处理、预测分析和科学计算工具。该工具中不仅集成了 Python 解析器，还有很多用于数据处理和科学计算的第三方模块，其中也包含许多网络爬虫所需要使用的模块，如 requests 模块、Beautiful Soup 模块、lxml 模块等。

在 Windows 系统下的浏览器中打开 Anaconda 的官方地址（https://www.anaconda.com/distribution/）下载对应的安装文件，如图 1.2 所示。

图 1.2 下载 Anaconda

这里笔者所选择的是 Windows（64-Bit Graphical Installer 为当时的最新版本），下载完成后直接双击运行下载的文件，在 Welcome to Anaconda3 （自己下载的版本）窗口中直接单击 Next 按钮，如图 1.3 所示。

在 License Agreement 窗口中直接单击 I Agree 按钮，如图 1.4 所示。

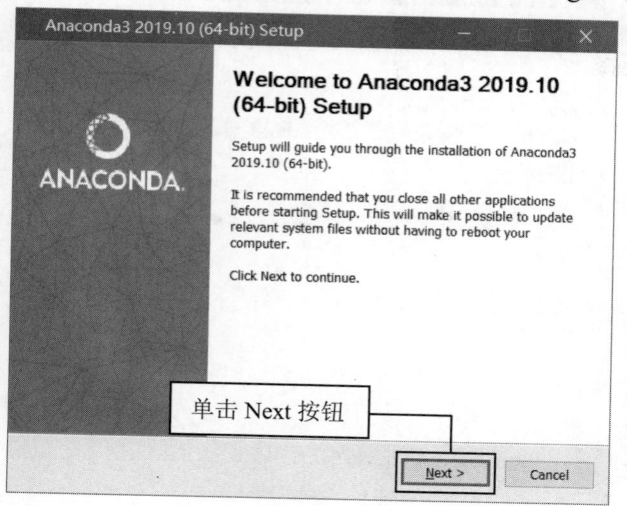

图 1.3　Welcome to Anaconda3 窗口

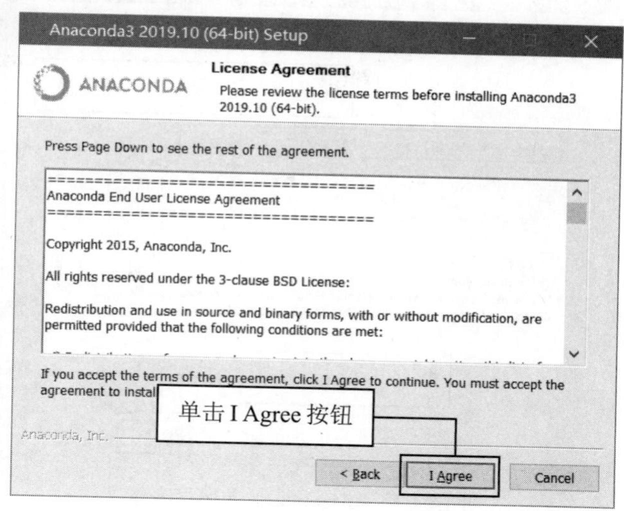

图 1.4　License Agreement 窗口

在 Select Installation Type 窗口内选中 All Users(requires admin privileges)单选按钮，然后单击 Next 按钮，如图 1.5 所示。

在 Choose Install Location 窗口中选择自己的安装路径（建议不要使用中文路径），这里笔者选择一个自定义的安装路径，然后单击 Next 按钮，如图 1.6 所示。

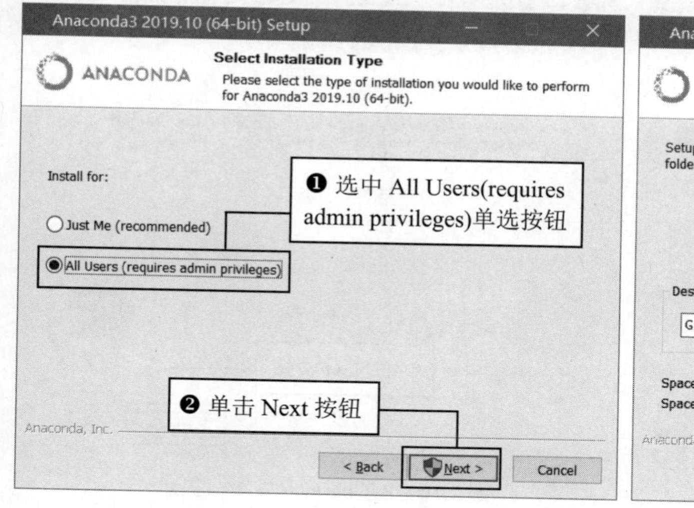

图 1.5　选中 All Users(requires admin privileges)单选按钮

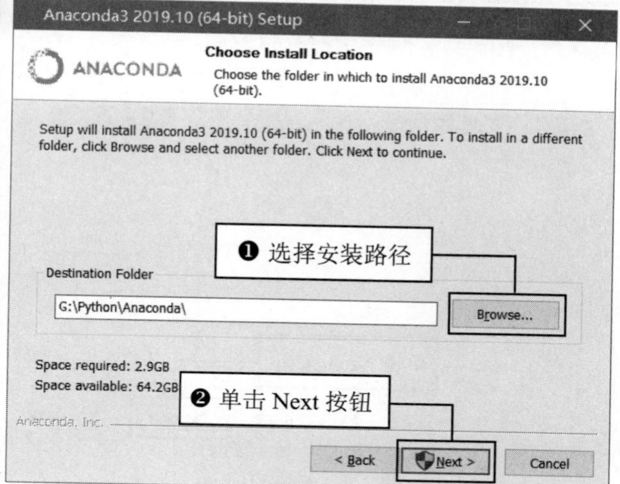

图 1.6　选择安装路径

在 Advanced Installation Options 窗口中，选中第一个复选框，将 Anaconda 加入环境变量，然后单击 Install 按钮进行安装，如图 1.7 所示。

由于 Anaconda 中包含的模块较多，所以在安装过程中需要等待的时间较长，安装进度如图 1.8 所示。

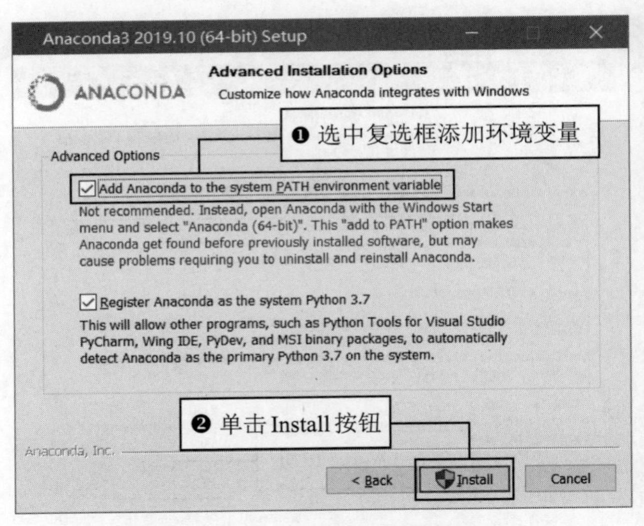

图 1.7　将 Anaconda 加入环境变量

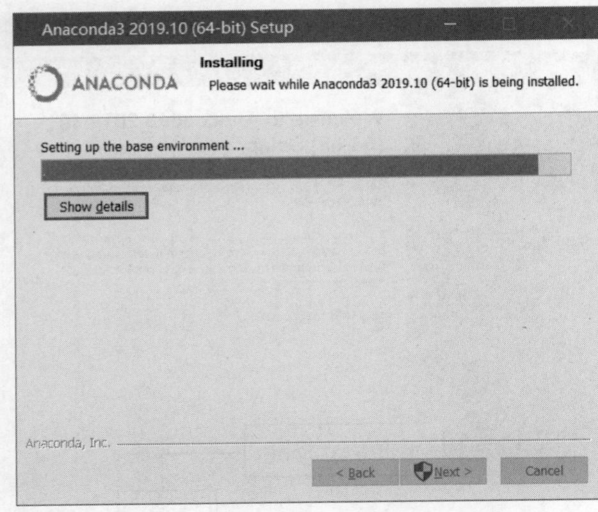

图 1.8　安装进度

安装进度完成以后，将进入 Installation Complete 窗口中，在该窗口中直接单击 Next 按钮，如图 1.9 所示。

由于 Anaconda 与 JetBrains 为合作关系，所以官方推荐使用 PyCharm 开发工具，在该窗口中直接单击 Next 按钮，如图 1.10 所示。

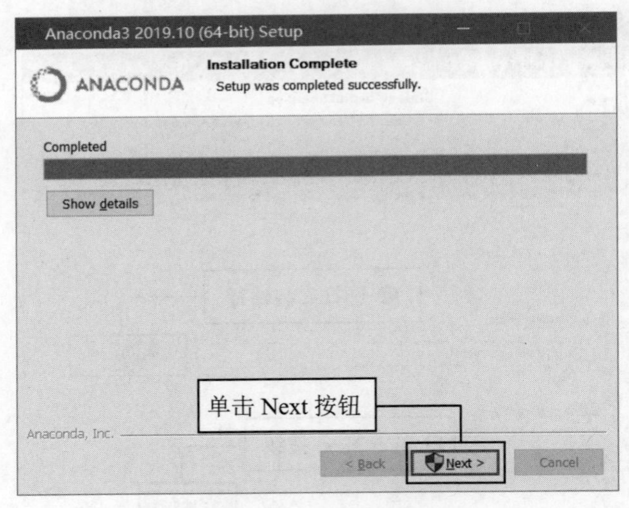

图 1.9　安装完成

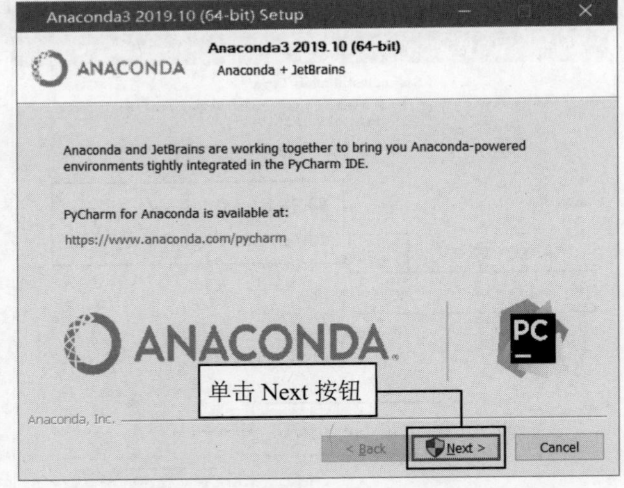

图 1.10　PyCharm 开发工具提示

最后在“Thanks for installing Anaconda3!”窗口中根据个人需求，选中或取消选中（笔者选择取消选中）两个复选框，再单击 Finish 按钮，如图 1.11 所示。

将 Anaconda 安装完成以后并保证已经添加系统环境变量的情况下，打开“命令提示符”窗口，然后输入“conda list”后按 Enter 键，即可查看当前 Anaconda 已经安装好的所有模块，如图 1.12 所示。

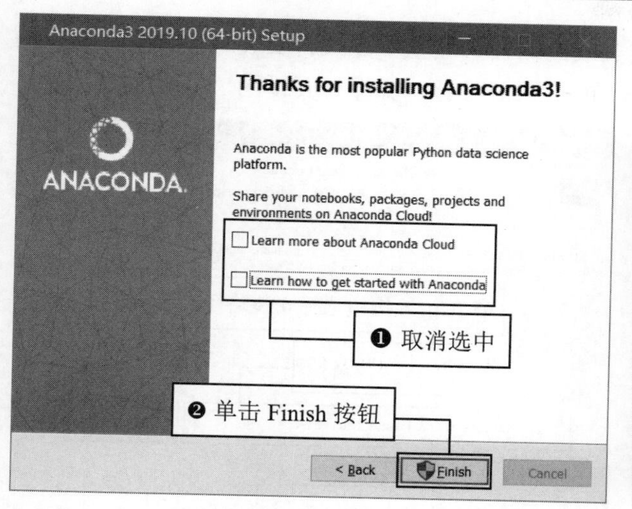

图 1.11　安装结束

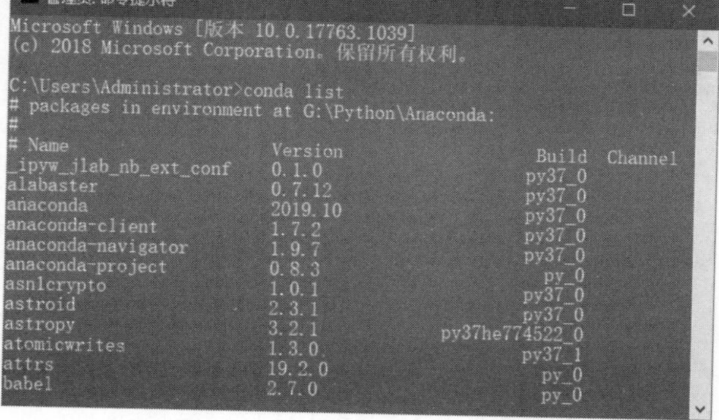

图 1.12　查看当前 Anaconda 已经安装好的所有模块

1.4.2　PyCharm 的下载与安装

PyCharm 是由 JetBrains 公司开发的 Python 集成开发环境，由于其具有智能代码编辑器，可实现自动代码格式化、代码完成、智能提示、重构、单元测试、自动导入和一键代码导航等功能，目前已成为 Python 专业开发人员和初学者使用的有力工具。

打开 PyCharm 官网的下载地址（https://www.jetbrains.com/pycharm/download/），然后选择下载 PyCharm 的操作系统平台为 Windows，单击开始下载社区版 PyCharm（Community），如图 1.13 所示。

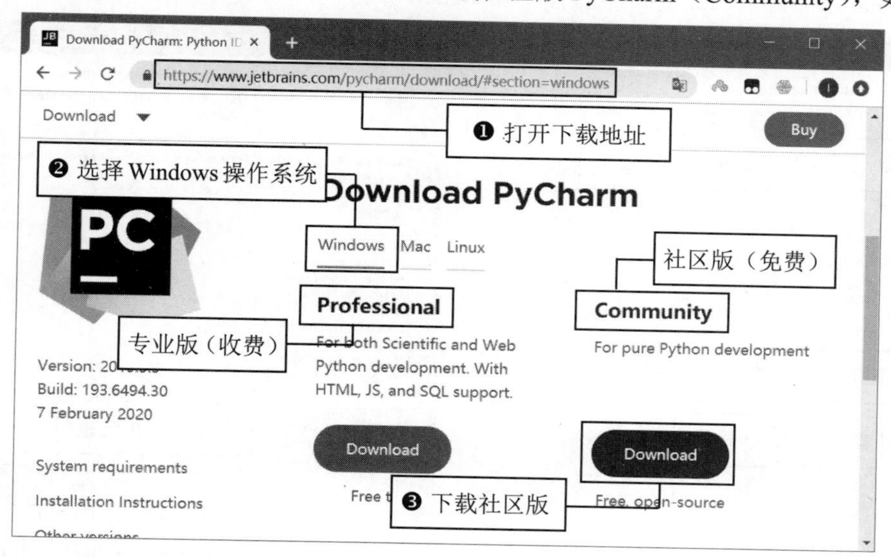

图 1.13　PyCharm 环境与版本下载选择页面

双击 PyCharm 安装包进行安装，在欢迎界面单击 Next 按钮进入软件安装路径设置界面，如图 1.14 所示。

在 Choose Install Location 窗口中选择一个需要安装的路径，这里不建议将安装路径设置在默认的 C 盘中，笔者选择自定义安装路径，确认安装路径后单击 Next 按钮，如图 1.15 所示。

图 1.14　PyCharm 欢迎界面

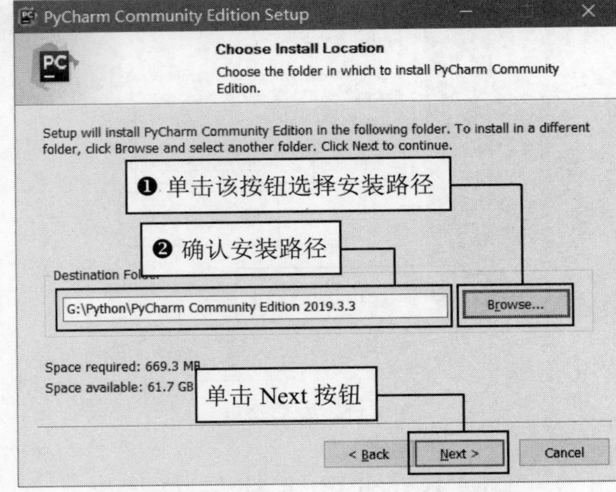

图 1.15　设置 PyCharm 安装路径

在 Installation Options 窗口中首先在桌面快捷方式（Create Desktop Shortcut）中设置 PyCharm 程序的快捷方式，笔者系统为 64 位，所以选中 64-bit launcher 复选框，然后设置关联文件（Create Associations），选中“.py”复选框，这样以后再打开.py（.py 文件是 Python 脚本文件，接下来编写的很多程序都是后缀名为.py 的文件）文件时，会默认调用 PyCharm 打开，如图 1.16 所示。

在 Choose Start Menu Folder 窗口中直接单击 Install 按钮，如图 1.17 所示。

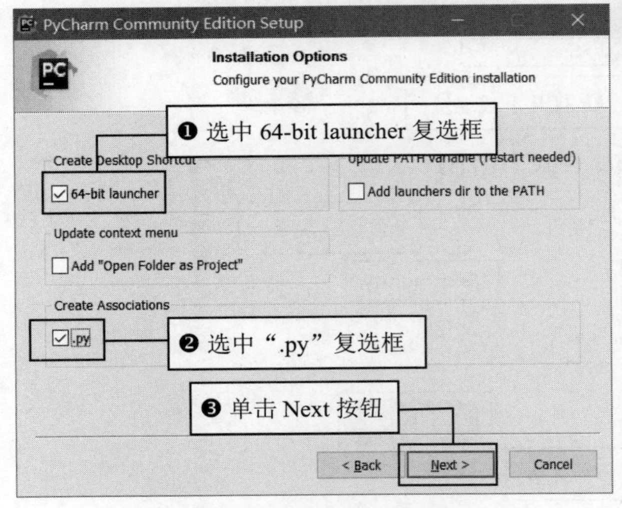

图 1.16　设置快捷方式和关联

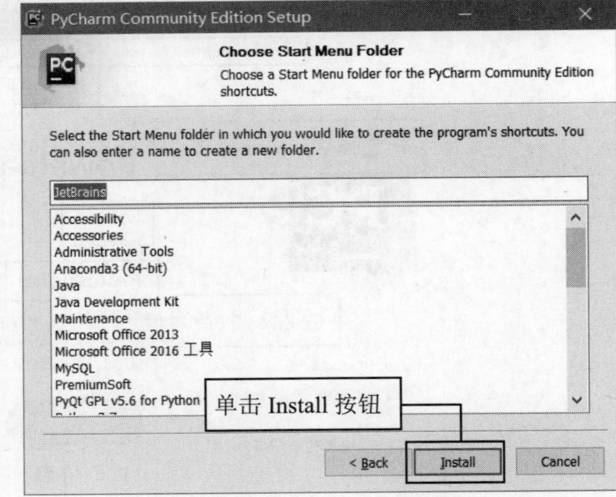

图 1.17　选择开始菜单文件夹窗口

安装进度完成以后，在 Completing PyCharm Community Edition Setup 窗口中，在不直接运行 PyCharm 开发工具的情况下，单击 Finish 按钮即可，如图 1.18 所示。

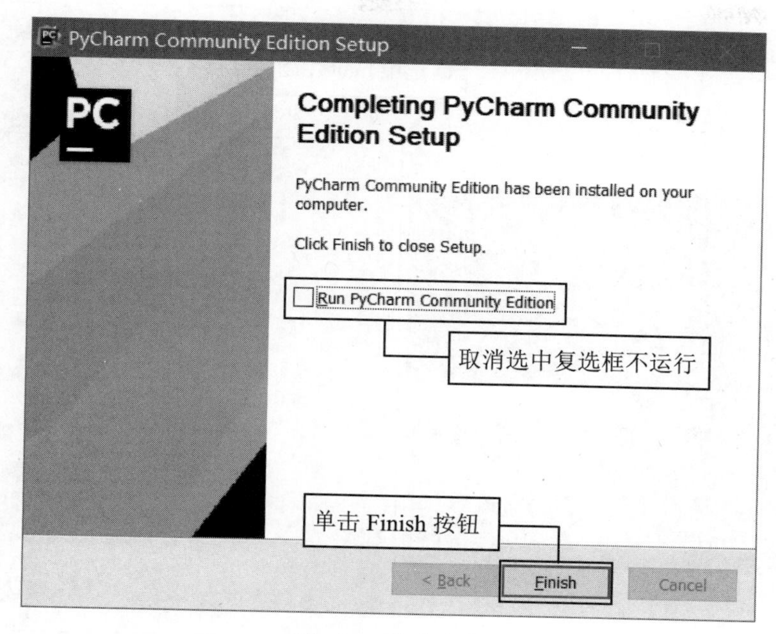

图 1.18　完成安装

1.4.3　配置 PyCharm

双击 PyCharm 桌面快捷方式，启动 PyCharm 程序。选择是否导入开发环境配置文件，这里选择不导入，单击 OK 按钮，进入阅读协议页，如图 1.19 所示。

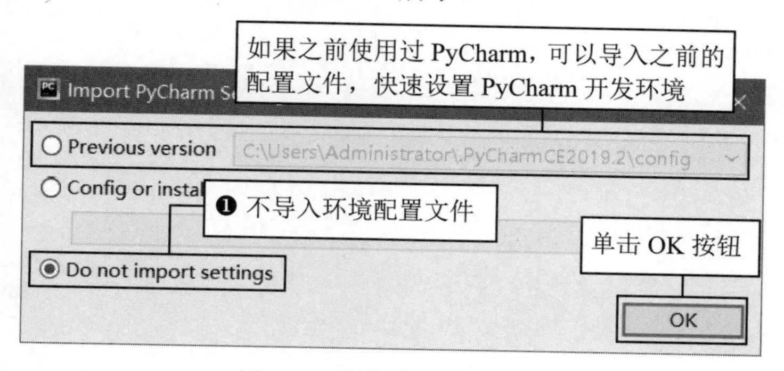

图 1.19　环境配置文件窗口

在 Set UI theme 窗口中可以根据个人需求选择开发工具的主题样式，笔者这里选中 Light，使用白色的主题颜色，然后单击 Next:Featured plugins 按钮，如图 1.20 所示。

在 Download featured plugins 窗口中，直接单击 Start using PyCharm 按钮，如图 1.21 所示，此时程序将进入欢迎界面。

进入 PyCharm 欢迎页，单击 Create New Project，创建一个新工程文件，如图 1.22 所示。

在 New Project 窗口中，首先选择工程文件保存的路径，然后单击 Create 按钮，如图 1.23 所示。

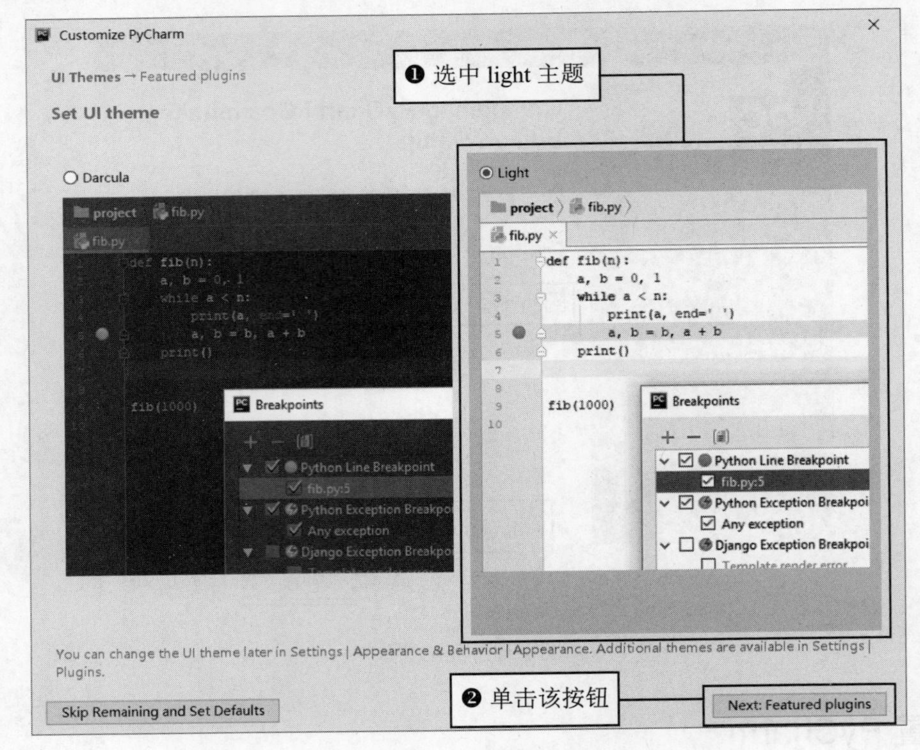

图 1.20　选择主题颜色

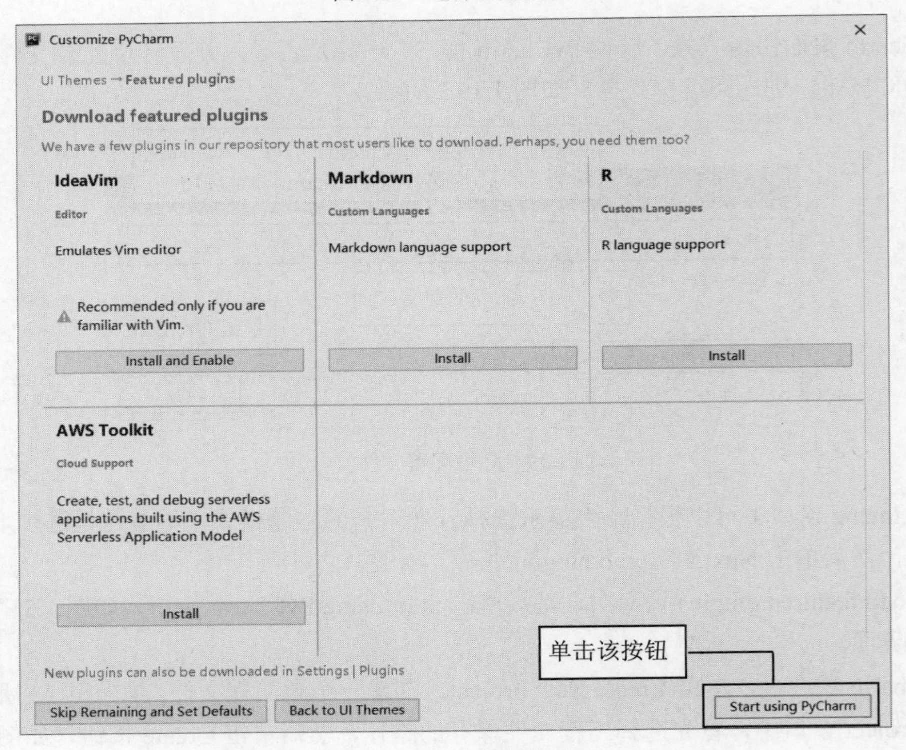

图 1.21　下载特色插件

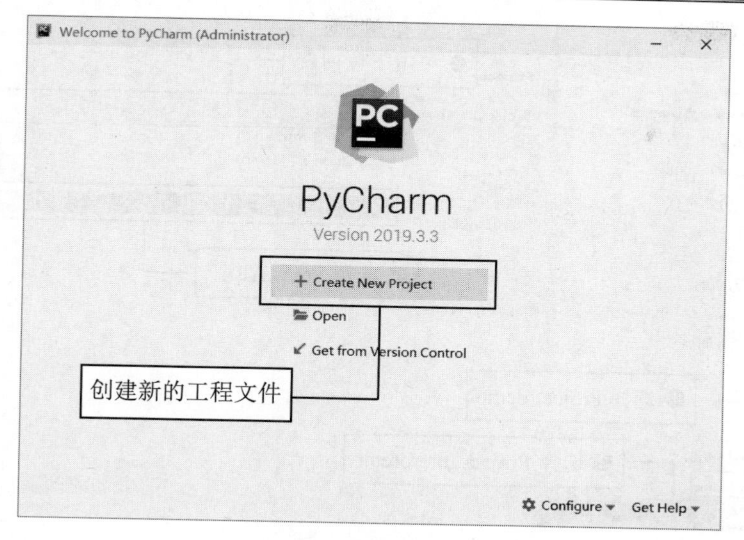

图 1.22　PyCharm 欢迎界面

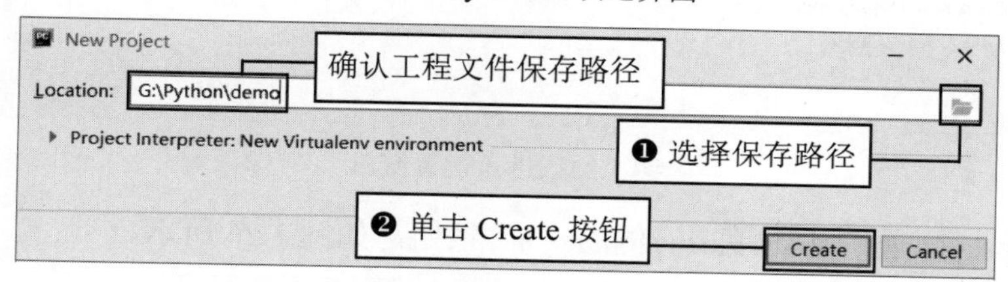

图 1.23　设置 Python 存储路径

工程创建完成以后，关闭 Tip of the Day 窗口，然后依次选择 File→Settings 选项，如图 1.24 所示。

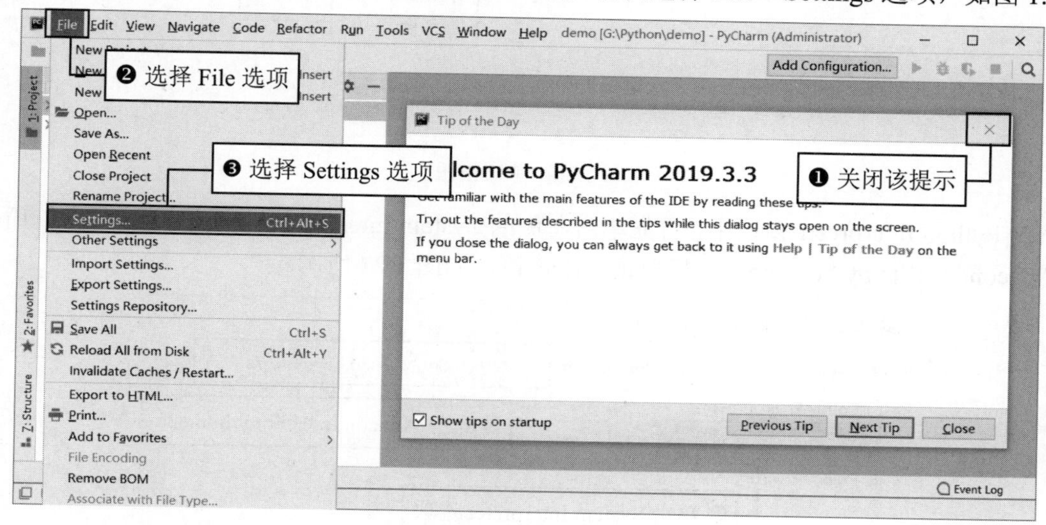

图 1.24　打开设置窗口

在 Settings 窗口中依次选择 Project:demo（demo 为自己编写的工程名称）→Project Interpreter，然后在右侧的下拉列表中选择 Show All...，将打开 Project Interpreters 窗口，如图 1.25 所示。

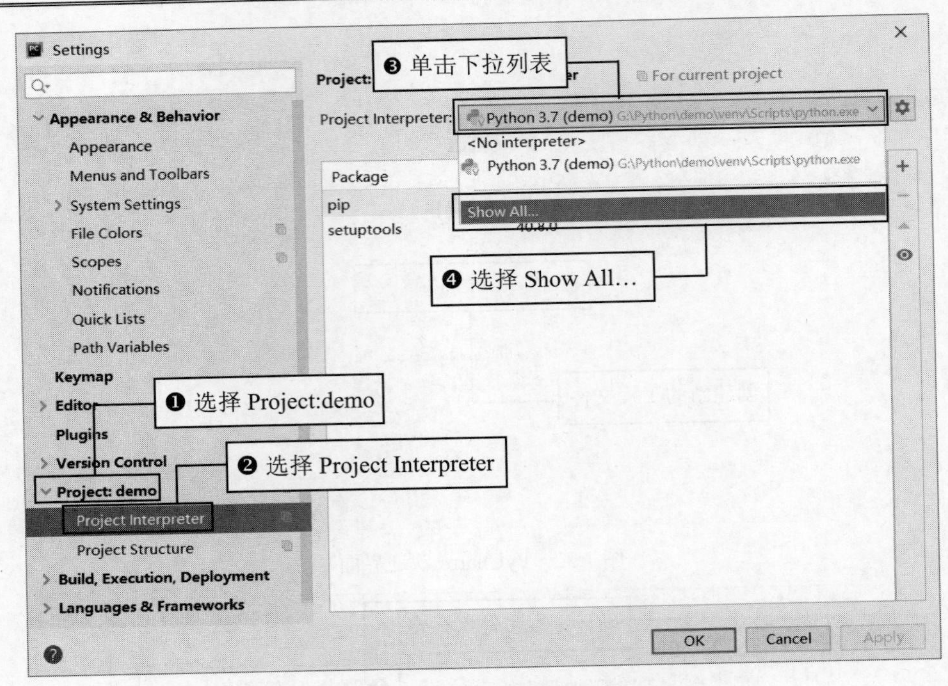

图 1.25　进入设置窗口

在 Project Interpreters 窗口中，单击右侧的“+”按钮，如图 1.26 所示。

图 1.26　单击按钮

在 Add Python Interpreter 窗口中，首先单击左侧的 System Interpreter 选项，然后在右侧的下拉列表中选择 Anaconda 中的 python.exe，最后单击 OK 按钮，如图 1.27 所示。

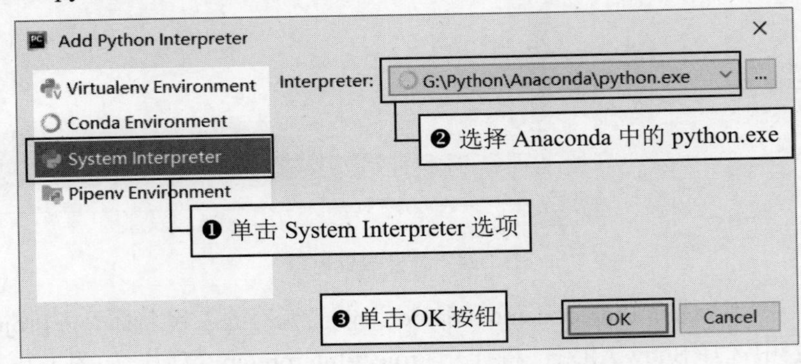

图 1.27　添加 Python 编译器

返回 Project Interpreters 窗口后，选择新添加的 Anaconda 中的 python.exe 编译器，然后单击 OK 按钮，如图 1.28 所示。

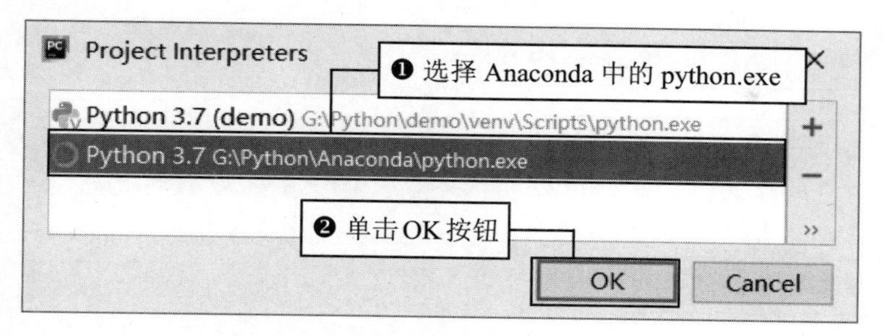

图 1.28　选择 Anaconda 中的 Python 编译器

返回 Settings 窗口，此时窗口中将自动显示出 Anaconda 内已经安装的所有 Python 模块，然后单击 OK 按钮，如图 1.29 所示。

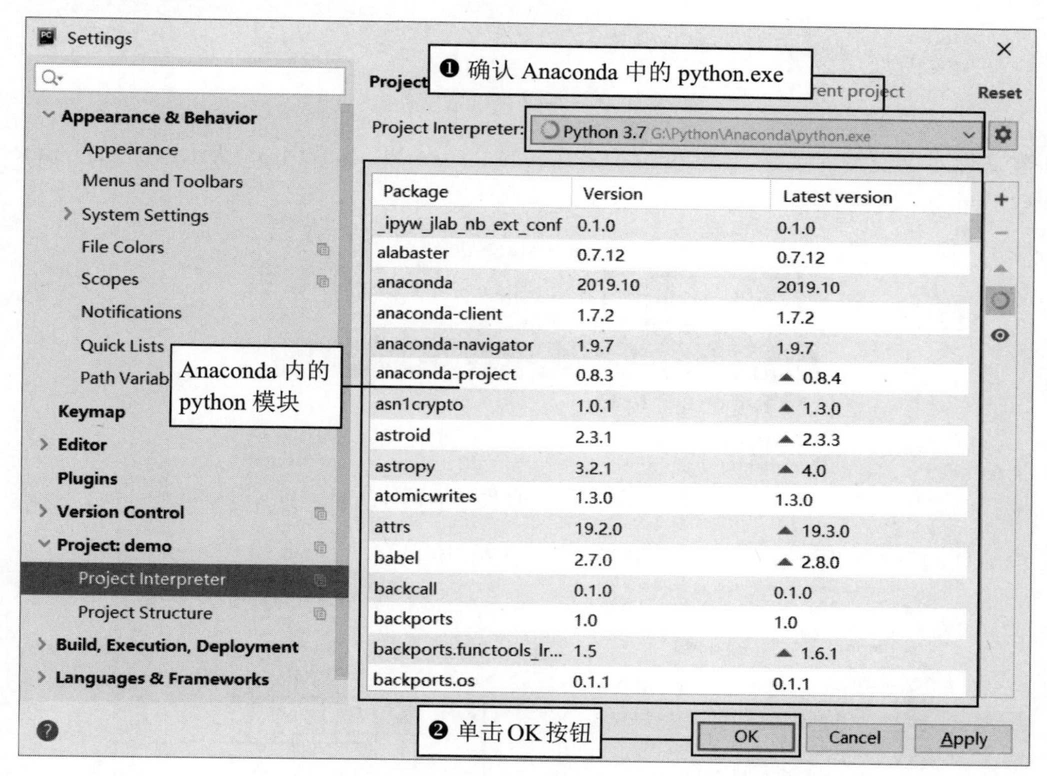

图 1.29　显示 Anaconda 内已经安装的 Python 模块

1.4.4　测试 PyCharm

右击新建好的 demo 项目，在弹出的快捷菜单中选择 New→Python File 命令（一定要选择 Python File 项，这个至关重要，否则无法后续学习），如图 1.30 所示。

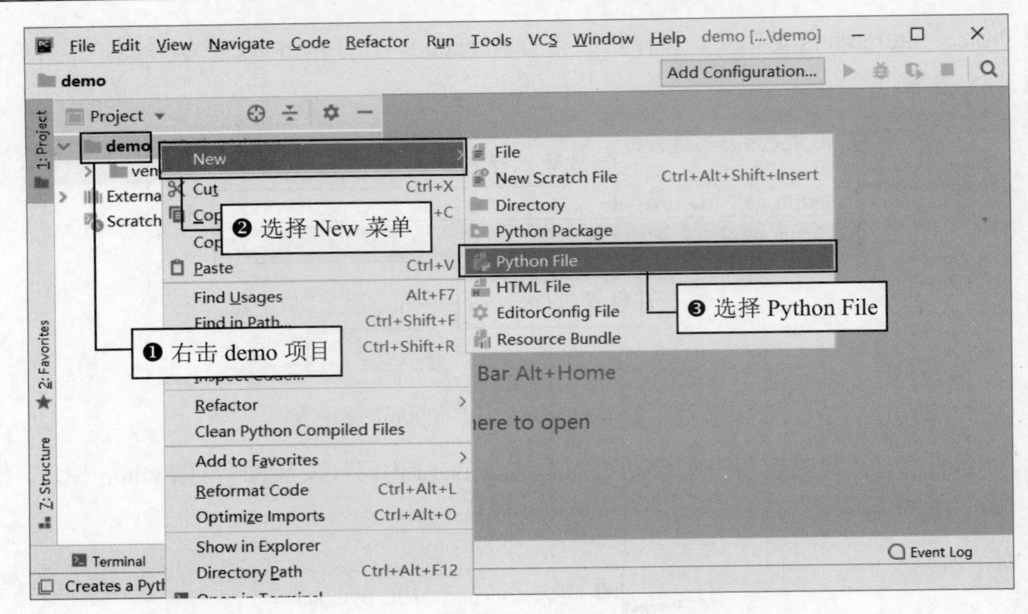

图 1.30　新建 Python 文件

在新建文件对话框输入要建立的 Python 文件名 hello world，如图 1.31 所示。随后按 Enter 键，即可完成新建 Python 文件工作。

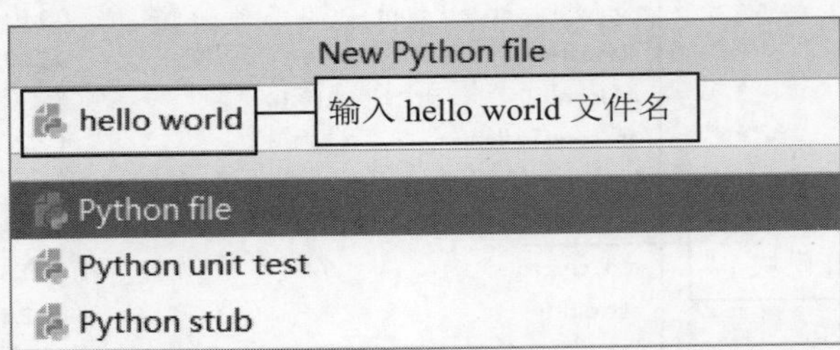

图 1.31　输入新建的 Python 文件名称

在新建文件的代码编辑区输入代码 “print ("hello world!")”，如图 1.32 所示。

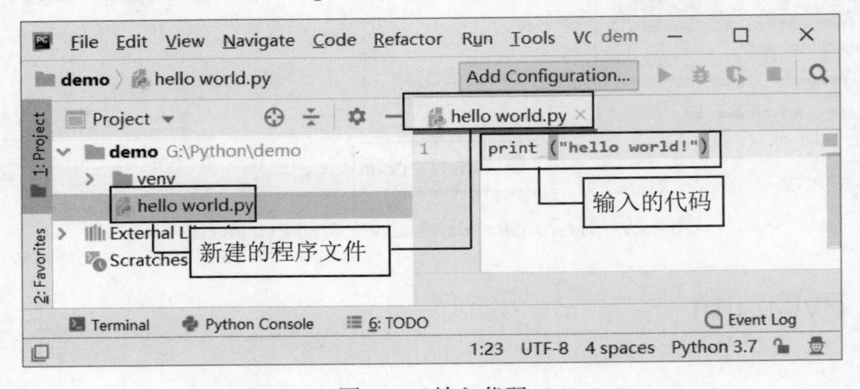

图 1.32　输入代码

在编写代码的区域右击，在弹出的快捷菜单中选择 Run 'hello world'命令，运行测试代码，如图 1.33

所示。

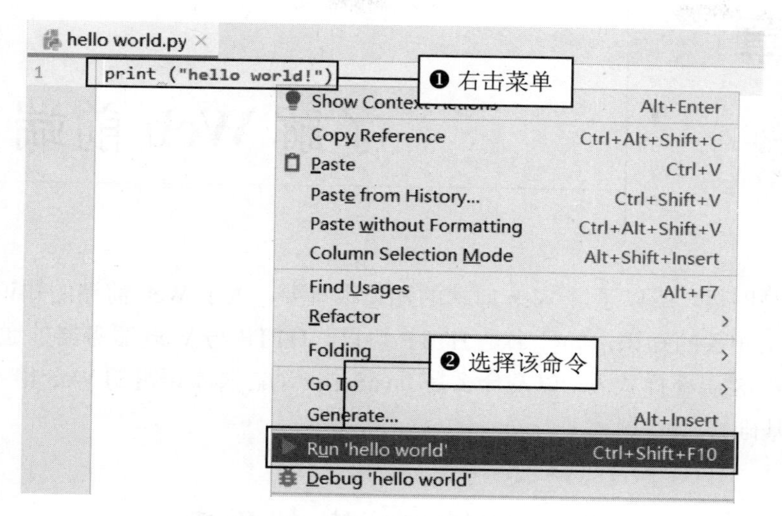

图 1.33　运行 Python 测试代码

如果程序代码没有错误，那么将显示运行结果，如图 1.34 所示。

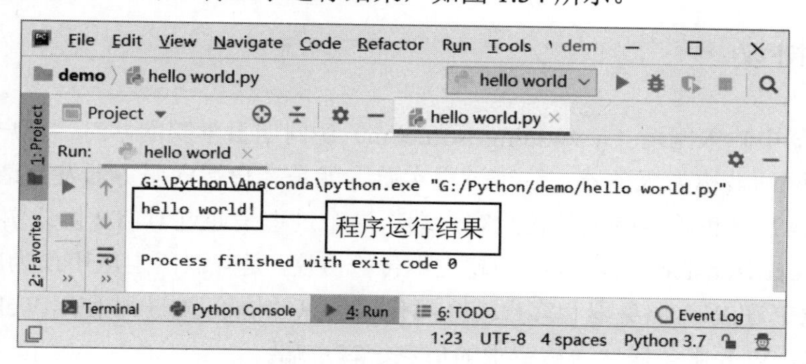

图 1.34　显示程序运行结果

1.5　小　　结

本章首先介绍了什么是爬虫，然后介绍了爬虫都有哪些分类（通用爬虫、聚焦爬虫以及增量式爬虫）、爬虫的基本原理，接着学习了如何搭建爬虫的开发环境，这里推荐读者安装 Anaconda，这样可以避免频繁地安装很多第三方模块。为了提高开发效率，推荐读者使用 PyCharm 开发工具来编写爬虫程序。

第 2 章

了解 Web 前端

爬虫的对手就是网页，所以了解 Web 前端的知识很重要。关于 Web 前端的知识是非常广泛的，所以本章将针对与爬虫相关的知识，如什么是 HTTP 协议、HTTP 与 Web 服务器的通信过程、HTML 的基本结构、什么是 CSS 层叠样式表，以及什么是 JavaScript 动态脚本语言的 Web 相关知识进行讲解，为学习爬虫技术打好基础。

2.1 HTTP 基本原理

2.1.1 HTTP 协议

当用户在浏览器中输入网址（www.mingrisoft.com）访问明日学院网站时，用户的浏览器被称为客户端，而明日学院网站被称为服务器。这个过程实质上就是客户端向服务器发起请求，服务器接收请求后，将处理后的信息（也称为响应）传给客户端。这个过程是通过 HTTP 协议实现的。

HTTP（HyperText Transfer Protocol），即超文本传输协议，是互联网上应用最为广泛的一种网络 协议。HTTP 是利用 TCP 在 Web 服务器和客户端之间传输信息的协议。客户端使用 Web 浏览器发起 HTTP 请求给 Web 服务器，Web 服务器发送被请求的信息给客户端。

2.1.2 HTTP 与 Web 服务器

当在浏览器输入 URL 后，浏览器会先请求 DNS 服务器，获得请求站点的 IP 地址（即根据 URL 地址 www.mingrisoft.com 获取其对应的 IP 地址，如 101.201.120.85），然后发送一个 HTTP Request（请求）给拥有该 IP 的主机（明日学院的阿里云服务器），接着就会接收到服务器返回的 HTTP Response（响应），浏览器经过渲染后，以一种较好的效果呈现给用户。HTTP 基本原理如图 2.1 所示。

Web 服务器的工作原理可以概括为以下 4 个步骤。

（1）建立连接：客户端通过 TCP/IP 协议建立到服务器的 TCP 连接。

（2）请求过程：客户端向服务器发送 HTTP 协议请求包，请求服务器里的资源文档。

（3）应答过程：服务器向客户端发送 HTTP 协议应答包，如果请求的资源包含有动态语言的内容，那么服务器会调用动态语言的解释引擎负责处理“动态内容”，并将处理后得到的数据返回给客户端。由客户端解释 HTML文档，在客户端屏幕上渲染图形结果。

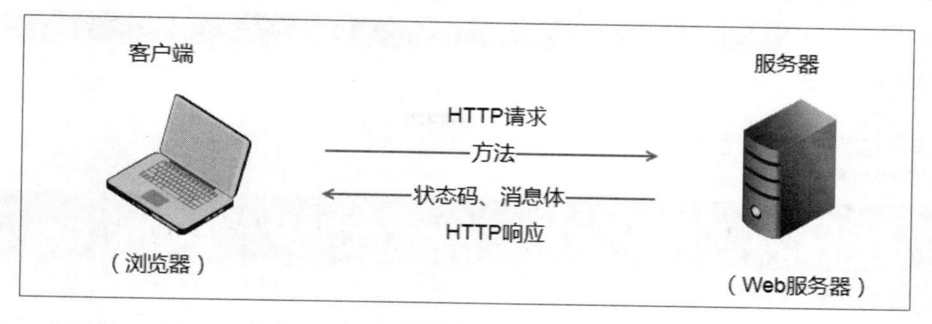

图 2.1　HTTP 基本原理

（4）关闭连接：客户端与服务器断开。

步骤（2）客户端向服务器端发起请求时，常用的请求方法如表 2.1 所示。

表 2.1　HTTP 协议的常用请求方法

方　法	描　述
GET	请求指定的页面信息，并返回实体主体
POST	向指定资源提交数据进行处理请求（例如，提交表单或者上传文件）。数据被包含在请求体中。POST 请求可能会导致新资源的建立和/或已有资源的修改
HEAD	类似于 GET 请求，只不过返回的响应中没有具体内容，用于获取报头
PUT	从客户端向服务器传送的数据取代指定的文档内容
DELETE	请求服务器删除指定的页面
OPTIONS	允许客户端查看服务器的性能

步骤（3）服务器返回给客户端的状态码，可以分为 5 种类型，由它们的第一位数字表示，如表 2.2 所示。

表 2.2　HTTP 状态码含义

代　码	含　义
1**	信息，请求收到，继续处理
2**	成功，请求被成功接收、理解和采纳
3**	重定向，为了完成请求，必须进一步执行的动作
4**	客户端错误，请求包含语法错误或者请求无法实现
5**	服务器错误，服务器不能实现一种明显无效的请求

例如，状态码为 200，表示请求成功已完成；状态码为 404，表示服务器找不到给定的资源。

2.1.3　浏览器中的请求和响应

用谷歌浏览器访问明日学院官网，查看一下请求和响应的流程。步骤如下。

（1）在谷歌浏览器中输入网址 www.mingrisoft.com，按 Enter 键，进入明日学院官网。

（2）按 F12 键（或右击，选择“检查”选项），审查页面元素，运行效果如图 2.2 所示。

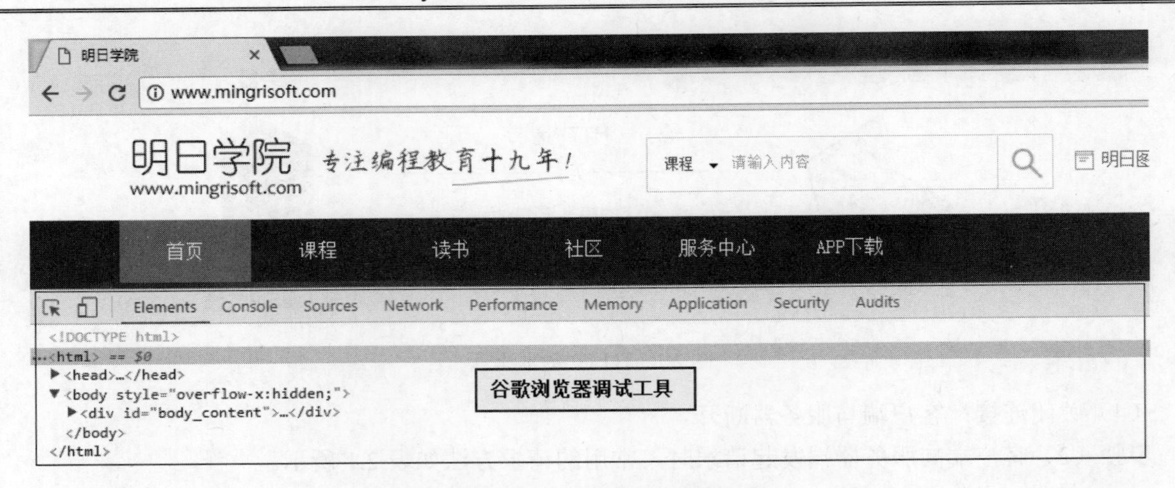

图 2.2　打开谷歌浏览器调试工具

（3）单击谷歌浏览器调试工具的 Network 选项，按 F5 键（或手动刷新页面），单击调试工具中 Name 栏目下的 www.mingrisoft.com，查看请求与响应的信息，如图 2.3 所示。

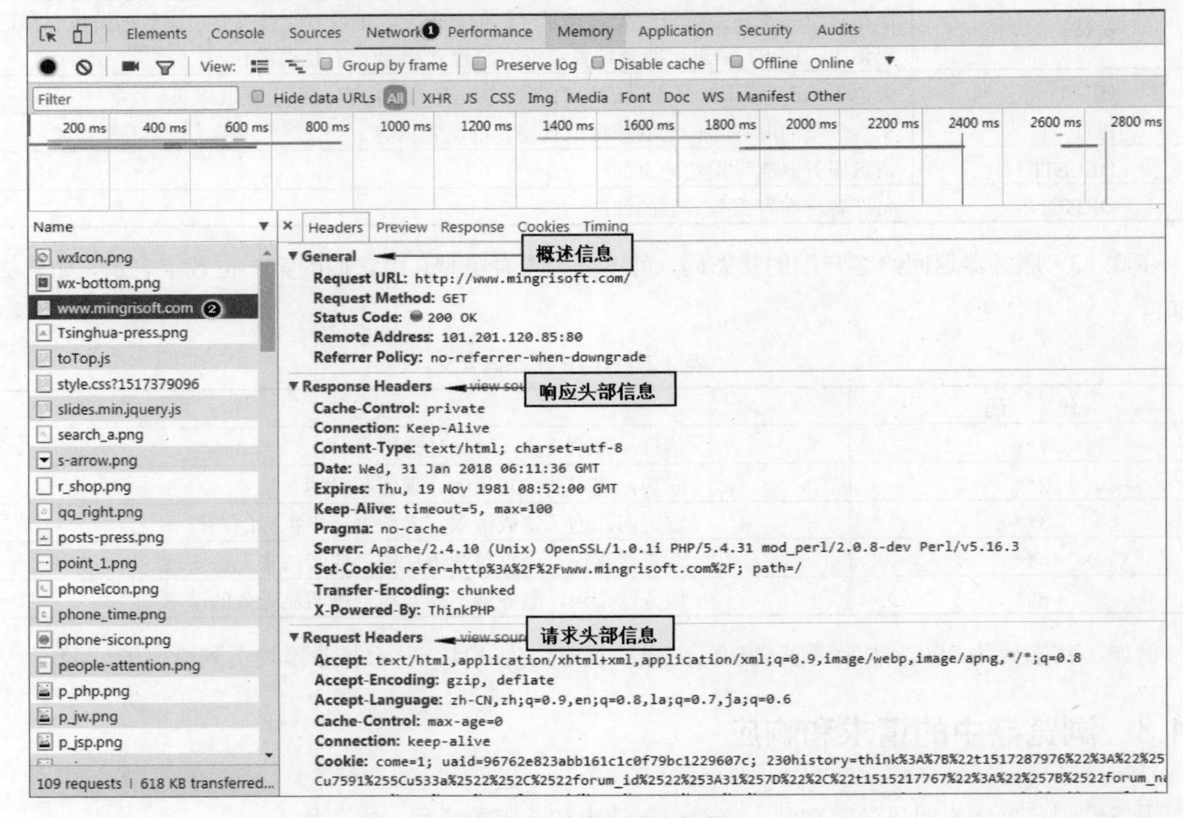

图 2.3　请求和响应信息

从图 2.3 中的 General 概述关键信息如下。

☑　Request URL：请求的 URL 地址，也就是服务器的 URL 地址。

☑ Request Method：请求方式是 GET。

☑ Status Code：状态码是 200，即成功返回响应。

☑ Remote Address：服务器 IP 地址是 101.201.120.85，端口号是 80。

2.2　HTML 语言

2.2.1　什么是 HTML

HTML 是纯文本类型的语言，使用 HTML 编写的网页文件也是标准的纯文本文件。我们可以用任何文本编辑器，例如 Windows 的“记事本”程序打开它，查看其中的 HTML 源代码，也可以在用浏览器打开网页时，通过相应的“查看”→“源文件”命令查看网页中的 HTML 代码。HTML 文件可以直接由浏览器解释执行，而无须编译。当用浏览器打开网页时，浏览器读取网页中的 HTML 代码，分析其语法结构，然后根据解释的结果显示网页内容。

2.2.2　标签、元素、结构概述

1. HTML 标签

HTML 的标签分单独出现的标签和成对出现的标签两种。

大多数标签成对出现，是由首标签和尾标签组成的。首标签的格式为<元素名称>，尾标签的格式为</元素名称>。其完整语法如下:

```
<元素名称>要控制的元素</元素名称>
```

成对标签仅对包含在其中的文件部分发生作用，例如<title>和</title>标签用于界定标题元素的范围，也就是说，<title>和</title>标签之间的部分是此 HTML5 文件的标题。

单独标签的格式为<元素名称>，其作用是在相应的位置插入元素，例如
标签便是在该标签所在位置插入一个换行符。

说明

在每个 HTML5 标签中，大、小写混写均可。例如<HTML5>、<Html5>和<html5>，其结果都是一样的。

在每个 HTML5 标签中，还可以设置一些属性，控制 HTML5 标签所建立的元素。这些属性将位于所建立元素的首标签，因此，首标签的基本语法如下：

```
<元素名称　属性 1="值 1" 属性 2="值 2"...>
```

而尾标签的建立方式则为

```
</元素名称>
```

因此，在 HTML5 文件中某个元素的完整定义语法如下：

```
<元素名称  属性 1="值 1" 属性 2="值 2"...>元素资料</元素名称>
```

说明

语法中，设置各属性所使用的引号“”可省略。

2. 元素

当用一组 HTML5 标签将一段文字包含在中间时，这段文字与包含文字的 HTML5 标签被称为一个元素。

由于在 HTML5 语法中，每个由 HTML5 标签与文字所形成的元素内，还可以包含另一个元素。因此，整个 HTML5 文件就像是一个大元素，包含了许多小元素。

在所有的 HTML5 文件中，最外层的元素是由<HTML5>标签建立的。在<HTML5>标签所建立的元素中，包含了两个主要的子元素，这两个子元素是由<head>标签与<body>标签所建立的。<head>标签所建立的元素内容为文件标题，而<body>标签所建立的元素内容为文件主体。

3. HTML 文件结构

在介绍 HTML 文件结构之前，先来看一个简单的 HTML 文件及其在浏览器上的显示结果。

下面开始编写一个 HTML 文件，使用文件编辑器，例如在 Windows 自带的记事本中编写如下代码，然后将其保存为.html 文件。

```
<HTML5>
<head>
<title>文件标题</title>
</head>
<body>
文件正文
</body>
</HTML5>
```

运行效果如图 2.4 所示。

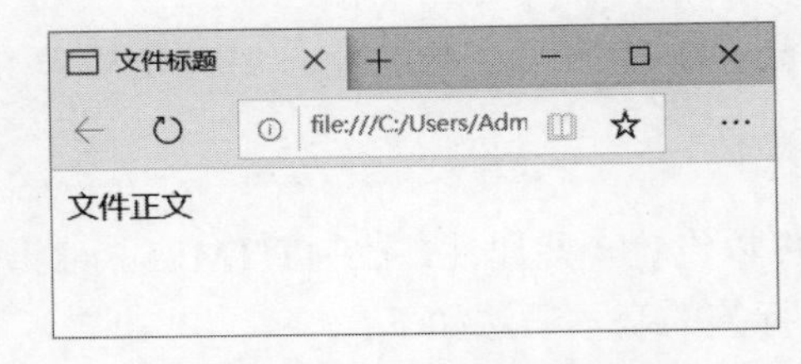

图 2.4　HTML5 示例

从上述代码中可以看出 HTML 文件的基本结构，如图 2.5 所示。

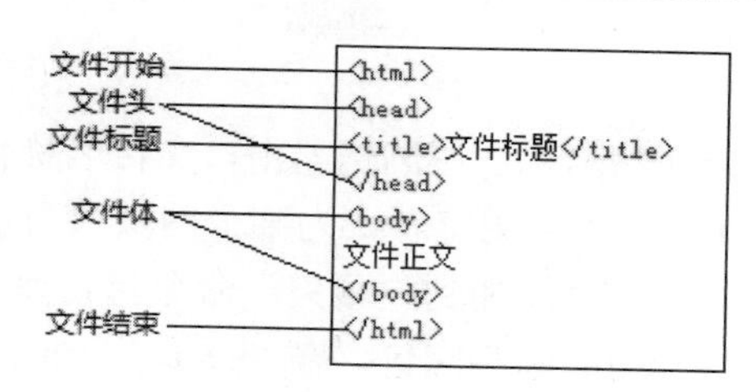

图 2.5　HTML 文件的基本结构

其中，<head>与</head>之间的部分是 HTML 文件的文件头部分，用以说明文件的标题和整个文件的一些公共属性。<body>与</body>之间的部分是 HTML文件的主体部分，下面介绍的标签，如果不加特别说明，均是嵌套在这对标签中使用的。

2.2.3　HTML 的基本标签

1．文件开始标签<html>

在任何一个 HTML 文件里，最先出现的 HTML 标签就是<html>，它用于表示该文件是以超文本标识语言（HTML）编写的。<html>是成对出现的，首标签<html>和尾标签</html>分别位于文件的最前面和最后面，文件中的所有文件和 HTML 标签都包含在其中。例如：

```
<html>
文件的全部内容
</html>
```

该标签不带任何属性。

事实上，现在常用的 Web 浏览器（例如 IE）都可以自动识别 HTML 文件，并不要求有<html>标签，也不对该标签进行任何操作。但是，为了提高文件的适用性，使编写的 HTML 文件能适应不断变化的 Web 浏览器，还是应该养成使用这个标签的习惯。

2．文件头部标签<head>

习惯上，把 HTML 文件分为文件头和文件主体两个部分。文件主体部分就是在 Web 浏览器窗口的用户区内看到的内容，而文件头部分用来规定该文件的标题（出现在 Web 浏览器窗口的标题栏中）和文件的一些属性。

<head>是一个表示网页头部的标签。在由<head>标签所定义的元素中，并不放置网页的任何内容，而是放置关于 HTML 文件的信息，也就是说它并不属于 HTML 文件的主体。它包含文件的标题、编码方式及 URL 等信息。这些信息大部分是用于提供索引、辨认或其他方面的应用。

写在<head>与</head>中间的文本，如果又写在<title>标签中，那么表示该网页的名称，并作为窗口的名称显示在这个网页窗口的最上方。

说明

如果 HTML 文件并不需要提供相关信息时，可以省略<head>标签。

3．文件标题标签<title>

每个 HTML 文件都需要有一个文件名称。在浏览器中，文件名称作为窗口名称显示在该窗口的最上方，这对浏览器的收藏功能很有用。如果浏览者认为某个网页对自己很有用，今后想经常阅读，那么可以选择 IE 浏览器“收藏”菜单中的“添加到收藏夹”命令将它保存起来，供以后调用。网页的名称要写在<title>和</title>之间，并且<title>标签应包含在<head>与</head>标签中。

HTML 文件的标签是可以嵌套的，即在一对标签中可以嵌入另一对子标签，用来规定母标签所含范围的属性或其中某一部分内容，嵌套在<head>标签中使用的主要有<title>标签。

4．元信息标签<meta>

meta 元素提供的信息是用户不可见的，它不显示在页面中，一般用来定义页面信息的名称、关键字、作者等。在 HTML 中，meta 标记不需要设置结束标记，在一个尖括号内就是一个 meta 内容，而在一个 HTML 头页面中可以有多个 meta 元素。meta 元素的属性有两种：name 和 http-equiv，其中 name 属性主要用于描述网页，以便于搜索引擎机器人查找、分类。

5．页面的主体标签<body>

网页的主体部分以<body>标记标志它的开始，以</body>标志它的结束。在网页的主体标签中有很多属性设置，如表 2.3 所示。

表 2.3　<body>元素的属性

属　性	描　述
text	设定页面文字的颜色
bgcolor	设定页面背景的颜色
background	设定页面的背景图像
bgproperties	设定页面的背景图像为固定，不随页面的滚动而滚动
link	设定页面默认的链接颜色
alink	设定鼠标正在单击时的链接颜色
vlink	设定访问过后的链接颜色
topmargin	设定页面的上边距
leftmargin	设定页面的左边距

2.3 CSS 层叠样式表

2.3.1 CSS 概述

CSS 是 Cascading Style Sheets（层叠样式表）的缩写。CSS 是一种标记语言，用于为 HTML 文档定义布局。例如，CSS 涉及字体、颜色、边距、高度、宽度、背景图像、高级定位等方面。运用 CSS 样式可以让页面变得美观，就像化妆前和化妆后的效果一样，如图 2.6 所示。

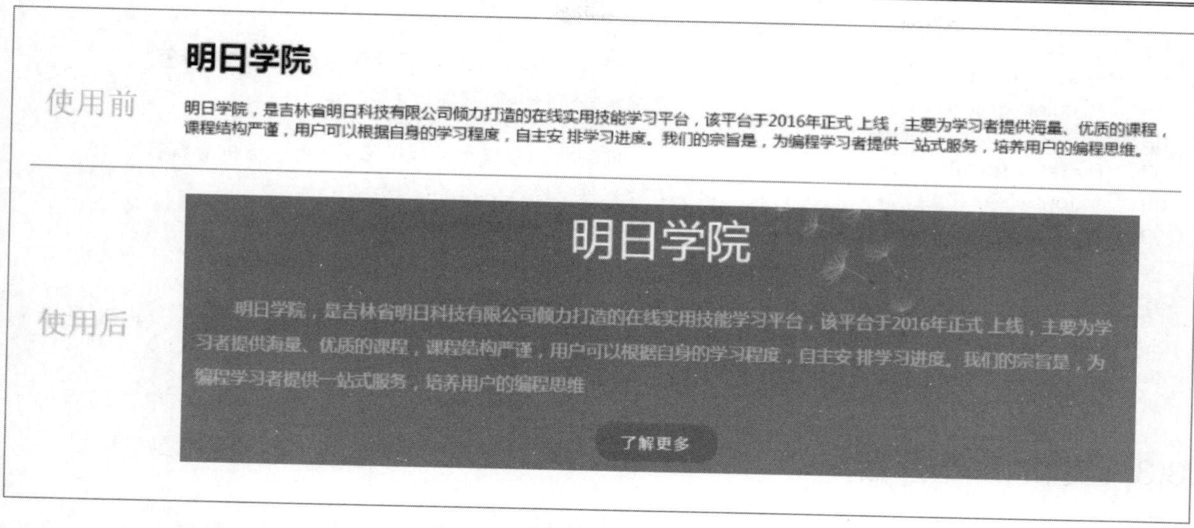

使用前

明日学院

明日学院，是吉林省明日科技有限公司倾力打造的在线实用技能学习平台，该平台于2016年正式 上线，主要为学习者提供海量、优质的课程，课程结构严谨，用户可以根据自身的学习程度，自主安 排学习进度。我们的宗旨是，为编程学习者提供一站式服务，培养用户的编程思维。

使用后

明日学院

明日学院，是吉林省明日科技有限公司倾力打造的在线实用技能学习平台，该平台于2016年正式 上线，主要为学习者提供海量、优质的课程，课程结构严谨，用户可以根据自身的学习程度，自主安 排学习进度。我们的宗旨是，为编程学习者提供一站式服务，培养用户的编程思维

了解更多

图 2.6　使用 CSS 前后效果对比

CSS 可以改变 HTML 中标签的样式，那么 CSS 是如何改变它的样式的呢？简单地说，就是告诉 CSS 3 个问题，改变谁？改什么？怎么改？告诉 CSS 改变谁时需要用到选择器。选择器是用来选择标签的，比如 ID 选择器就是通过 ID 来选择标签，类选择器就是通过类名选择标签。然后告诉 CSS 改变这个标签的什么属性，最后指定这个属性的属性值。

2.3.2　属性选择器

属性选择器就是通过属性来选择标签，这些属性既可以是标准属性（HTML 中默认该有的属性，例如 input 标签中的 type 属性），也可以是自定义属性。

在 HTML 中，通过各种各样的属性，可以给元素增加很多附加信息。例如，在一个 HTML 页面中，插入多个 p 标签，并且为每个 p 标签设定不同的属性。示例代码如下：

```
01  <p font="fontsize">编程图书</p>          <!--设置 font 属性的属性值为 fontsize -->
02  <p color="red">PHP 编程</p>              <!--设置 color 属性的属性值为 red -->
03  <p color="red">Java 编程</p>             <!--设置 color 属性的属性值为 red -->
04  <p font="fontsize">当代文学</p>          <!--设置 font 属性的属性值为 fontsize-->
05  <p color="green">盗墓笔记</p>            <!--设置 color 属性的属性值为 green-->
06  <p color="green">明朝那些事</p>          <!--设置 color 属性的属性值为 green -->
```

在 HTML 中为标签添加属性之后，就可以在 CSS 中使用属性选择器选择对应的标签，来改变样式。在使用属性选择器时，需要声明属性与属性值，声明方法如下：

```
[att=val]{}
```

其中 att 代表属性，val 代表属性值。例如，如下代码就可以实现为相应的 p 标签设置样式。

```
01  [color=red]{                        /*选择所有 color 属性的属性值为 red 的标签*/
02      color: red;                     /*设置其字体颜色为红色*/
```

```
03    }
04    [color=green]{                          /*选择所有 color 属性的属性值为 green 的 p 标签*/
05        color: green;                       /*设置其字体颜色为绿色*/
06    }
07    [font=fontsize]{                        /*选择所有 font 属性的属性值为 fontsize 的 p 标签*/
08        font-size: 20px;                    /*设置其字体大小为 20 像素*/
09    }
```

注意

给元素定义属性和属性值时，可以任意定义属性，但是要尽量做到“见名知意”，也就是看到这个属性名和属性值，能看明白设置这个属性的用意。

2.3.3 类和 ID 选择器

在 CSS 中，除了属性选择器，类和 ID 选择器也是受到广泛支持的选择器。在某些方面，这两种选择器比较类似，不过也有一些重要差别。

第一个区别是 ID 选择器前面有一个“#”号，也称为棋盘号或井号。语法如下：

```
#intro{color:red;}
```

而类选择器前面有一个“.”号，即英文格式下的半角句号。语法如下：

```
.intro{color:red;}
```

第二个区别是 ID 选择器引用 id 属性的值，而类选择器引用的是 class 属性的值。

注意

在一个网页中标签的 class 属性可以定义多个，而 id 属性只能定义一个。比如一个页面中只能有一个标签的 ID 属性值为 intro。

2.4 JavaScript 动态脚本语言

通常，我们所说的前端就是指 HTML、CSS 和 JavaScript 这 3 项技术。

- ☑ HTML：定义网页的内容。
- ☑ CSS：描述网页的样式。
- ☑ JavaScript：描述网页的行为。

JavaScript 是一种可以嵌入 HTML 代码中由客户端浏览器运行的脚本语言。在网页中使用 JavaScript 代码，不仅可以实现网页特效，还可以响应用户请求实现动态交互的功能。例如，在用户注册页面中，需要对用户输入信息的合法性进行验证，包括是否填写了“邮箱”和“手机号”，填写的“邮箱”和“手机号”格式是否正确等，JavaScript 验证邮箱是否为空的效果如图 2.7 所示。

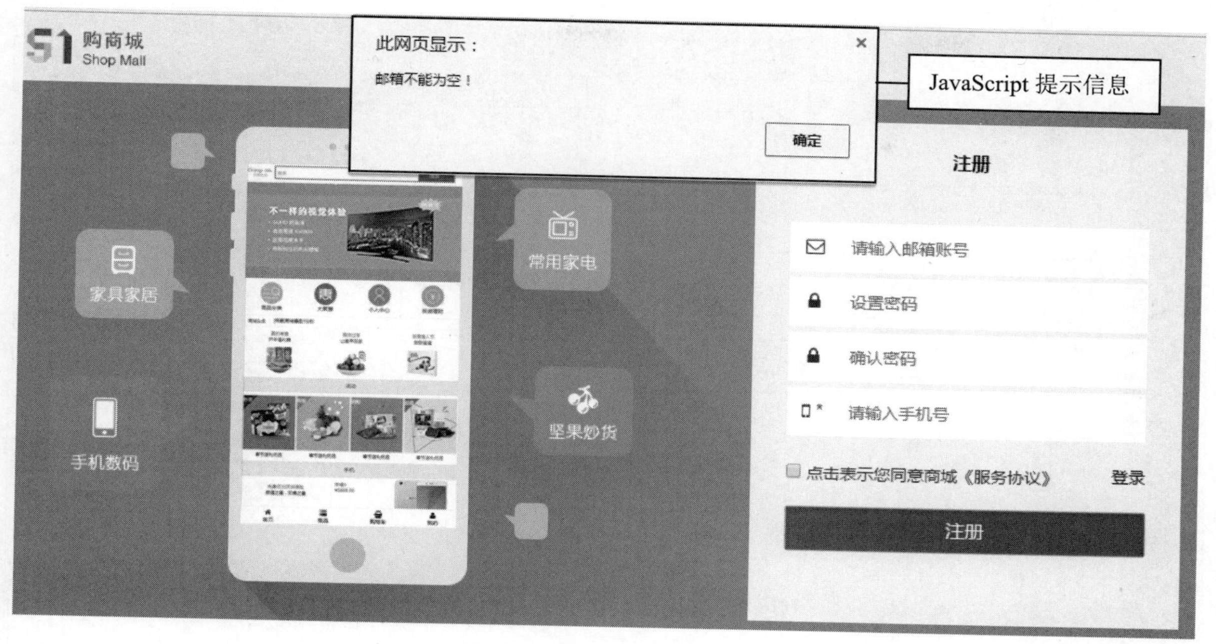

图 2.7　JavaScript 验证为空

在通常情况下，在 Web 页面中使用 JavaScript 有以下两种方法，一种是在页面中直接嵌入 JavaScript 代码，另一种是链接外部 JavaScript 文件。下面分别对这两种方法进行介绍。

说明

编辑 JavaScript 程序可以使用任何一种文本编辑器，如 Windows 中的记事本、写字板等应用软件。由于 JavaScript 程序可以嵌入 HTML 文件中，因此，读者可以使用任何一种编辑 HTML 文件的工具软件，如 Dreamweaver 和 WebStorm 等。

☑　在页面中直接嵌入 JavaScript 代码。

在 HTML 文档中可以使用<script>…</script>标签将 JavaScript 脚本嵌入其中。在 HTML 文档中可以使用多个<script>标签，每个<script>标签中可以包含多个 JavaScript 的代码集合。<script>标签常用的属性及说明如表 2.4 所示。

表 2.4　<script>标签常用的属性及说明

属　性　值	含　　义
language	设置所使用的脚本语言及版本
src	设置一个外部脚本文件的路径位置
type	设置所使用的脚本语言，此属性已代替 language 属性
defer	此属性表示当 HTML 文档加载完毕后再执行脚本语言

在 HTML 页面中直接嵌入 JavaScript 代码，如图 2.8 所示。

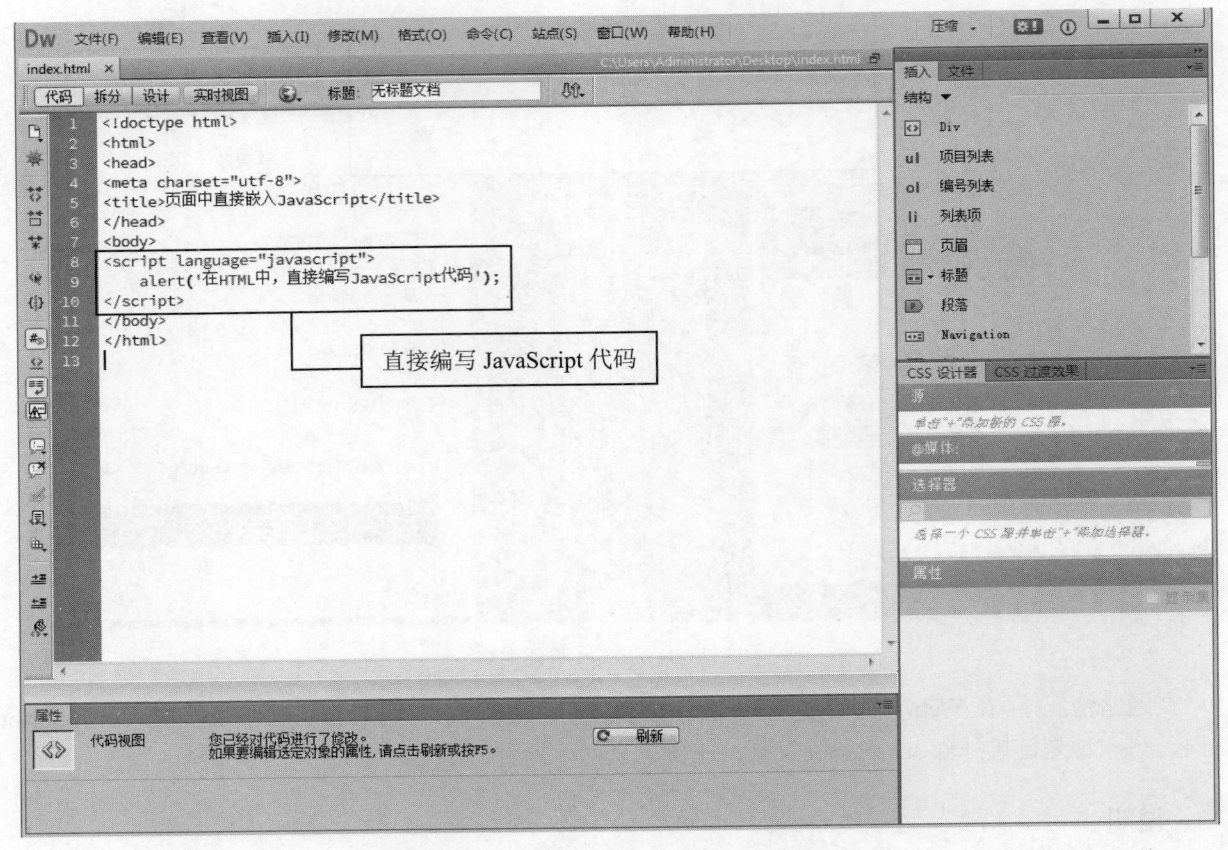

图 2.8 在 HTML 中直接嵌入 JavaScript 代码

注意

<script>标签可以放在 Web 页面的<head></head>标签中，也可以放在<body></body>标签中。

☑ 链接外部 JavaScript 文件。

在 Web 页面中引入 JavaScript 的另一种方法是采用链接外部 JavaScript 文件的形式。如果脚本代码比较复杂或是同一段代码可以被多个页面所使用，则可以将这些脚本代码放置在一个单独的文件中（保存文件的扩展名为.js），然后在需要使用该代码的 Web 页面中链接该 JavaScript 文件即可。在 Web 页面中链接外部 JavaScript 文件的语法格式如下：

```
<script language="javascript" src="your-Javascript.js"></script>
```

在 HTML 页面中链接外部 JavaScript 代码，如图 2.9 所示。

注意

在外部 Javascript 文件中，不需要将脚本代码用<script>和</script>标签括起来。

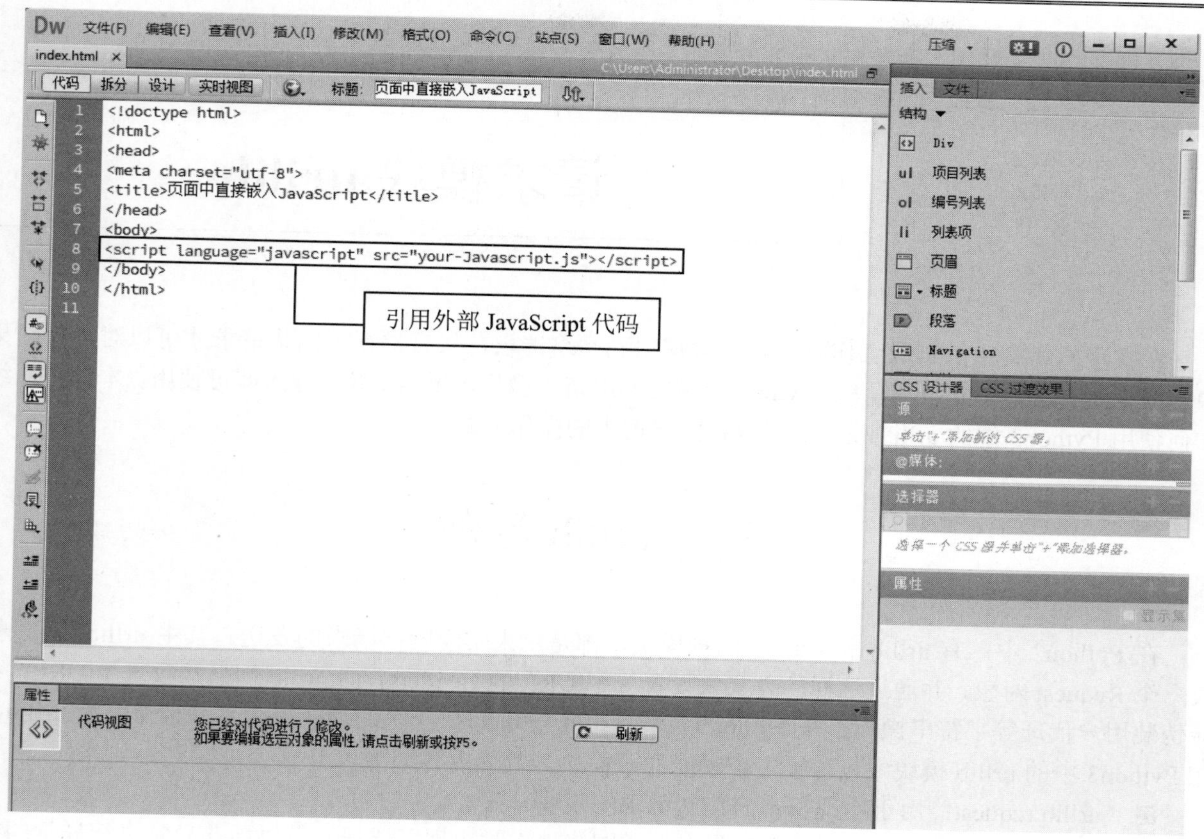

图 2.9　调用外部 JavaScript 文件

2.5　小　　结

本章主要介绍爬虫的对手——Web 前端的一些知识。其中包含 HTTP 的基本原理，以及浏览器中的请求与响应。然后介绍了什么是 HTML，以及 HTML 是由哪些标签所组成的。接着介绍了 CSS 层叠样式及 CSS 中的选择器。最后学习了什么是 JavaScript 动态脚本语言，通过 JavaScript 可以在 HTML 中实现网页特效的一些功能。

第 3 章

请求模块 urllib

在实现网络爬虫的爬取工作时，就必须使用到网络请求，只有进行了网络请求才可以对响应结果中的数据进行提取。urllib 模块是 Python 自带的网络请求模块，无须安装，导入即可使用。本章将介绍如何使用 Python3 中的 urllib 模块实现各种网络请求的操作方式。

3.1 urllib 简介

在 Python2 中，有 urllib 和 urllib2 两种模块，都是用来实现网络请求的发送。其中 urllib2 可以接收一个 Request 对象，并通过这样的方式来设置一个 URL 的 Headers，而 urllib 则只接收一个 URL，不能伪装用户代理等字符串操作。在 Python3 中将 urllib 与 urllib2 模块的功能组合，并且命名为 urllib。在 Python3 中的 urllib 模块中包含了多个功能的子模块，具体内容如下。

- ☑ urllib.request：用于实现基本 HTTP 请求的模块。
- ☑ urllib.error：异常处理模块，如果在发送网络请求时出现了错误，可以捕获异常进行异常的有效处理。
- ☑ urllib.parse：用于解析 URL 的模块。
- ☑ urllib. robotparser：用于解析 robots.txt 文件，判断网站是否可以爬取信息。

3.2 使用 urlopen()方法发送请求

urllib.request 模块提供了 urlopen()方法，用于实现最基本的 HTTP 请求，然后接收服务端所返回的响应数据。urlopen()方法的语法格式如下：

```
urllib.request.urlopen(url,data=None,[timeout,]*,cafile=None,capath=None,cadefault=False,context=None)
```

参数说明如下。

- ☑ url：需要访问网站的 URL 完整地址。
- ☑ data：该参数默认值为 None，通过该参数确认请求方式，如果是 None，那么表示请求方式为 GET，否则请求方式为 POST。在发送 POST 请求时，参数 data 需要以字典形式的数据作为参数值，并且需要将字典类型的参数值转换为字节类型的数据才可以实现 POST 请求。
- ☑ timeout：以秒为单位，设置超时。

☑ cafile、capath：指定一组 HTTPS 请求受信任的 CA 证书，cafile 指定包含 CA 证书的单个文件，capath 指定证书文件的目录。

☑ cadefault：CA 证书默认值。

☑ context：描述 SSL 选项的实例。

3.2.1　发送 GET 请求

在使用 urlopen()方法实现一个网络请求时，所返回的是一个 http.client.HTTPResponse 对象。示例代码如下：

```
01  import urllib.request                                          # 导入 request 子模块
02  response = urllib.request.urlopen('https://www.baidu.com/')    # 发送网络请求
03  print('响应数据类型为：',type(response))
```

程序运行结果如下：

```
响应数据类型为： <class 'http.client.HTTPResponse'>
```

【例 3.1】 演示常用的方法与属性。（**实例位置：资源包\Code\03\01**）

在 HTTPResponse 对象中包含着需要可以获取信息的方法以及属性，下面通过几个常用的方法与属性进行演示。代码如下：

```
01  import urllib.request                                          # 导入 request 子模块
02  url = 'https://www.python.org/'
03  response = urllib.request.urlopen(url=url)                     # 发送网络请求
04  print('响应状态码为：',response.status)
05  print('响应头所有信息为：',response.getheaders())
06  print('响应头指定信息为：',response.getheader('Accept-Ranges'))
07  # 读取 HTML 代码并进行 utf-8 解码
08  print('Python 官网 HTML 代码如下：\n',response.read().decode('utf-8'))
```

程序运行结果如图 3.1 所示。

```
响应状态码为： 200
响应头所有信息为： [('Connection', 'close'), ('Content-Length', '48955'), ('Server', 'nginx'),
响应头指定信息为： bytes
Python官网HTML代码如下：
 <!doctype html>
<!--[if lt IE 7]>   <html class="no-js ie6 lt-ie7 lt-ie8 lt-ie9">   <![endif]-->
<!--[if IE 7]>      <html class="no-js ie7 lt-ie8 lt-ie9">          <![endif]-->
<!--[if IE 8]>      <html class="no-js ie8 lt-ie9">                 <![endif]-->
<!--[if gt IE 8]><!--><html class="no-js" lang="en" dir="ltr">  <!--<![endif]-->

<head>
    <meta charset="utf-8">
    <meta http-equiv="X-UA-Compatible" content="IE=edge">
```

图 3.1　程序运行结果

3.2.2 发送 POST 请求

【例 3.2】 发送 POST 请求。（**实例位置：资源包\Code\03\02**）

urlopen()方法在默认情况下发送的是 GET 请求，在发送 POST 请求时，需要为其设置 data 参数，该参数是 bytes 类型，所以需要使用 bytes()方法将参数值进行数据类型的转换。示例代码如下：

```
01 import urllib.request                                          # 导入 urllib.request 模块
02 import urllib.parse                                            # 导入 urllib.parse 模块
03 url = 'https://www.httpbin.org/post'                           # post 请求测试地址
04 # 将表单数据转换为 bytes 类型，并设置编码方式为 utf-8
05 data = bytes(urllib.parse.urlencode({'hello':'python'}),encoding='utf-8')
06 response = urllib.request.urlopen(url=url,data=data)           # 发送网络请求
07 print(response.read().decode('utf-8'))                         # 读取 HTML 代码并进行
```

程序运行结果如图 3.2 所示。


```
{
  "args": {},
  "data": "",
  "files": {},
  "form": {
    "hello": "python"
  },
  "headers": {
    "Accept-Encoding": "identity",
    "Content-Length": "12",
    "Content-Type": "application/x-www-form-urlencoded",
    "Host": "www.httpbin.org",
    "User-Agent": "Python-urllib/3.8",
    "X-Amzn-Trace-Id": "Root=1-5ee075ba-8608f9b61258938a77cdd5aa"
  },
  "json": null,
  "origin": "175.19.143.94",
  "url": "https://www.httpbin.org/post"
}
```


表单数据

图 3.2 POST 请求结果

3.2.3 设置网络超时

urlopen()方法中的 timeout 参数，是用于设置请求超时的参数，该参数以秒为单位，表示如果在请求时，超出了设置的时间，还没有得到响应时就抛出异常。示例代码如下：

```
01 import urllib.request                                # 导入 urllib.request 模块
02 url = 'https://www.python.org/'                      # 请求地址
```

```
03  response = urllib.request.urlopen(url=url,timeout=0.1)    # 发送网络请求，设置超时时间为 0.1 秒
04  print(response.read().decode('utf-8'))                    # 读取 HTML 代码并进行 utf-8 解码
```

由于以上示例代码中的超时时间设置为 0.1 秒，时间较快，所以将显示如图 3.3 所示的超时异常。

```
  File "G:\Python\Python38\lib\http\client.py", line 917, in connect
    self.sock = self._create_connection(
  File "G:\Python\Python38\lib\socket.py", line 808, in create_connection
    raise err
  File "G:\Python\Python38\lib\socket.py", line 796, in create_connection
    sock.connect(sa)
socket.timeout: timed out
```

图 3.3　请求超时异常信息

说明

根据网络环境的不同，可以将超时时间设置为一个合理的时间，如 2 秒、3 秒等。

【例 3.3】　处理网络超时。（**实例位置：资源包\Code\03\03**）

如果遇到了超时异常，爬虫程序将在此处停止。所以在实际开发中开发者可以将超时异常捕获，然后处理下面的爬虫任务。示例代码如下：

```
01  import urllib.request                                     # 导入 urllib.request 模块
02  import urllib.error                                       # 导入 urllib.error 模块
03  import socket                                             # 导入 socket 模块
04
05  url = 'https://www.python.org/'                           # 请求地址
06  try:
07      # 发送网络请求，设置超时时间为 0.1 秒
08      response = urllib.request.urlopen(url=url, timeout=0.1)
09      print(response.read().decode('utf-8'))                # 读取 HTML 代码并进行 utf-8 解码
10  except urllib.error.URLError as error:                    # 处理异常
11      if isinstance(error.reason, socket.timeout):          # 判断异常是否为超时异常
12          print('当前任务已超时，即将执行下一任务！')
```

程序运行结果如下：

```
当前任务已超时，即将执行下一任务！
```

3.3　复杂的网络请求

通过 3.2 节的学习可以知道，urlopen()方法能够发送一个最基本的网络请求，但这并不是一个完整的网络请求。如果要构建一个完整的网络请求，还需要在请求中添加例如 Headers、Cookies 以及代理 IP 等内容，这样才能更好地模拟一个浏览器所发送的网络请求。Request 类则可以构建一个多种功能的

请求对象，其语法格式如下：

```
urllib.request.Request(url,data=None, headers={}, origin_req_host=None, unverifiable=False, method=None)
```

参数说明如下。

☑ url：需要访问网站的 URL 完整地址。
☑ data：该参数默认值为 None，通过该参数确认请求方式，如果是 None，那么表示请求方式为 GET，否则请求方式为 POST。在发送 POST 请求时，参数 data 需要以字典形式的数据作为参数值，并且需要将字典类型的参数值转换为字节类型的数据才可以实现 POST 请求。
☑ headers：设置请求头部信息，该参数为字典类型。添加请求头信息最常见的用法就是修改 User-Agent 来伪装成浏览器，例如，headers = {'User-Agent':'Mozilla/5.0 (Windows NT 10.0; WOW64) AppleWebKit/537.36 (KHTML, like Gecko) Chrome/83.0.4103.61 Safari/537.36'}，表示伪装谷歌浏览器进行网络请求。
☑ origin_req_host：用于设置请求方的 host 名称或者是 IP。
☑ unverifiable：用于设置网页是否需要验证，默认值是 False。
☑ method：用于设置请求方式，如 GET、POST 等，默认为 GET 请求。

3.3.1 设置请求头

设置请求头参数是为了模拟浏览器向网页后台发送网络请求，这样可以避免服务器的反爬措施。使用 urlopen()方法发送网络请求时，其本身并没有设置请求头参数，所以向 https://www.httpbin.org/post 请求测试地址发送请求时，在返回的信息中，headers 将显示如图 3.4 所示的默认值。

```
"headers": {
    "Accept-Encoding": "identity",
    "Content-Length": "12",
    "Content-Type": "application/x-www-form-urlencoded",
    "Host": "www.httpbin.org",
    "User-Agent": "Python-urllib/3.8",
    "X-Amzn-Trace-Id": "Root=1-5ee08cb3-73b5e77881d4cce166711b50"
},
```

图 3.4 headers 默认值

【例 3.4】 设置请求头。（**实例位置：资源包\Code\03\04**）

如果需要设置请求头信息，那么首先要通过 Request 类构造一个带有 headers 请求头信息的 Request 对象，然后为 urlopen()方法传入 Request 对象，再进行网络请求的发送。示例代码如下：

```
01 import urllib.request                                  # 导入 urllib.request 模块
02 import urllib.parse                                    # 导入 urllib.parse 模块
03 url = 'https://www.httpbin.org/post'                   # 请求地址
04 # 定义请求头信息
05 headers = {'User-Agent':'Mozilla/5.0 (Windows NT 10.0; WOW64) AppleWebKit/537.36 (KHTML, like Gecko) Chrome/83.0.4103.61 Safari/537.36'}
```

```
06  # 将表单数据转换为 bytes 类型，并设置编码方式为 utf-8
07  data = bytes(urllib.parse.urlencode({'hello':'python'}),encoding='utf-8')
08  # 创建 Request 对象
09  r = urllib.request.Request(url=url,data=data,headers=headers,method='POST')
10  response = urllib.request.urlopen(r)                    # 发送网络请求
11  print(response.read().decode('utf-8'))                  # 读取 HTML 代码并进行 utf-8 解码
```

程序运行后，返回的 headers 信息如图 3.5 所示。

```
"headers": {
  "Accept-Encoding": "identity",
  "Content-Length": "12",
  "Content-Type": "application/x-www-form-urlencoded",
  "Host": "www.httpbin.org",
  "User-Agent": "Mozilla/5.0 (Windows NT 10.0; WOW64) AppleWebKit/537.36 (KHTML, like Gecko) Chrome/83.0.4103.61 Safari/537.36",
  "X-Amzn-Trace-Id": "Root=1-5ee0929c-b134766834c05e6189b5ab52"
},
```

自定义的请求头信息

图 3.5　返回的 headers 信息

试一试从以上的示例中并没有直观地看出设置请求头的好处，接下来以请求“百度”为例，测试设置请求头的绝对优势。在没有设置请求头的情况下直接使用 urlopen()方法向 https://www.baidu.com/ 地址发送网络请求将返回如图 3.6 所示的 HTML 代码。

```
<html>
<head>
    <script>
        location.replace(location.href.replace("https://","http://"));
    </script>
</head>
<body>
    <noscript><meta http-equiv="refresh" content="0;url=http://www.baidu.com/"></noscript>
</body>
</html>
```

图 3.6　未设置请求头所返回的 HTML 代码

创建具有请求头信息的 Request 对象，然后使用 urlopen()方法向“百度”地址发送一个 GET 请求。关键代码如下：

```
01  url = 'https://www.baidu.com/'                          # 请求地址
02  # 定义请求头信息
03  headers = {'User-Agent':'Mozilla/5.0 (Windows NT 10.0; WOW64) AppleWebKit/537.36 (KHTML, like
Gecko) Chrome/83.0.4103.61 Safari/537.36'}
04  # 创建 Request 对象
05  r = urllib.request.Request(url=url,headers=headers)
06  response = urllib.request.urlopen(r)                    # 发送网络请求
07  print(response.read().decode('utf-8'))                  # 读取 HTML 代码并进行 utf-8 解码
```

程序运行以后，将返回“百度”正常的 HTML 代码，如图 3.7 所示。

```
<!DOCTYPE html><!--STATUS OK-->


<html><head><meta http-equiv="Content-Type" content="text/html;charset=utf-8">
<script data-compress=strip>
    function h(obj){
        obj.style.behavior='url(#default#homepage)';
        var a = obj.setHomePage('//www.baidu.com/');
    }
</script>
<script>
    _manCard = {
        asynJs : [],
        asynLoad : function(id){
            _manCard.asynJs.push(id);
        }
    };
    window._sp_async = 1;
```

图 3.7　设置请求头所返回的 HTML 代码

3.3.2　Cookies 的获取与设置

Cookie 是服务器向客户端返回响应数据时所留下的标记，当客户端再次访问服务器时将携带这个标记。一般在实现登录一个页面时，登录成功后，会在浏览器的 Cookie 中保留一些信息，当浏览器再次访问时会携带 Cookie 中的信息，经过服务器核对后便可以确认当前用户已经登录过，此时可以直接将登录后的数据返回。

在使用爬虫获取网页登录后的数据时，除了使用模拟登录以外，还可以获取登录后的 Cookie，然后利用这个 Cookie 再次发送请求时，就能以登录用户的身份获取数据。下面以获取图 3.8 中登录后的用户名信息为例，具体实现步骤如下。

图 3.8　登录后的用户名信息

1. 模拟登录

【例 3.5】　模拟登录。（**实例位置：资源包\Code\03\05**）

在实现爬虫的模拟登录时，首选需要获取登录验证的请求地址，然后通过 POST 请求的方式将正确的用户名与密码发送至登录验证的后台地址。

（1）在火狐浏览器中打开（http://site2.rjkflm.com:666/）地址，然后单击网页中右上角的"登录"按钮，此时将弹出如图 3.9 所示的登录窗口。

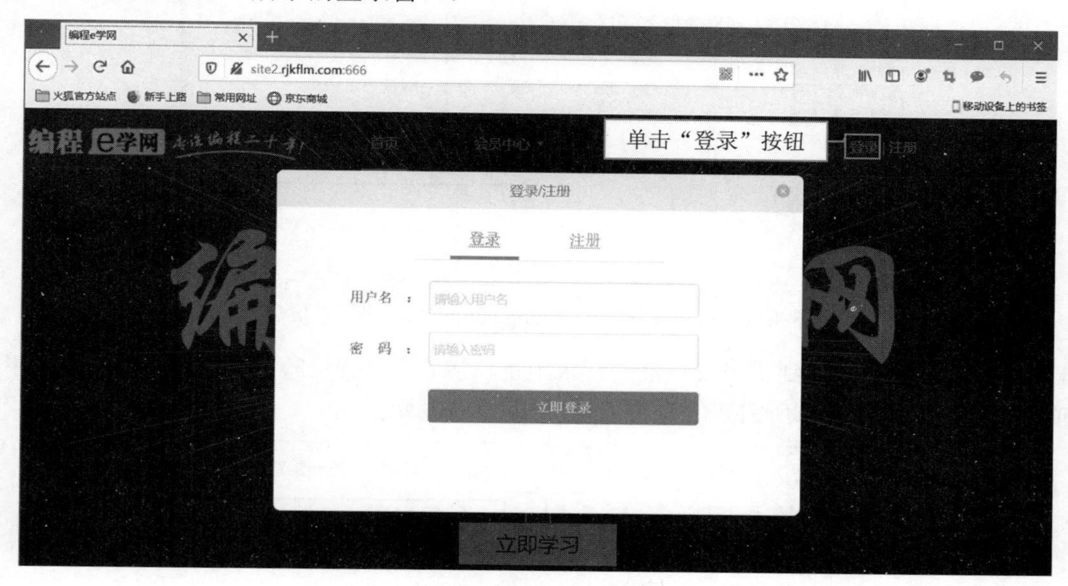

图 3.9　登录窗口

（2）按 F12 键，打开"开发者工具箱"，接着单击顶部工具栏中的"网络"，再单击右侧的设置按钮，选中"持续记录"如图 3.10 所示。

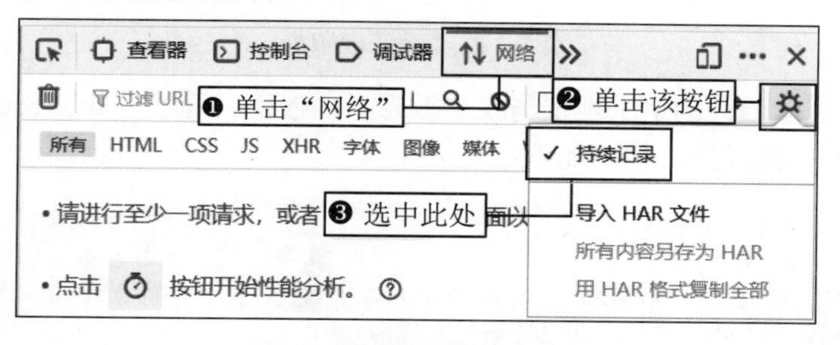

图 3.10　设置网络持续记录

（3）在登录窗口中输入正确的用户名和密码，然后单击"立即登录"按钮，接着在"开发者工具箱"的网络请求列表中找到文件名为 chklogin.html 的网络请求信息，如图 3.11 所示。

说明

该步骤中的用户名和密码，可以提前在网页的注册页面中进行注册。

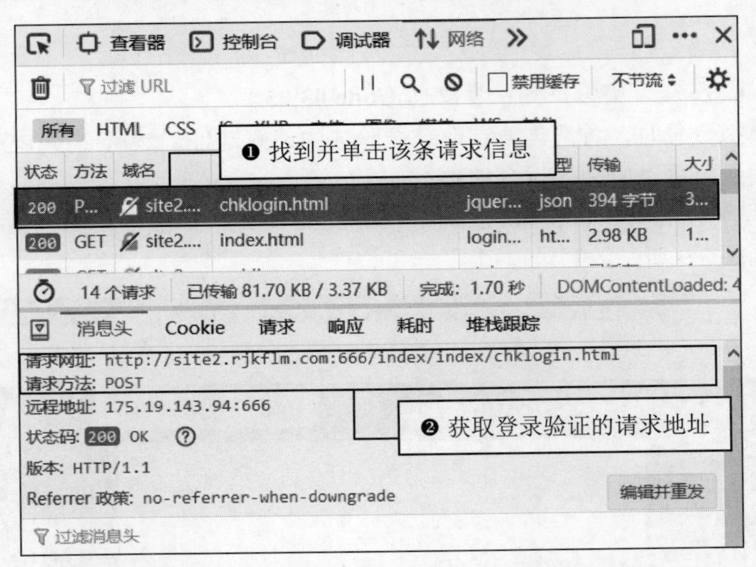

图 3.11　找到文件名为 chklogin.html 的网络请求信息

（4）在图 3.11 中已经找到了登录验证的请求地址，接着在“登录验证请求地址”的上方单击“请求”选项，获取登录验证请求所需要的表单数据，如图 3.12 所示。

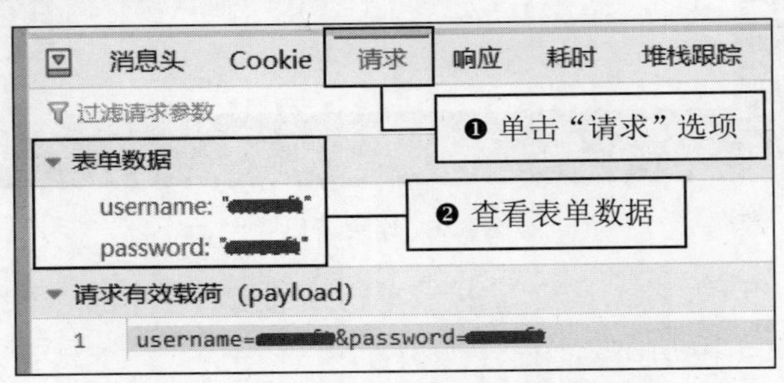

图 3.12　查看表单数据

（5）获取了网页登录验证的请求地址与表单数据后，接下来通过 urllib.request 子模块中的 POST 请求方式，实现网页的模拟登录。代码如下：

```
01  import urllib.request                                        # 导入 urllib.request 模块
02  import urllib.parse                                          # 导入 urllib.parse 模块
03  url = 'http://site2.rjkflm.com:666/index/index/chklogin.html'  # 登录请求地址
04  # 将表单数据转换为 bytes 类型，并设置编码方式为 utf-8
05  data = bytes(urllib.parse.urlencode({'username': 'mrsoft', 'password': 'mrsoft'}),encoding='utf-8')
06  # 创建 Request 对象
07  r = urllib.request.Request(url=url,data=data,method='POST')
08  response = urllib.request.urlopen(r)                         # 发送网络请求
09  print(response.read().decode('utf-8'))                       # 读取 HTML 代码并进行
```

程序运行结果如下：

```
{"status":true,"msg":"登录成功！"}
```

2．获取 Cookie

【例 3.6】　获取 Cookie。（**实例位置：资源包\Code\03\06**）

在步骤 1 中已经成功通过爬虫实现了网页的模拟登录，接下来需要实现在模拟登录的过程中获取登录成功所生成的 Cookie 信息。在获取 Cookie 信息时，首先需要创建一个 CookieJar 对象。

```
01  import urllib.request                                           # 导入 urllib.request 模块
02  import urllib.parse                                             # 导入 urllib.parse 模块
03  import http.cookiejar                                           # 导入 http.cookiejar 子模块
04  import json                                                     # 导入 json 模块
05  url = 'http://site2.rjkflm.com:666/index/index/chklogin.html'    # 登录请求地址
06  # 将表单数据转换为 bytes 类型，并设置编码方式为 utf-8
07  data = bytes(urllib.parse.urlencode({'username': 'mrsoft', 'password': 'mrsoft'}), encoding='utf-8')
08  cookie = http.cookiejar.CookieJar()                             # 创建 CookieJar 对象
09  cookie_processor = urllib.request.HTTPCookieProcessor(cookie)   # 生成 cookie 处理器
10  opener = urllib.request.build_opener(cookie_processor)          # 创建 opener
11  response = opener.open(url,data=data)                           # 发送登录请求
12  response = json.loads(response.read().decode('utf-8'))['msg']
13  if response=='登录成功！':
14      for i in cookie:                                            # 循环遍历 cookie 内容
15          print(i.name+'='+i.value)                               # 打印登录成功的 cookie 信息
```

程序运行结果如下：

```
PHPSESSID=8nar8qefd30o9vcm1ki3kavf76
```

【例 3.7】　保存 Cookie 文件。（**实例位置：资源包\Code\03\07**）

除了简单地获取登录后的 Cookie 信息以外，还可以将 Cookie 信息保存成指定的文件格式，在下次登录请求时直接读取文件中的 Cookie 信息即可。如果需要将 Cookie 信息保存为 LWP 格式的 Cookie 文件，则需要先创建 LWPCookieJar 对象，然后通过 cookie.save()方法将 Cookie 信息保存成文件。代码如下：

```
01  import urllib.request                                           # 导入 urllib.request 模块
02  import urllib.parse                                             # 导入 urllib.parse 模块
03  import http.cookiejar                                           # 导入 http.cookiejar 子模块
04  import json                                                     # 导入 json 模块
05
06  url = 'http://site2.rjkflm.com:666/index/index/chklogin.html'    # 登录请求地址
07  # 将表单数据转换为 bytes 类型，并设置编码方式为 utf-8
08  data = bytes(urllib.parse.urlencode({'username': 'mrsoft', 'password': 'mrsoft'}), encoding='utf-8')
09  cookie_file = 'cookie.txt'                                      # 保存 cookie 文件
10  cookie = http.cookiejar.LWPCookieJar(cookie_file)               # 创建 LWPCookieJar 对象
11  # 生成 cookie 处理器
12  cookie_processor = urllib.request.HTTPCookieProcessor(cookie)
13  # 创建 opener 对象
14  opener = urllib.request.build_opener(cookie_processor)
15  response = opener.open(url, data=data)                          # 发送网络请求
16  response = json.loads(response.read().decode('utf-8'))['msg']
```

```
17    if response=='登录成功！':
18        cookie.save(ignore_discard=True, ignore_expires=True)            # 保存 Cookie 文件
```

程序运行完成以后，将自动生成一个 cookie.txt 文件，文件内容如图 3.13 所示。

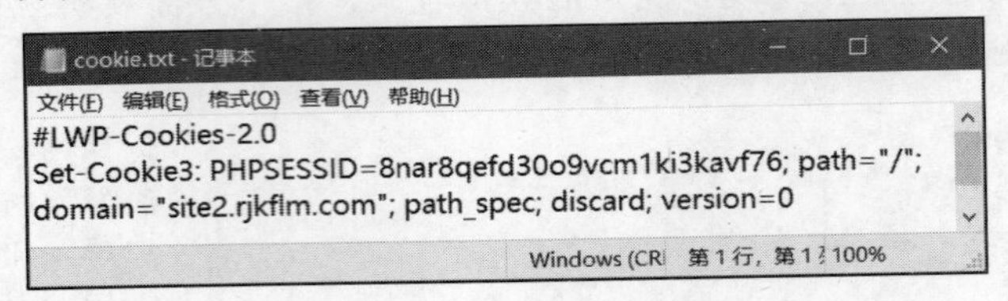

图 3.13 cookie.txt 文件内容

3．使用 Cookie

有了 Cookie 文件，接下来需要调用 cookie.load()方法来读取本地的 Cookie 文件，然后再次向登录后的页面发送请求。在“步骤 1 模拟登录”中的网络请求列表内可以看出，登录验证的请求通过后将自动向登录后的页面地址再次发送请求，如图 3.14 所示。

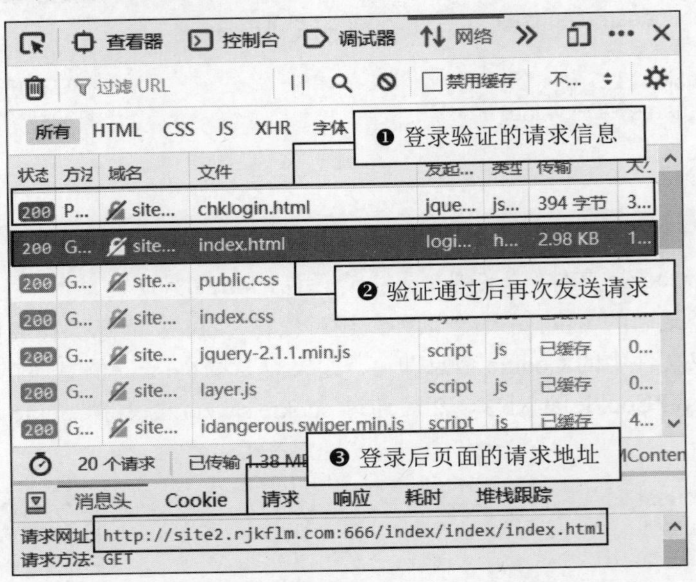

图 3.14 获取再次发送的请求地址

【例 3.8】 使用 Cookie 信息登录并获取登录后页面中的信息。（**实例位置：资源包\Code\03\08**）

拿到登录后页面的请求地址，接下来只需要使用 cookie.txt 文件中的 Cookie 信息发送请求，便可以获取登录后页面中的用户名信息。代码如下：

```
01    import urllib.request                                           # 导入 urllib.request 模块
02    import http.cookiejar                                           # 导入 http.cookiejar 子模块
03    # 登录后页面的请求地址
04    url = 'http://site2.rjkflm.com:666/index/index/index.html'
05    cookie_file = 'cookie.txt'                                      # cookie 文件
06    cookie = http.cookiejar.LWPCookieJar()                          # 创建 LWPCookieJar 对象
07    # 读取 cookie 文件内容
```

```
08  cookie.load(cookie_file,ignore_expires=True,ignore_discard=True)
09  # 生成 cookie 处理器
10  handler = urllib.request.HTTPCookieProcessor(cookie)
11  # 创建 opener 对象
12  opener = urllib.request.build_opener(handler)
13  response = opener.open(url)                                # 发送网络请求
14  print(response.read().decode('utf-8'))                     # 打印登录后页面的 HTML 代码
```

程序运行完成以后，在控制台中搜索自己注册的用户名，将自动定位登录后显示的用户名信息所对应的 HTML 代码标签，如图 3.15 所示。

```
<div class="login"> mrsoft | <a href="/index/index/logout.html">退出</a> </div>
```

图 3.15　用户名信息所对应的 HTML 代码标签

3.3.3　设置代理 IP

反爬虫技术有很多，其中较为常见的是通过客户端的 IP 判断当前请求是否为爬虫。如果在短时间内同一个 IP 访问了后台服务器的大量数据，那么此时服务器将该客服端视为爬虫。当服务器发现爬虫在访问数据时，就会对当前客户端所使用的 IP 进行临时或永久的禁用，这样使用已经禁用的 IP 是无法获取后台数据的。

解决这样的反爬虫技术需要对网络请求设置代理 IP，最好是每发送一次请求就设置一个新的代理 IP，让后台服务器永远都无法知道是谁在获取它的数据资源。

【例 3.9】　设置代理 IP。（**实例位置：资源包\Code\03\09**）

使用 urllib 模块设置代理 IP 是比较简单的，首先需要创建 ProxyHandler 对象，其参数为字典类型的代理 IP，键名为协议类型（如 HTTP 或者 HTTPS），值为代理链接。然后利用 ProxyHandler 对象与 build_opener()方法构建一个新的 opener 对象，最后再发送网络请求即可。代码如下：

```
01  import urllib.request                                      # 导入 urllib.request 模块
02  url= 'https://www.httpbin.org/get'                         # 网络请求地址
03  # 创建代理 IP
04  proxy_handler = urllib.request.ProxyHandler({
05      'https':'58.220.95.114:10053'
06  })
07  # 创建 opener 对象
08  opener = urllib.request.build_opener(proxy_handler)
09  response = opener.open(url,timeout=2)                      # 发送网络请求
10  print(response.read().decode('utf-8'))                     # 打印返回内容
```

程序运行结果如图 3.16 所示。

注意

免费代理存活的时间较短，提醒读者使用正确有效的代理 IP。

```
{
  "args": {},
  "headers": {
    "Accept-Encoding": "identity",
    "Host": "www.httpbin.org",
    "User-Agent": "Python-urllib/3.7",
    "X-Amzn-Trace-Id": "Root=1-5ee472f5-4a1852c4d31178ff8223cdfb"
  },
  "origin": "58.220.95.114",
  "url": "https://www.httpbin.org/get"
}
```

服务器将识别您的代理 IP

图 3.16　返回服务器所识别的代理 IP

3.4 异常处理

在实现网络请求时，可能会出现很多异常错误，urllib 模块中的 urllib.error 子模块包含了 URLError 与 HTTPError 两个比较重要的异常类。

【例 3.10】　处理 URLError 异常。（**实例位置：资源包\Code\03\10**）

URLError 类中提供了一个 reason 属性，可以通过这个属性了解错误的原因。例如，这里向一个根本不存在网络地址发送请求，然后调用 reason 属性查看错误原因。示例代码如下：

```
01  import urllib.request                                    # 导入 urllib.request 模块
02  import urllib.error                                      # 导入 urllib.error 模块
03  try:
04      # 向不存在的网络地址发送请求
05      response = urllib.request.urlopen('http://site2.rjkflm.com:666/123index.html')
06  except urllib.error.URLError as error:                   # 捕获异常信息
07      print(error.reason)                                  # 打印异常原因
```

程序运行结果如下：

```
Not Found
```

HTTPError 类是 URLError 类的子类，主要用于处理 HTTP 请求所出现的异常，该类有以下 3 个属性。

☑ code：返回 HTTP 状态码。

☑ reason：返回错误原因。

☑ headers：返回请求头。

【例 3.11】　使用 HTTPError 类捕获异常。（**实例位置：资源包\Code\03\11**）

使用 HTTPError 类捕获异常的示例代码如下：

```
01  import urllib.request                                    # 导入 urllib.request 模块
02  import urllib.error                                      # 导入 urllib.error 模块
03  try:
04      # 向不存在的网络地址发送请求
05      response = urllib.request.urlopen('http://site2.rjkflm.com:666/123index.html')
```

```
06        print(response.status)
07    except urllib.error.HTTPError as error:                    # 捕获异常信息
08        print('状态码为：',error.code)                          # 打印状态码
09        print('异常信息为：',error.reason)                      # 打印异常原因
10        print('请求头信息如下：\n',error.headers)               # 打印请求头
```

程序运行结果如下：

```
状态码为： 404
异常信息为： Not Found
请求头信息如下：
 Date: Mon, 15 Jun 2020 07:01:05 GMT
Server: Apache/2.4.37
X-Powered-By: PHP/7.0.1
Vary: Accept-Encoding,User-Agent
Connection: close
Transfer-Encoding: chunked
Content-Type: text/html; charset=utf-8
```

【例 3.12】　双重异常的捕获。（**实例位置：资源包\Code\03\12**）

由于 HTTPError 是 URLError 的子类，有时 HTTPError 类会有捕获不到的异常，所以可以先捕获子类 HTTPError 的异常，然后再去捕获父类 URLError 的异常，这样可以起到双重保险的作用。示例代码如下：

```
01    import urllib.request                                      # 导入 urllib.request 模块
02    import urllib.error                                        # 导入 urllib.error 模块
03    try:
04        # 向不存在的网络地址发送请求
05        response = urllib.request.urlopen('https://www.python.org/',timeout=0.1)
06    except urllib.error.HTTPError as error:                    # HTTPError 捕获异常信息
07        print('状态码为：',error.code)                          # 打印状态码
08        print('HTTPError 异常信息为：',error.reason)            # 打印异常原因
09        print('请求头信息如下：\n',error.headers)               # 打印请求头
10    except urllib.error.URLError as error:                     # URLError 捕获异常信息
11        print('URLError 异常信息为：',error.reason)
```

程序运行结果如下：

```
URLError 异常信息为： timed out
```

说明

从以上的运行结果中可以看出，此次超时（timeout）异常是由第二道防线 URLError 所捕获的。

3.5　解 析 链 接

urllib 模块中提供了 parse 子模块，主要用于解析 URL，可以实现 URL 的拆分或者是组合。它支

持如下协议的 URL 处理：file、ftp、gopher、hdl、http、https、imap、mailto、mms、news、nntp、prospero、rsync、rtsp、rtspu、sftp、shttp、sip、sips、snews、svn、svn+ssh、telnet、wais、ws、wss。

3.5.1 拆分 URL

1. urlparse()方法

parse 子模块中提供了 urlparse()方法，用于实现将 URL 分解成不同部分，其语法格式如下：

```
urllib.parse.urlparse(urlstring,scheme =' ',allow_fragments = True)
```

参数说明如下。

☑ urlstring：需要拆分的 URL，该参数为必填参数。

☑ scheme：可选参数，表示需要设置的默认协议。如果需要拆分的 URL 中没有协议（如 https、http 等），可以通过该参数设置一个默认的协议，该参数的默认值为空字符串。

☑ allow_fragments：可选参数，如果该参数设置为 False，则表示忽略 fragment 这部分内容，默认值为 True。

【例 3.13】 使用 urlparse()方法拆分 URL。（**实例位置：资源包\Code\03\13**）

使用 urlparse()方法拆分 URL 的示例代码如下：

```
01  import urllib.parse                                                    # 导入 urllib.parse 模块
02  parse_result=urllib.parse.urlparse('https://docs.python.org/3/library/urllib.parse.html')
03  print(type(parse_result))                                              # 打印类型
04  print(parse_result)                                                    # 打印拆分后的结果
```

程序运行结果如下：

```
<class 'urllib.parse.ParseResult'>
ParseResult(scheme='https', netloc='docs.python.org', path='/3/library/urllib.parse.html', params='', query='',
fragment='')
```

说明

从以上的运行结果中可以看出，调用 urlparse()方法将返回一个 ParseResult 对象，其中由 6 部分组成，scheme 表示协议，netloc 表示域名，path 表示访问的路径，params 表示参数，query 表示查询条件，fragment 表示片段标识符。

除了直接获取返回的 ParseResult 对象以外，还可以直接获取 ParseResult 对象中的每个属性值。关键代码如下：

```
01  print('scheme 值为：',parse_result.scheme)
02  print('netloc 值为：',parse_result.netloc)
03  print('path 值为：',parse_result.path)
04  print('params 值为：',parse_result.params)
05  print('query 值为：',parse_result.query)
06  print('fragment 值为：',parse_result.fragment)
```

2．urlsplit()方法

【例 3.14】　使用 urlsplit()方法拆分 URL。（**实例位置：资源包\Code\03\14**）

urlsplit()方法与urlparse()方法类似，都可以实现URL的拆分，只是urlsplit()方法不再单独拆分params这部分内容，而是将 params 合并到 path 中，所以返回的结果只有 5 部分内容，并且返回的数据类型为SplitResult。示例代码如下：

```
01  import urllib.parse                                          # 导入 urllib.parse 模块
02  # 需要拆分的 URL
03  url = 'https://docs.python.org/3/library/urllib.parse.html'
04  print(urllib.parse.urlsplit(url))                            # 使用 urlsplit()方法拆分 URL
05  print(urllib.parse.urlparse(url))                            # 使用 urlparse()方法拆分 URL
```

程序运行结果如下：

```
SplitResult(scheme='https', netloc='docs.python.org', path='/3/library/urllib.parse.html', query='', fragment='')
ParseResult(scheme='https', netloc='docs.python.org', path='/3/library/urllib.parse.html', params='', query='',
fragment='')
```

从以上的运行结果中可以看出，使用 urlsplit()方法所拆分后的 URL 将以 SplitResult 类型返回，该类型的数据既可以使用属性获取对应的值，也可以使用索引进行值的获取。示例代码如下：

```
01  import urllib.parse                                          # 导入 urllib.parse 模块
02  # 需要拆分的 URL
03  url = 'https://docs.python.org/3/library/urllib.parse.html'
04  urlsplit = urllib.parse.urlsplit(url)                        # 拆分 URL
05  print(urlsplit.scheme)                                       # 属性获取拆分后协议值
06  print(urlsplit[0])                                           # 索引获取拆分后协议值
```

3.5.2　组合 URL

1．urlunparse()方法

parse 子模块提供了拆分 URL 的方法，同样也提供了一个 urlunparse()方法实现 URL 的组合。其语法格式如下：

```
urllib.parse.urlunparse(parts)
```

参数说明如下。

☑　parts：表示用于组合 url 的可迭代对象。

【例 3.15】　使用 urlunparse()方法组合 URL。（**实例位置：资源包\Code\03\15**）

使用 urlunparse()方法组合 URL 的示例代码如下：

```
01  import urllib.parse                                          # 导入 urllib.parse 模块
02  list_url = ['https','docs.python.org','/3/library/urllib.parse.html','','','']
03  tuple_url = ('https','docs.python.org','/3/library/urllib.parse.html','','','')
04  dict_url={'scheme':'https','netloc':'docs.python.org','path':'/3/library/urllib.parse.html','params':'','query':
'','fragment':''}
```

```
05    print('组合列表类型的 URL：',urllib.parse.urlunparse(list_url))
06    print('组合元组类型的 URL：',urllib.parse.urlunparse(tuple_url))
07    print('组合字典类型的 URL：',urllib.parse.urlunparse(dict_url.values()))
```

程序运行结果如下：

```
组合列表类型的 URL：https://docs.python.org/3/library/urllib.parse.html
组合元组类型的 URL：https://docs.python.org/3/library/urllib.parse.html
组合字典类型的 URL：https://docs.python.org/3/library/urllib.parse.html
```

注意

使用 urlunparse()方法组合 URL 时，需要注意可迭代参数中的元素必须是 6 个，如果参数中元素不足 6 个，那么将出现如图 3.17 所示的错误信息。

```
Traceback (most recent call last):
  File "C:/Users/Administrator/Desktop/test/audio/demo.py", line 6, in <module>
    print('组合列表类型的URL：',urllib.parse.urlunparse(list_url))
  File "G:\Python\Python37\lib\urllib\parse.py", line 475, in urlunparse
    _coerce_args(*components))
ValueError: not enough values to unpack (expected 7, got 4)
```

图 3.17　参数元素不足的错误提示

2．urlunsplit()方法

【例 3.16】　使用 urlunsplit()方法组合 URL。（**实例位置：资源包\Code\03\16**）

urlunsplit()方法与 urlunparse()方法类似，同样是用于实现 URL 的组合，其参数也同样是一个可迭代对象，不过参数中的元素必须是 5 个。示例代码如下：

```
01    import urllib.parse                                    # 导入 urllib.parse 模块
02    list_url = ['https','docs.python.org','/3/library/urllib.parse.html','','']
03    tuple_url = ('https','docs.python.org','/3/library/urllib.parse.html','','')
04    dict_url={'scheme':'https','netloc':'docs.python.org','path':'/3/library/urllib.parse.html','query':'','fragment':''}
05    print('组合列表类型的 URL：',urllib.parse.urlunsplit(list_url))
06    print('组合元组类型的 URL：',urllib.parse.urlunsplit(tuple_url))
07    print('组合字典类型的 URL：',urllib.parse.urlunsplit(dict_url.values()))
```

程序运行结果如下：

```
组合列表类型的 URL：https://docs.python.org/3/library/urllib.parse.html
组合元组类型的 URL：https://docs.python.org/3/library/urllib.parse.html
组合字典类型的 URL：https://docs.python.org/3/library/urllib.parse.html
```

3.5.3　连接 URL

urlunparse()方法与 urlunsplit()方法可以实现 URL 的组合，而 parse 子模块还提供了一个 urljoin()方法来实现 URL 的连接。其语法格式如下：

```
urllib.parse.urljoin(base,url,allow_fragments = True)
```

参数说明如下。

☑ base：表示基础链接。

☑ url：表示新的链接。

☑ allow_fragments：可选参数，如果该参数设置为 False，那么表示忽略 fragment 这部分内容，默认值为 True。

【例 3.17】　使用 urljoin()方法连接 URL。（**实例位置：资源包\Code\03\17**）

urljoin()方法在实现 URL 连接时，base 参数只可以设置 scheme、netloc 以及 path 这 3 部分内容，如果第二个参数（url）是一个不完整的 URL，那么第二个参数的值会添加至第一个参数（base）的后面，并自动添加斜杠（/）。如果第二个参数（url）是一个完整的 URL，那么将直接返回第二个参数所对应的值。示例代码如下：

```
01  import urllib.parse                                # 导入 urllib.parse 模块
02  base_url = 'https://docs.python.org'               # 定义基础链接
03  # 第二参数不完整时
04  print(urllib.parse.urljoin(base_url,'3/library/urllib.parse.html'))
05  # 第二参数完成时，直接返回第二参数的链接
06  print(urllib.parse.urljoin(base_url,'https://docs.python.org/3/library/urllib.parse.html#url-parsing'))
```

程序运行结果如下：

```
https://docs.python.org/3/library/urllib.parse.html
https://docs.python.org/3/library/urllib.parse.html#url-parsing
```

3.5.4　URL 的编码与解码

URL 编码是 GET 请求中比较常见的，是将请求地址中的参数进行编码，尤其是对于中文参数。parse 子模提供了 urlencode()方法与 quote()方法用于实现 URL 的编码，而 unquote()方法可以实现对加密后的 URL 进行解码操作。

1．urlencode()方法

【例 3.18】　使用 urlencode()方法编码请求参数。（**实例位置：资源包\Code\03\18**）

urlencode()方法接收一个字典类型的值，所以要想将 URL 进行编码需要先将请求参数定义为字典类型，然后再调用 urlencode()方法进行请求参数的编码。示例代码如下：

```
01  import urllib.parse                                   # 导入 urllib.parse 模块
02  base_url = 'http://httpbin.org/get?'                  # 定义基础链接
03  params = {'name':'Jack','country':'中国','age':30}    # 定义字典类型的请求参数
04  url = base_url+urllib.parse.urlencode(params)         # 连接请求地址
05  print('编码后的请求地址为：',url)
```

程序运行结果如下：

```
编码后的请求地址为：http://httpbin.org/get?name=Jack&country=%E4%B8%AD%E5%9B%BD&age=30
```

说明

地址中“%E4%B8%AD%E5%9B%BD&”内容为中文（中国）转码后的效果。

2．quote()方法

【例 3.19】 使用 quote()方法编码字符串参数。（实例位置：资源包\Code\03\19）

quote()方法与 urlencode()方法所实现的功能类似，但是 urlencode()方法中只接收字典类型的参数，而 quote()方法则可以将一个字符串进行编码。示例代码如下：

```
01  import urllib.parse                                    # 导入 urllib.parse 模块
02  base_url = 'http://httpbin.org/get?country='           # 定义基础链接
03  url = base_url+urllib.parse.quote('中国')               # 字符串编码
04  print('编码后的请求地址为：',url)
```

程序运行结果如下：

```
编码后的请求地址为：http://httpbin.org/get?country=%E4%B8%AD%E5%9B%BD
```

3．unquote()方法

【例 3.20】 使用 unquote()方法解码请求参数。（实例位置：资源包\Code\03\20）

unquote()方法可以将编码后的 URL 字符串逆向解码，无论是通过 urlencode()方法，还是 quote()方法所编码的 URL 字符串都可以使用 unquote()方法进行解码。示例代码如下：

```
01  import urllib.parse                                    # 导入 urllib.parse 模块
02  u = urllib.parse.urlencode({'country':'中国'})          # 使用 urlencode 编码
03  q=urllib.parse.quote('country=中国')                    # 使用 quote 编码
04  print('urlencode 编码后结果为：',u)
05  print('quote 编码后结果为：',q)
06  print('对 urlencode 解码：',urllib.parse.unquote(u))
07  print('对 quote 解码：',urllib.parse.unquote(q))
```

程序运行结果如下：

```
urlencode 编码后结果为：country=%E4%B8%AD%E5%9B%BD
quote 编码后结果为：country%3D%E4%B8%AD%E5%9B%BD
对 urlencode 解码：country=中国
对 quote 解码：country=中国
```

3.5.5 URL 参数的转换

【例 3.21】 使用 parse_qs()方法将参数转换为字典类型。（实例位置：资源包\Code\03\21）

请求地址的 URL 是一个字符串，如果需要获取 URL 中的某个参数时，可以将 URL 中的参数部分获取并使用 parse_qs()方法将参数转换为字典类型的数据。示例代码如下：

```
01  import urllib.parse                                    # 导入 urllib.parse 模块
```

```
02  # 定义一个请求地址
03  url = 'http://httpbin.org/get?name=Jack&country=%E4%B8%AD%E5%9B%BD&age=30'
04  q = urllib.parse.urlsplit(url).query                          # 获取需要的参数
05  q_dict = urllib.parse.parse_qs(q)                             # 将参数转换为字典类型的数据
06  print('数据类型为：',type(q_dict))
07  print('转换后的数据：',q_dict)
```

程序运行结果如下：

```
数据类型为：<class 'dict'>
转换后的数据：{'name': ['Jack'], 'country': ['中国'], 'age': ['30']}
```

【例 3.22】 使用 parse_qsl()方法将参数转换为元组所组成的列表。(**实例位置：资源包\Code\03\22**)

除了 parse_qs()方法以外还有 parse_qsl()方法也可以将 url 参数进行转换，不过 parse_qsl()方法会将字符串参数转换为元组所组成的列表。示例代码如下：

```
01  import urllib.parse                                           # 导入 urllib.parse 模块
02  str_params = 'name=Jack&country=%E4%B8%AD%E5%9B%BD&age=30'    # 字符串参数
03  list_params = urllib.parse.parse_qsl(str_params)              # 将字符串参数转换为元组所组成的列表
04  print('数据类型为：',type(list_params))
05  print('转换后的数据：',list_params)
```

程序运行结果如下：

```
数据类型为：<class 'list'>
转换后的数据：[('name', 'Jack'), ('country', '中国'), ('age', '30')]
```

3.6　小　　结

本章主要介绍 Python 内置的请求模块 urllib，其中包括发送 GET 与 POST 网络请求，以及如何设置网络超时、设置请求头、获取与设置 Cookie、设置代理 IP 等比较常用的功能。除了这些常用功能以外，还介绍了通过 urllib 如何实现 URL 链接的解析工作（拆分、组合、连接等）。由于 urllib 模块是 Python 的内置模块，不需要单独安装，所以该模块是最容易使用也是最常用的网络请求模块之一。

第 4 章

请求模块 urllib3

随着互联网的不断发展，urllib 请求模块的功能已经无法满足开发者的需求，因此出现了 urllib3。

urllib3 是一个第三方的网络请求模块，在功能上要比 Python 自带的 urllib 强大。不过，由于 urllib3 是第三方的网络请求模块，所以需要单独安装该模块。本章将介绍如何使用 urllib3 模块实现网络请求以及各种复杂请求的处理工作。

4.1　urllib3 简介

urllib3 是一个功能强大，条理清晰，用于 HTTP 客户端的 Python 库，许多 Python 的原生系统已经开始使用 urllib3。urllib3 提供了很多 Python 标准库里所没有的重要特性。

☑　线程安全。

☑　连接池。

☑　客户端 SSL/TLS 验证。

☑　使用多部分编码上传文件。

☑　Helpers 用于重试请求并处理 HTTP 重定向。

☑　支持 gzip 和 deflate 编码。

☑　支持 HTTP 和 SOCKS 代理。

☑　100%的测试覆盖率。

由于 urllib3 模块为第三方模块，如果读者没有使用 Anaconda，则需要单独使用 pip 命令进行模块的安装。安装命令如下：

```
pip install urllib3
```

4.2　发送网络请求

4.2.1　GET 请求

使用 urllib3 模块发送网络请求时，首先需要创建 PoolManager 对象，通过该对象调用 request()方法来实现网络请求的发送。request()方法的语法格式如下：

```
Request(method,url,fields = None,headers = None,** urlopen_kw)
```

常用参数说明如下。

- ☑ method：必选参数，用于指定请求方式，如 GET、POST、PUT 等。
- ☑ url：必选参数，用于设置需要请求的 url 地址。
- ☑ fields：可选参数，用于设置请求参数。
- ☑ headers：可选参数，用于设置请求头。

【例 4.1】　使用 request()方法实现 GET 请求。(**实例位置：资源包\Code\04\01**)

使用 request()方法实现 GET 请求的示例代码如下：

```
01  import urllib3                                  # 导入 urllib3 模块
02  url = "http://httpbin.org/get"
03  http = urllib3.PoolManager()                    # 创建连接池管理对象
04  r = http.request('GET',url)                     # 发送 GET 请求
05  print(r.status)                                 # 打印请求状态码
```

程序运行结果如下：

```
200
```

【例 4.2】　使用 PoolManager 对象向多个服务器发送请求。(**实例位置：资源包\Code\04\02**)

一个 PoolManager 对象就是一个连接池管理对象，通过该对象可以实现向多个服务器发送请求。示例代码如下：

```
01  import urllib3                                  # 导入 urllib3 模块
02  urllib3.disable_warnings()                      # 关闭 ssl 警告
03  jingdong_url = 'https://www.jd.com/'            # 京东 url 地址
04  Python_url = 'https://www.Python.org/'          # Python url 地址
05  baidu_url = 'https://www.baidu.com/'            # 百度 url 地址
06  http = urllib3.PoolManager()                    # 创建连接池管理对象
07  r1 = http.request('GET',jingdong_url)           # 向京东地址发送 GET 请求
08  r2 = http.request('GET',Python_url)             # 向 Python 地址发送 GET 请求
09  r3 = http.request('GET',baidu_url)              # 向百度地址发送 GET 请求
10  print('京东请求状态码：',r1.status)
11  print('Python 请求状态码：',r2.status)
12  print('百度请求状态码：',r3.status)
```

程序运行结果如下：

```
京东请求状态码：200
Python 请求状态码：200
百度请求状态码：200
```

4.2.2　POST 请求

【例 4.3】　使用 request()方法实现 POST 请求。(**实例位置：资源包\Code\04\03**)

使用 urllib3 模块向服务器发送 POST 请求时并不复杂，与发送 GET 请求相似，只需要在 request()方法中将 method 参数设置为 POST，然后将 fields 参数设置为字典类型的表单参数。示例代码如下：

```
01  import urllib3                                                # 导入 urllib3 模块
02  urllib3.disable_warnings()                                    # 关闭 ssl 警告
03  url = 'https://www.httpbin.org/post'                          # post 请求测试地址
04  params = {'name':'Jack','country':'中国','age':30}             # 定义字典类型的请求参数
05  http = urllib3.PoolManager()                                  # 创建连接池管理对象
06  r = http.request('POST',url,fields=params)                    # 发送 POST 请求
07  print('返回结果：',r.data.decode('utf-8'))
```

程序运行结果如图 4.1 所示。

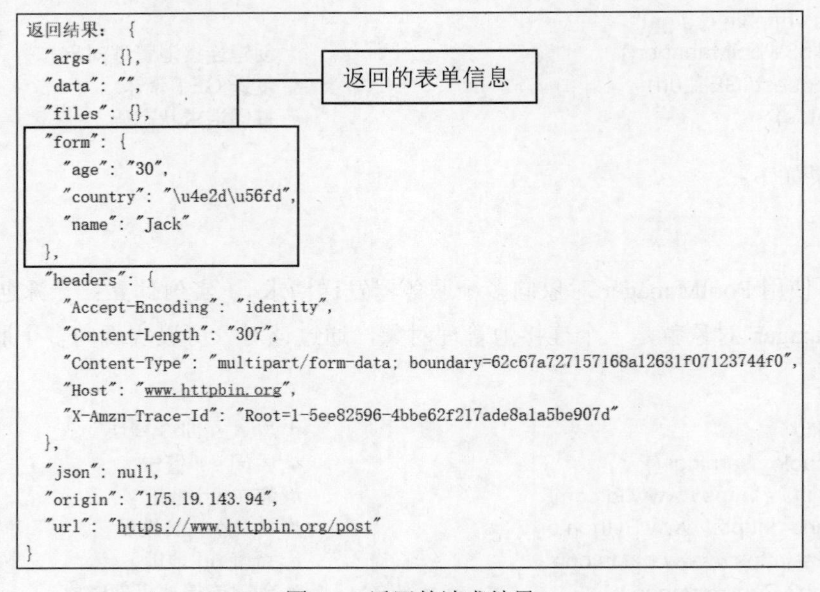

图 4.1　返回的请求结果

从图 4.1 的运行结果中可以看出，JSON 信息中的 form 对应的数据为表单参数，只是 country 所对应的并不是“中国”而是一段 unicode 编码，对于这样的情况，可以将请求结果的编码方式设置为 unicode_escape。关键代码如下：

```
print(r.data.decode('unicode_escape'))
```

编码方式设置为 unicode-escape 之后，程序运行结果，返回的表单参数内容如图 4.2 所示。

```
"form": {
  "age": "30",
  "country": "中国",
  "name": "Jack"
},
```

图 4.2　返回的表单参数

4.2.3　重试请求

【例 4.4】　通过 retries 参数设置重试请求。（**实例位置：资源包\Code\04\04**）

urllib3 可以自动重试请求，这种相同的机制还可以处理重定向。在默认情况下，request()方法的请求重试次数为 3 次，如果需要修改重试次数，那么可以设置 retries 参数。修改重试测试的示例代码如下：

```
01  import urllib3                                  # 导入 urllib3 模块
02  urllib3.disable_warnings()                      # 关闭 ssl 警告
03  url = 'https://www.httpbin.org/get'             # get 请求测试地址
04  http = urllib3.PoolManager()                    # 创建连接池管理对象
05  r = http.request('GET',url)                     # 发送 GET 请求，默认重试请求
06  r1 = http.request('GET',url,retries=5)          # 发送 GET 请求，设置 5 次重试请求
07  r2 = http.request('GET',url,retries=False)      # 发送 GET 请求，关闭重试请求
08  print('默认重试请求次数：',r.retries.total)
09  print('设置重试请求次数：',r1.retries.total)
10  print('关闭重试请求次数：',r2.retries.total)
```

程序运行结果如下：

```
默认重试请求次数：3
设置重试请求次数：5
关闭重试请求次数：False
```

4.2.4　处理响应内容

1．获取响应头

【例 4.5】　获取响应头信息。（**实例位置：资源包\Code\04\05**）

发送网络请求后，将返回一个 HTTPResponse 对象，通过该对象中的 info()方法即可获取 HTTP 响应头信息，该信息为字典（dict）类型的数据，所以需要通过 for 循环进行遍历才可清晰地看清每条响应头信息的内容。示例代码如下：

```
01  import urllib3                                  # 导入 Urllib3 模块
02  urllib3.disable_warnings()                      # 关闭 ssl 警告
03  url = 'https://www.httpbin.org/get'             # get 请求测试地址
04  http = urllib3.PoolManager()                    # 创建连接池管理对象
05  r = http.request('GET',url)                     # 发送 GET 请求，默认重试请求
06  response_header = r.info()                      # 获取响应头
07  for key in response_header.keys():              # 循环遍历打印响应头信息
08      print(key,':',response_header.get(key))
```

程序运行结果如下：

```
Date : Tue, 16 Jun 2020 07:52:27 GMT
Content-Type : application/json
```

```
Content-Length : 243
Connection : keep-alive
Server : gunicorn/19.9.0
Access-Control-Allow-Origin : *
Access-Control-Allow-Credentials : true
```

2．JSON 信息

【例 4.6】 处理服务器返回的 JSON 信息。（**实例位置：资源包\Code\04\06**）

如果服务器返回了一条 JSON 信息，而这条信息中只有某条数据为可用数据时，则可以先将返回的 JSON 数据转换为字典（dict）数据，接着直接获取指定键所对应的值即可。示例代码如下：

```
01  import urllib3                                              # 导入 Urllib3 模块
02  import json                                                 # 导入 json 模块
03  urllib3.disable_warnings()                                  # 关闭 ssl 警告
04  url = 'https://www.httpbin.org/post'                        # post 请求测试地址
05  params = {'name':'Jack','country':'中国','age':30}          # 定义字典类型的请求参数
06  http = urllib3.PoolManager()                                # 创建连接池管理对象
07  r = http.request('POST',url,fields=params)                  # 发送 POST 请求
08  j = json.loads(r.data.decode('unicode_escape'))             # 将响应数据转换为字典类型
09  print('数据类型：',type(j))
10  print('获取 form 对应的数据：',j.get('form'))
11  print('获取 country 对应的数据：',j.get('form').get('country'))
```

程序运行结果如下：

```
数据类型：<class 'dict'>
获取 form 对应的数据：{'age': '30', 'country': '中国', 'name': 'Jack'}
获取 country 对应的数据：中国
```

3．二进制数据

【例 4.7】 处理服务器返回二进制数据。（**实例位置：资源包\Code\04\07**）

如果响应数据为二进制数据，则也可以做出相应的处理。例如，响应内容为某图片的二进制数据时，则可以使用 open()函数，将二进制数据转换为图片。示例代码如下：

```
01  import urllib3                                              # 导入 urllib3 模块
02  urllib3.disable_warnings()                                  # 关闭 ssl 警告
03  url = 'http://sck.rjkflm.com:666/spider/file/Python.png'    # 图片请求地址
04  http = urllib3.PoolManager()                                # 创建连接池管理对象
05  r = http.request('GET',url)                                 # 发送网络请求
06  print(r.data)                                               # 打印二进制数据
07  f = open('Python.png','wb+')                                # 创建 open 对象
08  f.write(r.data)                                             # 写入数据
09  f.close()                                                   # 关闭
```

程序运行结果如下：

```
b'\x89PNG\r\n\x1a\n\x00\x00\x00\......'
```

以上运行结果中......为省略内容，同时项目结构路径中将自动生成 Python.png 图片，图片内容如图 4.3 所示。

图 4.3　自动生成的 Python.png 图片

4.3　复杂请求的发送

4.3.1　设置请求头

大多数的服务器都会检测请求头信息，判断当前请求是否来自浏览器的请求。使用 request()方法设置请求头信息时，只需要为 headers 参数指定一个有效的字典（dict）类型的请求头信息即可。所以在设置请求头信息前，需要在浏览器中找到一个有效的请求头信息，以火狐浏览器为例，首先按 F12 键打开“开发者工具箱”，然后单击“网络”，接着在浏览器地址栏中任意打开一个网页（如 https://www.baidu.com/），在请求列表中选中一项请求信息，最后在“消息头”中找到请求头信息。具体步骤如图 4.4 所示。

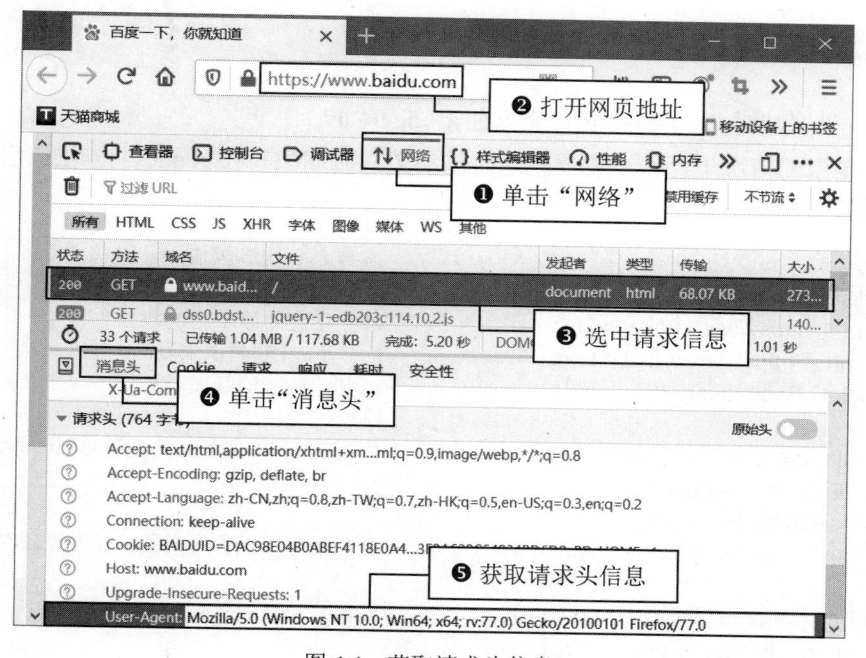

图 4.4　获取请求头信息

【例 4.8】 设置请求头。（实例位置：资源包\Code\04\08）

请求头信息获取完成以后，将 User-Agent 设置为字典（dict）数据中的键，后面的数据设置为字典（dict）中 value。示例代码如下：

```
01  import urllib3                                         # 导入 urllib3 模块
02  urllib3.disable_warnings()                             # 关闭 ssl 警告
03  url = 'https://www.httpbin.org/get'                    # get 请求测试地址
04  # 定义火狐浏览器请求头信息
05  headers = {'User-Agent':'Mozilla/5.0 (Windows NT 10.0; Win64; x64; rv:77.0) Gecko/20100101Firefox/77.0'}
06  http = urllib3.PoolManager()                           # 创建连接池管理对象
07  r = http.request('GET',url,headers=headers)            # 发送 GET 请求
08  print(r.data.decode('utf-8'))                          # 打印返回内容
```

程序运行结果如图 4.5 所示。

```
{
  "args": {},
  "headers": {
    "Accept-Encoding": "identity",
    "Host": "www.httpbin.org",
    "User-Agent": "Mozilla/5.0 (Windows NT 10.0; Win64; x64; rv:77.0) Gecko/20100101 Firefox/77.0",
    "X-Amzn-Trace-Id": "Root=1-5ee858fb-9ebb86d6d2df64c0fde475e6"
  },
  "origin": "175.19.143.94",
  "url": "https://www.httpbin.org/get"
}
```

图 4.5 查看返回的请求头信息

4.3.2 设置超时

【例 4.9】 设置超时。（实例位置：资源包\Code\04\09）

在没有特殊要求的情况下，可以将设置超时的参数与时间填写在 request()方法或者 PoolManager()实例对象中。示例代码如下：

```
01  import urllib3                                         # 导入 urllib3 模块
02  urllib3.disable_warnings()                             # 关闭 ssl 警告
03  baidu_url = 'https://www.baidu.com/'                   # 百度超时请求测试地址
04  Python_url = 'https://www.Python.org/                  # Python 超时请求测试地址
05  http = urllib3.PoolManager()                           # 创建连接池管理对象
06  try:
07      r = http.request('GET',baidu_url,timeout=0.01)     # 发送 GET 请求，并设置超时时间为 0.01 秒
08  except  Exception as error:
09      print('百度超时：',error)
10  http2 = urllib3.PoolManager(timeout=0.1)               # 创建连接池管理对象，并设置超时时间为 0.1 秒
11  try:
12      r = http2.request('GET', Python_url)               # 发送 GET 请求
13  except  Exception as error:
14      print('Python 超时：',error)
```

程序运行结果如图 4.6 所示。

```
百度超时： HTTPSConnectionPool(host='www.baidu.com', port=443): Max retries exceeded with url:
 / (Caused by ConnectTimeoutError(<urllib3.connection.VerifiedHTTPSConnection object at
 0x0000029504F19C08>, 'Connection to www.baidu.com timed out. (connect timeout=0.01)'))
Python超时： HTTPSConnectionPool(host='www.python.org', port=443): Max retries exceeded with
 url: / (Caused by ConnectTimeoutError(<urllib3.connection.VerifiedHTTPSConnection object at
 0x0000029504F26308>, 'Connection to www.python.org timed out. (connect timeout=0.1)'))
```

图 4.6　超时异常信息

如果需要更精确地设置超时，可以使用 Timeout 实例对象，在该对象中可以单独设置连接超时与读取超时。示例代码如下：

```
01  import urllib3                                        # 导入 urllib3 模块
02  from  urllib3 import Timeout                          # 导入 Timeout 类
03  urllib3.disable_warnings()                            # 关闭 ssl 警告
04  timeout=Timeout(connect=0.5, read=0.1)                # 设置连接 0.5 秒，读取 0.1 秒
05  http = urllib3.PoolManager(timeout=timeout)           # 创建连接池管理对象
06  http.request('GET','https://www.Python.org/')         # 发送请求
```

或者是

```
01  timeout=Timeout(connect=0.5, read=0.1)                          # 设置连接 0.5 秒，读取 0.1 秒
02  http = urllib3.PoolManager()                                    # 创建连接池管理对象
03  http.request('GET','https://www.Python.org/',timeout=timeout)   # 发送请求
```

4.3.3　设置代理

【例 4.10】　设置代理。（**实例位置：资源包\Code\04\10**）

在设置代理 IP 时，需要创建 ProxyManager 对象，在该对象中最好填写两个参数。一个是 proxy_url，表示需要使用的代理 IP；另一个参数为 headers，就是为了模拟浏览器请求，避免后台服务器发现。示例代码如下：

```
01  import urllib3                                        # 导入 urllib3 模块
02  url = "http://httpbin.org/ip"                         # 代理 IP 请求测试地址
03  # 定义火狐浏览器请求头信息
04  headers = {'User-Agent':'Mozilla/5.0 (Windows NT 10.0; Win64; x64; rv:77.0) Gecko/20100101 Firefox/77.0'}
05  # 创建代理管理对象
06  proxy = urllib3.ProxyManager('http://120.27.110.143:80',headers = headers)
07  r = proxy.request('get',url,timeout=2.0)              # 发送请求
08  print(r.data.decode())                                # 打印返回结果
```

程序运行结果如下：

```
{
  "origin": "120.27.110.143"
}
```

注意

免费代理存活的时间较短，提醒读者使用正确有效的代理 IP。

4.4 上 传 文 件

request()方法提供了两种比较常用的文件上传方式，一种是通过 fields 参数以元组形式分别指定文件名、文件内容以及文件类型，这种方式适合上传文本文件时使用。以上传图 4.7 所示的文本文件为例，代码如下：

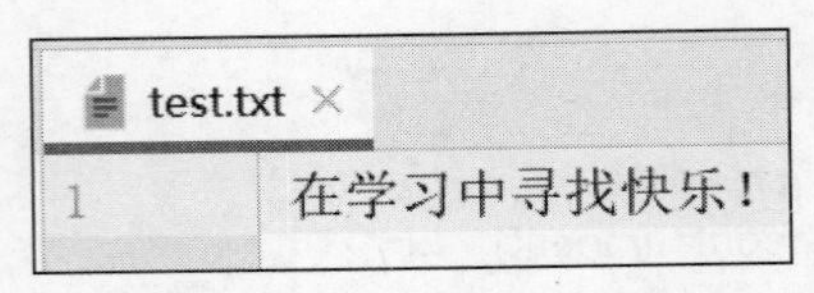

图 4.7　需要上传的文本文件

【例 4.11】　上传文本文件。（**实例位置：资源包\Code\04\11**）

```
01  import urllib3                                           # 导入 urllib3 模块
02  import json                                              # 导入 json 模块
03  with open('test.txt') as f:                              # 打开文本文件
04      data = f.read()                                      # 读取文件
05  http = urllib3.PoolManager()                             # 创建连接池管理对象
06  # 发送网络请求
07  r = http.request( 'POST','http://httpbin.org/post',fields={'filefield': ('example.txt', data),})
08  files = json.loads(r.data.decode('utf-8'))['files']      # 获取上传文件内容
09  print(files)                                             # 打印上传文本信息
```

程序运行结果如下：

```
{'filefield': '在学习中寻找快乐！'}
```

【例 4.12】　上传图片文件。（**实例位置：资源包\Code\04\12**）

如果需要上传图片，则可以使用第二种方式，在 request()方法中指定 body 参数，该参数所对应的值为图片的二进制数据，然后还需要使用 headers 参数为其指定文件类型。示例代码如下：

```
01  import urllib3                                           # 导入 urllib3 模块
02  with open('Python.jpg','rb') as f:                       # 打开图片文件
03      data = f.read()                                      # 读取文件
04  http = urllib3.PoolManager()                             # 创建连接池管理对象
05  # 发送请求
06  r = http.request('POST','http://httpbin.org/post',body = data,headers={'Content-Type':'image/jpeg'})
07  print(r.data.decode())                                   # 打印返回结果
```

程序运行结果，如图 4.8 所示。

```
{
  "args": {},
  "data": "data:application/octet-stream;base64,iVBORw0KGgoAAAANSUhE
  "files": {},
  "form": {},
  "headers": {
    "Accept-Encoding": "identity",
    "Content-Length": "6542",
    "Content-Type": "image/jpeg",
    "Host": "httpbin.org",
    "X-Amzn-Trace-Id": "Root=1-5ee96a52-92177ff46d412d248901f134"
  },
  "json": null,
  "origin": "175.19.143.94",
  "url": "http://httpbin.org/post"
}
```


上传图片文件所返回的信息

图 4.8　上传图片文件所返回的信息

由于返回的数据中 data 内容较多，所以图 4.8 中仅截取了数据中的一部分内容。

4.5　小　　结

本章介绍了比 urllib 模块更加强大的 urllib3 模块，不过，该模块是第三方模块，所以需要单独安装才可以使用。这里介绍了如何使用 urllib3 模块实现各种常用的网络请求，如 GET、POST 请求、重试请求、设置请求头、设置超时等内容。在本章学习中可以明显地感觉到使用 urllib3 模块要比 Python 自带的 urllib 模块简洁很多，在接下来的学习中我们会学习更多更方便、简洁的第三方模块。

第 5 章

请求模块 requests

requests 是 Python 中实现 HTTP 请求的一种方式，requests 是第三方模块，该模块在实现 HTTP 请求时要比 urllib、urllib3 模块简单很多，操作更加人性化。本章将主要介绍如何使用 requests 模块实现 GET、POST 请求、复杂网络请求设置以及请求中所使用的代理服务。

5.1 请求方式

由于 requests 模块为第三方模块，所以在使用 requests 模块时需要通过执行 pip install requests 代码进行该模块的安装。requests 功能特性如下。

☑ Keep-Alive &连接池。
☑ 国际化域名和URL。
☑ 带持久Cookie 的会话。
☑ 浏览器式的SSL认证。
☑ 自动内容解码。
☑ 基本/摘要式的身份认证。
☑ 优雅的 key/value Cookie。
☑ 自动解压。
☑ Unicode 响应体。
☑ HTTP(S)代理支持。
☑ 文件分块上传。
☑ 流下载。
☑ 连接超时。
☑ 分块请求。
☑ 支持.netrc。

说明

如果使用了 Anaconda，则不需要单独安装 requests 模块。

5.1.1　GET 请求

【例 5.1】　实现不带参数的 GET 网络请求。（**实例位置：资源包\Code\05\01**）

最常用的 HTTP 请求方式分别为 GET 和 POST，在使用 requests 模块实现 GET 请求时可以使用两种方式来实现，一种带参数，另一种为不带参数，以百度为例实现不带参数的网络请求。代码如下：

```
01  import requests                                          # 导入网络请求模块 requests
02
03  # 发送网络请求
04  response = requests.get('https://www.baidu.com')
05  print('响应状态码为：',response.status_code)              # 打印状态码
06  print('请求的网络地址为：',response.url)                  # 打印请求 url
07  print('头部信息为：',response.headers)                    # 打印头部信息
08  print('cookie 信息为：',response.cookies)                 # 打印 cookie 信息
```

程序运行结果如图 5.1 所示。

```
响应状态码为： 200
请求的网络地址为： https://www.baidu.com/
头部信息为： {'Cache-Control': 'private, no-cache, no-store,
 proxy-revalidate, no-transform', 'Connection': 'keep-alive',
 'Content-Encoding': 'gzip', 'Content-Type': 'text/html', 'Date':
 'Wed, 11 Mar 2020 07:28:06 GMT', 'Last-Modified': 'Mon, 23 Jan 2017
 13:23:55 GMT', 'Pragma': 'no-cache', 'Server': 'bfe/1.0.8.18',
 'Set-Cookie': 'BDORZ=27315; max-age=86400; domain=.baidu.com;
 path=/', 'Transfer-Encoding': 'chunked'}
cookie信息为： <RequestsCookieJar[<Cookie BDORZ=27315 for .baidu.com/>]>
```

图 5.1　实现不带参数的网络请求

5.1.2　对响应结果进行 utf-8 编码

【例 5.2】　获取请求地址所对应的网页源码。（**实例位置：资源包\Code\05\02**）

当响应状态码为 200 时说明本次网络请求已经成功，此时可以获取请求地址所对应的网页源码，代码如下：

```
01  import requests                                          # 导入网络请求模块 requests
02
03  # 发送网络请求
04  response = requests.get('https://www.baidu.com/')
05  response.encoding='utf-8'                                # 对响应结果进行 utf-8 编码
06  print(response.text)                                     # 以文本形式打印网页源码
```

程序运行结果如图 5.2 所示。

```
<!DOCTYPE html>
<!--STATUS OK--><html> <head><meta http-equiv=content-type content=text/html;charset=utf-8><meta http-equiv=X-UA-Compatible
content=IE=Edge><meta content=always name=referrer><link rel=stylesheet type=text/css href=https://ss1.bdstatic
.com/5eN1bjq8AAUYm2zgoY3K/r/www/cache/bdorz/baidu.min.css><title>百度一下，你就知道</title></head> <body link=#0000cc> <div
id=wrapper> <div id=head> <div class=head_wrapper> <div class=s_form> <div class=s_form_wrapper> <div id=lg> <img
hidefocus=true src=//www.baidu.com/img/bd_logo1.png width=270 height=129> </div> <form id=form name=f action=//www.baidu
.com/s class=fm> <input type=hidden name=bdorz_come value=1> <input type=hidden name=ie value=utf-8> <input type=hidden
name=f value=8> <input type=hidden name=rsv_bp value=1> <input type=hidden name=rsv_idx value=1> <input type=hidden name=tn
value=baidu><span class="bg s_ipt_wr"><input id=kw name=wd class=s_ipt value maxlength=255 autocomplete=off
autofocus=autofocus></span><span class="bg s_btn_wr"><input type=submit id=su value=百度一下 class="bg s_btn"
autofocus></span> </form> </div> </div> <div id=u1> <a href=http://news.baidu.com name=tj_trnews class=mnav>新闻</a> <a
href=https://www.hao123.com name=tj_trhao123 class=mnav>hao123</a> <a href=http://map.baidu.com name=tj_trmap class=mnav>地
图</a> <a href=http://v.baidu.com name=tj_trvideo class=mnav>视频</a> <a href=http://tieba.baidu.com name=tj_trtieba
class=mnav>贴吧</a> <noscript> <a href=http://www.baidu.com/bdorz/login.gif?login&amp;tpl=mn&amp;u=http%3A%2F%2Fwww.baidu
.com%2f%3fbdorz_come%3d1 name=tj_login class=lb>登录</a> </noscript> <script>document.write('<a href="http://www.baidu
.com/bdorz/login.gif?login&tpl=mn&u='+ encodeURIComponent(window.location.href+ (window.location.search === "" ? "?" : "&")+
"bdorz_come=1")+ '" name="tj_login" class="lb">登录</a>');
        </script> <a href=//www.baidu.com/more/ name=tj_briicon class=bri style="display: block;">更多产品</a> </div>
</div> </div> <div id=ftCon> <div id=ftConw> <p id=lh> <a href=http://home.baidu.com>关于百度</a> <a href=http://ir.baidu
.com>About Baidu</a> </p> <p id=cp>&copy;2017 Baidu <a href=http://www.baidu.com/duty/>使用百度前必读</a>  <a
href=http://jianyi.baidu.com/ class=cp-feedback>意见反馈</a> 京ICP证030173号  <img src=//www.baidu.com/img/gs
.gif> </p> </div> </div> </div> </body> </html>
```

图 5.2　获取请求地址所对应的网页源码

注意

在没有对响应内容进行 utf-8 编码时，网页源码中的中文信息可能会出现如图 5.3 所示的乱码。

```
<!DOCTYPE html>
<!--STATUS OK--><html> <head><meta http-equiv=content-type content=text/html;charset=utf-8><meta http-equiv=X-UA-Compatible
content=IE=Edge><meta content=always name=referrer><link rel=stylesheet type=text/css href=https://ss1.bdstatic
.com/5eN1bjq8AAUYm2zgoY3K/r/www/cache/bdorz/baidu.min.css><title>ç ¾åº¦ä¸ ä¸ ï¼ ä½ å°± ç¥ é </title></head> <body
link=#0000cc> <div id=wrapper> <div id=head> <div class=head_wrapper> <div class=s_form> <div class=s_form_wrapper> <div
```

图 5.3　中文乱码

5.1.3　爬取二进制数据

【例 5.3】　下载百度首页中的 logo 图片。（**实例位置：资源包\Code\05\03**）

使用 requests 模块中的 get 函数不仅可以获取网页中的源码信息，还可以获取二进制文件。但是在获取二进制文件时，需要使用 Response.content 属性获取 bytes 类型的数据，然后将数据保存在本地文件中。例如下载百度首页中的 logo 图片即可使用如下代码：

```
01  import requests                                          # 导入网络请求模块 requests
02
03  # 发送网络请求
04  response = requests.get('https://www.baidu.com/img/bd_logo1.png?where=super')
05  print(response.content)                                  # 打印二进制数据
06  with open('百度 logo.png','wb')as f:                      # 通过 open 函数将二进制数据写入本地文件
07      f.write(response.content)                            # 写入
```

程序运行后打印的二进制数据如图 5.4 所示。程序运行后，当前目录下将自动生成如图 5.5 所示的“百度 logo.png”图片。

```
b'\x89PNG\r\n\x1a\n\x00\x00\x00\rIHDR\x00\x00\x02\x1c\x00\x00
\x01\x02\x08\x03\x00\x00\x00\x82\x14\xfe8\x00\x00\x00\tpHYs
\x00\x00\x0b\x13\x00\x00\x0b\x13\x01\x00\x9a\x9c\x18\x00\x00
\nMiCCPPhotoshop ICC profile\x00\x00x\xda\x9dSwX\x93\xf7\x16
>\xdf\xf7e\x0fVB\xd8\xf0\xb1\x971\x81\x00"#\xac\x08\xc8\x10Y
\xa2\x10\x92\x00a\x84\x10\x12@\xc5\x85\x88\nV\x14\x15\x11
\x9cHU\xc4\x82\xd5\nH\x9d\x88\xe2\xa0
```


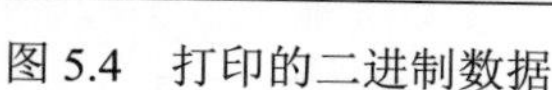

图 5.4　打印的二进制数据

图 5.5　百度 logo 图片

5.1.4　GET（带参）请求

1．实现请求地址带参

如果需要为 GET 请求指定参数时，则可以直接将参数添加在请求地址 URL 的后面，然后用问号（?）进行分隔，如果一个 URL 地址中有多个参数，参数之间用（&）进行连接。GET（带参）请求代码如下：

```
01  import requests                                              # 导入网络请求模块 requests
02
03  # 发送网络请求
04  response = requests.get('http://httpbin.org/get?name=Jack&age=30')
05  print(response.text)                                         # 打印响应结果
```

程序运行结果如图 5.6 所示。


```
{
  "args": {
    "age": "30",
    "name": "Jack"
  },
  "headers": {
    "Accept": "*/*",
    "Accept-Encoding": "gzip, deflate",
    "Host": "httpbin.org",
    "User-Agent": "python-requests/2.20.1",
    "X-Amzn-Trace-Id": "Root=1-5e68a400-d84b38d07031a2c5bcdacef7"
  },
  "origin": "42.101.67.234",
  "url": "http://httpbin.org/get?name=Jack&age=30"
}
```


图 5.6　输出的响应结果

这里通过 http://httpbin.org/get 网站进行演示，该网站可以作为练习网络请求的一个站点使用，该网站可以模拟各种请求操作。

2．配置 params 参数

requests 模块提供了传递参数的方法，允许使用 params 关键字参数，以一个字符串字典来提供这些参数。例如，想传递 key1=value1 和key2=value2 到 httpbin.org/get，那么可以使用如下代码：

```
01  import requests                                              # 导入网络请求模块 requests
02
03  data = {'name':'Michael','age':'36'}                          # 定义请求参数
```

```
04  # 发送网络请求
05  response = requests.get('http://httpbin.org/get',params=data)
06  print(response.text)                                          # 打印响应结果
```

程序运行结果如图 5.7 所示。

```
{
  "args": {
    "age": "36",
    "name": "Michael"
  },
  "headers": {
    "Accept": "*/*",
    "Accept-Encoding": "gzip, deflate",
    "Host": "httpbin.org",
    "User-Agent": "python-requests/2.20.1",
    "X-Amzn-Trace-Id": "Root=1-5e6988c8-0e03e2fa94fa7b9357bd083d"
  },
  "origin": "139.215.226.29",
  "url": "http://httpbin.org/get?name=Michael&age=36"
}
```

图 5.7　输出的响应结果

5.1.5　POST 请求

【例 5.4】　实现 POST 请求。（**实例位置：资源包\Code\05\04**）

POST 请求方式也叫作提交表单，表单中的数据内容就是对应的请求参数。使用 requests 模块实现 POST 请求时需要设置请求参数 data。POST 请求的代码如下：

```
01  import requests                                   # 导入网络请求模块 requests
02  import json                                       # 导入 json 模块
03
04  # 字典类型的表单参数
05  data = {'1': '能力是有限的，而努力是无限的。',
06          '2':'星光不问赶路人，时光不负有心人。'}
07  # 发送网络请求
08  response = requests.post('http://httpbin.org/post',data=data)
09  response_dict = json.loads(response.text)         # 将响应数据转换为字典类型
10  print(response_dict)                              # 打印转换后的响应数据
```

程序运行结果如图 5.8 所示。

```
{'args': {}, 'data': '', 'files': {},
'form': {'1': '能力是有限的，而努力是无限的。
', '2': '星光不问赶路人，时光不负有心人。'},
'headers': {'Accept': '*/*',
'Accept-Encoding': 'gzip, deflate',
'Content-Length': '284', 'Content-Type':
'application/x-www-form-urlencoded',
'Host': 'httpbin.org', 'User-Agent':
'python-requests/2.20.1',
'X-Amzn-Trace-Id':
'Root=1-5e699d93-e635dad2bfd5e75ee39d2af0
'}, 'json': None, 'origin': '42.101.67
.234', 'url': 'http://httpbin.org/post'}
```

图 5.8　输出的响应结果

说明

POST 请求中 data 参数的数据格式也可以是列表、元组或者是 JSON。参数代码如下：

```
01    # 元组类型的表单数据
02    data = (('1','能力是有限的，而努力是无限的。'),
03            ('2','星光不问赶路人，时光不负有心人。'))
04    # 列表类型的表单数据
05    data = [('1','能力是有限的，而努力是无限的。'),
06            ('2','星光不问赶路人，时光不负有心人。')]
07    # 字典类型的表单参数
08    data = {'1': '能力是有限的，而努力是无限的。',
09            '2':'星光不问赶路人，时光不负有心人。'}
10    # 将字典类型转换为 JSON 类型的表单数据
11    data = json.dumps(data)
```

注意

requests 模块中 GET 与 POST 请求的参数分别是 params 和 data，所以不要将两种参数填写错误。

5.2　复杂的网络请求

在使用 requests 模块实现网络请求时，不只有简单的 GET 与 POST。还有复杂的请求头、Cookies 以及网络超时等。不过，requests 模块将这一系列复杂的请求方式进行了简化，只要在发送请求时设置对应的参数即可实现复杂的网络请求。

5.2.1　添加请求头 headers

【例 5.5】　添加请求头。（**实例位置：资源包\Code\05\05**）

有时在请求一个网页内容时，发现无论通过 GET 或者 POST 以及其他请求方式，都会出现 403 错误。这种现象多数为服务器拒绝了访问，因为这些网页为了防止恶意采集信息，所以使用了反爬虫设置。此时可以通过模拟浏览器的头部信息来进行访问，这样就能解决以上反爬设置的问题。下面介绍 requests 模块添加请求头的方式，代码如下：

```
01  import requests                                      # 导入网络请求模块 requests
02
03  url = 'https://www.baidu.com/'                       # 创建需要爬取网页的地址
04  # 创建头部信息
05  headers = {'User-Agent':'Mozilla/5.0 (Windows NT 10.0; Win64; x64; rv:72.0) Gecko/20100101 Firefox/72.0'}
06  response  = requests.get(url, headers=headers)      # 发送网络请求
07  print(response.status_code)                          # 打印响应状态码
```

程序运行结果如下：

```
200
```

5.2.2 验证 Cookies

【例 5.6】 通过验证 Cookies 模拟豆瓣登录。(**实例位置：资源包\Code\05\06**)

在爬取某些数据时，需要进行网页的登录，才可以进行数据的抓取工作。Cookies 登录就像很多网页中的自动登录功能一样，可以让用户在第二次登录时，在不需要验证账号和密码的情况下进行登录。在使用 requests 模块实现 Cookies 登录时，首先需要在浏览器的开发者工具页面中找到可以实现登录的 Cookies 信息，然后将 Cookies 信息处理并添加至 RequestsCookieJar 的对象中，最后将 RequestsCookieJar 对象作为网络请求的 Cookies 参数，发送网络请求即可。以获取豆瓣网页登录后的用户名为例，具体步骤如下。

(1) 在谷歌浏览器中打开豆瓣网页地址（https://www.douban.com/），然后按 F12 键打开网络监视器，选择“密码登录”输入“手机号/邮箱”与“密码”，然后单击“登录豆瓣”，网络监视器将显示如图 5.9 所示的数据变化。

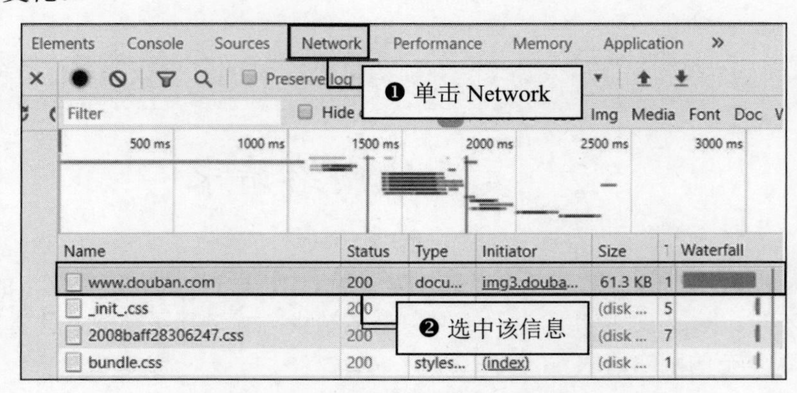

图 5.9 网络监视器的数据变化

(2) 在 Headers 选项中选中 Request Headers 选项，获取登录后的 Cookie 信息，如图 5.10 所示。

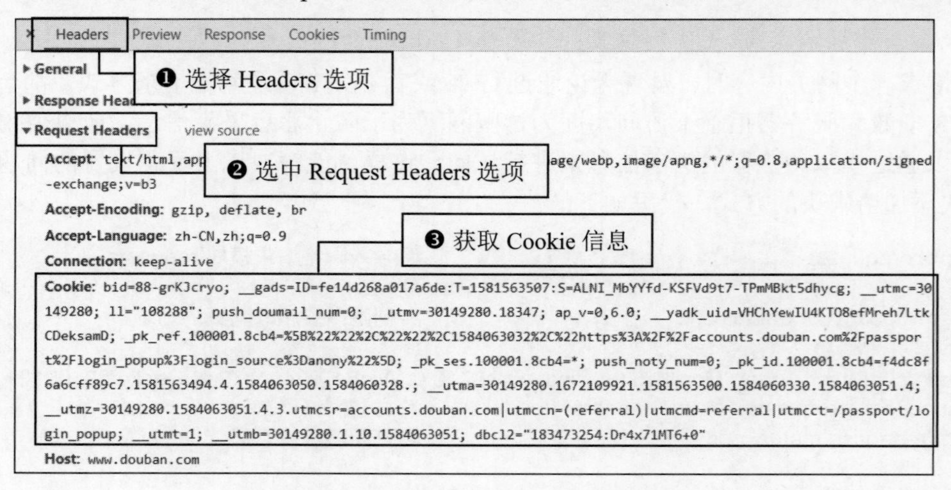

图 5.10 找到登录后网页中的 Cookie 信息

（3）导入相应的模块，将“找到登录后网页中的 Cookie 信息”以字符串形式保存，然后创建 RequestsCookieJar()对象并对 Cookie 信息进行处理，最后将处理后的 RequestsCookieJar()对象作为网络请求参数，实现网页的登录请求。代码如下：

```
01  import requests                                      # 导入网络请求模块
02  from lxml import etree                               # 导入 lxml 模块
03
04  cookies = '此处填写登录后网页中的 cookie 信息'
05  headers = {'Host': 'www.douban.com',
06             'Referer': 'https://www.hao123.com/',
07             'User-Agent': 'Mozilla/5.0 (Windows NT 10.0; Win64; x64) '
08                           'AppleWebKit/537.36 (KHTML, like Gecko) '
09                           'Chrome/72.0.3626.121 Safari/537.36'}
10  # 创建 RequestsCookieJar 对象，用于设置 cookies 信息
11  cookies_jar = requests.cookies.RequestsCookieJar()
12  for cookie in cookies.split(';'):
13      key, value = cookie.split('=', 1)
14      cookies_jar.set(key, value)                      # 将 cookies 保存在 RequestsCookieJar 中
15  # 发送网络请求
16  response = requests.get('https://www.douban.com/',
17  headers=headers, cookies=cookies_jar)
18  if response.status_code == 200:                      # 请求成功时
19      html = etree.HTML(response.text)                 # 解析 HTML 代码
20      # 获取用户名
21      name = html.xpath('//*[@id="db-global-nav"]/div/div[1]/ul/li[2]/a/span[1]/text()')
22      print(name[0])                                   # 打印用户名
```

程序运行结果如下：

```
阿四 sir 的账号
```

5.2.3　会话请求

在实现获取某个登录后页面的信息时，可以使用设置 Cookies 的方式先实现模拟登录，然后再获取登录后页面的信息内容。这样虽然可以成功地获取页面中的信息，但是比较烦琐。

【例 5.7】 实现会话请求。（**实例位置：资源包\Code\05\07**）

requests 模块中提供了 Session 对象，通过该对象可以实现在同一会话内发送多次网络请求，这相当于在浏览器中打开了一个新的选项卡。此时再获取登录后页面中的数据时，可以发送两次请求，第一次发送登录请求，第二次请求就可以在不设置 Cookies 的情况下获取登录后的页面数据。示例代码如下：

```
01  import requests                                      # 导入 requests 模块
02  s = requests.Session()                               # 创建会话对象
```

```
03    data={'username': 'mrsoft', 'password': 'mrsoft'}              # 创建用户名、密码的表单数据
04    # 发送登录请求
05    response =s.post('http://site2.rjkflm.com:666/index/index/chklogin.html',data=data)
06    response2=s.get('http://site2.rjkflm.com:666')                 # 发送登录后页面请求
07    print('登录信息：',response.text)                                 # 打印登录信息
08    print('登录后页面信息如下:\n',response2.text)                     # 打印登录后的页面信息
```

程序运行结果如图 5.11 所示。

```
登录信息： {"status":true,"msg":"登录成功！"}
登录后页面信息如下:
 <!DOCTYPE html>
<html lang="en">
<head>
<meta http-equiv="Content-Type" content="text/html; charset=UTF-8">
<meta name="keywords" content="明日科技,thinkphp5.0,编程e学网" />
<meta name="description" content="明日科技,thinkphp5.0,编程e学网" />
<title>编程e学网</title>
<link rel="shortcut icon" href="favicon.ico">
```

图 5.11　登录后的请求结果

5.2.4　验证请求

在访问页面时，可能会出现如图 5.12 所示的验证页面，然后输入用户名与密码后才可以访问如图 5.13 所示的页面数据。

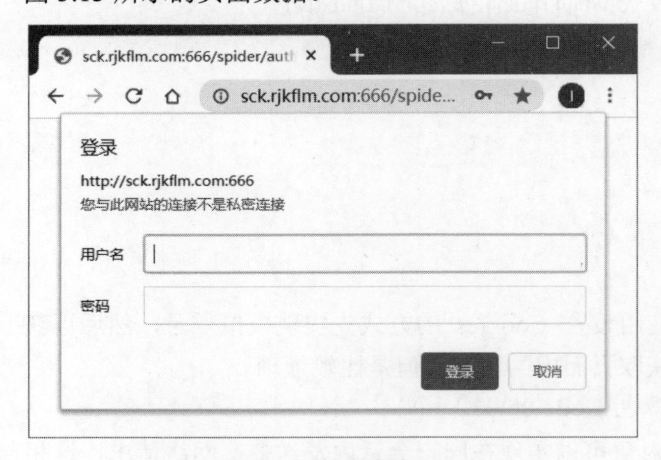

图 5.12　验证页面

图 5.13　验证后的页面

【例 5.8】　验证请求。（**实例位置：资源包\Code\05\08**）

requests 模块自带了验证功能，只需要在请求方法中填写 auth 参数，该参数的值是一个带有验证参数（用户名与密码）的 HTTPBasicAuth 对象。示例代码如下：

```
01    import requests                                                # 导入 requests 模块
```

```
02  from requests.auth import HTTPBasicAuth              # 导入 HTTPBasicAuth 类
03  # 定义请求地址
04  url = 'http://sck.rjkflm.com:666/spider/auth/'
05  ah = HTTPBasicAuth('admin','admin')                  # 创建 HTTPBasicAuth 对象，参数为用户名与密码
06  response = requests.get(url=url,auth=ah)             # 发送网络请求
07  if response.status_code==200:                        # 如果请求成功
08      print(response.text)                             # 打印验证后的 HTML 代码
```

程序运行结果如图 5.14 所示。

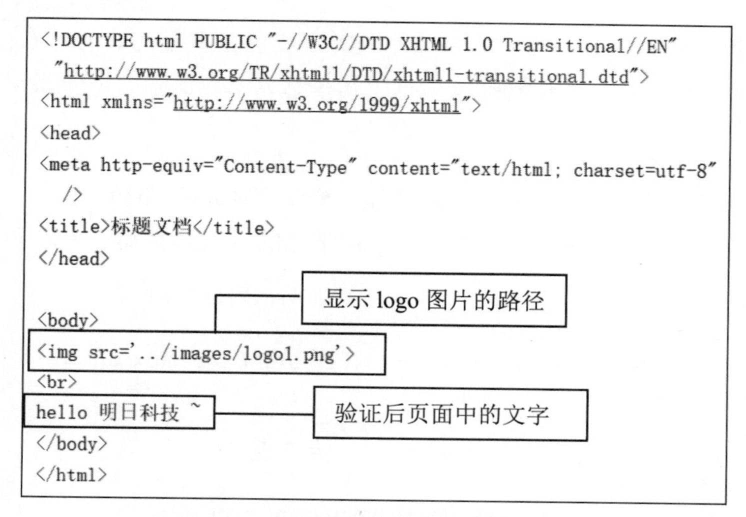

图 5.14　验证后页面中的 HTML 代码

5.2.5　网络超时与异常

【例 5.9】　演示网络超时与异常。（**实例位置：资源包\Code\05\09**）

在访问一个网页时，如果该网页长时间未响应，那么系统就会判断该网页超时，从而无法打开网页。下面通过代码来模拟一个网络超时的现象，代码如下：

```
01  import requests                                      # 导入网络请求模块
02  # 循环发送请求 50 次
03  for a in range(0, 50):
04      try:                                             # 捕获异常
05          # 设置超时为 0.5 秒
06          response = requests.get('https://www.baidu.com/', timeout=0.1)
07          print(response.status_code)                  # 打印状态码
08      except Exception as e:                           # 捕获异常
09          print('异常'+str(e))                          # 打印异常信息
```

程序运行结果如图 5.15 所示。

```
200
200
200
异常HTTPSConnectionPool(host='www.baidu.com', port=443): Read timed out. (read timeout=0.1)
200
200
200
```

图 5.15　超时异常信息

说明

在上面的代码中，模拟进行了 50 次循环请求，并且设置了超时的时间为 0.1 秒，在 0.1 秒内服务器未做出响应将视为超时，所以将超时信息打印在控制台中。根据以上的模拟测试结果，可以确认在不同的情况下设置不同的 timeout 值。

【例 5.10】　识别网络异常的分类。（**实例位置：资源包\Code\05\10**）

说起网络异常信息，requests 模块同样提供了 3 种常见的网络异常类，代码如下：

```
01  import requests                                             # 导入网络请求模块
02  # 导入 requests.exceptions 模块中的 3 种异常类
03  from requests.exceptions import ReadTimeout,HTTPError,RequestException
04  # 循环发送请求 50 次
05  for a in range(0, 50):
06      try:                                                    # 捕获异常
07          # 设置超时为 0.5 秒
08          response = requests.get('https://www.baidu.com/', timeout=0.1)
09          print(response.status_code)                         # 打印状态码
10      except ReadTimeout:                                     # 超时异常
11          print('timeout')
12      except HTTPError:                                       # HTTP 异常
13          print('httperror')
14      except RequestException:                                # 请求异常
15          print('reqerror')
```

5.2.6　上传文件

【例 5.11】　上传图片文件。（**实例位置：资源包\Code\05\11**）

使用 requests 模块实现向服务器上传文件也是很简单的，只需要指定 post()函数中的 files 参数即可。files 参数可以指定一个 BufferedReader 对象，该对象可以使用内置的 open()函数返回。使用 requests 模块实现上传文件的代码如下：

```
01  import requests                                         # 导入网络请求模块
02  bd = open('百度 logo.png','rb')                          # 读取指定文件
03  file = {'file':bd}                                      # 定义需要上传的图片文件
04  # 发送上传文件的网络请求
05  response = requests.post('http://httpbin.org/post',files = file)
06  print(response.text)                                    # 打印响应结果
```

程序运行结果如图 5.16 所示。


```
{
  "args": {},
  "data": "",
  "files": {
    "file": "data:application/octet-stream;base64,iVBORw0KGgoAAAA...="
  },
  "form": {},
  "headers": {
    "Accept": "*/*",
    "Accept-Encoding": "gzip, deflate",
    "Content-Length": "8045",
    "Content-Type":"multipart/form-data;
boundary=2e8a5c71d31d768bcc1a6434e654b27c",
    "Host": "httpbin.org",
    "User-Agent": "python-requests/2.20.1",
    "X-Amzn-Trace-Id": "Root=1-5e6f2da8-fe55afa26aa1338be33cbbee"
  },
  "json": null,
  "origin": "139.214.246.63",
  "url": "http://httpbin.org/post"
}
```


图 5.16　例 5.11 程序运行结果

说明

从图 5.16 所示的程序运行结果中可以看出，提交的图片文件（二进制数据）被指定在 files 中，从框内 file 对应的数据中可以发现，post()函数将上传的文件转换成了 base64 的编码形式。

注意

程序运行结果中框内尾部的...为省略部分。

5.3　代 理 服 务

5.3.1　代理的应用

【例 5.12】　通过代理发送请求。（**实例位置：资源包\Code\05\12**）

在爬取网页的过程中，经常会出现不久前可以爬取的网页现在无法爬取的情况，这是因为 IP 被爬取网站的服务器所屏蔽了。此时代理服务可以解决这一麻烦，在设置代理时，首先需要找到代理地址，如 117.88.176.38，对应的端口号为 3000，完整的格式为 117.88.176.38:3000。代码如下：

```
01  import requests                                    # 导入网络请求模块
02  # 头部信息
```

```
03  headers = {'User-Agent': 'Mozilla/5.0 (Windows NT 10.0; Win64; x64) '
04                           'AppleWebKit/537.36 (KHTML, like Gecko) '
05                           'Chrome/72.0.3626.121 Safari/537.36'}
06  proxy = {'http': 'http://117.88.176.38:3000',
07           'https': 'https://117.88.176.38:3000'}                  # 设置代理 IP 与对应的端口号
08  try:
09      # 对需要爬取的网页发送请求，verify=False 不验证服务器的 SSL 证书
10      response = requests.get('http://2020.ip138.com', headers= headers,proxies=proxy,verify=False, timeout=3)
11      print(response.status_code)                                   # 打印响应状态码
12  except Exception as e:
13      print('错误异常信息为：',e)                                    # 打印异常信息
```

注意

由于示例中代理 IP 是免费的，所以使用的时间不固定，超出使用的时间范围内该地址将失效。在地址失效时或者地址错误时，控制台将显示如图 5.17 所示的异常信息。

```
错误异常信息为： HTTPConnectionPool(host='222.128.9.235', port=59593):
 Max retries exceeded with url: http://2020.ip138.com/ (Caused by
 ProxyError('Cannot connect to proxy.', NewConnectionError('<urllib3
 .connection.HTTPConnection object at 0x000001FA699DA0C8>: Failed to
 establish a new connection: [WinError 10061] 由于目标计算机积极拒绝，
 无法连接。')))
```

图 5.17　代理地址失效或错误所提示的异常信息

5.3.2　获取免费的代理 IP

【例 5.13】　获取免费的代理 IP。（**实例位置：资源包\Code\05\13**）

为了避免爬取目标网页的后台服务器，对我们实施封锁 IP 的操作。我们可以每发送一次网络请求更换一个 IP，从而降低被发现的风险。其实在获取免费的代理 IP 之前，需要先找到提供免费代理 IP 的网页，然后通过爬虫技术将大量的代理 IP 提取并保存至文件中。以某免费代理 IP 网页为例，实现代码如下：

```
01  import requests                                          # 导入网络请求模块
02  from lxml import etree                                   # 导入 HTML 解析模块
03  import pandas as pd                                      # 导入 pandas 模块
04
05  # 头部信息
06  headers = {'User-Agent': 'Mozilla/5.0 (Windows NT 10.0; Win64; x64) '
07                           'AppleWebKit/537.36 (KHTML, like Gecko) '
08                           'Chrome/72.0.3626.121 Safari/537.36'}
09  # 发送网络请求
10  response = requests.get('https://www.xicidaili.com/nn/', headers=headers)
11  response.encoding = 'utf-8'                              # 设置编码方式
12  if response.status_code == 200:                          # 判断请求是否成功
13      html = etree.HTML(response.text)                     # 解析 HTML
14      table = html.xpath('//table[@id="ip_list"]')[0]      # 获取 table 标签内容
```

```
15        trs = table.xpath('//tr')[1:]                          # 获取所有 tr 标签，排除第一条
16        ip_table = pd.DataFrame(columns=['ip'])                # 创建临时表格数据
17        ip_list = []                                           # 创建保存 IP 地址的列表
18        # 循环遍历标签内容
19        for t in trs:
20            ip = t.xpath('td/text()')[0]                       # 获取代理 IP
21            port = t.xpath('td/text()')[1]                     # 获取端口
22            ip_list.append(ip+':'+port)                        # 将 IP 与端口组合并添加至列表中
23            print('代理 IP 为：', ip, '对应端口为：', port)
24        ip_table['ip']=ip_list                                 # 将提取的 IP 保存至 Excel 文件中的 ip 列
25        # 生成 xlsx 文件
26        ip_table.to_excel('ip.xlsx', sheet_name='data')
```

程序代码运行后控制台将显示如图 5.18 所示的代理 IP 与对应端口，项目文件中将自动生成 ip.xlsx 文件，文件内容如图 5.19 所示。

```
代理IP为： 121.8.146.99 对应端口为： 8060
代理IP为： 27.42.168.46 对应端口为： 48919
代理IP为： 123.185.222.248 对应端口为： 8118
代理IP为： 27.154.34.146 对应端口为： 31527
代理IP为： 59.44.78.30 对应端口为： 42335
代理IP为： 118.114.96.251 对应端口为： 8118
代理IP为： 115.223.77.101 对应端口为： 8010
代理IP为： 182.138.182.133 对应端口为： 8118
代理IP为： 59.110.154.102 对应端口为： 8080
代理IP为： 221.206.100.133 对应端口为： 34073
代理IP为： 118.24.246.249 对应端口为： 80
代理IP为： 117.94.213.165 对应端口为： 8118
代理IP为： 121.237.148.78 对应端口为： 3000
代理IP为： 222.95.144.246 对应端口为： 3000
代理IP为： 113.12.202.50 对应端口为： 40498
代理IP为： 117.88.4.35 对应端口为： 3000
```

图 5.18　控制台显示代理 IP 与对应端口

A	B
	ip
0	121.8.146.99:8060
1	27.42.168.46:48919
2	123.185.222.248:8118
3	27.154.34.146:31527
4	59.44.78.30:42335
5	118.114.96.251:8118
6	115.223.77.101:8010
7	182.138.182.133:8118
8	59.110.154.102:8080
9	221.206.100.133:34073
10	118.24.246.249:80
11	117.94.213.165:8118
12	121.237.148.78:3000
13	222.95.144.246:3000

图 5.19　ip.xlsx 内容

5.3.3　检测代理 IP 是否有效

【例 5.14】　检测代理 IP 是否有效。（**实例位置：资源包\Code\05\14**）

提供免费代理 IP 的网页有很多，但是经过测试会发现并不是所有的免费代理 IP 都是有效的，甚至不是匿名 IP（即获取远程访问用户的 IP 地址是代理服务器的 IP 地址，不是用户本地真实的 IP 地址）。所以要使用我们爬取下来的免费代理 IP，就需要对这个 IP 进行检测。

实现检测免费代理 IP 是否可用时，首先需要读取保存免费代理 IP 的文件，然后对代理 IP 进行遍历并使用免费的代理 IP 发送网络请求，而请求地址可以使用查询 IP 位置的网页。如果网络请求成功，说明免费的代理 IP 可以使用，并且还会返回当前免费代理 IP 的匿名地址。代码如下：

```
01  import requests                                      # 导入网络请求模块
02  import pandas                                        # 导入 pandas 模块
03  from lxml import etree                               # 导入 HTML 解析模块
04
05  ip_table = pandas.read_excel('ip.xlsx')              # 读取代理 IP 文件内容
```

```
06  ip = ip_table['ip']                                         # 获取代理 IP 列信息
07  # 头部信息
08  headers = {'User-Agent': 'Mozilla/5.0 (Windows NT 10.0; Win64; x64) '
09                          'AppleWebKit/537.36 (KHTML, like Gecko) '
10                          'Chrome/72.0.3626.121 Safari/537.36'}
11  # 循环遍历代理 IP 并通过代理发送网络请求
12  for i in ip:
13      proxies = {'http': 'http://{ip}'.format(ip=i),
14                 'https': 'https://{ip}'.format(ip=i)}
15      try:
16          # verify=False 不验证服务器的 SSL 证书
17          response = requests.get('http://2020.ip138.com/',
18                       headers=headers,proxies=proxies,verify=False,timeout=2)
19          if response.status_code==200:                   # 判断请求是否成功，请求成功说明代理 IP 可用
20              response.encoding='utf-8'                   # 进行编码
21              html = etree.HTML(response.text)            # 解析 HTML
22              info = html.xpath('/html/body/p[1]/text()')
23              print(info[0].strip())                      # 输出当前 IP 匿名信息
24      except Exception as e:
25          pass
26          # print('错误异常信息为：',e)                    # 打印异常信息
```

程序运行结果如图 5.20 所示。

```
您的IP地址是：[222.95.241.102] 来自：江苏省南京市 电信
您的IP地址是：[218.21.230.156] 来自：内蒙古自治区通辽市 联通
您的IP地址是：[117.88.5.63] 来自：江苏省南京市 电信
您的IP地址是：[119.147.137.79] 来自：广东省佛山市 电信
```

图 5.20　打印可用的匿名代理 IP

5.4　小　　结

本章介绍了一个新的网络请求模块 requests，该模块同样是第三方模块，这个模块在实现网络请求时要比 urllib、urllib3 模块简化很多，操作更加人性化。这里我们同样学习了使用 requests 模块实现 GET 请求、POST 请求、响应数据的编码以及响应数据的处理，还有如何添加请求头、设置网络超时、设置代理以及上传文件等。requests 模块是 Python 网络爬虫中使用率较高的一个模块，希望读者可以熟练掌握该模块的使用方法。

第6章

高级网络请求模块

requests 可以说是一个功能很强大的模块了，不过人无完人，金无足赤，对于爬虫项目的开发者来说更希望可以通过扩展的方式让 requests 模块拥有更强大的功能。本章将介绍 requests 模块的两大扩展，Requests-Cache（爬虫缓存）与 Requests-HTML 模块，让读者了解爬虫缓存的作用、requests 模块的不足之处及扩展后的强大功能。

6.1 Requests-Cache 的安装与测试

Requests-Cache 模块是 requests 模块的一个扩展功能，用于为 requests 提供持久化缓存支持。当 requests 向一个 URL 发送重复请求时，Requests-Cache 将会自动判断当前的网络请求是否产生了缓存，如果已经产生了缓存就会从缓存中读取数据作为响应内容。如果没有缓存就会向服务器发送网络请求，获取服务器所返回的响应内容。使用 Requests-Cache 模块可以减少网络资源避免重复请求的次数，这样可以变相躲避一些反爬机制。

安装 Requests-Cache 模块很简单，只需要在命令行窗口中输入 pip install requests-cache 命令即可实现模块的安装。

模块安装完成以后可以通过获取 Requests-Cache 模块版本的方式，测试模块是否安装成功。代码如下：

```
01  import requests_cache                          # 导入 requests_cache 模块
02  version = requests_cache.__version__           # 获取模块当前版本
03  print('模块版本为：',version)                   # 打印模块当前版本
```

程序运行结果如下：

```
模块版本为：0.5.2
```

6.2 缓存的应用

在使用 Requests-Cache 模块实现请求缓存时，只需要调用 install_cache()函数即可，其语法格式如下：

```
install_cache(cache_name='cache', backend=None, expire_after=None, allowable_codes=(200, ), allowable_methods=('GET', ), session_factory=<class 'requests_cache.core.CachedSession'>, **backend_options)
```

install_cache()函数中包含了多个参数，每个参数的含义如下。

☑ cache_name：表示缓存文件的名称，默认值为 cache。
☑ backend：表示设置缓存的存储机制，默认值为 None，表示默认使用 sqlite 进行存储。
☑ expire_after：表示设置缓存的有效时间，默认值为 None，表示永久有效。
☑ allowable_codes：表示设置状态码，默认值为 200。
☑ allowable_methods：表示设置请求方式，默认为 GET，表示只有 GET 请求才可以生成缓存。
☑ session_factory：表示设置缓存执行的对象，需要实现 CachedSession 类。
☑ **backend_options：如果缓存的存储方式为 sqlite、mongo、redis 数据库，该参数表示设置数据库的连接方式。

【例 6.1】 判断是否存在请求缓存。（**实例位置：资源包\Code\06\01**）

在使用 install_cache()函数实现请求缓存时，一般情况下是不需要单独设置任何参数的，只需要使用默认参数即可。判断是否存在缓存的代码如下：

```
01  import requests_cache                          # 导入 requests_cache 模块
02  import requests                                # 导入网络请求模块
03  requests_cache.install_cache()                 # 设置缓存
04  requests_cache.clear()                         # 清理缓存
05  url = 'http://httpbin.org/get'                 # 定义测试地址
06  r = requests.get(url)                          # 第一次发送网络请求
07  print('是否存在缓存：',r.from_cache)             # False 表示不存在缓存
08  r = requests.get(url)                          # 第二次发送网络请求
09  print('是否存在缓存：',r.from_cache)             # True 表示存在缓存
```

程序运行结果如下：

```
是否存在缓存：False
是否存在缓存：True
```

【例 6.2】 判断是否需要设置延时操作。（**实例位置：资源包\Code\06\02**）

在发送网络请求爬取网页数据时，如果频繁地发送网络请求，那么后台服务器则会视其为爬虫程序，此时将会采取反爬措施，所以多次请求中要出现一定的间隔时间，设置延时是一个不错的选择。但是，如果在第一次请求后已经生成了缓存，那么第二次请求也就无须设置延时了，对于此类情况，Requests-Cache 可以使用自定义钩子函数的方式，合理地判断是否需要设置延时操作。代码如下：

```
01  import requests_cache                          # 导入 requests_cache 模块
02  import time                                    # 导入时间模块
03  requests_cache.install_cache()                 # 设置缓存
04  requests_cache.clear()                         # 清理缓存
05  # 定义钩子函数
06  def make_throttle_hook(timeout=0.1):
07      def hook(response, *args, **kwargs):
08          print(response.text)                                   #  打印请求结果
09          # 判断没有缓存时就添加延时
10          if not getattr(response, 'from_cache', False):
```

```
11                print('等待',timeout,'秒！ ')
12                time.sleep(timeout)                              # 等待指定时间
13            else:
14                print('是否存在请求缓存！ ',response.from_cache)   # 存在缓存输出 True
15            return response
16        return hook
17
18    if __name__ == '__main__':
19        requests_cache.install_cache()                           # 创建缓存
20        requests_cache.clear()                                   # 清理缓存
21        s = requests_cache.CachedSession()                       # 创建缓存会话
22        s.hooks = {'response': make_throttle_hook(2)}            # 配置钩子函数
23        s.get('http://httpbin.org/get')                          # 模拟发送第一次网络请求
24        s.get('http://httpbin.org/get')                          # 模拟发送第二次网络请求
```

程序运行结果如图 6.1 所示。

```
{
  "args": {},
  "headers": {
    "Accept": "*/*",
    "Accept-Encoding": "gzip, deflate",
    "Host": "httpbin.org",
    "User-Agent": "python-requests/2.22.0",
    "X-Amzn-Trace-Id": "Root=1-5ea24c2f-b523054a1653616c1e210fc2"
  },
  "origin": "175.19.143.94",
  "url": http://httpbin.org/get
}
```

等待 2 秒 —— 执行等待　　第一次请求结果

```
{
  "args": {},
  "headers": {
    "Accept": "*/*",
    "Accept-Encoding": "gzip, deflate",
    "Host": "httpbin.org",
    "User-Agent": "python-requests/2.22.0",
    "X-Amzn-Trace-Id": "Root=1-5ea24c2f-b523054a1653616c1e210fc2"
  },
  "origin": "175.19.143.94",
  "url": http://httpbin.org/get
}
```

是否存在请求缓存！True —— 二次请求存在缓存　　第二次请求结果

图 6.1　例 6.2 程序运行结果

从图 6.1 所示的运行结果中可以看出，通过配置钩子函数，可以实现在第一次请求时，因为没有请求缓存，所以执行了 2 秒等待延时，当第二次请求时，则没有执行 2 秒延时并输出是否存在请求缓存为 True。

说明

Requests-Cache 模块支持 4 种不同的储存机制，分别为 memory、sqlite、mongoDB 和 redis，具体说明如下。

☑ memory：以字典的形式将缓存存储在内存中，程序运行结束后缓存将被销毁。

☑ sqlite：将缓存存储在 sqlite 数据库中。

☑ mongoDB：将缓存存储在 mongoDB 数据库中。

☑ redis：将缓存存储在 redis 数据库中。

使用 Requests-Cache 指定缓存不同的存储机制时，只需要为 install_cache()函数中 backend 参数赋值即可，设置方式如下：

```
01  import requests_cache                                    # 导入 requests_cache 模块
02  # 设置缓存为内存的存储机制
03  requests_cache.install_cache(backend='memory')
04  # 设置缓存为 sqlite 数据库的存储机制
05  requests_cache.install_cache(backend='sqlite')
06  # 设置缓存为 mongoDB 数据库的存储机制
07  requests_cache.install_cache(backend='monggo')
08  # 设置缓存为 redis 数据库的存储机制
09  requests_cache.install_cache(backend='redis')
```

在设置存储机制为 mongoDB 与 redis 数据库时，需要提前安装对应的操作模块与数据库。安装模块的命令如下：

```
pip install pymongo
pip install redis
```

6.3 强大的 Requests-HTML 模块

Requests-HTML 模块是 requests 模块的亲兄弟，是同一个开发者所开发的。Requests-HTML 模块不仅包含了 requests 模块中的所有功能，还增加了对 JavaScript 的支持、数据提取以及模拟真实浏览器等功能。

6.3.1 使用 Requests-HTML 实现网络请求

1. GET 请求

【例 6.3】 发送 GET 请求。（**实例位置：资源包\Code\06\03**）

在使用 Requests-HTML 模块实现网络请求时，需要先通过 pip install requests-html 命令进行模块的安装工作，然后导入 Requests-HTML 模块中的 HTMLSession 类，接着需要创建 HTML 会话对象，通过会话实例进行网络请求的发送，示例代码如下：

```
01  from requests_html import HTMLSession              # 导入 HTMLSession 类
02
03  session = HTMLSession()                            # 创建 HTML 会话对象
04  url = 'http://news.youth.cn/'                      # 定义请求地址
05  r =session.get(url)                                # 发送网络请求
06  print(r.html)                                      # 打印网络请求的 url 地址
```

程序运行结果如下：

```
<HTML url='http://news.youth.cn/'>
```

2. POST 请求

【例 6.4】　发送 POST 请求。（**实例位置：资源包\Code\06\04**）

在实现网络请求时，POST 请求也是一种比较常见的请求方式，使用 Requests-HTML 实现 POST 请求与 requests 的实现方法类似，都需要单独设置表单参数 data，不过，也是需要通过会话实例进行网络请求的发送，示例代码如下：

```
01  from requests_html import HTMLSession                    # 导入 HTMLSession 类
02  session = HTMLSession()                                  # 创建 HTML 会话对象
03  data = {'user':'admin','password':123456}                # 模拟表单登录的数据
04  r = session.post('http://httpbin.org/post',data=data)    # 发送 post 请求
05  if r.status_code == 200:                                 # 判断请求是否成功
06          print(r.text)                                    # 以文本形式打印返回结果
```

程序运行结果如图 6.2 所示。

```
{
"args": {},
  "data": "",
  "files": {},
  "form": {
    "password": "123456",
    "user": "admin"
  },
  "headers": {
    "Accept": "*/*",
    "Accept-Encoding": "gzip, deflate",
    "Content-Length": "26",
    "Content-Type": "application/x-www-form-urlencoded",
    "Host": "httpbin.org",
    "User-Agent": "Mozilla/5.0 (Macintosh; Intel Mac OS X 10_12_6) AppleWebKit/603.3.8 (KHTML, like Gecko) Version/10.1.2 Safari/603.3.8",
    "X-Amzn-Trace-Id": "Root=1-5ea27ba9-683ac6d9546754743b8f9299"
  },
  "json": null,
  "origin": "175.19.143.94",
  "url": http://httpbin.org/post
}
```

图 6.2　例 6.4 程序运行结果

从图 6.2 所示的运行结果中不仅可以看到 form 所对应的表单内容，还可以看到 User-Agent 所对应

的值并不是像 requests 发送网络请求时所返回的默认值（python-requests/2.22.0），而是一个真实的浏览器请求头信息，这与 requests 模块所发送的网络请求有着细微的改进。

3. 修改请求头信息

说到请求头信息，Requests-HTML 是可以通过指定 headers 参数来对默认的浏览器请求头信息进行修改的，修改请求头信息的关键代码如下：

```
01    ua = {'User-Agent':'Mozilla/5.0 (Windows NT 10.0; WOW64) AppleWebKit/537.36 '
02                        '(KHTML, like Gecko) Chrome/80.0.3987.149 Safari/537.36'}
03    r = session.post('http://httpbin.org/post',data=data,headers = ua)    # 发送 POST 请求
```

返回的浏览器头部信息如下：

```
"User-Agent": "Mozilla/5.0 (Windows NT 10.0; WOW64) AppleWebKit/537.36 (KHTML, like Gecko) Chrome/80.0.3987.149 Safari/537.36"
```

4. 生成随机请求头信息

【例 6.5】 生成随机请求头信息。（**实例位置：资源包\Code\06\05**）

Requests-HTML 模块中添加了 UserAgent 类，使用该类既可以实现随机生成请求头信息。示例代码如下：

```
01    from requests_html import HTMLSession,UserAgent                  # 导入 HTMLSession 类
02
03    session = HTMLSession()                                          # 创建 HTML 会话对象
04    ua = UserAgent().random                                          # 创建随机请求头
05    r = session.get('http://httpbin.org/get',headers = {'user-agent': ua})
06    if r.status_code == 200:                                         # 判断请求是否成功
07        print(r.text)                                                # 以文本形式打印返回结果
```

返回随机生成的请求头信息如下：

```
"User-Agent": "Mozilla/5.0 (Windows NT 6.1; rv:22.0) Gecko/20130405 Firefox/22.0"
```

6.3.2 数据的提取

以往使用 requests 模块实现爬虫程序时，还需要为其配置一个解析 HTML 代码的搭档。Requests-HTML 模块对此进行了一个比较大的升级，不仅支持 CSS 选择器还支持 XPath 的节点提取方式。

1. CSS 选择器

CSS 选择器中需要使用 HTML 的 find()方法，该方法中包含 5 个参数，其语法格式与参数含义如下：

```
find(selector:str="*",containing:_Containing=None,clean:bool=False,first:bool=False,_encoding:str=None)
```

☑ selector：使用 CSS 选择器定位网页元素。

☑ containing：通过指定文本获取网页元素。

☑ clean：是否清除 HTML 中的<script>和<style>标签，默认值为 False 表示不清除。

☑　first：是否只返回网页中第一个元素，默认值为 False 表示全部返回。
☑　_encoding：表示编码格式。

2. xpath 选择器

xpath 选择器同样需要使用 HTML 进行调用，该方法中有 4 个参数，其语法格式与参数含义如下：

```
xpath(selector:str,clean:bool=False,first:bool=False,_encoding:str=None)
```

☑　selector：使用 xpath 选择器定位网页元素。
☑　clean：是否清除 HTML 中的<script>和<style>标签，默认值为 False 表示不清除。
☑　first：是否只返回网页中第一个元素，默认值为 False 表示全部返回。
☑　_encoding：表示编码格式。

3. 爬取即时新闻

【例 6.6】　爬取即时新闻。（**实例位置：资源包\Code\06\06**）

学习了 Requests-HTML 模块中两种提取数据的函数后，以爬取“中国青年网”即时新闻为例，数据提取的具体步骤如下。

（1）在浏览器中打开（http://news.youth.cn/jsxw/index.htm）网页地址，然后按 F12 键在“开发者工具”中单击 Elements 选项，确认“即时新闻”列表内新闻信息所在的 HTML 标签的位置，如图 6.3 所示。

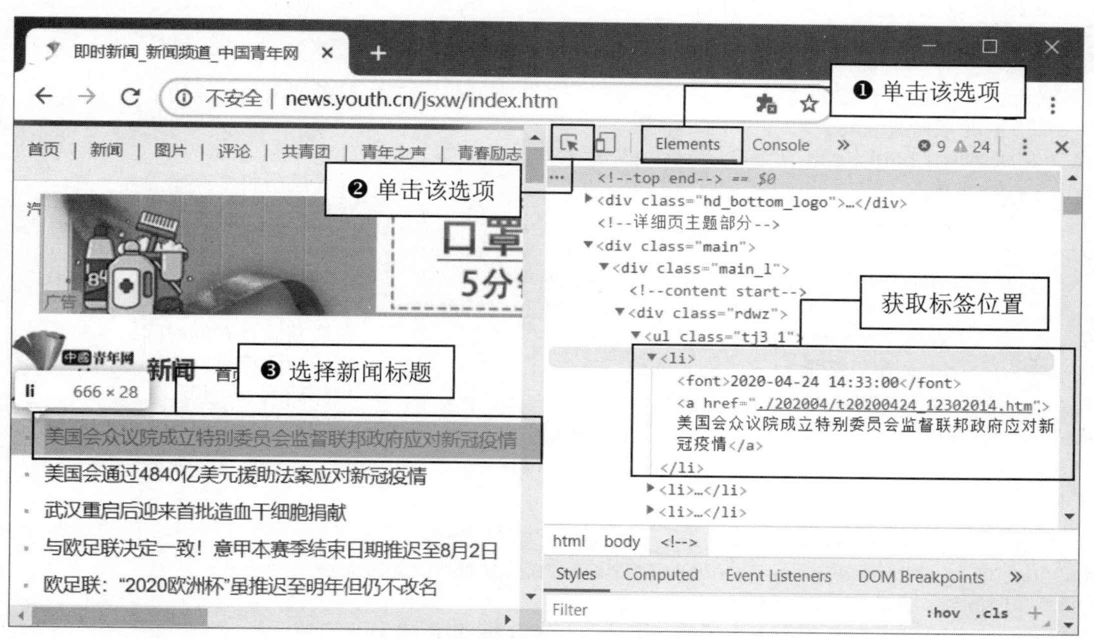

图 6.3　获取新闻信息的标签位置

（2）在图 6.1 中可以看出新闻标题在 li 标签中的 a 标签内，而 a 标签中的 href 属性值为当前新闻详情页的部分 url 地址，li 标签中 font 标签内是当前新闻所发布的时间，将鼠标移至 href 属性所对应的 url 地址时，会自动显示完整的详情页地址，如图 6.4 所示。

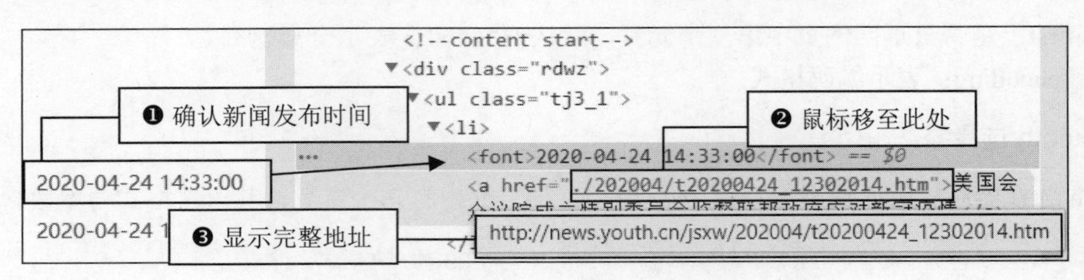

图 6.4　获取完整的新闻详情页地址

（3）定位以上“新闻标题”“新闻详情 url 地址”“新闻发布时间”信息位置后，首先创建 HTML 会话与获取随机请求对象，然后对“即时新闻”首页发送网络请求，代码如下：

```
01  from requests_html import HTMLSession,UserAgent              # 导入 HTMLSession 类
02
03  session = HTMLSession()                                       # 创建 HTML 会话对象
04  ua = UserAgent().random                                       # 创建随机请求头
05  # 发送网络请求
06  r = session.get('http://news.youth.cn/jsxw/index.htm',
07                  headers = {'user-agent': ua})
08  r.encoding='gb2312'                                           # 编码
```

（4）网络请求发送完成以后，需要通过请求状态码判断请求是否为 200，如果是 200 则表示请求成功，然后根据数据定位的标签分别获取“新闻标题”“新闻详情 url 地址”以及新闻的发布时间，代码如下：

```
01  if r.status_code == 200:                                      # 判断请求是否成功
02      # 获取所有 class=tj3_1 中的 li 标签
03      li_all = r.html.xpath('.//ul[@class="tj3_1"]/li')
04      for li in li_all:                                         # 循环遍历每个 li 标签
05          news_title = li.find('a')[0].text                     # 提取新闻标题内容
06          # 获取新闻详情对应的地址
07          news_href = 'http://news.youth.cn/jsxw'+\
08                      li.find('a[href]')[0].attrs.get('href').lstrip('.')
09          news_time = li.find('font')[0].text                   # 获取新闻发布的时间
10          print('新闻标题为：',news_title)                       # 打印新闻标题
11          print('新闻 url 地址为：',news_href)                   # 打印新闻 url 地址
12          print('新闻发布时间为：',news_time)                    # 打印新闻发布时间
```

程序运行结果如下：

```
新闻标题为：全球新冠确诊病例超 279 万 多国谨慎放宽防控措施
新闻 url 地址为：http://news.youth.cn/jsxw/202004/t20200425_12303249.htm
新闻发布时间为：2020-04-25 15:09:00
新闻标题为：“五一”能否出游？出游需注意什么？这份假期出行指南请查收！
新闻 url 地址为：http://news.youth.cn/jsxw/202004/t20200425_12303245.htm
新闻发布时间为：2020-04-25 15:04:00
新闻标题为：中国日报网评：抹黑中国是病，必须得治
新闻 url 地址为：http://news.youth.cn/jsxw/202004/t20200425_12303242.htm
新闻发布时间为：2020-04-25 15:01:00
```

```
新闻标题为：【国际 3 分钟】这场“莫斯科保卫战”中国的做法感动了俄罗斯网友
新闻 url 地址为：http://news.youth.cn/jsxw/202004/t20200425_12303241.htm
新闻发布时间为：2020-04-25 15:00:00
新闻标题为：海外网评：中国追加对 WHO 捐款，携手国际社会力挺多边主义
新闻 url 地址为：http://news.youth.cn/jsxw/202004/t20200425_12303239.htm
新闻发布时间为：2020-04-25 15:00:00
```

4．find()方法中 containing 参数

如果需要获取 li 标签中指定的新闻内容时，可以使用 find()方法中的 containing 参数，以获取关于“新冠疫情”相关新闻内容为例，示例代码如下：

```
01  for li in r.html.find('li',containing='新冠疫情'):
02      news_title = li.find('a')[0].text                          # 提取新闻标题内容
03      # 获取新闻详情对应的地址
04      news_href = 'http://news.youth.cn/jsxw'+\
05                  li.find('a[href]')[0].attrs.get('href').lstrip('.')
06      news_time = li.find('font')[0].text                        # 获取新闻发布的时间
07      print('新闻标题为：', news_title)                            # 打印新闻标题
08      print('新闻 url 地址为：',news_href)                         # 打印新闻 url 地址
09      print('新闻发布时间为：',news_time)                          # 打印新闻发布时间
```

程序运行结果如下：

```
新闻标题为：一图“数”看全球新冠疫情 104 天
新闻 url 地址为：http://news.youth.cn/jsxw/202004/t20200424_12301797.htm
新闻发布时间为：2020-04-24 11:26:00
新闻标题为：美国会通过 4840 亿美元援助法案应对新冠疫情
新闻 url 地址为：http://news.youth.cn/jsxw/202004/t20200424_12301965.htm
新闻发布时间为：2020-04-24 14:22:00
新闻标题为：美国会众议院成立特别委员会监督联邦政府应对新冠疫情
新闻 url 地址为：http://news.youth.cn/jsxw/202004/t20200424_12302014.htm
新闻发布时间为：2020-04-24 14:33:00
新闻标题为：美国海军“基德”号驱逐舰出现新冠疫情
新闻 url 地址为：http://news.youth.cn/jsxw/202004/t20200425_12303123.htm
新闻发布时间为：2020-04-25 12:07:00
新闻标题为：俄经济发展部长：俄因新冠疫情每天损失千亿卢布
新闻 url 地址为：http://news.youth.cn/jsxw/202004/t20200425_12303140.htm
新闻发布时间为：2020-04-25 13:15:00
```

5．search()方法与 search_all()方法

除了使用 find()与 xpath()这两种方法来提取数据以外，还可以使用 search()获取 search_all()方法，通过关键字提取相应的数据信息，其中 search()方法表示查找符合条件的第一个元素，而 search_all()方法则表示符合条件的所有元素。

使用 search()方法获取关于“新冠疫情”新闻信息为例，示例代码如下：

```
01  for li in r.html.find('li',containing='新冠疫情'):
02      a = li.search('<a href="{}">{}</a>')                  # 获取 li 标签中 a 标签内的新闻地址与新闻标题
03      news_title = a[1]                                     # 提取新闻标题
```

```
04        news_href = 'http://news.youth.cn/jsxw'+a[0]            # 提取新闻地址
05        news_time = li.search('<font>{}</font>')[0]             # 获取与新冠疫情相关新闻的发布时间
06        print('新闻标题为：', news_title)                        # 打印新闻标题
07        print('新闻 url 地址为：',news_href)                     # 打印新闻 url 地址
08        print('新闻发布时间为：',news_time)                       # 打印新闻发布时间
```

使用 search_all()方法获取关于“新冠疫情”新闻信息为例，示例代码如下：

```
01  import re                                                     # 导入正则表达式模块
02  # 获取 class=tj3_1 的标签
03  class_tj3_1 = r.html.xpath('.//ul[@class="tj3_1"]')
04  # 使用 search_all()方法获取所有 class=tj3_1 中的 li 标签
05  li_all = class_tj3_1[0].search_all('<li>{}</li>')
06  for li in li_all:                                             # 循环遍历所有的 li 标签内容
07      if '新冠疫情' in li[0]:                                    # 判断 li 标签内容中是否存在关键字“新冠疫情”
08          # 通过正则表达式获取 a 标签中的新闻信息
09          a = re.findall('<font>(.*?)</font><a href="(.*?)">(.*?)</a>',li[0])
10          news_title = a[0][2]                                  # 提取新闻标题
11          news_href = 'http://news.youth.cn/jsxw'+a[0][1]       # 提取新闻 url 地址
12          news_time = a[0][0]                                   # 提取新闻发布时间
13          print('新闻标题为：', news_title)                      # 打印新闻标题
14          print('新闻 url 地址为：',news_href)                   # 打印新闻 url 地址
15          print('新闻发布时间为：',news_time)                     # 打印新闻发布时间
```

说明

在使用 search()与 search_all()方法获取数据时，方法中的一个{}表示获取一个内容。

6.3.3 获取动态加载的数据

【例 6.7】 获取动态加载的数据。（**实例位置：资源包\Code\06\07**）

在爬取网页数据时，经常会遇到直接对网页地址发送请求，但返回的 HTML 代码中并没有所需要的数据的情况，这多数都是因为网页数据使用了 Ajax 请求并由 JavaScript 渲染到网页中。例如爬取（https://movie.douban.com/tag/#/?sort=U&range=0,10&tags=%E7%94%B5%E5%BD%B1,2020）豆瓣 2020 年电影数据时，就需要通过浏览器开发者工具获取 Ajax 请求后的电影信息，如图 6.5 所示。

为了避免图 6.5 所示的麻烦操作，Requests-HTML 提供了 render()方法，第一次调用该方法将会自动下载 Chromium 浏览器，然后通过该浏览器直接加载 JavaScript 渲染后的信息，使用 render()方法爬取豆瓣 2020 年电影数据的具体步骤如下：

（1）创建 HTML 会话与随机请求头对象，然后发送网络请求，在请求成功的情况下调用 render()方法获取网页中 JavaScript 渲染后的信息。示例代码如下：

```
01  from requests_html import HTMLSession,UserAgent           # 导入 HTMLSession 类
02
03  session = HTMLSession()                                   # 创建 HTML 会话对象
04  ua = UserAgent().random                                   # 创建随机请求头
05  # 发送网路请求
```

```
06  r = session.get('https://movie.douban.com/tag/#/?sort=U&range=0,10'
07                  '&tags=%E7%94%B5%E5%BD%B1,2020',headers = {'user-agent': ua})
08  r.encoding='gb2312'                          # 编码
09  if r.status_code == 200:                     # 判断请求是否成功
10      r.html.render()                          # 调用 render()方法，没有 Chromium 浏览器就自动下载
```

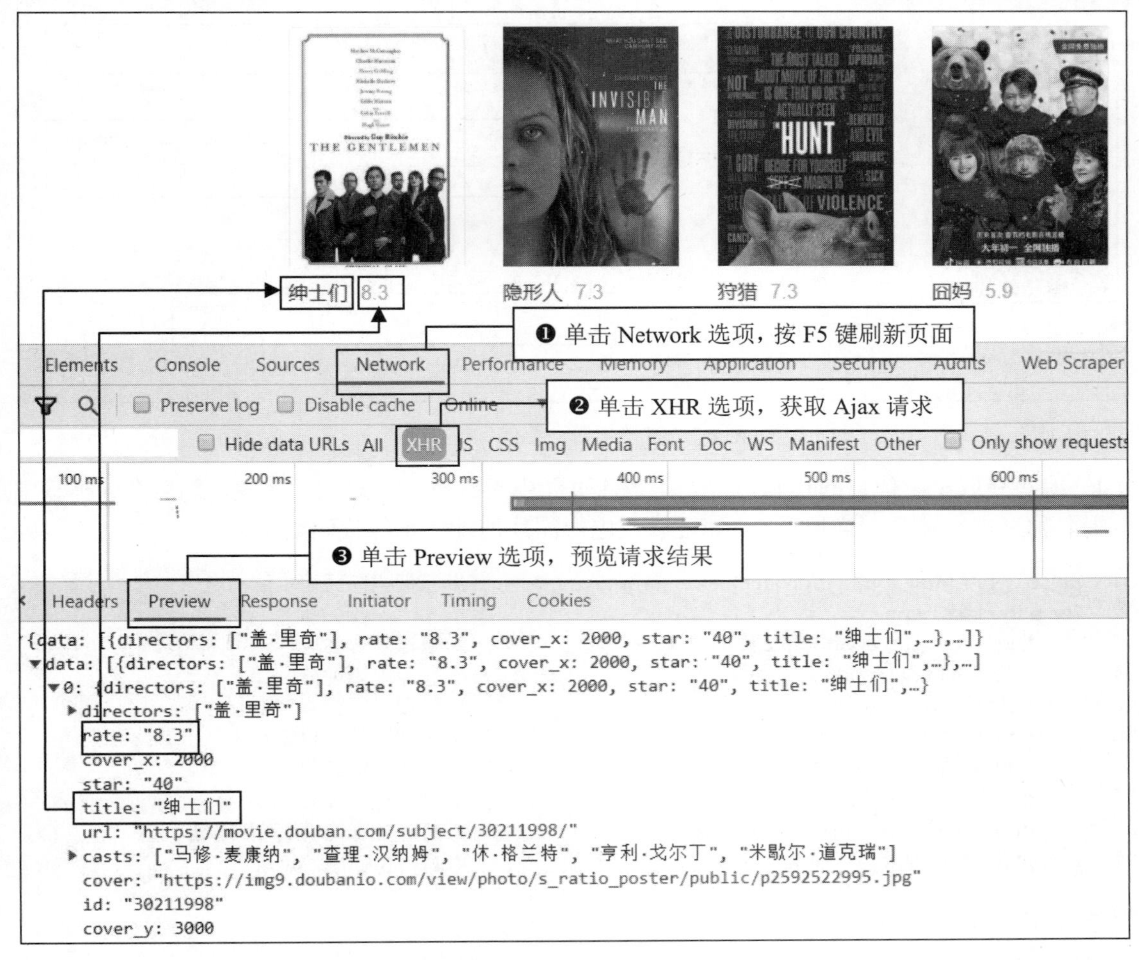

图 6.5　获取 Ajax 请求后的电影信息

（2）运行步骤（1）中代码，由于第一次调用 render()方法，所以会自动下载 Chromium 浏览器，下载完成后控制台将显示如图 6.6 所示的提示信息。

```
[W:pyppeteer.chromium_downloader] start chromium download.
Download may take a few minutes.
100%|████████████| 133194757/133194757 [03:46<00:00, 588708
 .69it/s]
[W:pyppeteer.chromium_downloader]
chromium download done.
[W:pyppeteer.chromium_downloader] chromium extracted to:
 C:\Users\Administrator\AppData\Local\pyppeteer\pyppeteer\local
 -chromium\575458
```

图 6.6　Chromium 浏览器下载完成后的提示信息

（3）打开浏览器“开发者工具”，在 Elements 的功能选项中确认电影信息所在 HTML 标签的位置，如图 6.7 所示。

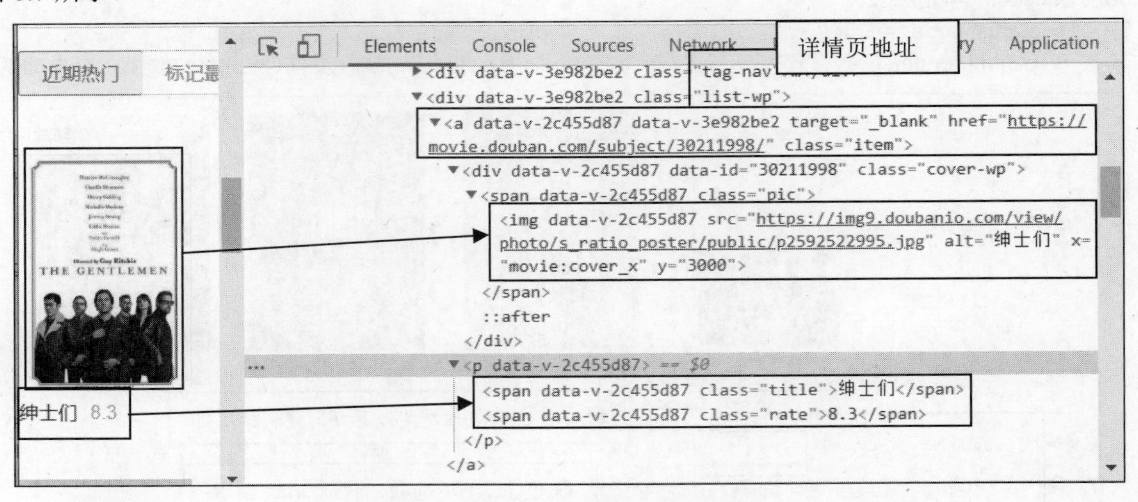

图 6.7　获取电影信息的标签位置

（4）编写获取电影信息的代码，首先是当前页面中所有电影信息的 a 标签，然后在 a 标签中逐个获取电影名称、电影评分、详情页 url 地址以及电影图片地址。示例代码如下：

```
01  class_wp=r.html.xpath('.//div[@class="list-wp"]/a')        # 获取当前页面中所有电影信息的 a 标签
02  for a in class_wp:
03      title = a.find('p span')[0].text                        # 获取电影名称
04      rate = a.find('p span')[1].text                         # 获取电影评分
05      details_url = a.attrs.get('href')                       # 获取详情页 url 地址
06      img_url = a.find('img')[0].attrs.get('src')             # 获取图片 url 地址
07      print('电影名称为：',title)                               # 打印电影名称
08      print('电影评分为：',rate)                                # 打印电影评分
09      print('详情页地址为：',details_url)                        # 打印电影详情页 url 地址
10      print('图片地址为：',img_url)                              # 打印电影图片地址
```

程序运行的部分结果如下：

```
电影名称为：绅士们
电影评分为：8.3
详情页地址为：https://movie.douban.com/subject/30211998/
图片地址为：https://img9.doubanio.com/view/photo/s_ratio_poster/public/p2592522995.jpg
电影名称为：隐形人
电影评分为：7.3
详情页地址为：https://movie.douban.com/subject/2364086/
图片地址为：https://img9.doubanio.com/view/photo/s_ratio_poster/public/p2582428806.jpg
电影名称为：狩猎
电影评分为：7.3
详情页地址为：https://movie.douban.com/subject/30182726/
图片地址为：https://img1.doubanio.com/view/photo/s_ratio_poster/public/p2585533507.jpg
电影名称为：囧妈
```

```
电影评分为：5.9
详情页地址为：https://movie.douban.com/subject/30306570/
图片地址为：https://img3.doubanio.com/view/photo/s_ratio_poster/public/p2581835383.jpg
```

6.4　小　　结

本章介绍了 requests 模块的两大扩展，其中，Requests-Cache 模块用于实现请求缓存。该功能可实现在第二次发送请求时，检测缓存是否存在，如果存在，则直接从缓存中获取响应内容。另一个是 Requests-HTML 模块，该模块与 requests 模块是同一个开发者所开发的，其功能不仅具备了 requests 模块的所有网络请求功能，还可以解析 HTML 代码以及模拟真实浏览器等功能。在本章中第一次体验了如何使用 CSS 选择器与 XPATH 选择器，提取 HTML 代码中的数据，在接下来的学习中会更多地接触这两种技术的使用方式。

第 2 篇　核心技术

本篇主要介绍如何解析网络数据，包括正则表达式解析、Xpath 解析和 Beautiful Soup 解析，以及如何爬取动态渲染的信息、多线程多进程爬虫、数据处理与数据存储等知识。学习完本篇内容，读者将熟练掌握如何通过网络爬虫获取网络数据并存储数据。

第 7 章

正则表达式

获取了 Web 资源（HTML 代码）以后，接下来则需要在资源中提取重要的信息。对于 Python 爬虫来说，提取资源（HTML 代码）中信息的方式多种多样，在不借助第三方模块的情况下，正则表达式是一个非常强大的工具，本章将介绍正则表达式的基础与使用 re 模块实现正则表达式的操作。

7.1 正则表达式基础

获取的 Web 资源（HTML 代码），多数都是以字符串的形式返回的。通过正则表达式，可以对任意字符串进行搜索、排除、分组等操作。

7.1.1 行定位符

行定位符就是用来描述字串的边界。“^”表示行的开始；“$”表示行的结尾。如：

```
^tm
```

该表达式表示要匹配字串 tm 的开始位置是行头，如 tm equal Tomorrow Moon 就可以匹配，而 Tomorrow Moon equal tm 则不匹配。但如果使用：

```
tm$
```

后者可以匹配而前者不能匹配。如果要匹配的字串可以出现在字符串的任意部分，那么可以直接写成：

```
tm
```

这样两个字符串就都可以匹配了。

7.1.2 元字符

现在我们已经知道几个很有用的元字符了，如^和$。其实，正则表达式里还有更多的元字符，下面来看看更多的例子：

```
\bmr\w*\b
```

匹配以字母 mr 开头的单词，先是从某个单词开始处“\b”，然后匹配字母 mr，接着是任意数量的字母或数字“\w*”，最后单词结束处“\b”。该表达式可以匹配 mrsoft、mrbook 和 mr123456 等。更多元字符如表 7.1 所示。

表 7.1　元字符

代　码	说　明
.	匹配除换行符以外的任意字符
\w	匹配字母、数字、下画线或汉字
\W	匹配除字母、数字、下画线或汉字以外的字符
\s	匹配任意的空白符
\S	除单个空白符（包括 Tab 键和换行符）以外的所有字符
\d	匹配数字
\D	任意非数字
\A	从字符串开始处匹配
\Z	从字符串结束处匹配
\b	匹配一个单词的边界，单词的分界符通常是空格、标点符号或者换行
\B	匹配非单词边界
^	匹配字符串的开始
$	匹配字符串的结束
()	被括起来的表达式将作为分组

7.1.3　限定符

在上面例子中，使用“\w*”匹配任意数量的字母或数字。如果想匹配特定数量的数字，那么该如何表示呢？正则表达式提供了限定符（指定数量的字符）来实现该功能。如匹配 8 位 QQ 号可用如下表达式：

```
^\d{8}$
```

常用的限定符如表 7.2 所示。

表 7.2　常用限定符

限定符	说　明	举　例
?	匹配前面的字符零次或一次	colou?r，该表达式可以匹配 colour 和 color
+	匹配前面的字符一次或多次	go+gle，该表达式可以匹配的范围从 gogle 到 goo…gle
*	匹配前面的字符零次或多次	go*gle，该表达式可以匹配的范围从 ggle 到 goo…gle
{n}	匹配前面的字符 n 次	go{2}gle，该表达式只匹配 google
{n,}	匹配前面的字符最少 n 次	go{2,}gle，该表达式可以匹配的范围从 google 到 goo…gle
{n,m}	匹配前面的字符最少 n 次，最多 m 次	employe{0,2}，该表达式可以匹配 employ、employe 和 employee

7.1.4 字符类

正则表达式查找数字和字母是很简单的，因为已经有了对应这些字符集合的元字符（如\d、\w 等），但是如果要匹配没有预定义元字符的字符集合（比如元音字母 a, e, i, o, u），那么应该怎么办呢？

很简单，只需要在方括号里列出它们就行了，像[aeiou]就匹配任何一个英文元音字母，[.?!] 匹配标点符号（. 或 ? 或 !）。也可以轻松地指定一个字符范围，像[0-9]代表的含意与\d 就是完全一致的：一位数字；同理[a-z0-9A-Z_]也完全等同于\w（如果只考虑英文的话）。

说明

要想匹配给定字符串中任意一个汉字，可以使用[\u4e00-\u9fa5]；如果要匹配连续多个汉字，则可以使用[\u4e00-\u9fa5]+。

7.1.5 排除字符

7.1.4 节列出的是匹配符合指定字符集合的字符串。现在反过来，匹配不符合指定字符集合的字符串。正则表达式提供了“^”字符。这个元字符在 7.1.1 节中出现过，表示行的开始。而这里将会放到方括号中，表示排除的意思。例如：

```
[^a-zA-Z]
```

该表达式用于匹配一个不是字母的字符。

7.1.6 选择字符

试想一下，如何匹配身份证号码？首先需要了解一下身份证号码的规则。身份证号码的长度为 18 位，前 17 位为数字，最后一位是校验位，可能为数字或字符 X。

在上面的描述中，包含着条件选择的逻辑，这就需要使用选择字符“|”来实现。该字符可以理解为“或”，匹配身份证的表达式可以写成如下方式：

```
(^\d{18}$)|(^\d{17}(\d|X|x)$)
```

该表达式的意思是以匹配 18 位数字，或者 17 位数字和最后一位。最后一位可以是数字、X 或者 x。

7.1.7 转义字符

正则表达式中的转义字符“\”和 Python 中的大同小异，都是将特殊字符（如“.”“?”“\”等）变为普通的字符。举一个 IP 地址的实例，用正则表达式匹配诸如 127.0.0.1 这样格式的 IP 地址。如果直接使用点字符，格式为：

```
[1-9]{1,3}.[0-9]{1,3}.[0-9]{1,3}.[0-9]{1,3}
```

这显然不对，因为“.”可以匹配一个任意字符。这时，不仅是 127.0.0.1 这样的 IP，连 127101011 这样的字串也会被匹配出来。所以在使用“.”时，需要使用转义字符“\”。修改后上面的正则表达式格式为：

```
[1-9]{1,3}\.[0-9]{1,3}\.[0-9]{1,3}\.[0-9]{1,3}
```

说明

括号在正则表达式中也算是一个元字符。

7.1.8　分组

通过 7.1.6 节中的例子，相信读者已经对小括号的作用有了一定的了解。小括号字符的第一个作用就是可以改变限定符的作用范围，如“|”“*”“^”等。来看下面的一个表达式。

```
(thir|four)th
```

这个表达式的意思是匹配单词 thirth 或 fourth，如果不使用小括号，那么就变成了匹配单词 thir 和 fourth 了。

小括号的第二个作用是分组，也就是子表达式。如(\.[0-9]{1,3}){3}，就是对分组(\.[0-9]{1,3})进行重复操作。

7.1.9　在 Python 中使用正则表达式语法

在 Python 中使用正则表达式时，是将其作为模式字符串使用的。例如，将匹配不是字母的一个字符的正则表达式表示为模式字符串，可以使用下面的代码：

```
'[^a-zA-Z]'
```

而如果将匹配以字母 m 开头的单词的正则表达式转换为模式字符串，则不能直接在其两侧添加引号定界符，例如下面的代码就是不正确的。

```
'\bm\w*\b'
```

而需要将其中的“\”进行转义，转换后的结果为：

```
'\\bm\\w*\\b'
```

由于模式字符串中可能包括大量的特殊字符和反斜杠，所以需要写成原生字符串，即在模式字符串前加 r 或 R。例如，上面的模式字符串采用原生字符串表示就是：

```
r'\bm\w*\b'
```

说明

在编写模式字符串时，并不是所有的反斜杠都需要进行转换，例如，前面编写的正则表达式“^\d{8}$”中的反斜杠就不需要转义，因为其中的\d 并没有特殊意义。不过，为了编写方便，本书中所写正则表达式都采用原生字符串表示。

7.2 使用 match()进行匹配

match()方法用于从字符串的开始处进行匹配，如果在起始位置匹配成功，则返回 Match 对象，否则返回 None。其语法格式如下：

```
re.match(pattern, string, [flags])
```

参数说明如下。

☑ pattern：表示模式字符串，由要匹配的正则表达式转换而来。

☑ string：表示要匹配的字符串。

☑ flags：可选参数，表示修饰符，用于控制匹配方式，如是否区分字母大小写。更多修饰符如表 7.3 所示。

表 7.3 修饰符

标　志	说　明
A 或 ASCII	对于\w、\W、\b、\B、\d、\D、\s 和\S 只进行 ASCII 匹配（仅适用于 Python 3.x）
DEBUG	显示编译时的 debug 信息，没有内联标记
I 或 IGNORECASE	执行不区分字母大小写的匹配
L 或 LOCALE	使用当前预定字符类\w\W\b\B\s\S 时取决于当前区域设定（不常用）
M 或 MULTILINE	将^和$用于包括整个字符串的开始和结尾的每一行（在默认情况下，仅适用于整个字符串的开始和结尾处）
S 或 DOTALL	使用点（.）字符匹配所有字符，包括换行符
X 或 VERBOSE	忽略模式字符串中未转义的空格和注释
U 或 UNICODE	使用 Unicode 字符类\w\W\b\B\s\S\d\D 取决于 unicode 定义的字符属性（不常用）

7.2.1 匹配是否以指定字符串开头

【例 7.1】　匹配是否以指定字符串开头。（**实例位置：资源包\Code\07\01**）

例如，匹配字符串是否以“mr_”开头，不区分字母大小写，代码如下：

```
01    import re
02    pattern = 'mr_\w+'                                   # 表达式字符串
03    string = 'MR_SHOP mr_shop'                           # 要匹配的字符串
```

```
04    match = re.match(pattern,string,re.I)              # 匹配字符串，不区分大小写
05    print(match)                                        # 输出匹配结果
06    string = '项目名称 MR_SHOP mr_shop'
07    match = re.match(pattern,string,re.I)              # 匹配字符串，不区分大小写
08    print(match)                                        # 输出匹配结果
```

执行结果如下：

```
<_sre.SRE_Match object; span=(0, 7), match='MR_SHOP'>
None
```

从上面的执行结果中可以看出，字符串“MR_SHOP”是以“mr_”开头的，所以返回一个 Match 对象，而字符串“项目名称 MR_SHOP”则不是以“mr_”开头，所以返回 None。这是因为 match()方法从字符串的开始位置开始匹配，当第一个字母不符合条件时，则不再进行匹配，直接返回 None。

【例 7.2】　Match 对象的常用方法。（**实例位置：资源包\Code\07\02**）

Match 对象中包含了匹配值的位置和匹配数据。其中，要获取匹配值的起始位置可以使用 Match 对象的 start()方法；要获取匹配值的结束位置可以使用 end()方法；通过 span()方法可以返回匹配位置的元组；通过 string 属性可以获取要匹配的字符串。例如下面的代码：

```
01    import re
02    pattern = 'mr_\w+'                                  # 模式字符串
03    string = 'MR_SHOP mr_shop'                          # 要匹配的字符串
04    match = re.match(pattern,string,re.I)              # 匹配字符串，不区分大小写
05    print('匹配值的起始位置：',match.start())
06    print('匹配值的结束位置：',match.end())
07    print('匹配位置的元组：',match.span())
08    print('要匹配的字符串：',match.string)
09    print('匹配数据：',match.group())
```

执行结果如下：

```
匹配值的起始位置：0
匹配值的结束位置：7
匹配位置的元组：(0, 7)
要匹配的字符串：MR_SHOP mr_shop
匹配数据：MR_SHOP
```

7.2.2　匹配任意开头的字符串

【例 7.3】　匹配任意开头的字符串。（**实例位置：资源包\Code\07\03**）

匹配任意开头的字符串，可以使用“.”作为表达式的第一个字符，因为“.”可以匹配任意一个字符，例如“.ello”可以匹配 hello、aello、6ello。代码如下：

```
01    import re                                           # 导入 re 模块
02    pattern = '.ello'                                   # 表达式
```

```
03    match = re.match(pattern,'hello')                # 匹配字符串
04    print(match)                                     # 打印匹配结果
05    match = re.match(pattern,'aello')                # 匹配字符串
06    print(match)                                     # 打印匹配结果
07    match = re.match(pattern,'6ello')                # 匹配字符串
08    print(match)                                     # 打印匹配结果
```

程序运行结果如下：

```
<re.Match object; span=(0, 5), match='hello'>
<re.Match object; span=(0, 5), match='aello'>
<re.Match object; span=(0, 5), match='6ello'>
```

7.2.3 匹配多个字符串

【例 7.4】 匹配多个字符串。（**实例位置：资源包\Code\07\04**）

如果要匹配多个字符串，可以使用选择字符“|”来实现，例如，需要匹配两段字符串中以 hello、“我”开头的字符串，可以参考以下代码：

```
01    import re                                        # 导入 re 模块
02    pattern = 'hello|我'                             # 表达式，表示需要匹配 hello 或“我”开头的字符串
03    match = re.match(pattern,'hello word')           # 匹配字符串
04    print(match)                                     # 打印匹配结果
05    match = re.match(pattern,'我爱 Python')          # 匹配字符串
06    print(match)                                     # 打印匹配结果
```

程序运行结果如下：

```
<re.Match object; span=(0, 5), match='hello'>
<re.Match object; span=(0, 1), match='我'>
```

7.2.4 获取部分内容

【例 7.5】 获取部分内容。（**实例位置：资源包\Code\07\05**）

如果需要从字符串中获取一部分内容时，可以将需要提取的子字符串放置在“()”括号内，这样则将需要提取的内容作为一个分组，接着调用 group()方法获取指定分组的索引即可。代码如下：

```
01    import re                                        # 导入 re 模块
02    # 表达式，“hello”开头，“\s”中间空格，“（\w+）”分组后面所有字母、数字以及下画线数据
03    pattern = 'hello\s(\w+)'
04    match = re.match(pattern,'hello word')           # 匹配字符串
05    print(match)                                     # 打印匹配结果
06    print(match.group())                             # 打印所有匹配内容
07    print(match.group(1))                            # 打印分组指定内容
```

程序运行结果如下：

```
<re.Match object; span=(0, 10), match='hello word'>
hello word
word
```

7.2.5　匹配指定首尾的字符串

【例 7.6】　匹配指定首尾的字符串。（**实例位置：资源包\Code\07\06**）

如果需要通过首尾的方式匹配字符串时，则可以先指定一个首部字符，然后使用$来指定一个尾部字符，代码如下：

```
01  import re                                          # 导入 re 模块
02  # 表达式，h 开头，n$表示 n 结尾
03  pattern = 'h\w+\s[\u4e00-\u9fa5]+\s\w+n$'
04  match = re.match(pattern,'hello  我爱  Python')    # 匹配字符串
05  print(match)                                       # 打印匹配结果
06  print(match.group())                               # 打印所有匹配内容
```

程序运行结果如下：

```
<re.Match object; span=(0, 15), match='hello  我爱  Python'>
hello  我爱  Python
```

7.3　使用 search()进行匹配

search()方法用于在整个字符串中搜索第一个匹配的值，如果在第一匹配位置匹配成功，则返回 Match 对象，否则返回 None。其语法格式如下：

```
re.search(pattern, string, [flags])
```

参数说明如下。

☑ pattern：表示模式字符串，由要匹配的正则表达式转换而来。

☑ string：表示要匹配的字符串。

☑ flags：可选参数，表示修饰符，用于控制匹配方式，如是否区分字母大小写。

7.3.1　获取第一匹配值

【例 7.7】　获取第一匹配值。（**实例位置：资源包\Code\07\07**）

同样以搜索第一个“mr_”开头的字符串为例，不区分字母大小写，示例代码如下：

```
01  import re
```

```
02    pattern = 'mr_\w+'                                          # 模式字符串
03    string = 'MR_SHOP mr_shop'                                  # 要匹配的字符串
04    match = re.search(pattern,string,re.I)                      # 搜索字符串，不区分大小写
05    print(match)                                                # 输出匹配结果
06    string = '项目名称 MR_SHOP mr_shop'
07    match = re.search(pattern,string,re.I)                      # 搜索字符串，不区分大小写
08    print(match)                                                # 输出匹配结果
```

执行结果如下：

```
<_sre.SRE_Match object; span=(0, 7), match='MR_SHOP'>
<_sre.SRE_Match object; span=(4, 11), match='MR_SHOP'>
```

从上面的运行结果中可以看出，search()方法不仅是在字符串的起始位置搜索，其他位置有符合的匹配也会进行搜索。

7.3.2 可选匹配

【例 7.8】 可选匹配。（**实例位置：资源包\Code\07\08**）

在匹配字符串时，有时会遇到部分内容可有可无的情况，对于这样的情况可以使用“?”来解决。“?”可以理解为可选符号，通过该符号即可实现可选匹配字符串中的内容。示例代码如下：

```
01    import re                                                   # 导入 re 模块
02    # 表达式，(\d?)+表示多个数字可有可无，\s 空格可有可无，([\u4e00-\u9fa5]?)+多个汉字可有可无
03    pattern = '(\d?)+mrsoft\s?([\u4e00-\u9fa5]?)+'
04    match = re.search(pattern,'01mrsoft')                       # 匹配字符串，mrsoft 前有 01 数字，匹配成功
05    print(match)                                                # 打印匹配结果
06    match = re.search(pattern,'mrsoft')                         # 匹配字符串，mrsoft 匹配成功
07    print(match)                                                # 打印匹配结果
08    match = re.search(pattern,'mrsoft ')                        # 匹配字符串，mrsoft 后面有一个空格，匹配成功
09    print(match)                                                # 打印匹配结果
10    match = re.search(pattern,'mrsoft 第一')                    # 匹配字符串，mrsoft 后面有空格和汉字，匹配成功
11    print(match)                                                # 打印匹配结果
12    match = re.search(pattern,'rsoft 第一')                     # 匹配字符串，rsoft 后面有空格和汉字，匹配失败
13    print(match)                                                # 打印匹配结果
```

程序运行结果如下：

```
<re.Match object; span=(0, 8), match='01mrsoft'>
<re.Match object; span=(0, 6), match='mrsoft'>
<re.Match object; span=(0, 7), match='mrsoft '>
<re.Match object; span=(0, 9), match='mrsoft 第一'>
None
```

从以上的运行结果中可以看出，“01mrsoft”“mrsoft”“mrsoft”“mrsoft 第一”均可匹配成功，只有“rsoft 第一”没有匹配成功，因为该字符串中没有一个完整的 mrsoft。

7.3.3　匹配字符串边界

【例 7.9】　匹配字符串边界。（**实例位置：资源包\Code\07\09**）

“\b”用于匹配字符串的边界，例如字符串在开始处、结尾处，或者是字符串的分界符为空格、标点符号以及换行。匹配字符串边界的示例代码如下：

```
01  import re                                       # 导入 re 模块
02  pattern = r'\bmr\b'                             # 表达式，mr 两侧均有边界
03  match = re.search(pattern,'mrsoft')             # 匹配字符串，mr 右侧不是边界是 soft，匹配失败
04  print(match)                                    # 打印匹配结果
05  match = re.search(pattern,'mr soft')            # 匹配字符串，mr 左侧为边界右侧为空格，匹配成功
06  print(match)                                    # 打印匹配结果
07  match = re.search(pattern,' mrsoft ')           # 匹配字符串，mr 左侧为空格右侧为 soft 空格，匹配失败
08  print(match)                                    # 打印匹配结果
09  match = re.search(pattern,'mr.soft')            # 匹配字符串，mr 左侧为边界右侧为“.”，匹配成功
10  print(match)                                    # 打印匹配结果
```

程序运行结果如下：

```
None
<re.Match object; span=(0, 2), match='mr'>
None
<re.Match object; span=(0, 2), match='mr'>
```

表达式中的 r 表示“\b”不进行转义，如果将表达式中的 r 去掉，那么将无法进行字符串边界的匹配。

7.4　使用 findall()进行匹配

findall()方法用于在整个字符串中搜索所有符合正则表达式的字符串，并以列表的形式返回。如果匹配成功，则返回包含匹配结构的列表，否则返回空列表。其语法格式如下：

```
re.findall(pattern, string, [flags])
```

参数说明如下。

☑ pattern：表示模式字符串，由要匹配的正则表达式转换而来。

☑ string：表示要匹配的字符串。

☑ flags：可选参数，表示修饰符，用于控制匹配方式，如是否区分字母大小写。

7.4.1　匹配所有指定字符开头字符串

【例 7.10】　匹配字符串边界。（**实例位置：资源包\Code\07\10**）

同样以搜索“mr_”开头的字符串为例，代码如下：

```
01  import re
02  pattern = 'mr_\w+'                                      # 模式字符串
03  string = 'MR_SHOP mr_shop'                              # 要匹配的字符串
04  match = re.findall(pattern,string,re.I)                 # 搜索字符串，不区分大小写
05  print(match)                                            # 输出匹配结果
06  string = '项目名称 MR_SHOP mr_shop'
07  match = re.findall(pattern,string)                      # 搜索字符串，区分大小写
08  print(match)                                            # 输出匹配结果
```

执行结果如下：

```
['MR_SHOP', 'mr_shop']
['mr_shop']
```

7.4.2 贪婪匹配

【例 7.11】 贪婪匹配。（**实例位置：资源包\Code\07\11**）

如果需要匹配一段包含不同类型数据的字符串时，需要挨个字符匹配，如果使用这种传统的匹配方式，那么将会非常复杂。“.*”是一种万能匹配的方式，其中“.”可以匹配除换行符以外的任意字符，而“*”表示匹配前面字符 0 次或无限次，当它们组合在一起时就变成了万能的匹配方式。以匹配网络地址的中间部分为例，代码如下：

```
01  import re                                               # 导入 re 模块
02  pattern = 'https://.*/'                                 # 表达式，“.*”获取 www.hao123.com
03  match = re.findall(pattern,'https://www.hao123.com/')   # 匹配字符串
04  print(match)                                            # 打印匹配结果
```

程序运行结果如下：

```
['https://www.hao123.com/']
```

匹配成功后将打印字符串的所有内容，如果只需要单独获取“.*”所匹配的中间内容时，可以使用“(.*)”的方式进行匹配。代码如下：

```
01  import re                                               # 导入 re 模块
02  pattern = 'https://(.*)/'                               # 表达式，“.*”获取 www.hao123.com
03  match = re.findall(pattern,'https://www.hao123.com/')   # 匹配字符串
04  print(match)                                            # 打印匹配结果
```

程序运行结果如下：

```
['www.hao123.com']
```

7.4.3 非贪婪匹配

【例 7.12】 非贪婪匹配。（**实例位置：资源包\Code\07\12**）

在 7.4.2 节中我们学习了贪婪匹配，使用起来非常方便，不过在某些情况下，贪婪匹配并不会匹配

我们所需要的结果。以获取网络地址（https://www.hao123.com/）中的 123 数字为例，代码如下：

```
01  import re                                              # 导入 re 模块
02  pattern = 'https://.*(\d+).com/'                       # 表达式，“.*”获取 www.hao123.com
03  match = re.findall(pattern,'https://www.hao123.com/')  # 匹配字符串
04  print(match)                                           # 打印匹配结果
```

程序运行结果如下：

```
['3']
```

从以上的运行结果中可以看出，“(\d+)”并没有匹配我们所需要的结果 123，而是只匹配了一个数字 3 而已。这是因为在贪婪匹配下，“.*”会尽量匹配更多的字符，而“\d+”表示至少匹配一个数字并没有指定数字的多少，所以“.*”将 www.hao12 全部匹配了，只把数字 3 留给“\d+”进行匹配，因此也就有了数字 3 的结果。

如果需要解决以上问题，其实可以使用非贪婪匹配“.*?”，这样的匹配方式可以尽量匹配更少的字符，但不会影响我们需要匹配的数据。修改后代码如下：

```
01  import re                                              # 导入 re 模块
02  pattern = 'https://.*?(\d+).com/'                      # 表达式，“.*”获取 www.hao123.com
03  match = re.findall(pattern,'https://www.hao123.com/')  # 匹配字符串
04  print(match)                                           # 打印匹配结果
```

程序运行结果如下：

```
['123']
```

注意

非贪婪匹配虽然有一定的优势，但是，如果需要匹配的结果在字符串的尾部时，那么“.*?”就很有可能匹配不到任何内容，因为它会尽量匹配更少的字符。示例代码如下：

```
01  import re                                              # 导入 re 模块
02  pattern = 'https://(.*?)'                              # 表达式，“.*?”获取 www.hao123.com/
03  match = re.findall(pattern,'https://www.hao123.com/')  # 匹配字符串
04  print(match)                                           # 打印匹配结果
05  pattern = 'https://(.*)'                               # 表达式，“.*”获取 www.hao123.com/
06  match = re.findall(pattern,'https://www.hao123.com/')  # 匹配字符串
07  print(match)                                           # 打印匹配结果
```

程序运行结果如下：

```
['']
['www.hao123.com/']
```

7.5 字符串处理

7.5.1 替换字符串

sub()方法用于实现将某个字符串中所有匹配正则表达式的部分，替换成其他字符串。其语法格式如下：

```
re.sub(pattern, repl, string, count, flags)
```

参数说明如下。

- ☑ pattern：表示模式字符串，由要匹配的正则表达式转换而来。
- ☑ repl：表示替换的字符串。
- ☑ string：表示要被查找替换的原始字符串。
- ☑ count：可选参数，表示模式匹配后替换的最大次数，默认值为 0，表示替换所有的匹配。
- ☑ flags：可选参数，表示修饰符，用于控制匹配方式，如是否区分字母大小写。

【例 7.13】 替换字符串。（**实例位置：资源包\Code\07\13**）

例如，隐藏中奖信息中的手机号码，代码如下：

```
01  import re
02  pattern = r'1[34578]\d{9}'                              # 定义要替换的模式字符串
03  string = '中奖号码为：84978981 联系电话为：13611111111'
04  result = re.sub(pattern,'1XXXXXXXXXX',string)           # 替换字符串
05  print(result)
```

执行结果如下：

```
中奖号码为：84978981 联系电话为：1XXXXXXXXXX
```

sub()方法除了有替换字符串的功能以外，还可以使用该方法实现删除字符串中我们所不需要的数据。例如，删除一段字符串中的所有字母，代码如下：

```
01  import re                                               # 导入 re 模块
02  string = 'hk400 jhkj6h7k5 jhkjhk1j0k66'                 # 需要匹配的字符串
03  pattern = '[a-z]'                                       # 表达式
04  match = re.sub(pattern,'',string,flags=re.I)            # 匹配字符串，将所有字母替换为空，并区分大小写
05  print(match)                                            # 打印匹配结果
```

程序运行结果如下：

```
400 675 1066
```

在 re 模块中还提供了一个 subn()方法，该方法除了也能实现替换字符串的功能以外，还可以返回替换的数量。例如，将一段英文介绍中的名字进行替换，并统计替换的数量。代码如下：

```
01  import re                                    # 导入 re 模块
02  # 需要匹配的字符串
03  string = 'John,I like you to meet Mr. Wang，Mr. Wang, this is our Sales Manager John. John, this is Mr. Wang.'
04  pattern = 'Wang'                             # 表达式
05  match = re.subn(pattern,'Li',string)         # 匹配字符串，将所有 Wang 替换为 Li，并统计替换次数
06  print(match)                                 # 打印匹配结果
07  print(match[1])                              # 打印匹配次数
```

程序运行结果如下：

```
('John,I like you to meet Mr. Li，Mr. Li, this is our Sales Manager John. John, this is Mr. Li.', 3)
3
```

从以上的运行结果中可以看出，替换后所返回的数据为一个元组，第一个元素为替换后的字符串，而第二个元素为替换的次数，这里可以直接使用索引获取替换的次数。

7.5.2　分割字符串

split()方法用于实现根据正则表达式分割字符串，并以列表的形式返回。其语法格式如下：

```
re.split(pattern, string, [maxsplit], [flags])
```

参数说明如下。

- ☑ pattern：表示模式字符串，由要匹配的正则表达式转换而来。
- ☑ string：表示要匹配的字符串。
- ☑ maxsplit：可选参数，表示最大的拆分次数。
- ☑ flags：可选参数，表示修饰符，用于控制匹配方式，如是否区分字母大小写。

【例 7.14】　分割字符串。（**实例位置：资源包\Code\07\14**）

例如，从给定的 URL 地址中提取出请求地址和各个参数，代码如下：

```
01  import re
02  pattern = r'[?|&]'                           # 定义分割符
03  url = 'http://www.mingrisoft.com/login.jsp?username="mr"&pwd="mrsoft"'
04  result = re.split(pattern,url)               # 分割字符串
05  print(result)
```

执行结果如下：

```
['http://www.mingrisoft.com/login.jsp', 'username="mr"', 'pwd="mrsoft"']
```

如果需要分割的字符串非常大，并且不希望使用模式字符串一直分割下去，此时可以指定 split()方法中的 maxsplit 参数来指定最大的分割次数。示例代码如下：

```
01  import re                                    # 导入 re 模块
02  # 需要匹配的字符串
03  string = '预定|K7577|CCT|THL|CCT|LYL|14:47|16:51|02:04|Y|'
```

```
04  pattern = '\|'                                        # 表达式
05  match = re.split(pattern,string,maxsplit=1)           # 匹配字符串，通过第一次出现的“|”进行分割
06  print(match)                                          # 打印匹配结果
```

程序运行结果如下：

```
['预定', 'K7577|CCT|THL|CCT|LYL|14:47|16:51|02:04|Y|']
```

7.6 案例：爬取编程 e 学网视频

本节将使用 requests 模块与正则表达式，爬取编程 e 学网中的某个视频。在爬取前，需要先设计一下爬取思路，首先需要找到视频页面，然后分析视频的 url 地址，最后根据爬取的 url 地址实现视频的下载工作。

7.6.1 查找视频页面

既然是爬取视频，所以爬虫的第一步就是找到视频的指定页面，具体步骤如下：

（1）在浏览器中打开“编程 e 学网”（http://site2.rjkflm.com:666/）地址，然后将页面滑动至下面的“精彩课程”区域，鼠标单击“第一课 初识 Java”，如图 7.1 所示。

图 7.1 查看精彩课程

（2）在视频列表中找到第 1 节“什么是 Java”，然后单击“什么是 Java”，查看对应课程视频，如图 7.2 所示。

（3）单击“什么是 Java”后，将自动打开当前课程的视频页面，如图 7.3 所示。

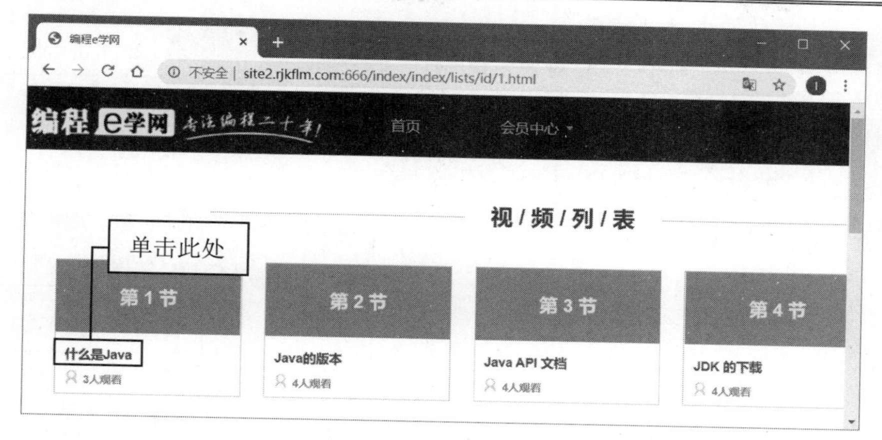

图 7.2　查看课程视频

图 7.3　视频播放页面

说明

此处需要保留当前页面的网络地址（http://site2.rjkflm.com:666/index/index/view/id/1.html），用于爬虫程序的请求地址。

7.6.2　分析视频地址

在 7.6.1 节中已经成功地找到了视频播放页面，那么接下来只需要在当前页面的 HTML 代码中找到视频地址即可。

（1）首先按下 F12 键，打开浏览器“开发者工具”（这里使用谷歌浏览器），然后在顶部导航条中单击 Elements 选项，接着单击导航条左侧的 图标，再选中播放视频的窗体，此时将显示视频窗体所对应的 HTML 代码位置。具体操作步骤如图 7.4 所示。

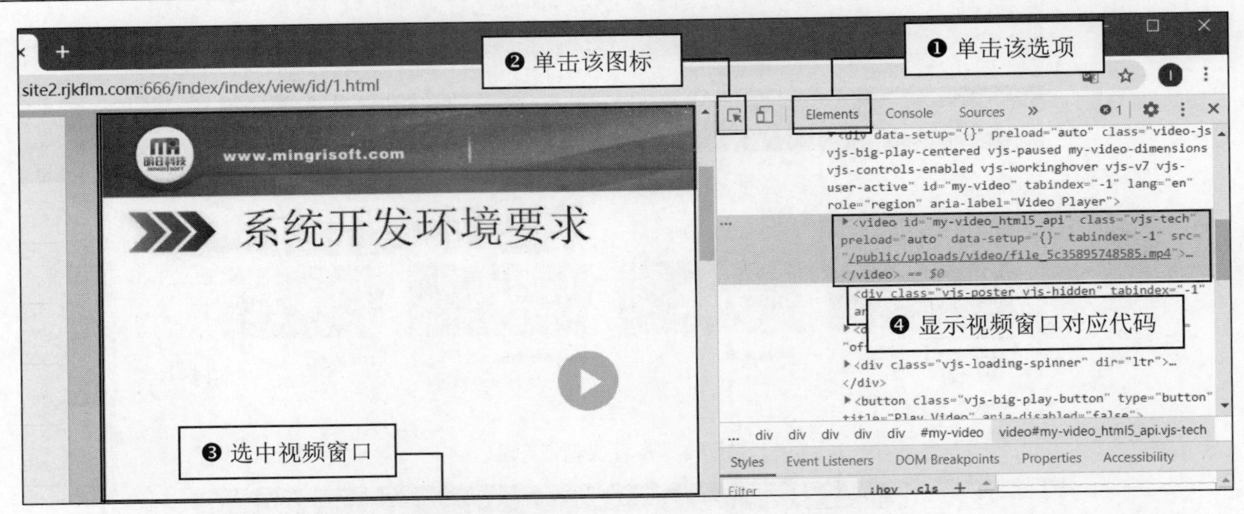

图 7.4　获取视频窗口对应的 HTML 代码

（2）在视频窗口对应的 HTML 代码中，找到.mp4 结尾的链接地址，如图 7.5 所示。

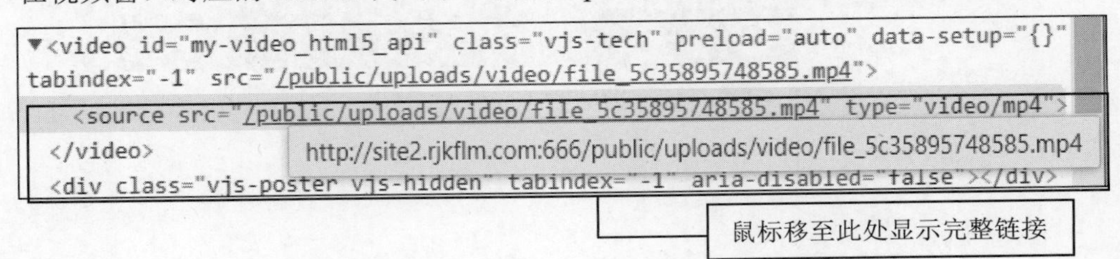

图 7.5　找到视频链接

（3）由于 HTML 代码中的链接地址并不完整，所以需要将网站首页地址与视频链接地址进行拼接，然后在浏览器中打开拼接后的完整地址，测试是否可以正常观看视频，如图 7.6 所示。

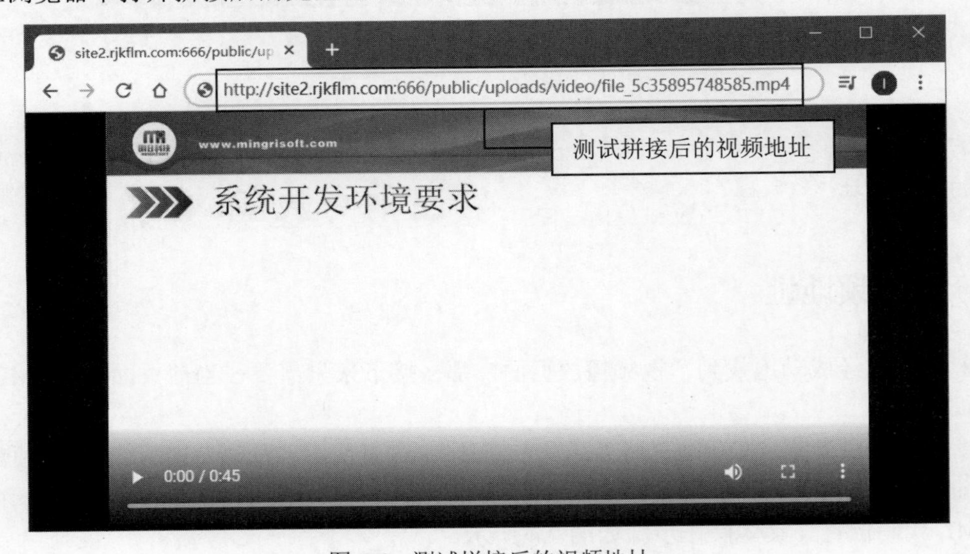

图 7.6　测试拼接后的视频地址

7.6.3　实现视频下载

【例 7.15】　编写视频下载的爬虫程序。（**实例位置：资源包\Code\07\15**）

视频地址分析完成后，接下来则需要编写爬虫代码，首先需要定义视频播放页面的 url 与请求头信息，然后使用 requests.get()方法发送网络请求，接着在返回的 HTML 代码中，通过正则表达式匹配视频地址的数据并将视频地址拼接完整，最后再次对拼接后的视频地址发送网络请求，通过 open()函数将返回的视频二进制数据写成视频文件。代码如下：

```
01  import requests                                              # 导入 requests 模块
02  import re                                                    # 导入 re 模块
03  # 定义视频播放页面的 url
04  url = 'http://site2.rjkflm.com:666/index/index/view/id/1.html'
05  # 定义请求头信息
06  headers = {'User-Agent':'Mozilla/5.0 (Windows NT 10.0; WOW64) AppleWebKit/537.36 (KHTML, like Gecko) Chrome/83.0.4103.61 Safari/537.36'}
07  response = requests.get(url=url,headers=headers)             # 发送网络请求
08  if response.status_code==200:                                # 判断请求成功后
09      # 通过正则表达式匹配视频地址
10      video_url = re.findall('<source src="(.*?)" type="video/mp4">',response.text)[0]
11      video_url='http://site2.rjkflm.com:666/'+video_url       # 将视频地址拼接完整
12      video_response = requests.get(url=video_url,headers=headers)# 发送下载视频的网络请求
13      if video_response.status_code==200:                      # 如果请求成功
14          data = video_response.content                        # 则获取返回的视频二进制数据
15          file =open('java 视频.mp4','wb')                      # 创建 open 对象
16          file.write(data)                                     # 写入数据
17          file.close()                                         # 关闭
```

程序执行完成以后，将在项目文件目录下自动生成“java 视频.mp4”文件，如图 7.7 所示。

图 7.7　“java 视频.mp4”文件

7.7　小　　结

本章介绍了如何使用 Python 自带的正则表达式，提取 HTML 代码中的各种信息。其中学习了正则表达式的基础、如何使用 re 模块来操作正则表达式。接着通过各种示例，演示了正则表达式匹配字符串的各种方法。最后通过一个爬虫案例，实际演练了正则表达式提取数据的全部过程。编写正则表达式非常烦琐，所以读者一定要认真地学习正则表达式的基础内容，并勤加练习。

第 8 章

XPath 解析

虽然正则表达式在处理字符串的能力上很强，但是在编写正则表达式时代码还是比较烦琐的，如果不小心写错一处，那么将无法匹配页面中所需要的数据。网页中包含大量的节点，而节点中又包含id、class 等属性。如果在解析页面中的数据时，通过 XPath 来定位网页中的数据，将会更加简单有效。本章将介绍如何使用 XPath 解析 HTML 代码，并提取 HTML 代码中的数据。

8.1 XPath 概述

XPath 是 XML 路径语言，全名为 XML Path Language，是一门可以在 XML 文件中查找信息的语言。该语言不仅可以实现 XML 文件的搜索，还可以在 HTML 文件中进行搜索。所以在爬虫中可以使用 XPath 在 HTML 文件或代码中进行可用信息的抓取。

XPath 的功能非常强大，不仅提供了简洁明了的路径表达式，还提供了超过 100 个内建的函数，可用于字符串、数值、时间比较、序列处理、逻辑值等。XPath 于 1999 年 11 月 16 日成为 W3C 标准，被设计为供 XSLT、XPointer 以及其他 XML 解析软件使用，XPath 使用路径表达式在 XML 或 HTML 中选取节点。最常用的路径表达式如表 8.1 所示。

表 8.1 XPath 常用路径表达式

表 达 式	描 述
nodename	选取此节点的所有子节点
/	从当前节点选取子节点
//	从当前节点选取子孙节点
.	选取当前节点
..	选取当前节点的父节点
@	选取属性
*	选取所有节点

关于 XPath 的更多文档可以查询官方网站（https://www.w3.org/TR/xpath/all/）。

8.2 XPath 的解析操作

在 Python 中可以支持 XPath 提取数据的解析模块有很多，这里主要介绍 lxml 模块，该模块可以解析 HTML 与 XML，并且支持 XPath 解析方式。因为 lxml 模块的底层是通过 C 语言所编写的，所以在解析效率方面是非常优秀的。由于 lxml 模块为第三方模块，如果读者没有使用 Anaconda，则需要通过 pip install lxml 命令安装该模块。

8.2.1　解析 HTML

1．parse()方法

【例 8.1】　解析本地的 HTML 文件。（**实例位置：资源包\Code\08\01**）

parse()方法主要用于实现解析本地的 HTML 文件，示例代码如下：

```
01  from lxml import etree                                  # 导入 etree 子模块
02  parser=etree.HTMLParser()                               # 创建 HTMLParser 对象
03  html = etree.parse('demo.html',parser=parser)           # 解析 demo.html 文件
04  html_txt = etree.tostring(html,encoding = "utf-8")      # 转换字符串类型，并进行编码
05  print(html_txt.decode('utf-8'))                         # 打印解码后的 HTML 代码
```

程序运行结果如图 8.1 所示。

```
<!DOCTYPE html PUBLIC "-//W3C//DTD XHTML 1.0 Transitional//EN" "http://www.w3
.org/TR/xhtml1/DTD/xhtml1-transitional.dtd">
<!-- saved from url=(0038)http://sck.rjkflm.com:666/spider/auth/ --><html xmlns="http://www.w3
.org/1999/xhtml" xmlns="http://www.w3.org/1999/xhtml"><head><meta http-equiv="Content-Type"
content="text/html; charset=UTF-8" />

<title>标题文档</title>
</head>


<body>
<img src="./demo_files/logo1.png" />
<br />
hello 明日科技 ~
</body></html>
```

图 8.1　解析本地的 HTML 文件

2．HTML()方法

【例 8.2】　解析字符串类型的 HTML 代码。（**实例位置：资源包\Code\08\02**）

etree 子模块还提供了一个 HTML()方法，该方法可以实现解析字符串类型的 HTML 代码。示例代码如下：

```
01  from lxml import etree                                  # 导入 etree 子模块
02  # 定义 html 字符串
03  html_str = '''
04  <title>标题文档</title>
05  </head>
06  <body>
07  <img src="./demo_files/logo1.png" />
08  <br />
09  hello  明日科技 ~
```

```
10    </body></html>'''
11    html = etree.HTML(html_str)                          # 解析 html 字符串
12    html_txt = etree.tostring(html,encoding = "utf-8")   # 转换字符串类型，并进行编码
13    print(html_txt.decode('utf-8'))                      # 打印解码后的 HTML 代码
```

程序运行结果如图 8.2 所示。

```
<html><head><title>标题文档</title>
</head>
<body>
<img src="./demo_files/logol.png"/>
<br/>
hello 明日科技 ~
</body></html>
```

图 8.2　解析字符串类型的 HTML 代码

【例 8.3】　解析服务器返回的 HTML 代码。（**实例位置：资源包\Code\08\03**）

在实际开发中，HTML()方法的使用率是非常高的，因为发送网络请求后，在多数情况下都会将返回的响应结果转换为字符串类型，如果返回的结果是 HTML 代码，则需要使用 HTML()方法来进行解析。示例代码如下：

```
01    from lxml import etree                              # 导入 etree 子模块
02    import requests                                     # 导入 requests 模块
03    from requests.auth import HTTPBasicAuth             # 导入 HTTPBasicAuth 类
04    # 定义请求地址
05    url = 'http://sck.rjkflm.com:666/spider/auth/'
06    ah = HTTPBasicAuth('admin','admin')                 # 创建 HTTPBasicAuth 对象，参数为用户名与密码
07    response = requests.get(url=url,auth=ah)            # 发送网络请求
08    if response.status_code==200:                       # 如果请求成功
09        html = etree.HTML(response.text)                # 解析 html 字符串
10        html_txt = etree.tostring(html,encoding = "utf-8")  # 转换字符串类型，并进行编码
11        print(html_txt.decode('utf-8'))                 # 打印解码后的 HTML 代码
```

程序运行结果如图 8.3 所示。

```
<html xmlns="http://www.w3.org/1999/xhtml" xmlns="http://www.w3.org/1999/xhtml">&#13;
<head>&#13;
<meta http-equiv="Content-Type" content="text/html; charset=utf-8" />&#13;
<title>标题文档</title>&#13;
</head>&#13;
&#13;
<body>&#13;
<img src="../images/logol.png" />&#13;
<br />&#13;
hello 明日科技 ~&#13;
</body>&#13;
</html>
```

图 8.3　解析网络请求返回的 HTML 代码

注意

图 8.3 中的“
”表示 Unicode 回车字符。

8.2.2　获取所有节点

【例 8.4】　获取所有节点。（**实例位置：资源包\Code\08\04**）

在获取 HTML 代码中的所有节点时，可以使用“//*”的方式，示例代码如下：

```
01  from lxml import etree                                    # 导入 etree 子模块
02  # 定义 html 字符串
03  html_str = '''
04  <div class="level_one on">
05  <ul>
06  <li> <a href="/index/index/view/id/1.html" title="什么是 Java" class="on">什么是 Java</a> </li>
07  <li> <a href="javascript:" onclick="login(0)" title="Java 的版本">Java 的版本</a> </li>
08  <li> <a href="javascript:" onclick="login(0)" title="Java API 文档">Java API 文档</a> </li>
09  <li> <a href="javascript:" onclick="login(0)" title="JDK 的下载">JDK 的下载</a> </li>
10  <li> <a href="javascript:" onclick="login(0)" title="JDK 的安装">JDK 的安装</a> </li>
11  <li> <a href="javascript:" onclick="login(0)" title="配置 JDK">配置 JDK</a> </li>
12  </ul>
13  </div>
14  '''
15  html = etree.HTML(html_str)                               # 解析 html 字符串
16  node_all = html.xpath('//*')                              # 获取所有节点
17  print('数据类型：',type(node_all))                          # 打印数据类型
18  print('数据长度：',len(node_all))                           # 打印数据长度
19  print('数据内容：',node_all)                                # 打印数据内容
20  # 通过推导式打印所有节点名称，通过节点对象.tag 获取节点名称
21  print('节点名称：',[i.tag for i in node_all])
```

程序运行结果如下：

```
数据类型：<class 'list'>
数据长度：16
数据内容：[<Element html at 0x1f3b8e6a408>, <Element body at 0x1f3b8fbb148>, <Element div at 0x1f3b8fbb1c8>, <Element ul at 0x1f3b8fbb208>, <Element li at 0x1f3b8fbb408>, <Element a at 0x1f3b8fbb448>, <Element li at 0x1f3b8fbb4c8>, <Element a at 0x1f3b8fbb508>, <Element li at 0x1f3b8fbb548>, <Element a at 0x1f3b8fbb308>, <Element li at 0x1f3b8fbb588>, <Element a at 0x1f3b8fbb5c8>, <Element li at 0x1f3b8fbb608>, <Element a at 0x1f3b8fbb648>, <Element li at 0x1f3b8fbb688>, <Element a at 0x1f3b8fbb6c8>]
节点名称：['html', 'body', 'div', 'ul', 'li', 'a', 'li', 'a', 'li', 'a', 'li', 'a', 'li', 'a', 'li', 'a']
```

如果需要获取 HTML 代码中所有指定名称的节点时，则可以在“//”的后面添加节点名称，以获取所有 li 节点为例，关键代码如下：

```
01  html = etree.HTML(html_str)                    # 解析 html 字符串，html 字符串为上一示例的 html 字符串
02  li_all = html.xpath('//li')                    # 获取所有 li 节点
03  print('所有 li 节点',li_all)                    # 打印所有 li 节点
04  print('获取指定 li 节点：',li_all[1])            # 打印指定 li 节点
05  li_txt = etree.tostring(li_all[1],encoding = "utf-8"  # 转换字符串类型，并进行编码
06  # 打印指定节点的 HTML 代码
07  print('获取指定节点 HTML 代码：',li_txt.decode('utf-8'))
```

程序运行结果如下：

```
所有 li 节点 [<Element li at 0x1f90ebfc0c8>, <Element li at 0x1f90ebfc148>, <Element li at 0x1f90ebfc188>, <Element li at 0x1f90ebfc388>, <Element li at 0x1f90ebfc288>, <Element li at 0x1f90ebfc448>]
获取指定 li 节点：<Element li at 0x1f90ebfc148>
获取指定节点 HTML 代码：<li> <a href="javascript:" onclick="login(0)" title="Java 的版本">Java 的版本</a> </li>
```

8.2.3 获取子节点

【例 8.5】 获取子节点。（**实例位置：资源包\Code\08\05**）

如果需要获取一个节点中的直接子节点，则可以使用“/”，例如获取 li 节点中所有子节点 a，可以使用“//li/a”的方式进行获取，示例代码如下：

```
01  from lxml import etree                         # 导入 etree 子模块
02  # 定义 html 字符串
03  html_str = '''
04  <div class="level_one on">
05  <ul>
06  <li>
07      <a href="/index/index/view/id/1.html" title="什么是 Java" class="on">什么是 Java</a>
08      <a>Java</a>
09  </li>
10  <li> <a href="javascript:" onclick="login(0)" title="Java 的版本">Java 的版本</a> </li>
11  <li> <a href="javascript:" onclick="login(0)" title="Java API 文档">Java API 文档</a> </li>
12  </ul>
13  </div>
14  '''
15  html = etree.HTML(html_str)                    # 解析 html 字符串
16  a_all = html.xpath('//li/a')                   # 获取 li 节点中所有子节点 a
17  print('所有子节点 a',a_all)                      # 打印所有 a 节点
18  print('获取指定 a 节点：',a_all[1])              # 打印指定 a 节点
19  a_txt = etree.tostring(a_all[1],encoding = "utf-8")    # 转换字符串类型，并进行编码
20  # 打印指定节点的 HTML 代码
21  print('获取指定节点 HTML 代码：',a_txt.decode('utf-8'))
```

程序运行结果如下：

```
所有子节点 a [<Element a at 0x1ca29a9c148>, <Element a at 0x1ca29a9c108>, <Element a at 0x1ca29a9c188>, <Element a at 0x1ca29a9c1c8>]
```

```
获取指定 a 节点：<Element a at 0x1ca29a9c108>
获取指定节点 HTML 代码：<a>Java</a>
```

【例 8.6】　获取子孙节点。（**实例位置：资源包\Code\08\06**）

“/”可以用来获取直接的子节点，如果需要获取子孙节点时，那么就可以使用“//”来实现，以获取 ul 节点中所有子孙节点 a 为例，示例代码如下：

```
01  from lxml import etree                                        # 导入 etree 子模块
02  # 定义 html 字符串
03  html_str = '''
04  <div class="level_one on">
05  <ul>
06  <li>
07      <a href="/index/index/view/id/1.html" title="什么是 Java" class="on">什么是 Java</a>
08      <a>Java</a>
09  </li>
10  <li> <a href="javascript:" onclick="login(0)" title="Java 的版本">Java 的版本</a> </li>
11  <li>
12      <a href="javascript:" onclick="login(0)" title="Java API 文档">
13          <a>a 节点中的 a 节点</a>
14      </a>
15  </li>
16  </ul>
17  </div>
18  '''
19  html = etree.HTML(html_str)                                  # 解析 html 字符串
20  a_all = html.xpath('//ul//a')                                # 获取 ul 节点中所有子孙节点 a
21  print('所有子节点 a',a_all)                                   # 打印所有 a 节点
22  print('获取指定 a 节点：',a_all[4])                            # 打印指定 a 节点
23  a_txt = etree.tostring(a_all[4],encoding = "utf-8")          # 转换字符串类型，并进行编码
24  # 打印指定节点的 HTML 代码
25  print('获取指定节点 HTML 代码：',a_txt.decode('utf-8'))
```

程序运行结果如下：

```
所有子节点 a [<Element a at 0x1a81b50c108>, <Element a at 0x1a81b50c188>, <Element a at 0x1a81b50c1c8>,
<Element a at 0x1a81b50c3c8>, <Element a at 0x1a81b50c2c8>]
获取指定 a 节点：<Element a at 0x1a81b50c2c8>
获取指定节点 HTML 代码：<a>a 节点中的 a 节点</a>
```

说明

在获取 ul 子孙节点时，如果使用“//ul/a”的方式获取，那么是无法匹配任何结果的。因为“/”用来获取直接子节点，ul 的直接子节点为 li，并没有 a 节点，所以无法匹配。

8.2.4 获取父节点

【例 8.7】 获取父节点。（**实例位置：资源包\Code\08\07**）

在获取一个节点的父节点时，可以使用“..”来实现，以获取所有 a 节点的父节点为例，代码如下：

```
01  from lxml import etree                                              # 导入 etree 子模块
02  # 定义 html 字符串
03  html_str = '''
04  <div class="level_one on">
05  <ul>
06  <li><a href="/index/index/view/id/1.html" title="什么是 Java" class="on">什么是 Java</a></li>
07  <li> <a href="javascript:" onclick="login(0)" title="Java 的版本">Java 的版本</a> </li>
08  </ul>
09  </div>
10  '''
11  html = etree.HTML(html_str)                                          # 解析 html 字符串
12  a_all_parent = html.xpath('//a/..')                                  # 获取所有 a 节点的父节点
13  print('所有 a 的父节点',a_all_parent)                                 # 打印所有 a 的父节点
14  print('获取指定 a 的父节点：',a_all_parent[0])                         # 打印指定 a 的父节点
15  a_txt = etree.tostring(a_all_parent[0],encoding = "utf-8")           # 转换字符串类型，并进行编码
16  # 打印指定节点的 HTML 代码
17  print('获取指定节点 HTML 代码：\n',a_txt.decode('utf-8'))
```

程序运行结果如下：

```
所有 a 的父节点 [<Element li at 0x224a919c0c8>, <Element li at 0x224a919c148>]
获取指定 a 的父节点：<Element li at 0x224a919c0c8>
获取指定节点 HTML 代码：
 <li><a href="/index/index/view/id/1.html" title="什么是 Java" class="on">什么是 Java</a></li>
```

说明

除了使用“..”获取一个节点的父节点以外，还可以使用“/parent::*”的方式来获取。

8.2.5 获取文本

【例 8.8】 获取文本。（**实例位置：资源包\Code\08\08**）

使用 XPath 获取 HTML 代码中的文本时，可以使用 text()方法。例如，获取所有 a 节点中的文本信息。代码如下：

```
01  from lxml import etree                                              # 导入 etree 子模块
02  # 定义 html 字符串
03  html_str = '''
04  <div class="level_one on">
05  <ul>
06  <li><a href="/index/index/view/id/1.html" title="什么是 Java" class="on">什么是 Java</a></li>
```

```
07    <li> <a href="javascript:" onclick="login(0)" title="Java 的版本">Java 的版本</a> </li>
08    </ul>
09    </div>
10    '''
11    html = etree.HTML(html_str)                                    # 解析 html 字符串
12    a_text = html.xpath('//a/text()')                              # 获取所有 a 节点中的文本信息
13    print('所有 a 节点中文本信息：',a_text)
```

程序运行结果如下：

```
所有 a 节点中文本信息：['什么是 Java', 'Java 的版本']
```

8.2.6　属性匹配

1．属性匹配

【例 8.9】　属性匹配。（**实例位置：资源包\Code\08\09**）

如果需要更精确地获取某个节点中的内容，则可以使用“[@...]”实现节点属性的匹配，其中“...”表示属性匹配的条件。例如，获取所有 class="level"的所有 div 节点。代码如下：

```
01    from lxml import etree                                         # 导入 etree 子模块
02    # 定义 html 字符串
03    html_str = '''
04    <div class="video_scroll">
05          <div class="level">什么是 Java</div>
06          <div class="level">Java 的版本</div>
07    </div>
08    '''
09    html = etree.HTML(html_str)                                    # 解析 html 字符串
10    # 获取所有 class="level"的 div 节点中的文本信息
11    div_one = html.xpath('//div[@class="level"]/text()')
12    print(div_one)                                                 # 打印 class="level"的 div 中文本
```

程序运行结果如下：

```
['什么是 Java', 'Java 的版本']
```

说明

使用“[@...]”实现属性匹配时，不仅可以用于 class 的匹配，还可以用于 id、href 等属性的匹配。

2．属性多值匹配

【例 8.10】　属性多值匹配。（**实例位置：资源包\Code\08\10**）

当某个节点的某个属性出现多个值时，可以将所有值作为匹配条件，进行节点的筛选。示例代码如下：

```
01    from lxml import etree                                         # 导入 etree 子模块
```

```
02    # 定义 html 字符串
03    html_str = '''
04    <div class="video_scroll">
05         <div class="level one">什么是 Java</div>
06         <div class="level">Java 的版本</div>
07    </div>
08    '''
09    html = etree.HTML(html_str)                                  # 解析 html 字符串
10    # 获取所有 class="level one"的 div 节点中的文本信息
11    div_one = html.xpath('//div[@class="level one"]/text()')
12    print(div_one)                                               # 打印 class="level one"的 div 中文本
```

程序运行结果如下：

```
['什么是 Java']
```

如果需要即获取 class="level one"又获取 class="level"的 div 节点时，可以使用 contains()方法，该方法中有两个参数，第一个参数用于指定属性名称，第二个参数用于指定属性值，如果 HTML 代码中包含指定的属性值，那么就可以匹配成功。关键代码如下：

```
01    html = etree.HTML(html_str)                                  # 解析 html 字符串
02    # 获取所有 class 属性值中包含 level 的 div 节点中的文本信息
03    div_all = html.xpath('//div[contains(@class,"level")]/text()')
04    print(div_all)                                               # 打印所有符合条件的文本信息
```

程序运行结果如下：

```
['什么是 Java', 'Java 的版本']
```

3. 多属性匹配

【例 8.11】 多属性匹配。（**实例位置：资源包\Code\08\11**）

通过属性匹配 HTML 代码的节点时，还会遇到一种情况。那就是一个节点中出现多个属性，这时就需要同时匹配多个属性，才可以更精确地获取指定节点中的数据。示例代码如下：

```
01    from lxml import etree                                       # 导入 etree 子模块
02    # 定义 html 字符串
03    html_str = '''
04    <div class="video_scroll">
05         <div class="level" id="one">什么是 Java</div>
06         <div class="level">Java 的版本</div>
07    </div>
08    '''
09    html = etree.HTML(html_str)                                  # 解析 html 字符串
10    # 获取所有符合 class="level"与 id="one"的 div 节点中的文本信息
11    div_all = html.xpath('//div[@class="level" and @id="one"]/text()')
12    print(div_all)                                               # 打印所有符合条件的文本信息
```

程序运行结果如下：

```
['什么是 Java']
```

从以上的运行结果中可以看出，这里只匹配了属性 class="level"与属性 id="one"的 div 节点，因为代码中使用了 and 运算符，该运算符表示“与”。XPath 中还提供了很多运算符，其他运算符如表 8.2 所示。

表 8.2　XPath 所提供的运算符

运　算　符	例　　子	返　回　值
+（加法）	5 + 5	返回 10.0
-（减法）	8 - 6	返回 2.0
*（乘法）	4 * 6	返回 24.0
div（除法）	24 div 6	返回 4.0
=（等于）	price = 38.0	如果 price 等于 38.0，则返回 True，否则返回 False
!=（不等于）	price != 38.0	如果 price 不等于 38.0，则返回 True；如果 price 等于 38.0，则返回 False
<（小于）	price < 38.0	如果 price 小于 38.0，则返回 True，否则返回 False
<=（小于等于）	price <= 38.0	如果 price 小于 38.0 或等于 38.0，则返回 True，否则返回 False
>（大于）	price > 38.0	如果 price 大于 38.0，则返回 True，否则返回 False
>=（大于等于）	price >= 38.0	如果 price 大于 38.0 或等于 38.0，则返回 True，否则返回 False
Or（或）	price=38.0 or price=39.0	如果 price 等于 38.0 或等于 39.0，则返回 True，否则返回 False
and（与）	price>38.0 and price<39.0	如果 price 大于 38.0 并 price 小于 39.0，则返回 True，否则返回 False
mod（求余）	6 mod 4	返回 2.0
|（计算两个节点集）	//div|//a	返回所有 div 和 a 节点集

8.2.7　获取属性

【例 8.12】　多属性匹配。（**实例位置：资源包\Code\08\12**）

“@”不仅可以实现通过属性匹配节点，还可以直接获取属性所对应的值。示例代码如下：

```
01  from lxml import etree                              # 导入 etree 子模块
02  # 定义 html 字符串
03  html_str = '''
04  <div class="video_scroll">
05      <li class="level" id="one">什么是 Java</li>
06  </div>
07  '''
08  html = etree.HTML(html_str)                         # 解析 html 字符串
09  # 获取 li 节点中的 class 属性值
10  li_class = html.xpath('//div/li/@class')
11  # 获取 li 节点中的 id 属性值
12  li_id = html.xpath('//div/li/@id')
13  print('class 属性值：',li_class)
14  print('id 属性值：',li_id)
```

程序运行结果如下：

```
class 属性值：['level']
id 属性值：['one']
```

8.2.8 按序获取

【例 8.13】 按序获取。（实例位置：资源包\Code\08\13）

如果同时匹配了多个节点，但只需要其中的某一个节点时，则可以使用指定索引的方式获取对应的节点内容，不过 XPath 中的索引是从 1 开始的，所以需要注意不要与 Python 中的列表索引混淆。示例代码如下：

```
01  from lxml import etree                                    # 导入 etree 子模块
02  # 定义 html 字符串
03  html_str = '''
04  <div class="video_scroll">
05      <li> <a href="javascript:" onclick="login(0)" title="Java API 文档">Java API 文档</a> </li>
06      <li> <a href="javascript:" onclick="login(0)" title="JDK 的下载">JDK 的下载</a> </li>
07      <li> <a href="javascript:" onclick="login(0)" title="JDK 的安装">JDK 的安装</a> </li>
08      <li> <a href="javascript:" onclick="login(0)" title="配置 JDK">配置 JDK</a> </li>
09  </div>
10  '''
11  html = etree.HTML(html_str)                               # 解析 html 字符串
12  # 获取所有 li/a 节点中 title 属性值
13  li_all = html.xpath('//div/li/a/@title')
14  print('所有属性值：',li_all)
15  # 获取第 1 个 li/a 节点中 title 属性值
16  li_first = html.xpath('//div/li[1]/a/@title')
17  print('第一个属性值：',li_first)
18  # 获取第 4 个 li/a 节点中 title 属性值
19  li_four = html.xpath('//div/li[4]/a/@title')
20  print('第四个属性值：',li_four)
```

程序运行结果如下：

```
所有属性值：['Java API 文档', 'JDK 的下载', 'JDK 的安装', '配置 JDK']
第一个属性值：['Java API 文档']
第四个属性值：['配置 JDK']
```

除了使用固定的索引来获取指定节点中的内容以外，还可以用 XPath 中提供的函数来获取指定节点中的内容，关键代码如下：

```
01  html = etree.HTML(html_str)                               # 解析 html 字符串
02  # 获取最后一个 li/a 节点中 title 属性值
03  li_last = html.xpath('//div/li[last()]/a/@title')
04  print('最后一个属性值：',li_last)
05  # 获取第 1 个 li/a 节点中 title 属性值
06  li = html.xpath('//div/li[position()=1]/a/@title')
07  print('第一个位置的属性值：',li)
08  # 获取倒数第二个 li/a 节点中 title 属性值
09  li = html.xpath('//div/li[last()-1]/a/@title')
10  print('倒数第二个位置的属性值：',li)
11  # 获取位置大于 1 的 li/a 节点中 title 属性值
12  li = html.xpath('//div/li[position()>1]/a/@title')
13  print('位置大于 1 的属性值：',li)
```

程序运行结果如下：

```
最后一个属性值：['配置 JDK']
第一个位置的属性值：['Java API 文档']
倒数第二个位置的属性值：['JDK 的安装']
位置大于 1 的属性值：['JDK 的下载', 'JDK 的安装', '配置 JDK']
```

8.2.9　节点轴获取

【例 8.14】　节点轴获取。（**实例位置：资源包\Code\08\14**）

除了以上的匹配方式以外，XPath 还提供了一些节点轴的匹配方法，例如，获取祖先节点、子孙节点、兄弟节点等。示例代码如下：

```
01  from lxml import etree                                                # 导入 etree 子模块
02  # 定义 html 字符串
03  html_str = '''
04  <div class="video_scroll">
05      <li><a href="javascript:" onclick="login(0)" title="Java API 文档">Java API 文档</a></li>
06      <li><a href="javascript:" onclick="login(0)" title="JDK 的下载">JDK 的下载</a></li>
07      <li> <a href="javascript:" onclick="login(0)" title="JDK 的安装">JDK 的安装</a> </li>
08  </div>
09  '''
10
11  html = etree.HTML(html_str)                                           # 解析 html 字符串
12  # 获取 li[2]所有祖先节点
13  ancestors = html.xpath('//li[2]/ancestor::*')
14  print('li[2]所有祖先节点名称：',[i.tag for i in ancestors])
15  # 获取 li[2]祖先节点位置为 body
16  body = html.xpath('//li[2]/ancestor::body')
17  print('li[2]指定祖先节点名称：',[i.tag for i in body])
18  # 获取 li[2]属性为 class="video_scroll"的祖先节点
19  class_div = html.xpath('//li[2]/ancestor::*[@class="video_scroll"]')
20  print('li[2]class="video_scroll"的祖先节点名称：',[i.tag for i in class_div])
21  # 获取 li[2]/a 所有属性值
22  attributes = html.xpath('//li[2]/a/attribute::*')
23  print('li[2]/a 的所有属性值：',attributes)
24  # 获取 div 所有子节点
25  div_child = html.xpath('//div/child::*')
26  print('div 的所有子节点名称：',[i.tag for i in div_child])
27  # 获取 body 所有子孙节点
28  body_descendant = html.xpath('//body/descendant::*')
29  print('body 的所有子孙节点名称：',[i.tag for i in body_descendant])
30  # 获取 li[1]节点后的所有节点
31  li_following = html.xpath('//li[1]/following::*')
32  print('li[1]之后的所有节点名称：',[i.tag for i in li_following])
33  # 获取 li[1]节点后的所有同级节点
34  li_sibling = html.xpath('//li[1]/following-sibling::*')
35  print('li[1]之后的所有同级节点名称：',[i.tag for i in li_sibling])
36  # 获取 li[3]节点前的所有节点
```

```
37    li_preceding = html.xpath('//li[3]/preceding::*')
38    print('li[3]之前的所有节点名称：',[i.tag for i in li_preceding])
```

程序运行结果如下：

```
li[2]所有祖先节点名称：['html', 'body', 'div']
li[2]指定祖先节点名称：['body']
li[2]class="video_scroll"的祖先节点名称：['div']
li[2]/a 的所有属性值：['javascript:', 'login(0)', 'JDK 的下载']
div 的所有子节点名称：['li', 'li', 'li']
body 的所有子孙节点名称：['div', 'li', 'a', 'li', 'a', 'li', 'a']
li[1]之后的所有节点名称：['li', 'a', 'li', 'a']
li[1]之后的所有同级节点名称：['li', 'li']
li[3]之前的所有节点名称：['li', 'a', 'li', 'a']
```

8.3 案例：爬取豆瓣电影 Top 250

本节将使用 requests 模块与 lxml 模块中的 XPath，爬取豆瓣电影 Top 250 中的电影信息，如图 8.4 所示。

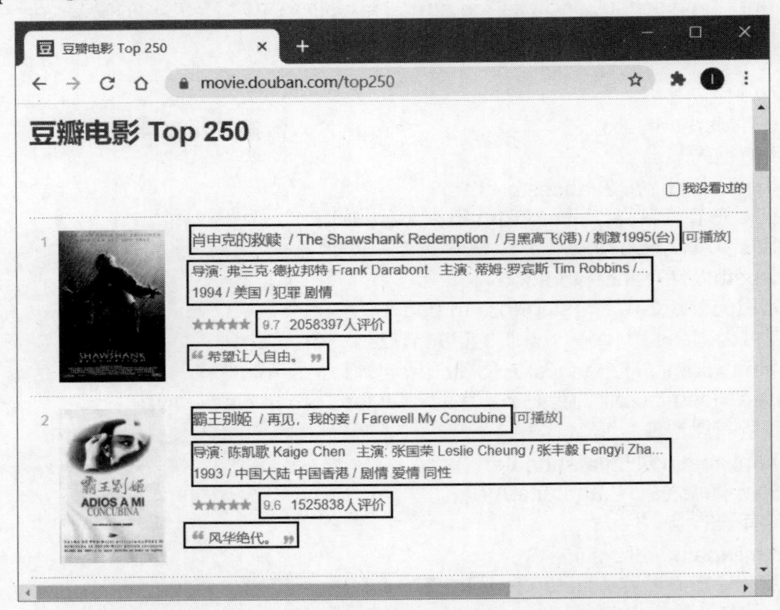

图 8.4 豆瓣电影 Top 250 首页

8.3.1 分析请求地址

在豆瓣电影 Top 250 首页的底部可以确定电影信息一共有 10 页内容，每页有 25 个电影信息，如图 8.5 所示。

切换页面，发现每页的 url 地址的规律，如图 8.6 所示。

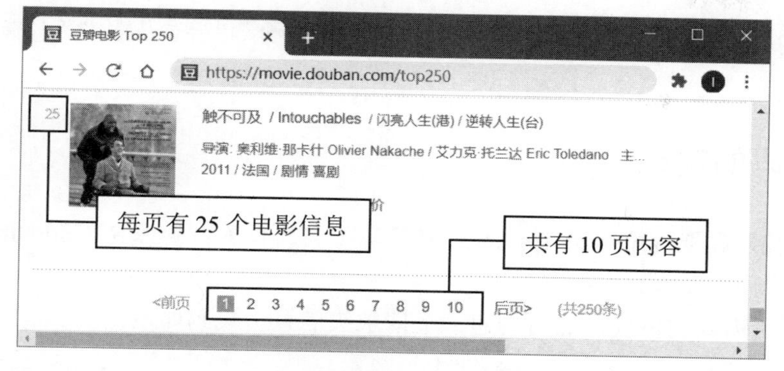

图 8.5　确定页数与电影信息数量

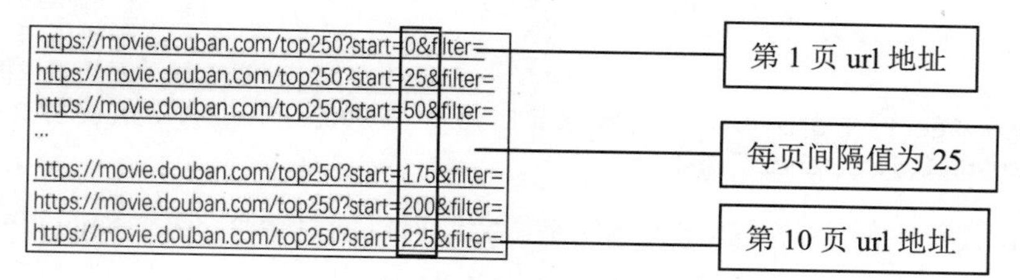

图 8.6　每页的 url 地址的规律

8.3.2　分析信息位置

打开浏览器“开发者工具”，在顶部选项卡中单击 Elements 选项，然后单击图标，接着选中网页中的电影名称，查看电影名称所在 HTML 代码的位置，如图 8.7 所示。

图 8.7　查看电影名称所在 HTML 代码的位置

按照图 8.7 中的操作步骤，查看“导演、主演”“电影评分”“评价人数”“电影总结”信息所对应的 HTML 代码位置。

8.3.3 爬虫代码的实现

【例 8.15】 编写爬取豆瓣电影 Top 250 的代码。（**实例位置：资源包\Code\08\15**）

爬虫代码实现的具体步骤如下：

（1）导入爬虫所需要的模块，然后创建一个请求头信息。代码如下：

```
01  from lxml import etree                                    # 导入 etree 子模块
02  import time                                               # 导入时间模块
03  import random                                             # 导入随机模块
04  import requests                                           # 导入网络请求模块
05  header = {'User-Agent': 'Mozilla/5.0 (Windows NT 10.0; WOW64) AppleWebKit/537.36 (KHTML, like
Gecko) Chrome/83.0.4103.61 Safari/537.36'}
```

（2）由于 HTML 代码中的信息内存在大量的空白符，所以创建一个 processing()方法，用于处理字符串中的空白符。代码如下：

```
01  # 处理字符串中的空白符，并拼接字符串
02  def processing(strs):
03      s = ''                                                # 定义保存内容的字符串
04      for n in strs:
05          n = ''.join(n.split())                            # 去除空字符
06          s = s + n                                         # 拼接字符串
07      return s                                              # 返回拼接后的字符串
```

（3）创建 get_movie_info()方法，在该方法中首选通过 requests.get()方法发送网络请求，然后通过 etree.HTML()方法解析 HTML 代码，最后通过 xpath 提取电影的相关信息。代码如下：

```
01  # 获取电影信息
02  def get_movie_info(url):
03      response = requests.get(url,headers=header)           # 发送网络请求
04      html = etree.HTML(response.text)                      # 解析 html 字符串
05      div_all = html.xpath('//div[@class="info"]')
06      for div in div_all:
07          names = div.xpath('./div[@class="hd"]/a//span/text()')           # 获取电影名字相关信息
08          name = processing(names)                                          # 处理电影名称信息
09          infos = div.xpath('./div[@class="bd"]/p/text()')                  # 获取导演、主演等信息
10          info = processing(infos)                                          # 处理导演、主演等信息
11          score = div.xpath('./div[@class="bd"]/div/span[2]/text()')        # 获取电影评分
12          evaluation = div.xpath('./div[@class="bd"]/div/span[4]/text()')   # 获取评价人数
13          # 获取电影总结文字
14          summary = div.xpath('./div[@class="bd"]/p[@class="quote"]/span/text()')
15          print('电影名称：',name)
16          print('导演与演员：',info)
17          print('电影评分：',score)
18          print('评价人数：',evaluation)
```

```
19          print('电影总结：',summary)
20          print('--------分隔线--------')
```

（4）创建程序入口，然后创建步长为 25 的 for 循环，并在循环中替换每次请求的 url 地址，再调用 get_movie_info()方法获取电影信息。代码如下：

```
01 if __name__ == '__main__':
02     for i in range(0,250,25):                           # 每页 25 为间隔，实现循环，共 10 页
03         # 通过 format 替换切换页码的 url 地址
04         url = 'https://movie.douban.com/top250?start={page}&filter='.format(page=i)
05         get_movie_info(url)                             # 调用爬虫方法，获取电影信息
06         time.sleep(random.randint(1,3))                 # 等待 1 至 3 秒随机时间
```

程序运行结果如图 8.8 所示。

```
电影名称： 肖申克的救赎/TheShawshankRedemption/月黑高飞(港)/刺激1995(台)
导演与演员： 导演:弗兰克·德拉邦特FrankDarabont主演:蒂姆·罗宾斯TimRobbins/...1994/美国/犯罪剧情
电影评分： 9.7
评价人数： 2058397人评价
电影总结： 希望让人自由。
--------分隔线--------
电影名称： 霸王别姬/再见，我的妾/FarewellMyConcubine
导演与演员： 导演:陈凯歌KaigeChen主演:张国荣LeslieCheung/张丰毅FengyiZha...1993/中国大陆中国香港/剧情爱情同性
电影评分： 9.6
评价人数： 1525838人评价
电影总结： 风华绝代。
--------分隔线--------
电影名称： 阿甘正传/ForrestGump/福雷斯特·冈普
导演与演员： 导演:罗伯特·泽米吉斯RobertZemeckis主演:汤姆·汉克斯TomHanks/...1994/美国/剧情爱情
电影评分： 9.5
评价人数： 1556454人评价
电影总结： 一部美国近现代史。
--------分隔线--------
电影名称： 这个杀手不太冷/Léon/杀手莱昂/终极追杀令(台)
导演与演员： 导演:吕克·贝松LucBesson主演:让·雷诺JeanReno/娜塔莉·波特曼...1994/法国/剧情动作犯罪
电影评分： 9.4
评价人数： 1747888人评价
电影总结： 怪蜀黍和小萝莉不得不说的故事。
```

图 8.8 爬取豆瓣电影 Top 250 网页中的电影信息

8.4 小 结

本章主要学习如何使用 lxml 模块的 etree 子模块，该模块可以解析 HTML 与 XML 内容。etree 子模块不仅可以直接解析 HTML 文件，还可以解析字符串类型的 HTML 代码，然后根据 XPath 表达式获取 HTML 代码中的任何一个节点。XPath 表达式还可以通过属性、按序以及节点轴的方式进行节点的获取。最后我们通过一个爬取豆瓣电影 Top 250 的案例演示了 XPath 提取数据的整个过程。通过 XPath 表达式提取数据虽然很便捷，但需要读者熟练掌握 XPath 路径表达式的各种用途，然后进行反复练习。

第 9 章

解析数据的 BeautifulSoup 模块

解析 HTML 数据的方式有多种，除了正则表达式与 XPath 以外，还有一个比较强大的 BeautifulSoup 模块。

本章将主要介绍如何使用 BeautifulSoup 模块进行 HTML 代码的解析工作、如何获取某个节点中的内容、通过指定方法快速地获取符合条件的内容以及如何使用 CSS 选择器进行数据的提取工作。

9.1 使用 BeautifulSoup 解析数据

BeautifulSoup 是一个用于从 HTML 和 XML 文件中提取数据的 Python 库。BeautifulSoup 提供了一些简单的函数用来处理导航、搜索、修改分析树等功能。BeautifulSoup 模块中的查找提取功能很强大，而且非常便捷，它通常可以节省程序员数小时或数天的工作时间。

BeautifulSoup 自动将输入文档转换为 Unicode 编码，输出文档转换为 utf-8 编码。你不需要考虑编码方式，除非文档没有指定一个编码方式，这时 BeautifulSoup 就不能自动识别编码方式了。然后，你仅需要说明一下原始编码方式即可。

9.1.1 BeautifulSoup 的安装

BeautifulSoup 3 已经停止开发，目前推荐使用的是 BeautifulSoup 4，不过它已经被移植到 bs4 中，所以在导入时需要 from bs4，然后再导入 BeautifulSoup。安装 BeautifulSoup 有以下 3 种方式。

☑ 如果您使用的是最新版本的 Debian 或 Ubuntu Linux，则可以使用系统软件包管理器安装 BeautifulSoup，安装命令为 apt-get install python-bs4。

☑ BeautifulSoup 4 是通过 PyPi 发布的，可以通过 easy_install 或 pip 来安装它。包名是 beautifulsoup4，它可以兼容 Python2 和 Python3。安装命令为 easy_install beautifulsoup4 或者是 pip install beautifulsoup4。

注意

在使用 BeautifulSoup 4 之前需要先通过命令 pip install bs4 进行 bs4 库的安装。

☑ 如果当前的 BeautifulSoup 不是您想要的版本，可以通过下载源码的方式进行安装，源码的下载地址为 https://www.crummy.com/software/BeautifulSoup/bs4/download/，然后在控制台中打开源码的指定路径，输入命令 python setup.py install 即可，如图 9.1 所示。

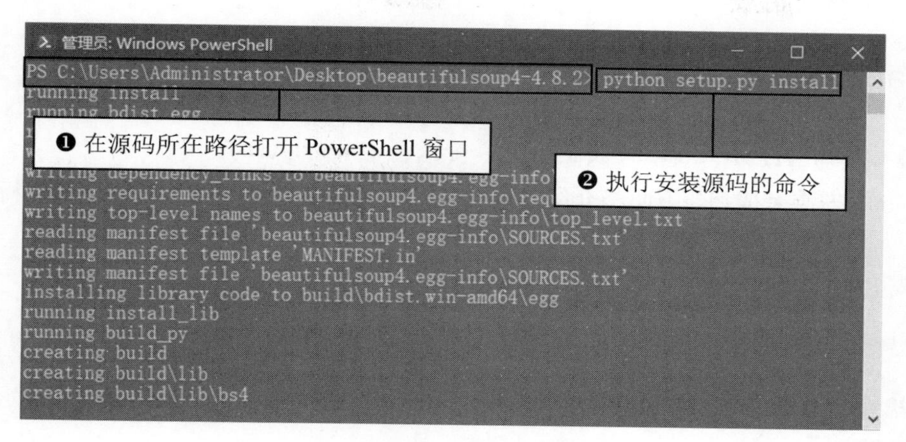

图 9.1　通过源码安装 BeautifulSoup

9.1.2　解析器

BeautifulSoup 支持 Python 标准库中包含的 HTML 解析器，也支持许多第三方 Python 解析器，其中包含 lxml 解析器。根据不同的操作系统，您可以使用以下命令之一安装 lxml。

☑　apt-get install python-lxml

☑　easy_install lxml

☑　pip install lxml

另一个解析器是 html5lib，它是一个用于解析 HTML 的 Python 库，按照 Web 浏览器的方式解析 HTML。您可以使用以下命令之一安装 html5lib。

☑　apt-get install python-html5lib

☑　easy_install html5lib

☑　pip install html5lib

在表 9.1 中总结了每个解析器的优缺点。

表 9.1　解析器的比较

解　析　器	用　　法	优　　点	缺　　点
Python 标准库	BeautifulSoup(markup, "html.parser")	Python 标准库，执行速度适中	（在 Python 2.7.3 或 3.2.2 之前的版本中）文档容错能力差
lxml 的 HTML 解析器	BeautifulSoup(markup, "lxml")	速度快，文档容错能力强	需要安装 C 语言库
lxml 的 XML 解析器	BeautifulSoup(markup, "lxml-xml") BeautifulSoup(markup, "xml")	速度快，唯一支持 XML 的解析器	需要安装 C 语言库
html5lib	BeautifulSoup(markup, "html5lib")	最好的容错性，以浏览器的方式解析文档，生成 HTML5 格式的文档	速度慢，不依赖外部扩展

9.1.3 BeautifulSoup 的简单应用

【例 9.1】 解析 HTML 代码。（**实例位置：资源包\Code\09\01**）

BeautifulSoup 安装完成后，下面将介绍如何通过 BeautifulSoup 库进行 HTML 的解析工作，具体示例步骤如下：

（1）导入 bs4 库，然后创建一个模拟 HTML 代码的字符串，代码如下：

```
01  from bs4 import BeautifulSoup                        # 导入 BeautifulSoup 库
02
03  # 创建模拟 HTML 代码的字符串
04  html_doc = """
05  <html>
06  <head>
07  <title>第一个 HTML 页面</title>
08  </head>
09  <body>
10  <p>body 元素的内容会显示在浏览器中。</p>
11  <p>title 元素的内容会显示在浏览器的标题栏中。</p>
12  </body>
13  </html>
14  """
```

（2）创建 BeautifulSoup 对象，并指定解析器为 lxml，最后通过打印的方式将解析的 HTML 代码显示在控制台中，代码如下：

```
01  # 创建一个 BeautifulSoup 对象，获取页面正文
02  soup = BeautifulSoup(html_doc, features="lxml")
03  print(soup)                                          # 打印解析的 HTML 代码
04  print(type(soup))                                    # 打印数据类型
```

程序运行结果如图 9.2 所示。

```
<html>
<head>
<title>第一个 HTML 页面</title>
</head>
<body>
<p>body 元素的内容会显示在浏览器中。</p>
<p>title 元素的内容会显示在浏览器的标题栏中。</p>
</body>
</html>

<class 'bs4.BeautifulSoup'>
```

图 9.2 显示解析后的 HTML 代码

说明

如果将 html_doc 字符串中的代码保存在 index.html 文件中，可以通过打开 HTML 文件的方式进行代码解析，并且可以通过 prettify()方法进行代码的格式化处理，代码如下：

```
01  # 创建 BeautifulSoup 对象打开需要解析的 HTML 文件
02  soup = BeautifulSoup(open('index.html'),'lxml')
03  print(soup.prettify())                                    # 打印格式化后的代码
```

9.2　获取节点内容

使用 BeautifulSoup 可以直接调用节点名称，然后再调用对应的 string 属性，便可以获取节点内的文本信息。在单个节点结构层次非常清晰的情况下，使用这种方式提取节点信息的速度是非常快的。

9.2.1　获取节点对应的代码

【例 9.2】　获取节点对应的代码。（**实例位置：资源包\Code\09\02**）

如果需要获取节点对应的代码时，可以参考以下代码：

```
01  from bs4 import BeautifulSoup                              # 导入 BeautifulSoup 库
02
03  # 创建模拟 HTML 代码的字符串
04  html_doc = """
05  <html>
06  <head>
07  <title>第一个 HTML 页面</title>
08  </head>
09  <body>
10  <p>body 元素的内容会显示在浏览器中。</p>
11  <p>title 元素的内容会显示在浏览器的标题栏中。</p>
12  </body>
13  </html>
14  """
15
16  # 创建一个 BeautifulSoup 对象，获取页面正文
17  soup = BeautifulSoup(html_doc, features="lxml")
18  print('head 节点内容为：\n',soup.head)                    # 打印 head 节点
19  print('body 节点内容为：\n',soup.body)                    # 打印 body 节点
20  print('title 节点内容为：\n',soup.title)                  # 打印 title 节点
21  print('p 节点内容为：\n',soup.p)                          # 打印 p 节点
```

程序运行结果如图 9.3 所示。

```
head节点内容为：
 <head>
<title>第一个 HTML 页面</title>
</head>
body节点内容为：
 <body>
<p>body 元素的内容会显示在浏览器中。</p>
<p>title 元素的内容会显示在浏览器的标题栏中。</p>
</body>
title节点内容为：
 <title>第一个 HTML 页面</title>
p节点内容为：
 <p>body 元素的内容会显示在浏览器中。</p>
```

图 9.3　获取节点对应的代码

注意

在打印 p 节点对应的代码时，可以发现只打印了第一个 p 节点内容，这说明当有多个节点时，该选择方式只会获取第一个节点中的内容，其他后面的节点将被忽略。

说明

除了通过制定节点名称的方式获取节点内容外，还可以使用 name 属性获取节点名称。代码如下：

```
01    # 获取节点名称
02    print(soup.head.name)
03    print(soup.body.name)
04    print(soup.title.name)
05    print(soup.p.name)
```

9.2.2　获取节点属性

【例 9.3】　获取节点属性。（**实例位置：资源包\Code\09\03**）

每个节点可能都会含有多个属性，如 class 或者 id 等。如果已经选择了一个指定的节点名称，那么只需要调用 attrs 即可获取这个节点下的所有属性。代码如下：

```
01    from bs4 import BeautifulSoup                                # 导入 BeautifulSoup 库
02
03    # 创建模拟 HTML 代码的字符串
04    html_doc = """
05    <html>
06    <head>
07        <title>横排响应式登录</title>
08        <meta http-equiv="Content-Type" content="text/html" charset="utf-8"/>
09        <meta name="viewport" content="width=device-width"/>
10        <link href="font/css/bootstrap.min.css" type="text/css" rel="stylesheet">
11        <link href="css/style.css" type="text/css" rel="stylesheet">
12    </head>
```

```
13  <body>
14  <h3>登录</h3>
15  <div class="glyphicon glyphicon-envelope"><input type="text" placeholder="请输入邮箱"></div>
16  <div class="glyphicon glyphicon-lock"><input type="password" placeholder="请输入密码"></div>
17  </body>
18  </html>
19  """
20  # 创建一个 BeautifulSoup 对象，获取页面正文
21  soup = BeautifulSoup(html_doc, features="lxml")
22  print('meta 节点中属性如下：\n',soup.meta.attrs)
23  print('link 节点中属性如下：\n',soup.link.attrs)
24  print('div 节点中属性如下：\n',soup.div.attrs)
```

程序运行结果如图 9.4 所示。

```
meta节点中属性如下：
 {'http-equiv': 'Content-Type', 'content': 'text/html', 'charset': 'utf-8'}
link节点中属性如下：
 {'href': 'font/css/bootstrap.min.css', 'type': 'text/css', 'rel': ['stylesheet']}
div节点中属性如下：
 {'class': ['glyphicon', 'glyphicon-envelope']}
```

图 9.4　打印节点中的所有属性

在以上的运行结果中可以发现，attrs 的返回结果为字典类型，字典中的元素分别是属性名称与对应的值。所以在 attrs 后面添加[]括号并在括号内添加属性名称即可获取指定属性对应的值。代码如下：

```
01  print('meta 节点中 http-equiv 属性对应的值为：',soup.meta.attrs['http-equiv'])
02  print('link 节点中 href 属性对应的值为：',soup.link.attrs['href'])
03  print('div 节点中 class 属性对应的值为：',soup.div.attrs['class'])
```

程序运行结果如图 9.5 所示。

```
meta节点中http-equiv属性对应的值为： Content-Type
link节点中href属性对应的值为： font/css/bootstrap.min.css
div节点中class属性对应的值为： ['glyphicon', 'glyphicon-envelope']
```

图 9.5　打印指定属性对应的值

在获取节点中指定属性所对应的值时，除了使用上面的方式以外，还可以不写 attrs，直接在节点后面以中括号的形式添加属性名称，来获取对应的值。代码如下：

```
01  print('meta 节点中 http-equiv 属性对应的值为：',soup.meta['http-equiv'])
02  print('link 节点中 href 属性对应的值为：',soup.link['href'])
03  print('div 节点中 class 属性对应的值为：',soup.div['class'])
```

9.2.3　获取节点包含的文本内容

实现获取节点包含的文本内容非常简单，只需要在节点名称后面添加 string 属性即可。代码如下：

```
01  print('title 节点所包含的文本内容为：',soup.title.string)
02  print('h3 节点所包含的文本内容为：',soup.h3.string)
```

程序运行结果如下：

```
title 节点所包含的文本内容为：横排响应式登录
h3 节点所包含的文本内容为：登录
```

9.2.4 嵌套获取节点内容

【例 9.4】 嵌套获取节点内容。（**实例位置：资源包\Code\09\04**）

HTML 代码中的每个节点都会出现嵌套的可能，而使用 BeautifulSoup 获取每个节点的内容时，可以通过“.”直接获取下一个节点中的内容（当前节点的子节点）。代码如下：

```
01  from bs4 import BeautifulSoup                          # 导入 BeautifulSoup 库
02
03  # 创建模拟 HTML 代码的字符串
04  html_doc = """
05  <html>
06  <head>
07      <title>横排响应式登录</title>
08      <meta http-equiv="Content-Type" content="text/html" charset="utf-8"/>
09      <meta name="viewport" content="width=device-width"/>
10      <link href="font/css/bootstrap.min.css" type="text/css" rel="stylesheet">
11      <link href="css/style.css" type="text/css" rel="stylesheet">
12  </head>
13  </html>
14  """
15  # 创建一个 BeautifulSoup 对象，获取页面正文
16  soup = BeautifulSoup(html_doc, features="lxml")
17  print('head 节点内容如下：\n',soup.head)
18  print('head 节点数据类型为：',type(soup.head))
19  print('head 节点中 title 节点内容如下：\n',soup.head.title)
20  print('head 节点中 title 节点数据类型为：',type(soup.head.title))
21  print('head 节点中 title 节点中的文本内容为：',soup.head.title.string)
22  print('head 节点中 title 节点中文本内容的数据类型为：',type(soup.head.title.string))
```

程序运行结果如图 9.6 所示。

```
head节点内容如下：
 <head>
<title>横排响应式登录</title>
<meta charset="utf-8" content="text/html" http-equiv="Content-Type"/>
<meta content="width=device-width" name="viewport"/>
<link href="font/css/bootstrap.min.css" rel="stylesheet" type="text/css"/>
<link href="css/style.css" rel="stylesheet" type="text/css"/>
</head>
head节点数据类型为： <class 'bs4.element.Tag'>
head节点中title节点内容如下：
 <title>横排响应式登录</title>
head节点中title节点数据类型为： <class 'bs4.element.Tag'>
head节点中title节点中的文本内容为： 横排响应式登录
head节点中title节点中文本内容的数据类型为： <class 'bs4.element.NavigableString'>
```

图 9.6　嵌套获取节点内容

说明

在上面的运行结果中可以看出，在获取 head 与其内部的 title 节点内容时数据类型均为“<class 'bs4.element.Tag'>”，也就说明在 Tag 类型的基础上可以获取当前节点的子节点内容，这样的获取方式可以叫作嵌套获取节点内容。

9.2.5 关联获取

在获取节点内容时，不一定都能做到一步获取指定节点中的内容，需要先确认某一个节点，然后以该节点为中心获取对应的子节点、孙节点、父节点及兄弟节点。

1. 获取子节点

【例 9.5】　获取子节点。(**实例位置：资源包\Code\09\05**)

在获取某节点下面的所有子节点时，可以使用 contents 或 children 属性来实现，其中 contents 所返回的是一个列表，在这个列表中每个元素都是一个子节点内容，而 children 所返回的则是一个 list_iterator 类型的可迭代对象。获取所有子节点的代码如下：

```
01  from bs4 import BeautifulSoup                       # 导入 BeautifulSoup 库
02
03  # 创建模拟 HTML 代码的字符串
04  html_doc = """
05  <html>
06  <head>
07      <title>关联获取演示</title>
08      <meta charset="utf-8"/>
09  </head>
10  </html>
11  """
12  # 创建一个 BeautifulSoup 对象，获取页面正文
13  soup = BeautifulSoup(html_doc, features="lxml")
14  print(soup.head.contents)                           # 列表形式打印 head 下所有子节点
15  print(soup.head.children)                           # 可迭代对象形式打印 head 下所有子节点
```

程序运行结果如图 9.7 所示。

```
['\n', <title>关联获取演示</title>, '\n', <meta charset="utf-8"/>, '\n']
<list_iterator object at 0x00000276F5D9DF48>
```

图 9.7　获取所有子节点内容

在图 9.7 所示的运行结果中可以看出，通过 head.contents 所获取的所有子节点中有 3 个换行符\n 以及两个子标题（title 与 meta）对应的所有内容。head.children 所获取的则是一个 list_iterator 可迭代对象，如果需要获取该对象中的所有内容，则可以直接将其转换为 list 类型或者通过 for 循环遍历的方式进行获取。代码如下：

```
01  print(list(soup.head.children))                # 打印将可迭代对象转换为列表形式的所有子节点
02  for i in soup.head.children:                   # 循环遍历可迭代对象中的所有子节点
03      print(i)                                   # 打印子节点内容
```

程序运行结果如图 9.8 所示。

```
['\n', <title>关联获取演示</title>, '\n', <meta charset="utf-8"/>, '\n']


<title>关联获取演示</title>


<meta charset="utf-8"/>
```

图 9.8　遍历所有子节点内容

2. 获取孙节点

【例 9.6】　获取孙节点。（**实例位置：资源包\Code\09\06**）

在获取某节点下面所有的子孙节点时，可以使用 descendants 属性来实现，该属性会返回一个 generator 对象，获取该对象中的所有内容时，同样可以直接将其转换为 list 类型或者通过 for 循环遍历的方式进行获取。这里以 for 循环遍历方式为例，代码如下：

```
01  from bs4 import BeautifulSoup                  # 导入 BeautifulSoup 库
02
03  # 创建模拟 HTML 代码的字符串
04  html_doc = """
05  <html>
06  …此处省略…
07  <body>
08  <div id="test1">
09      <div id="test2">
10          <ul>
11              <li class="test3" value = "user1234">
12                  此处为演示信息
13              </li>
14          </ul>
15      </div>
16  </div>
17  </body>
18  </html>
19  """
20  # 创建一个 BeautifulSoup 对象，获取页面正文
21  soup = BeautifulSoup(html_doc, features="lxml")
22  print(soup.body.descendants)                   # 打印 body 节点下所有子孙节点内容的 generator 对象
23  for i in soup.body.descendants:                # 循环遍历 generator 对象中的所有子孙节点
24      print(i)                                   # 打印子孙节点内容
```

程序运行结果如图 9.9 所示。

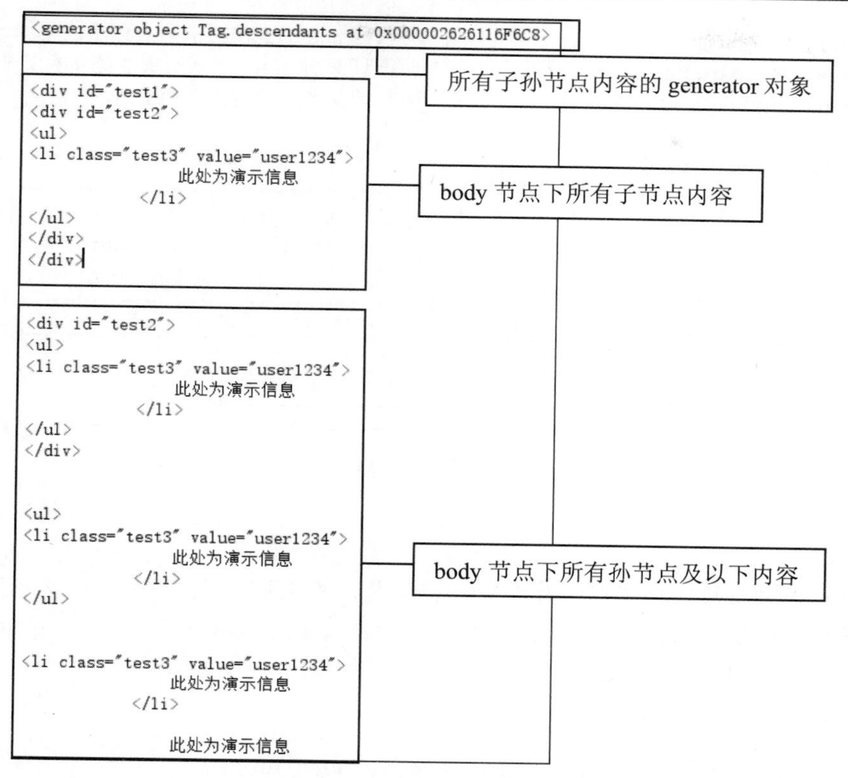

图 9.9　打印 body 节点下所有子孙节点内容

3. 获取父节点

【例 9.7】　获取父节点。（**实例位置：资源包\Code\09\07**）

获取父节点有两种方式，一种是通过 parents 属性直接获取指定节点的父节点内容，还可以通过 parents 属性获取指定节点的父节点及以上（祖先节点）内容，只是 parents 属性会返回一个 generator 对象，获取该对象中的所有内容时，同样可以直接将其转换为 list 类型或者通过 for 循环遍历的方式进行获取。这里以 for 循环遍历方式为例，获取父节点及祖先节点内容。代码如下：

```
01  from bs4 import BeautifulSoup                    # 导入 BeautifulSoup 库
02
03  # 创建模拟 HTML 代码的字符串
04  html_doc = """
05  <html>
06  <head>
07      <title>关联获取演示</title>
08      <meta charset="utf-8"/>
09  </head>
10  </html>
11  """
12  # 创建一个 BeautifulSoup 对象，获取页面正文
13  soup = BeautifulSoup(html_doc, features="lxml")
14  print(soup.title.parent)                         # 打印 title 节点的父节点内容
```

```
15    print(soup.title.parents)                  # 打印 title 节点的父节点及以上内容的 generator 对象
16    for i in soup.title.parents:               # 循环遍历 generator 对象中的所有父节点及以上内容
17        print(i.name)                          # 打印父节点及祖先节点名称
```

程序运行结果如图 9.10 所示。

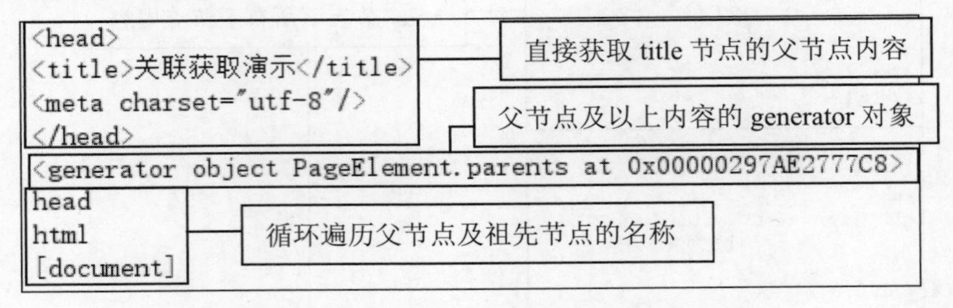

图 9.10　打印父节点及祖先节点内容

说明

从图 9.10 所示的运行结果中可以看出，parents 属性所获取父节点的顺序为 head、html，最后的[document]表示文档对象，是整个 HTML 文档，也是 BeautifulSoup 对象。

4．获取兄弟节点

【例 9.8】　获取兄弟节点。（**实例位置：资源包\Code\09\08**）

兄弟节点也就是同级节点，表示在同一级节点内的所有子节点间的关系。假如在一段 HTML 代码中获取第一个 p 节点的下一个 div 兄弟节点时可以使用 next_sibling 属性，如果想获取当前 div 节点的上一个兄弟节点 p 时，则可以使用 previous_sibling 属性。通过这两个属性获取兄弟节点时，如果两个节点之间含有换行符（\n）、空字符或者其他文本内容时，那么将返回这些文本节点。代码如下：

```
01    from bs4 import BeautifulSoup                # 导入 BeautifulSoup 库
02
03    # 创建模拟 HTML 代码的字符串
04    html_doc = """
05    <html>
06    …此处省略…
07    <body>
08    <p class="p-1" value = "1"><a href="https://item.jd.com/12353915.html">零基础学 Python</a></p>
09    第一个 p 节点下文本
10    <div class="div-1" value = "2"><a href="https://item.jd.com/12451724.html">Python 从入门到项目实践</a></div>
11    <p class="p-3" value = "3"><a href="https://item.jd.com/12512461.html">Python 项目开发案例集锦</a></p>
12    <div class="div-2" value = "4"><a href="https://item.jd.com/12550531.html">Python 编程锦囊</a></div>
13    </body>
14    </html>
15    """
16    # 创建一个 BeautifulSoup 对象，获取页面正文
17    soup = BeautifulSoup(html_doc, features="lxml")
18    print(soup.p.next_sibling)                   # 打印第一个 p 节点下一个兄弟节点（文本节点内容）
19    print(list(soup.p.next_sibling))             # 以列表形式打印文本节点中的所有元素
```

```
20    div = soup.p.next_sibling.next_sibling          # 获取 p 节点同级的第一个 div 节点
21    print(div)                                      # 打印第一个 div 节点内容
22    print(div.previous_sibling)                     # 打印第一个 div 节点上一个兄弟节点（文本节点内容）
```

程序运行结果如图 9.11 所示。

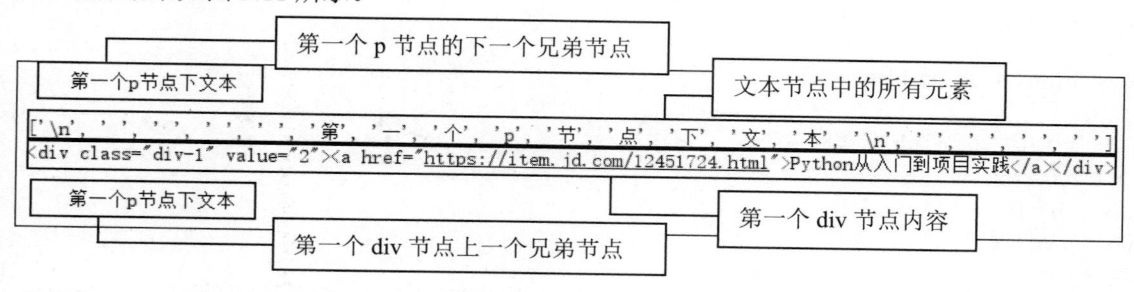

图 9.11　打印同级节点中上一个与下一个节点内容

如果想获取当前节点后面的所有兄弟节点，则可以使用 next_siblings 属性。如果想获取当前节点前面的所有兄弟节点时可以使用 previous_siblings 属性。通过这两个属性所获取的节点都将以 generator（可迭代对象）的形式返回，在获取节点内容时，同样可以直接将其转换为 list 类型或者通过 for 循环遍历的方式进行获取。这里以转换 list 类型为例，代码如下：

```
01    print('获取 p 节点后面的所有兄弟节点如下：\n',list(soup.p.next_siblings))
02    print('获取 p 节点前面的所有兄弟节点如下：\n',list(soup.p.previous_siblings))
```

程序运行结果如图 9.12 所示。

```
获取p节点后面的所有兄弟节点如下：
 ['\n第一个p节点下文本\n', <div class="div-1" value="2"><a href="https://item.jd.com/12451724.html">Python从入门到项目实践</a></div>, '\n', <p class="p-3" value="3"><a href="https://item.jd.com/12512461.html">Python项目开发案例集锦</a></p>, '\n', <div class="div-2" value="4"><a href="https://item.jd.com/12550531.html">Python编程锦囊</a></div>, '\n']
获取p节点前面的所有兄弟节点如下：
 ['\n']
```

图 9.12　获取当前节点后面、前面所有节点内容

9.3　方法获取内容

在 HTML 代码中获取比较复杂的内容时，可以使用 find_all 与 find()方法。调用这些方法，然后传入指定的参数即可灵活地获取节点中内容。

9.3.1　find_all()获取所有符合条件的内容

BeautifulSoup 提供了一个 find_all()方法，该方法可以获取所有符合条件的内容。语法格式如下：

```
find_all(name=None, attrs={}, recursive=True, text=None,limit=None, **kwargs)
```

在 find_all()方法中，常用的参数分别是 name、attrs 以及 text，下面将具体介绍每个参数的用法。

1. name 参数

【例 9.9】 find_all(name)通过节点名称获取内容。（**实例位置：资源包\Code\09\09**）

name 参数用来指定节点名称，指定该参数以后将返回一个可迭代对象，所有符合条件的内容均为对象中的一个元素。代码如下：

```
01  from bs4 import BeautifulSoup                          # 导入 BeautifulSoup 库
02
03  # 创建模拟 HTML 代码的字符串
04  html_doc = """
05  <html>
06  …此处省略…
07  <body>
08  <p class="p-1" value = "1"><a href="https://item.jd.com/12353915.html">零基础学 Python</a></p>
09  <p class="p-2" value = "2"><a href="https://item.jd.com/12451724.html">Python 从入门到项目实践</a></p>
10  <p class="p-3" value = "3"><a href="https://item.jd.com/12512461.html">Python 项目开发案例集锦</a></p>
11  <div class="div-2" value = "4"><a href="https://item.jd.com/12550531.html">Python 编程锦囊</a></div>
12  </body>
13  </html>
14  """
15  # 创建一个 BeautifulSoup 对象，获取页面正文
16  soup = BeautifulSoup(html_doc, features="lxml")
17  print(soup.find_all(name='p'))                         # 打印名称为 p 的所有节点内容
18  print(type(soup.find_all(name='p')))                   # 打印数据类型
```

程序运行结果如图 9.13 所示。

```
[<p class="p-1" value="1"><a href="https://item.jd.com/12353915.html">零基础学Python</a></p>, <p
 class="p-2" value="2"><a href="https://item.jd.com/12451724.html">Python从入门到项目实践</a></p>,
 <p class="p-3" value="3"><a href="https://item.jd.com/12512461.html">Python项目开发案例集锦</a></p>]
<class 'bs4.element.ResultSet'>
```

图 9.13 打印节点内容和数据类型

说明

bs4.element.ResultSet 类型的数据与 Python 中的列表类似，如果想获取可迭代对象中的某条数据，可以使用切片的方式进行获取，如果想获取所有 p 节点中的第一个，则可以参考以下代码：

```
print(soup.find_all(name='p')[0])                          # 打印所有 p 节点中的第一个
```

因为 bs4.element.ResultSet 数据中的每一个元素都是 bs4.element.Tag 类型，所以可以直接对某一个元素进行嵌套获取。代码如下：

```
01  print(type(soup.find_all(name='p')[0]))                          # 打印数据类型
02  print(soup.find_all(name='p')[0].find_all(name='a'))             # 打印第一个 p 节点内的子节点 a
```

程序运行结果如图 9.14 所示。

```
<class 'bs4.element.Tag'>
[<a href="https://item.jd.com/12353915.html">零基础学Python</a>]
```

图 9.14 嵌套获取节点内容

2. attrs 参数

【例 9.10】 find_all(attrs)通过指定属性获取内容。（**实例位置：资源包\Code\09\10**）

attrs 参数表示通过指定属性进行数据的获取工作，在填写 attrs 参数时，默认情况下需要填写字典类型的参数值，不过也可以通过以赋值的方式填写参数。代码如下：

```
01  from bs4 import BeautifulSoup                                    # 导入 BeautifulSoup 库
02
03  # 创建模拟 HTML 代码的字符串
04  html_doc = """
05  <html>
06  …此处省略…
07  <body>
08  <p class="p-1" value = "1"><a href="https://item.jd.com/12353915.html">零基础学 Python</a></p>
09  <p class="p-1" value = "2"><a href="https://item.jd.com/12451724.html">Python 从入门到项目实践</a></p>
10  <p class="p-3" value = "3"><a href="https://item.jd.com/12512461.html">Python 项目开发案例集锦</a></p>
11  <div class="div-2" value = "4"><a href="https://item.jd.com/12550531.html">Python 编程锦囊</a></div>
12  </body>
13  </html>
14  """
15  # 创建一个 BeautifulSoup 对象，获取页面正文
16  soup = BeautifulSoup(html_doc, features="lxml")
17  print('字典参数结果如下：')
18  print(soup.find_all(attrs={'value':'1'}))                         # 打印 value 值为 1 的所有内容，字典参数
19  print('赋值参数结果如下：')
20  print(soup.find_all(class_='p-1'))                                # 打印 class 为 p-1 的所有内容，赋值参数
21  print(soup.find_all(value='3'))                                   # 打印 value 值为 3 的所有内容，赋值参数
```

程序运行结果如图 9.15 所示。

```
字典参数结果如下：
[<p class="p-1" value="1"><a href="https://item.jd.com/12353915.html">零基础学Python</a></p>]
赋值参数结果如下：
[<p class="p-1" value="1"><a href="https://item.jd.com/12353915.html">零基础学Python</a></p>, <p
 class="p-1" value="2"><a href="https://item.jd.com/12451724.html">Python从入门到项目实践</a></p>]
 [<p class="p-3" value="3"><a href="https://item.jd.com/12512461.html">Python项目开发案例集锦
 </a></p>]
```

图 9.15 通过属性获取节点内容

3. text 参数

【例 9.11】 find_all(text)获取节点中的文本。（**实例位置：资源包\Code\09\11**）

指定 text 参数可以获取节点中的文本，该参数可以指定字符串或者正则表达式对象。代码如下：

```
01  from bs4 import BeautifulSoup                          # 导入 BeautifulSoup 库
02  import re                                              # 导入正则表达式模块
03  # 创建模拟 HTML 代码的字符串
04  html_doc = """
05  <html>
06  …此处省略…
07  <body>
08  <p class="p-1" value = "1"><a href="https://item.jd.com/12353915.html">零基础学 Python</a></p>
09  <p class="p-1" value = "2"><a href="https://item.jd.com/12451724.html">Python 从入门到项目实践</a></p>
10  <p class="p-3" value = "3"><a href="https://item.jd.com/12512461.html">Python 项目开发案例集锦</a></p>
11  <div class="div-2" value = "4"><a href="https://item.jd.com/12550531.html">Python 编程锦囊</a></div>
12  </body>
13  </html>
14  """
15  # 创建一个 BeautifulSoup 对象，获取页面正文
16  soup = BeautifulSoup(html_doc, features="lxml")
17  print('指定字符串所获取的内容如下：')
18  print(soup.find_all(text='零基础学 Python'))            # 打印指定字符串所获取的内容
19  print('指定正则表达式对象所获取的内容如下：')
20  print(soup.find_all(text=re.compile('Python')))         # 打印指定正则表达式对象所获取的内容
```

程序运行结果如图 9.16 所示。

```
指定字符串所获取的内容如下：
['零基础学Python']
指定正则表达式对象所获取的内容如下：
['零基础学Python', 'Python从入门到项目实践', 'Python项目开发案例集锦', 'Python编程锦囊']
```

图 9.16　获取指定的内容

9.3.2　find()获取第一个匹配的节点内容

【例 9.12】　获取第一个匹配的节点内容。（**实例位置：资源包\Code\09\12**）

find_all()方法可以获取所有符合条件的节点内容，而 find()方法只能获取第一个匹配的节点内容。代码如下：

```
01  from bs4 import BeautifulSoup                          # 导入 BeautifulSoup 库
02  import re                                              # 导入正则表达式模块
03  # 创建模拟 HTML 代码的字符串
04  html_doc = """
05  <html>
06  …此处省略…
07  <body>
08  <p class="p-1" value = "1"><a href="https://item.jd.com/12353915.html">零基础学 Python</a></p>
09  <p class="p-1" value = "2"><a href="https://item.jd.com/12451724.html">Python 从入门到项目实践</a></p>
10  <p class="p-3" value = "3"><a href="https://item.jd.com/12512461.html">Python 项目开发案例集锦</a></p>
11  <div class="div-2" value = "4"><a href="https://item.jd.com/12550531.html">Python 编程锦囊</a></div>
12  </body>
```

```
13  </html>
14  """
15  # 创建一个 BeautifulSoup 对象，获取页面正文
16  soup = BeautifulSoup(html_doc, features="lxml")
17  print(soup.find(name='p'))                          # 打印第一个 name 为 p 的节点内容
18  print(soup.find(class_='p-3'))                      # 打印第一个 class 为 p-3 的节点内容
19  print(soup.find(attrs={'value':'4'}))               # 打印第一个 value 为 4 的节点内容
20  print(soup.find(text=re.compile('Python')))         # 打印第一个文本中包含 Python 的文本信息
```

程序运行结果如图 9.17 所示。

```
<p class="p-1" value="1"><a href="https://item.jd.com/12353915.html">零基础学Python</a></p>
<p class="p-3" value="3"><a href="https://item.jd.com/12512461.html">Python项目开发案例集锦</a></p>
<div class="div-2" value="4"><a href="https://item.jd.com/12550531.html">Python编程锦囊</a></div>
零基础学Python
```

图 9.17　获取第一个匹配的节点内容

9.3.3　其他方法

除了以上的 find_all()和 find()方法可以实现按照指定条件获取节点内容以外，BeautifulSoup 还提供了其他多个方法，这些方法的使用方式与 find_all()和 find()相同，只是查询的范围不同，各方法的具体说明如表 9.2 所示。

表 9.2　根据条件获取节点内容的其他方法

方 法 名 称	描　　述
find_parent()	获取父节点内容
find_parents()	获取所有祖先节点内容
find_next_sibling()	获取后面第一个兄弟节点内容
find_next_siblings()	获取后面所有兄弟节点内容
find_previous_sibling()	获取前面第一个兄弟节点内容
find_previous_siblings()	获取前面所有兄弟节点内容
find_next()	获取当前节点的下一个第一个符合条件的节点内容
find_all_next()	获取当前节点的下一个所有符合条件的节点内容
find_previous()	获取第一个符合条件的节点内容
find_all_previous()	获取所有符合条件的节点内容

9.4　CSS 选择器

BeautifulSoup 还提供了 CSS 选择器来获取节点内容，如果是 Tag 或者是 BeautifulSoup 对象都可以直接调用 select()方法，然后填写指定参数即可通过 CSS 选择器获取节点中的内容。如果对 CSS 选择器不是很熟悉的情况下，则可以参考“https://www.w3school.com.cn/cssref/css_selectors.ASP”CSS 选择器参考手册。

在使用 CSS 选择器获取节点内容时，首先需要调用 select()方法，然后为其指定字符串类型的 CSS 选择器。常见的 CSS 选择器如下。

☑ 直接填写字符串类型的节点名称。

☑ class：表示指定 class 属性值。

☑ #id：表示指定 id 属性的值。

【例 9.13】 使用 CSS 选择器获取节点内容。（**实例位置：资源包\Code\09\13**）

select()方法基本使用方式可以参考以下代码：

```
01  from bs4 import BeautifulSoup                          # 导入 BeautifulSoup 库
02  # 创建模拟 HTML 代码的字符串
03  html_doc = """
04  <html>
05  <head>
06      <title>关联获取演示</title>
07      <meta charset="utf-8"/>
08  </head>
09  <body>
10      <div class="test_1" id="class_1">
11          <p class="p-1" value = "1"><a href="https://item.jd.com/12353915.html">零基础学 Python</a></p>
12          <p class="p-2" value = "2"><a href="https://item.jd.com/12451724.html">Python 从入门到项目实践
</a></p>
13          <p class="p-3" value = "3"><a href="https://item.jd.com/12512461.html">Python 项目开发案例集锦
</a></p>
14          <p class="p-4" value = "4"><a href="https://item.jd.com/12550531.html">Python 编程锦囊</a></p>
15      </div>
16      <div class="test_2" id="class_2">
17          <p class="p-5"><a href="https://item.jd.com/12185501.html">零基础学 Java（全彩版）</a></p>
18          <p class="p-6"><a href="https://item.jd.com/12199033.html">零基础学 Android（全彩版）</a></p>
19          <p class="p-7"><a href="https://item.jd.com/12250414.html">零基础学 C 语言（全彩版）</a></p>
20      </div>
21  </body>
22  </html>
23  """
24  # 创建一个 BeautifulSoup 对象，获取页面正文
25  soup = BeautifulSoup(html_doc, features="lxml")
26  print('所有 p 节点内容如下：')
27  print(soup.select('p'))                                # 打印所有 p 节点内容
28  print('所有 p 节点中的第二个 p 节点内容如下：')
29  print(soup.select('p')[1])                             # 打印所有 p 节点中的第二个 p 节点
30  print('逐层获取的 title 节点如下：')
31  print(soup.select('html head title'))                  # 打印逐层获取的 title 节点
32  print('类名为 test_2 所对应的节点如下：')
33  print(soup.select('.test_2'))                          # 打印类名为 test_2 所对应的节点
34  print('id 值为 class_1 所对应的节点如下：')
35  print(soup.select('#class_1'))                         # 打印 id 值为 class_1 所对应的节点
```

程序运行结果如图 9.18 所示。

```
所有p节点内容如下：
[<p class="p-1" value="1"><a href="https://item.jd.com/12353915.html">零基础学Python</a></p>, <p
 class="p-2" value="2"><a href="https://item.jd.com/12451724.html">Python从入门到项目实践</a></p>,
  <p class="p-3" value="3"><a href="https://item.jd.com/12512461.html">Python项目开发案例集锦
 </a></p>, <p class="p-4" value="4"><a href="https://item.jd.com/12550531.html">Python编程锦囊
 </a></p>, <p class="p-5"><a href="https://item.jd.com/12185501.html">零基础学Java（全彩版）
 </a></p>, <p class="p-6"><a href="https://item.jd.com/12199033.html">零基础学Android（全彩版）
 </a></p>, <p class="p-7"><a href="https://item.jd.com/12250414.html">零基础学C语言（全彩版）
 </a></p>]
所有p节点中的第二个p节点内容如下：
<p class="p-2" value="2"><a href="https://item.jd.com/12451724.html">Python从入门到项目实践</a></p>
逐层获取的title节点如下：
[<title>关联获取演示</title>]
类名为test_2所对应的节点如下：
[<div class="test_2" id="class_2">
<p class="p-5"><a href="https://item.jd.com/12185501.html">零基础学Java（全彩版）</a></p>
<p class="p-6"><a href="https://item.jd.com/12199033.html">零基础学Android（全彩版）</a></p>
<p class="p-7"><a href="https://item.jd.com/12250414.html">零基础学C语言（全彩版）</a></p>
</div>]
id值为class_1所对应的节点如下：
[<div class="test_1" id="class_1">
<p class="p-1" value="1"><a href="https://item.jd.com/12353915.html">零基础学Python</a></p>
<p class="p-2" value="2"><a href="https://item.jd.com/12451724.html">Python从入门到项目实践</a></p>
<p class="p-3" value="3"><a href="https://item.jd.com/12512461.html">Python项目开发案例集锦</a></p>
<p class="p-4" value="4"><a href="https://item.jd.com/12550531.html">Python编程锦囊</a></p>
</div>]
```

图 9.18　CSS 选择器所获取的节点

select()方法除了以上的基本使用方式以外，还可以实现嵌套获取、获取属性值及获取文本等。这里以 9.4 节示例代码中的 HTML 代码为例，获取节点内容的其他方法如表 9.3 所示。

表 9.3　获取节点内容的其他方法

获取节点内容方式	描　述
soup.select('div[class="test_1"]')[0].select('p')[0]	嵌套获取 class 名为 test_1 对应的 div 中所有 p 节点中的第一个
soup.select('p')[0]['value'] soup.select('p')[0].attrs['value']	获取所有 p 节点中第一个节点内 value 属性对应的值（两种方式）
soup.select('p')[0].get_text() soup.select('p')[0].string	获取所有 p 节点中第一个节点内的文本（两种方式）
soup.select('p')[1:]	获取所有 p 节点中第二个以后的 p 节点
soup.select('.p-1,.p-5')	获取 class 名为 p-1 与 p-5 对应的节点
soup.select('a[href]')	获取存在 href 属性的所有 a 节点
soup.select('p[value = "1"]')	获取所有属性值为 value = "1"的 p 节点

说明

BeautifulSoup 还提供了一个 select_one()方法，用于获取所有符合条件节点中的第一个节点，例如 soup.select_one('a')将获取所有 a 节点中的第一个 a 节点内容。

9.5 小 结

本章介绍了比较强大的 BeautifulSoup 模块，该模块不仅可以直接解析字符串类型的 HTML 代码，还支持多种解析器，如 html.parser、lxml、lxml-xml、xml 以及 html5lib。由于 lxml 解析器速度较快，所以推荐大家使用。BeautifulSoup 模块可以直接通过节点名称进行获取，可以使用 attrs 获取节点中的属性，也可以通过 find()与 find_all()方法获取所需要的内容。除了这些方式以外，BeautifulSoup 模块还可以使用 CSS 选择器来获取 HTML 代码中的指定节点，不过需要读者熟悉掌握 CSS 选择器的基本语法。

第 10 章

爬取动态渲染的信息

很多网页上所显示的数据并不是服务端一次性返回的，需要向服务端单独发送一个或多个异步请求，服务端才会返回 JSON 格式的数据信息。在爬取此类信息时可以在浏览器中分析 Ajax 或 JavaScript 的请求地址，然后通过该地址获取 JSON 信息。还可以通过动态加载的技术像浏览器一样直接获取已经加载好的动态信息。

本章将介绍如何使用 Ajax、Selenium 自动化测试及 Splash 技术获取动态渲染的信息。

10.1　Ajax 数据的爬取

Ajax 的全称为 Asynchronous JavaScript and XML，可以说是“异步 JavaScript”与 XML 的组合。它是一门单独的编程语言，可以实现在页面不刷新、不更改页面链接的情况下与服务器交换数据并更新网页部分内容。

在实现爬取 Ajax 动态加载的数据信息时，首先需要在浏览器的网络监视器中，根据动态加载的技术选择网络请求的类型。然后通过逐个筛选的方式，查询预览信息中的关键数据并获取对应的请求地址，最后进行信息的解析工作。下面通过一个实例讲解 Ajax 数据的爬取过程。

10.1.1　分析请求地址

（1）首先在火狐（Firefox）浏览器中打开 B 站小视频排行榜网址（https://vc.bilibili.com/p/eden/rank#/?tab=全部），然后按 F12 键打开 Web“开发者工具”，在工具中选择网络监视器并在类型处单击 XHR，最后按 F5 键刷新当前网页，操作步骤如图 10.1 所示。

（2）依次单击每条网络请求，然后选择“响应”查看每条网络请求所返回的数据，并找到具有网页内容相同的数据，如图 10.2 所示。

图 10.1　获取网页动态加载的请求地址

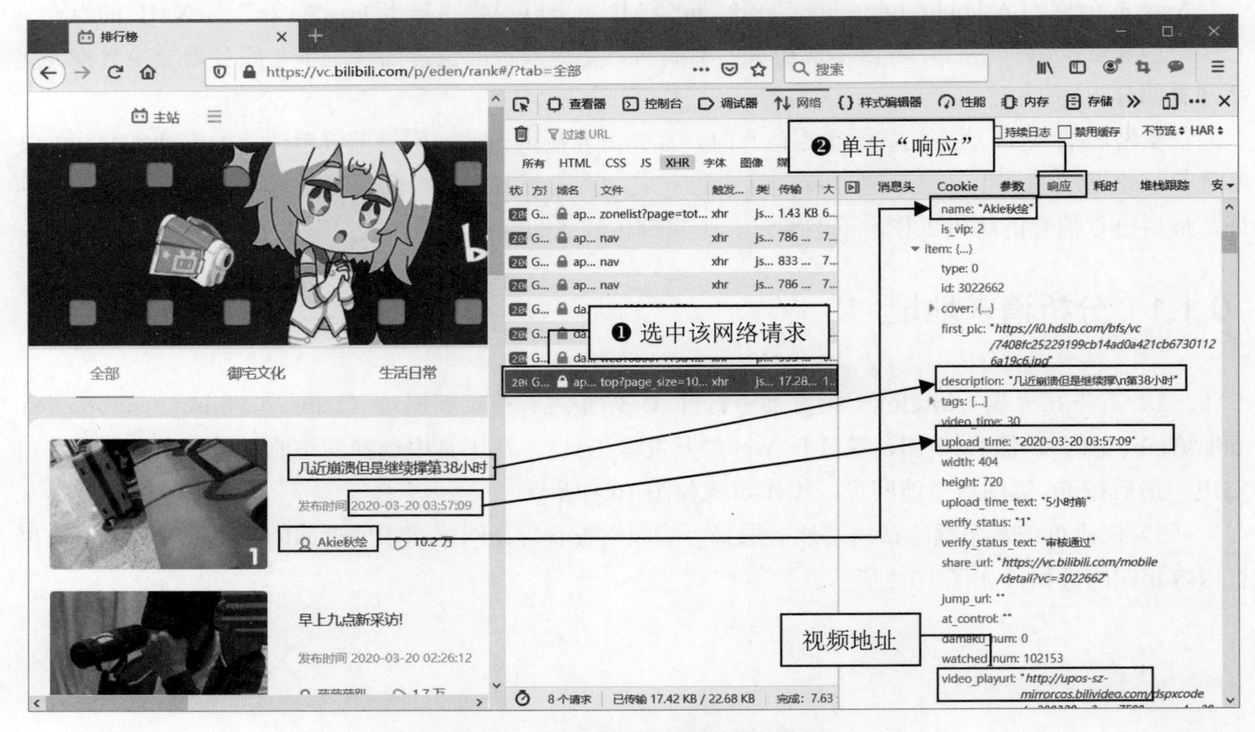

图 10.2　查看网络请求所返回的数据

说明

图 10.2 中左侧方框内依次显示为网页中的视频标题、发布时间以及用户名称，经过确认以上 3 条信息可以在右侧网络请求所返回的数据中找到。

（3）确认了网络请求所返回的数据后，折叠“响应”中的 json 数据，确认每次请求仅返回 10 组数据，如图 10.3 所示。

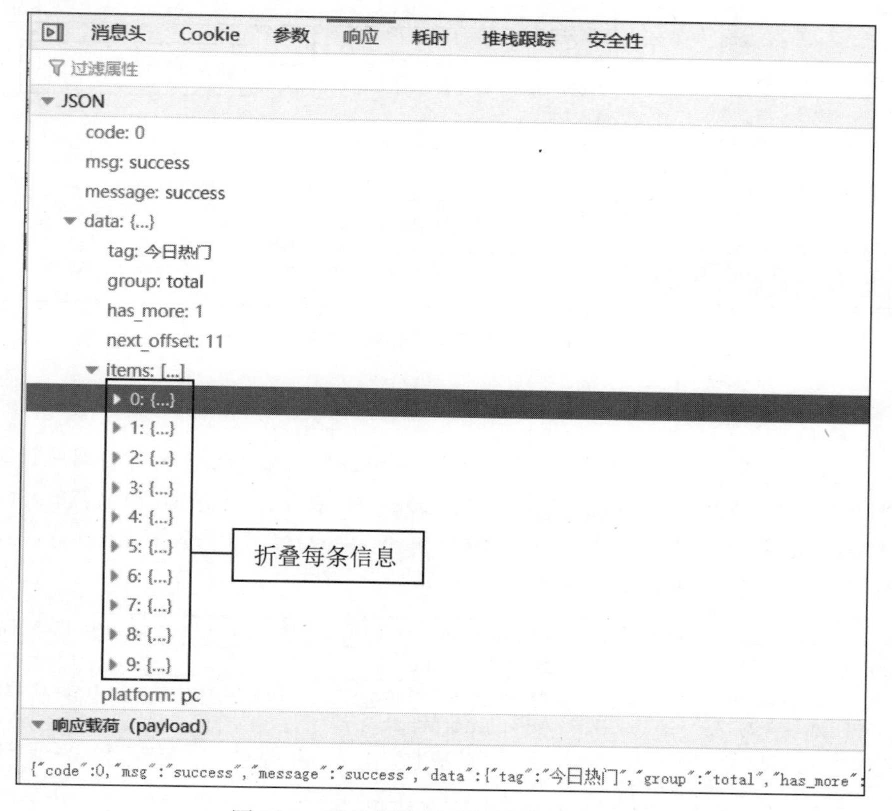

图 10.3　确认每次请求仅返回 10 组数据

（4）选中当前网络请求，然后单击“消息头”获取网络请求地址，如图 10.4 所示。

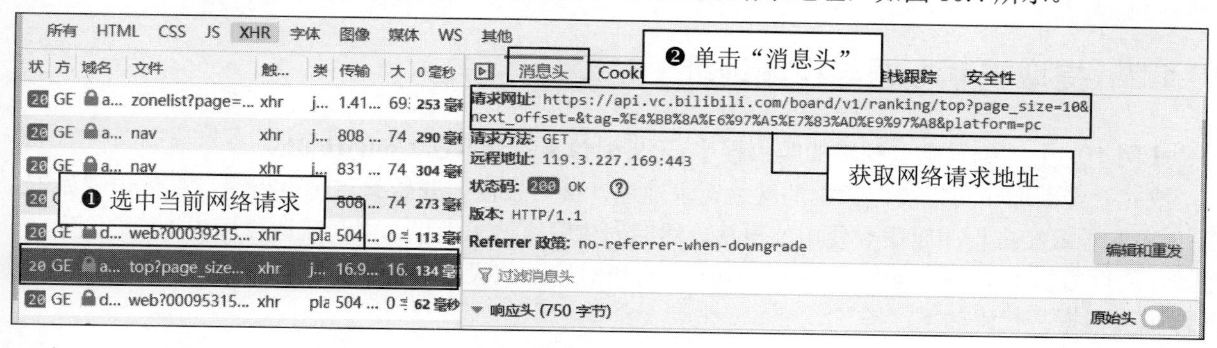

图 10.4　获取网络请求地址

（5）滑动网页，查看网页中排名前 10 以外的小视频。此时观察网络监视器的网络请求列表，如果出现了新的网络请求，则单击该请求查看对应的请求地址，如图 10.5 所示。

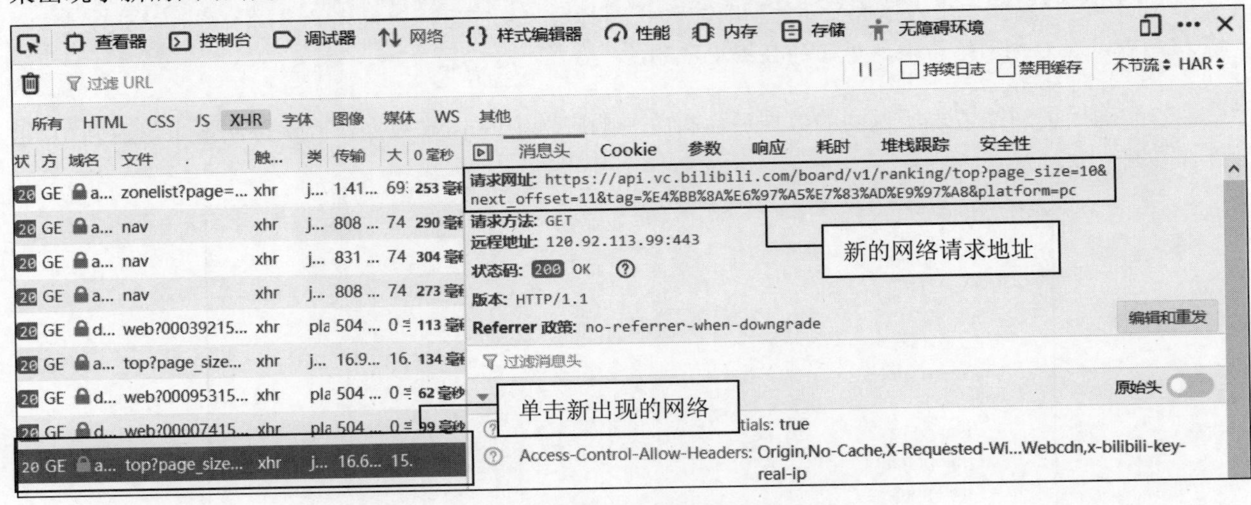

图 10.5　获取新的网络请求地址

说明

根据以上的操作方式再次获取排名前 20 以外的小视频，然后获取最新的网络请求地址。经过对比可以观察出指定的规律，请求地址中的（page_size=10）表示每页有 10 组数据，而（next_offset=）没有参数的情况下是第一页（也就是小视频排行前十名的数据），next_offset=11 表示第二页，next_offset=21 表示第三页，地址规律如图 10.6 所示。

```
https://api.vc.bilibili.com/board/v1/ranking/top?page_size=10&next_offset=&tag=%E4%BB%8A%E6%97%A5%E7%83%AD%E9%97%A8&platform=pc
https://api.vc.bilibili.com/board/v1/ranking/top?page_size=10&next_offset=11&tag=%E4%BB%8A%E6%97%A5%E7%83%AD%E9%97%A8&platform=pc
https://api.vc.bilibili.com/board/v1/ranking/top?page_size=10&next_offset=21&tag=%E4%BB%8A%E6%97%A5%E7%83%AD%E9%97%A8&platform=pc
```

图 10.6　找出请求地址的规律

10.1.2　提取视频标题与视频地址

【例 10.1】　编写爬取视频的爬虫程序。（**实例位置：资源包\Code\10\01**）

既然已经获取了可以提取数据的网络请求地址，接下来需要开始编写爬虫程序。具体步骤如下。

（1）导入爬虫程序所需要使用的模块，然后创建网络请求地址，由于爬取目标为 10 页每页 10 组数据，所以需要将请求地址中的 next_offset=参数所对应的值设置为变量，这样便可以实现循环请求每页的 json 数据。代码如下：

```
01  import requests                                    # 网络请求模块
```

```
02  import time                                          # 时间模块
03  import random                                        # 随机模块
04  import os                                            # 操作系统模块
05  import re                                            # 正则表达式
06
07  # 哔哩哔哩小视频 json 地址
08  json_url = 'http://api.vc.bilibili.com/board/v1/ranking/top?page_size=10&next_offset={page}1&tag=%E4%
BB%8A%E6%97%A5%E7%83%AD%E9%97%A8&platform=pc'
```

（2）创建 Crawl 类，然后在 init()方法中创建浏览器的头部信息。代码如下：

```
01  class Crawl():
02      def __init__(self):
03          # 创建头部信息
04          self.headers = {'User-Agent': 'Mozilla/5.0 (Windows NT 10.0; Win64; x64; rv:66.0) Gecko/
20100101 Firefox/66.0'}
```

（3）在 Crawl 类中创建 get_json()方法，在该方法中首先通过 requests.get 实现网络请求的发送，然后判断一下当请求成功时返回获取到的 json 信息。代码如下：

```
01  def get_json(self,json_url):
02      response = requests.get(json_url, headers=self.headers)
03      # 判断请求是否成功
04      if response.status_code == 200:
05          return response.json()                        # 返回 json 信息
06      else:
07          print('获取 json 信息的请求没有成功！')
```

（4）创建程序入口，首先创建 Crawl 爬虫类对象，然后通过 for 循环 10 次的方式进行网络请求，最后打印出所有的视频标题与对应的视频地址。代码如下：

```
01  if __name__ == '__main__':
02      c = Crawl()                                       # 创建爬虫类对象
03      for page in range(0,10):                          # 循环请求 10 页每页 10 组数据
04          json = c.get_json(json_url.format(page=page)) # 获取返回的 json 数据
05          infos = json['data']['items']                 # 信息集
06          for info in infos:                            # 遍历信息
07              title = info['item']['description']       # 视频标题
08              video_url = info['item']['video_playurl'] # 视频地址
09              print(title,video_url)                    # 打印提取的视频标题与视频地址
10          time.sleep(random.randint(3, 6))              # 随机产生获取 json 请求的间隔时间
```

10.1.3　视频的批量下载

视频标题与视频地址提取完成后，说明整个爬虫程序已经测试成功，接下来只需要通过爬取的视频地址进行视频的下载既可。具体步骤如下。

（1）在 Crawl 类中创建 download_video()方法，在该方法中首先通过 requests.get 实现视频地址的

网络请求，然后判断请求成功后，再通过 open()函数将视频写入本地即可。代码如下：

```
01  #下载视频
02  def download_video(self,video_url,titlename):
03  # 下载视频的网络请求
04      response = requests.get(video_url, headers=self.headers, stream=True)
05      if not os.path.exists('video'):                        # 如果 video 目录不存在时
06          os.mkdir('video')                                  # 创建该目录
07      if response.status_code == 200:                        # 判断请求是否成功
08          if os.path.exists('video'):
09              with open('video/'+titlename+'.mp4', 'wb')as f:  # 将视频写入指定位置
10                  # 循环写入，实现一段一段的写
11                  for data in response.iter_content(chunk_size=1024):
12                      f.write(data)                          # 写入视频文件
13                      f.flush()                              # 刷新缓存
14                  print('下载完成！')
15      else:
16          print('视频下载失败！')
```

（2）在程序入口中，获取视频标题代码的下面，通过正则表达式匹配的方式将视频标题中的非法字符与符号进行筛选，关键代码如下：

```
01  # 只保留标题中英文、数字与汉字，其他符号会影响写入文件
02  comp = re.compile('[^A-Z^a-z^0-9^\u4e00-\u9fa5]')
03  title = comp.sub('', title)                                # 将不符合条件的符号替换为空
```

（3）在打印提取的视频标题与视频地址代码的下面，通过 Crawl 类对象名 c 调用 download_video()方法实现小视频的批量下载。关键代码如下：

```
c.download_video(video_url, title)                             # 下载视频，视频标题作为视频的名字
```

10.2 使用 Selenium 爬取动态加载的信息

本节将使用 Selenium 实现动态渲染页面的爬取，Selenium 是浏览器自动化测试框架，是一个用于 Web 应用程序测试的工具，可以直接运行在浏览器中，并可以驱动浏览器执行指定的动作，如单击、下拉等操作，还可以获取浏览器当前页面的源代码，就像用户在浏览器中操作一样。该工具所支持的浏览器有 IE 浏览器、Mozilla Firefox 以及 Google Chrome 等。

10.2.1 安装 Selenium 模块

在确保已经配置好 Python 环境变量的情况下，打开命令行窗口输入 pip install selenium 命令，然后按 Enter 键将显示如图 10.7 所示的安装进度。

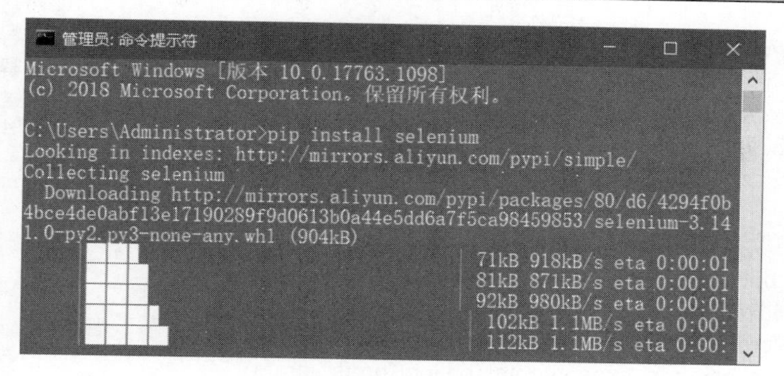

图 10.7　安装 Selenium 模块

10.2.2　下载浏览器驱动

Selenium 模块安装完成后还需要选择一个浏览器，然后下载对应的浏览器驱动，才能通过 Selenium 模块控制浏览器的操作。这里选择 Google Chrome 80.0.3987.149（正式版本 32 位）浏览器，然后在（http://chromedriver.storage.googleapis.com/index.html?path=80.0.3987.106/）谷歌浏览器驱动地址中下载 80.0.3987.106 版本的浏览器驱动，如图 10.8 所示。

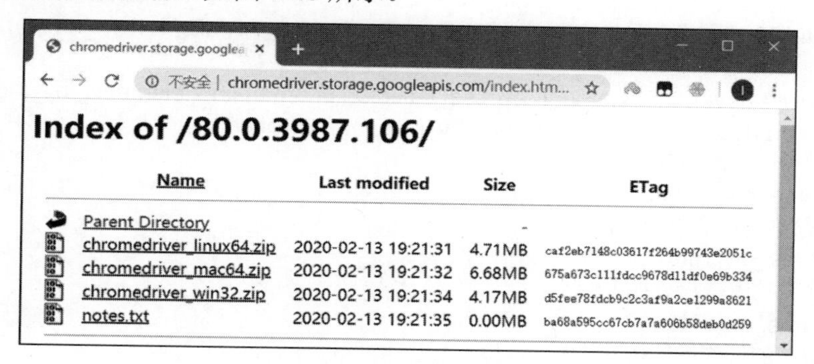

图 10.8　下载谷歌浏览器驱动

说明

在下载谷歌浏览器驱动时，需要根据自己电脑的系统版本下载对应的浏览器驱动。这里以 Windows 系统为例，所以下载 chromedriver_win32.zip 即可。

10.2.3　Selenium 模块的使用

谷歌浏览器驱动下载完成后，将名称为 chromedriver.exe 的文件提取出来，保存在与 python.exe 文件同级的路径中，然后需要通过 Python 代码加载谷歌浏览器驱动，这样才可以启动浏览器驱动并控制浏览器。

【例 10.2】　获取京东商品信息。（**实例位置：资源包\Code\10\02**）

下面通过获取京东某商品信息为例，代码如下：

```
01  from selenium import webdriver                                    # 导入浏览器驱动模块
02  from selenium.webdriver.support.wait import WebDriverWait          # 导入等待类
03  from selenium.webdriver.support import expected_conditions as EC   # 等待条件
04  from selenium.webdriver.common.by import By                        # 节点定位
05
06  try:
07      # 创建谷歌浏览器驱动参数对象
08      chrome_options = webdriver.ChromeOptions()
09      # 不加载图片
10      prefs = {"profile.managed_default_content_settings.images": 2}
11      chrome_options.add_experimental_option("prefs", prefs)
12      # 使用 headless 无界面浏览器模式
13      chrome_options.add_argument('--headless')
14      chrome_options.add_argument('--disable-gpu')
15      # 加载谷歌浏览器驱动
16      driver = webdriver.Chrome(options=chrome_options, executable_path=
17      'G:/Python/chromedriver.exe')
18      # 请求地址
19      driver.get('https://item.jd.com/12353915.html')
20      wait = WebDriverWait(driver,10)                                # 等待 10 秒
21      # 等待页面加载 class 名称为 m-item-inner 的节点，该节点中包含商品信息
22      wait.until(EC.presence_of_element_located((By.CLASS_NAME,"m-item-inner")))
23      # 获取 name 节点中所有 div 节点
24      name_div = driver.find_element_by_css_selector('#name').find_elements_by_tag_name('div')
25      summary_price = driver.find_element_by_id('summary-price')
26      print('提取的商品标题如下：')
27      print(name_div[0].text)                                        # 打印商品标题
28      print('提取的商品宣传语如下：')
29      print(name_div[1].text)                                        # 打印宣传语
30      print('提取的编著信息如下：')
31      print(name_div[4].text)                                        # 打印编著信息
32      print('提取的价格信息如下：')
33      print(summary_price.text)                                      # 打印价格信息
34      driver.quit()                                                  # 退出浏览器驱动
35  except Exception as e:
36      print('显示异常信息！', e)
```

程序运行结果如图 10.9 所示。

```
提取的商品标题如下：
零基础学Python（全彩版）
提取的商品宣传语如下：
10万读者认可的编程图书，零基础自学编程的入门图书，由浅入深，详解Python
 语言的编程思想和核心技术，配同步视频教程和源代码，海量资源免费赠送
提取的编著信息如下：
明日科技（MingRi Soft） 著，明日科技 编
提取的价格信息如下：
京 东 价
￥62.20 [7.8折] [定价  ￥79.80] (降价通知)
```

图 10.9　获取京东某商品信息

10.2.4　Selenium 模块的常用方法

Selenium 模块支持多种提取网页节点的方法，其中比较常用的方法如表 10.1 所示。

表 10.1　Selenium 模块抓取网页节点的常用方法

常 用 方 法	描　　述
driver.find_element_by_id()	根据 id 获取节点，参数为字符类型 id 对应的值
driver.find_element_by_name()	根据 name 获取节点，参数为字符类型 name 对应的值
driver.find_element_by_xpath()	根据 XPath 获取节点，参数为字符类型的 XPath
driver.find_element_by_link_text()	根据链接文本获取节点，参数为字符类型链接文本
driver.find_element_by_tag_name()	根据节点名称获取节点，参数为字符类型的节点名称
driver.find_element_by_class_name()	根据 class 获取节点，参数为字符类型 class 对应的值
driver.find_element_by_css_selector()	根据 CSS 选择器获取节点，参数为字符类型的 CSS 选择器语法

说明

表 10.1 中所有获取节点的方法均为获取单个节点的方法，如需要获取符合条件的多个节点时，可以在对应方法中 element 后面添加 s 即可。

除了以上常用的获取节点的方法外，还可以使用 driver.find_element()方法获取单个节点，driver.find_elements()方法获取多个节点。只是在调用这两种方法时，需要为其指定 by 与 value 参数。其中 by 参数表示获取节点的方式，而 value 为获取方式所对应的值（可以理解为条件）。示例代码如下：

```
01  # 获取 name 节点中所有 div 节点
02  name_div = driver.find_element(By.ID,'name').find_elements(By.TAG_NAME,'div')
03  print('提取的商品标题如下：')
04  print(name_div[0].text)                                                    # 打印商品标题
```

程序运行结果如图 10.10 所示。

```
提取的商品标题如下：
零基础学Python（全彩版）
```

图 10.10　获取商品标题名称

说明

以上代码中首先使用 find_element()方法获取 id 值为 name 的整个节点，然后在该节点中通过 find_elements()方法获取节点名称为 div 的所有节点，最后通过 name_div[0].text 获取所有 div 中第一个 div 内的文本信息。关于 By 的属性及用法如表 10.2 所示。

表 10.2　By 的其他属性

By 属性	用　　法
By.ID	表示根据 id 值获取对应的单个或多个节点
By.LINK_TEXT	表示根据链接文本获取对应的单个或多个节点
By.PARTIAL_LINK_TEXT	表示根据部分链接文本获取对应的单个或多个节点

续表

By 属性	用　法
By.NAME	根据 name 值获取对应的单个或多个节点
By.TAG_NAME	根据节点名称获取单个或多个节点
By.CLASS_NAME	根据 class 值获取单个或多个节点
By.CSS_SELECTOR	根据 CSS 选择器获取单个或多个节点，对应的 value 为字符串 CSS 位置
By.XPATH	根据 By.XPATH 获取单个或多个节点，对应的 value 为字符串节点位置

在使用 Selenium 获取某个节点中某个属性所对应的值时，可以使用 get_attribute()方法来实现。示例代码如下：

```
01  # 根据 XPATH 定位获取指定节点中的 href 地址
02  href = driver.find_element(By.XPATH,'//*[@id="p-author"]/a[1]').get_attribute('href')
03  print('指定节点中的地址信息如下：')
04  print(href)
```

程序运行结果如图 10.11 所示。

```
指定节点中的地址信息如下：
https://book.jd.com/writer/%E6%98%8E%E6%97%A5%E7%A7%91%E6%8A%80_1.html
```

图 10.11　获取指定节点中的地址信息

10.3　Splash 的爬虫应用

Splash 是一个 JavaScript 渲染服务，它是一个带有 HTTP API 的轻型 Web 浏览器。Python 可以通过 HTTP API 调用 Splash 中的一些方法实现对页面的渲染工作，同时它还可以使用 Lua 语言实现页面的渲染，所以使用 Splash 同样可以实现动态渲染页面的爬取。

10.3.1　搭建 Splash 环境（Windows 10 系统）

搭建 Splash 环境时略微麻烦一些，因为 Splash 需要 docker 命令进行安装，所以先安装 Docker，然后通过 docker 命令安装 Splash，再启动 Splash 服务，才可以正常地使用 Splash。搭建 Splash 环境的具体步骤如下。

1．安装 Docker

在浏览器中打开 Docker 的官网地址（https://www.docker.com/），注册并登录账号，然后根据个人需求下载对应系统版本的 Docker，笔者的电脑系统为 Windows，所以这里以 Windows 版本为例进行下载，如图 10.12 所示。

注意

Docker 只支持 Microsoft Windows 10 专业版或企业版 64 位。

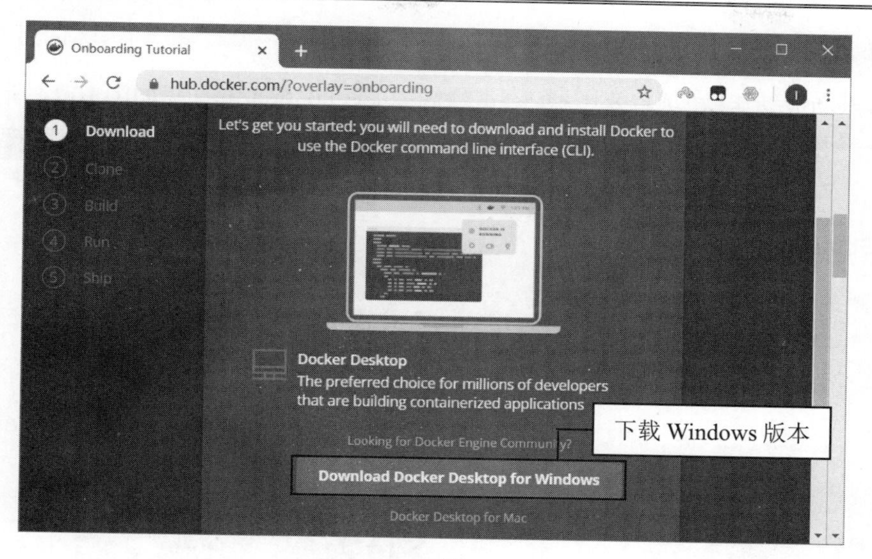

图 10.12　下载 Docker

Docker 下载完成后，是一个 Docker Desktop Installer.exe 文件，直接双击该文件默认安装即可。

注意

在 Windows 10 系统下安装 Docker 时，需要开启 Hyper-V。

2. 安装 Splash

安装 Splash 的方式很简单，只需要在命令提示符窗口中输入（docker pull scrapinghub/splash）命令，然后按 Enter 键即可实现 Splash 的安装，如图 10.13 所示。

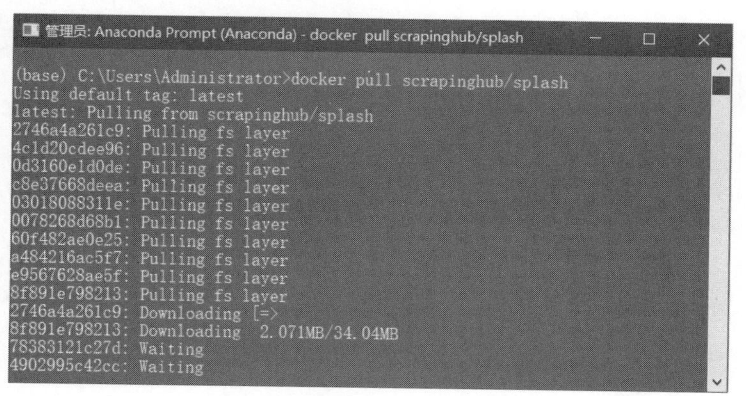

图 10.13　安装 Splash

说明

根据网络环境下载时间可能会很长，请耐心等待。

Splash 安装完成后，需要使用以下命令启动 Splash 服务：

```
docker run -p 8050:8050 scrapinghub/splash
```

Splash 服务启动成功后，在浏览器中输入 http://localhost:8050/即可打开如图 10.14 所示的测试页面。

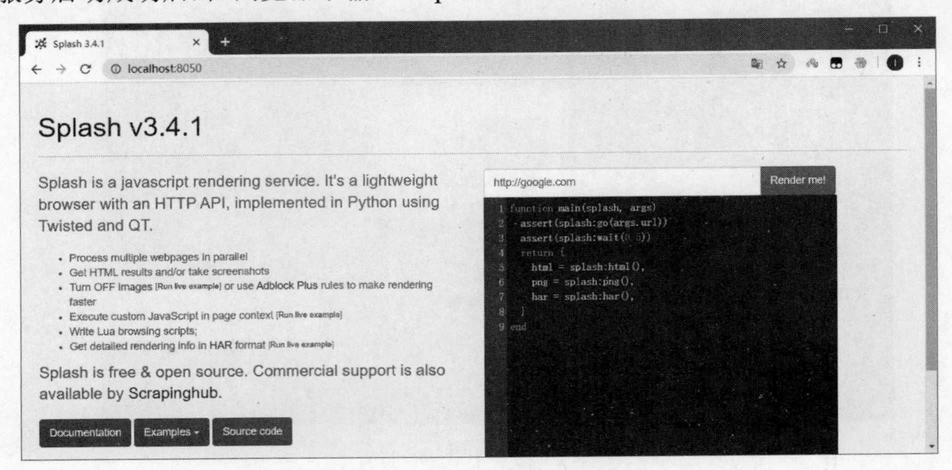

图 10.14　Splash 测试页面

在 Splash 测试页面中，右侧的代码是默认生成的 Lua 脚本，就像所有编程语言中的 Hello World 一样。接下来可以在右侧上方的输入框内输入一个网址，这里以百度（https://www.baidu.com/）为例，然后单击“Render me！”按钮，将显示如图 10.15 所示的渲染页面。

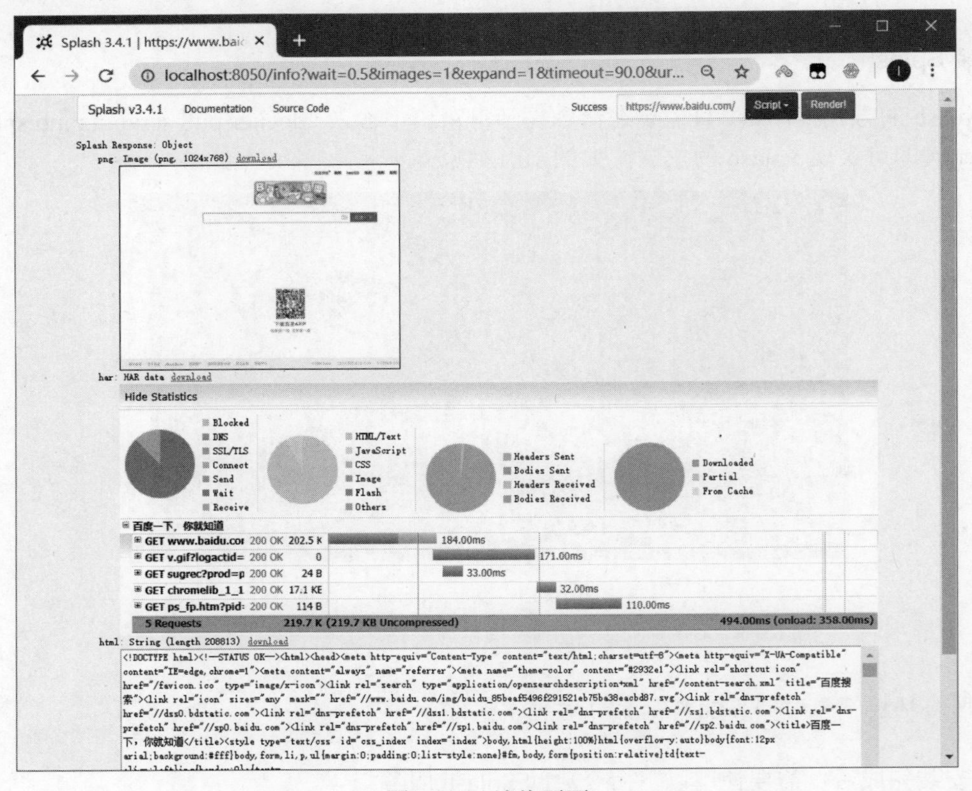

图 10.15　渲染页面

说明

图 10.15 中显示的内容是通过 Lua 代码生成的，其中包含渲染截图、HAR 加载统计数据、网页源代码。

注意

如果电脑关机或重新启动后，再次使用 Splash 时，需要重新执行 docker run -p 8050:8050 scrapinghub/splash 命令启动 Splash 服务。

10.3.2 搭建 Splash 环境（Windows 7 系统）

在使用 Windows 7 系统搭建 Splash 环境时，首先需要确保当前所使用的 Windows 7 系统为 64 位（x64），并且已经开启了 Hyper-V。然后打开（https://github.com/docker/toolbox/releases）DockerToolbox 的下载页面，单击 DockerToolbox-19.03.1.exe，如图 10.16 所示。

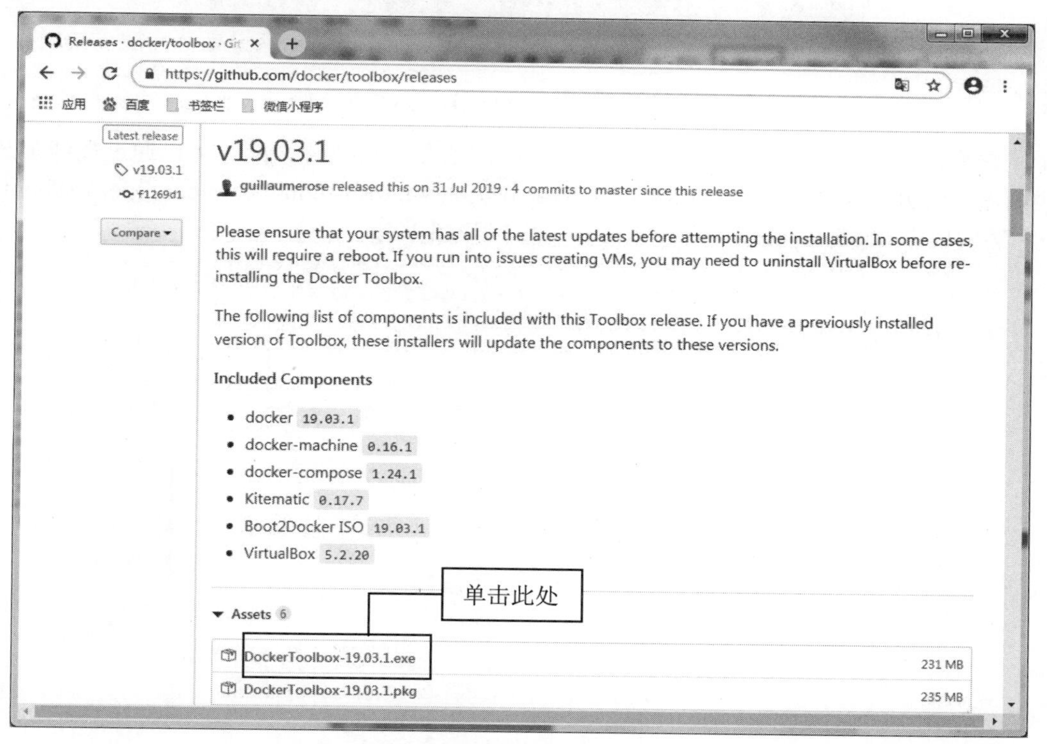

图 10.16　下载 Windows 7 系统对应的 DockerToolbox

说明

根据网络环境下载时间可能会很长，请耐心等待，也可以选择直接安装资源包中的/Code/05/搭建 splash 环境/win7/DockerToolbox-19.03.1.exe 文件。

DockerToolbox 下载完成后，是一个 DockerToolbox-19.03.1.exe 文件，直接双击该文件默认安装即可。DockerToolbox 安装完成后桌面会自动生成如图 10.17 所示的 3 个图标。

图 10.17　自动生成 3 个图标

双击名称为 Docker Quickstart Terminal 的启动图标，然后在该窗体中将自动在 C:\Users\Administrator\.docker\machine\cache 路径下，下载名称为 boot2docker.iso 的资源文件如图 10.18 所示。

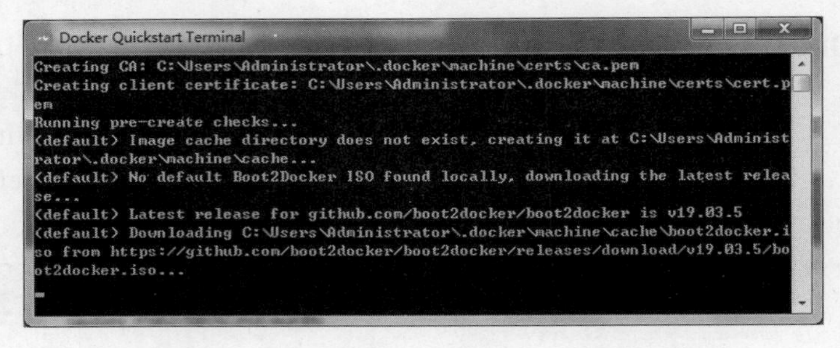

图 10.18　自动下载 boot2docker.iso 资源文件

由于网络资源的原因可能出现下载错误或者长时间卡在当前位置，此时可以通过离线加载的方式解决此类问题，打开 boot2docker.iso 资源文件的下载页面（https://github.com/boot2docker/boot2docker/releases），然后单击 boot2docker.iso 下载该资源文件，如图 10.19 所示。

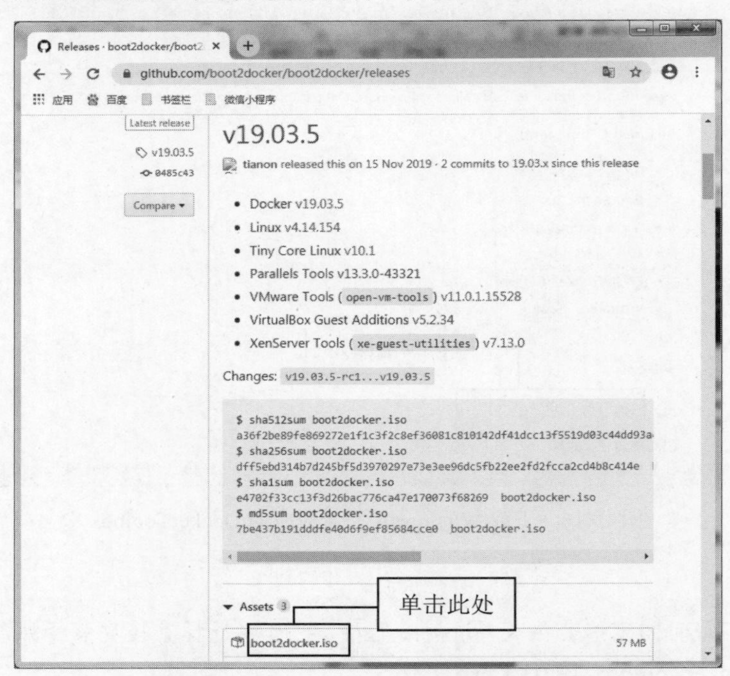

图 10.19　下载 boot2docker.iso 资源文件

说明

根据网络环境下载时间可能会很长，请耐心等待，也可以选择直接使用资源包中的/Code/05/搭建splash 环境/win7/boot2docker.iso 资源文件。

boot2docker.iso 资源文件下载完成后，将该文件直接复制到图 10.18 中自动下载的（C:\Users\Administrator\.docker\machine\cache）路径中，然后重新启动 Docker Quickstart Terminal 窗口，等待一段时间，将显示如图 10.20 所示的窗口。

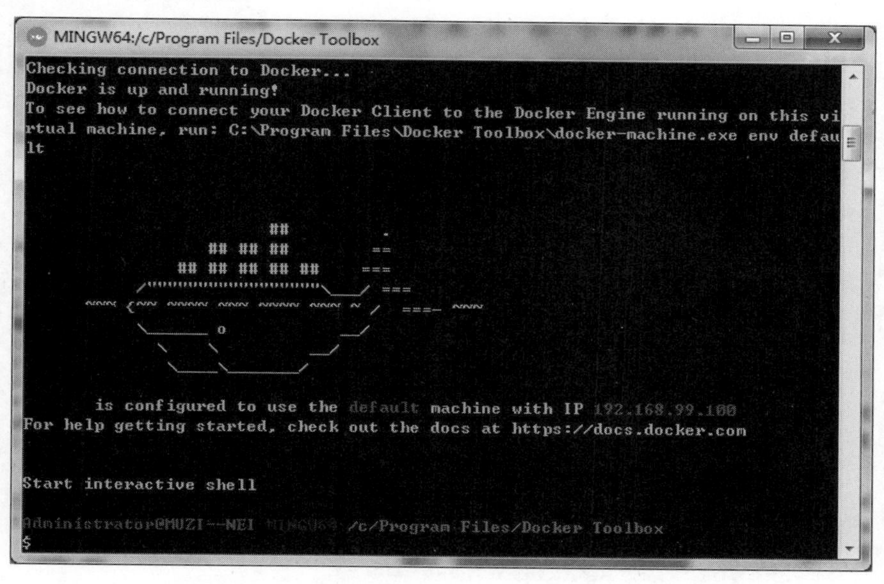

图 10.20　重新启动 Docker Quickstart Terminal 窗口

在 Docker Quickstart Terminal 窗口中底部位置输入（docker pull scrapinghub/splash）命令，然后按 Enter 键安装 Splash，如图 10.21 所示。

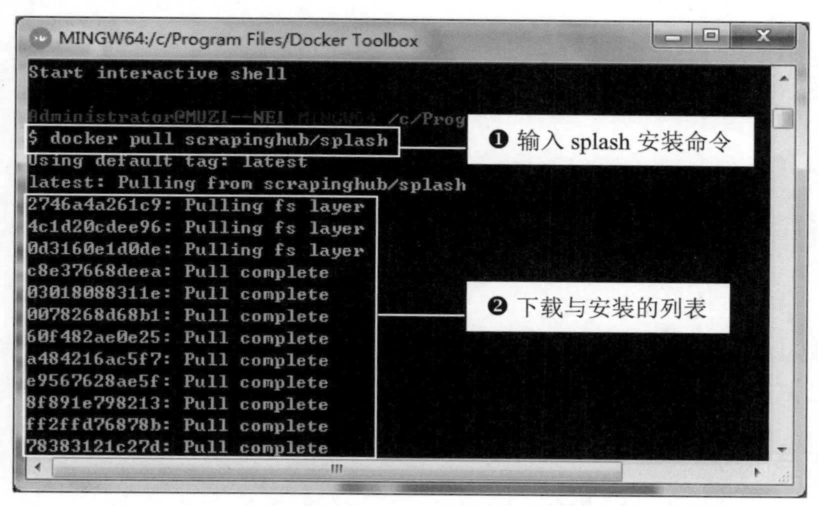

图 10.21　安装 Splash

Splash 安装完成后，需要底部位置输入（docker run -p 8050:8050 scrapinghub/splash）命令启动 Splash 服务。然后在浏览器中输入 http://192.168.99.100:8050/即可打开如图 10.22 所示的测试页面。

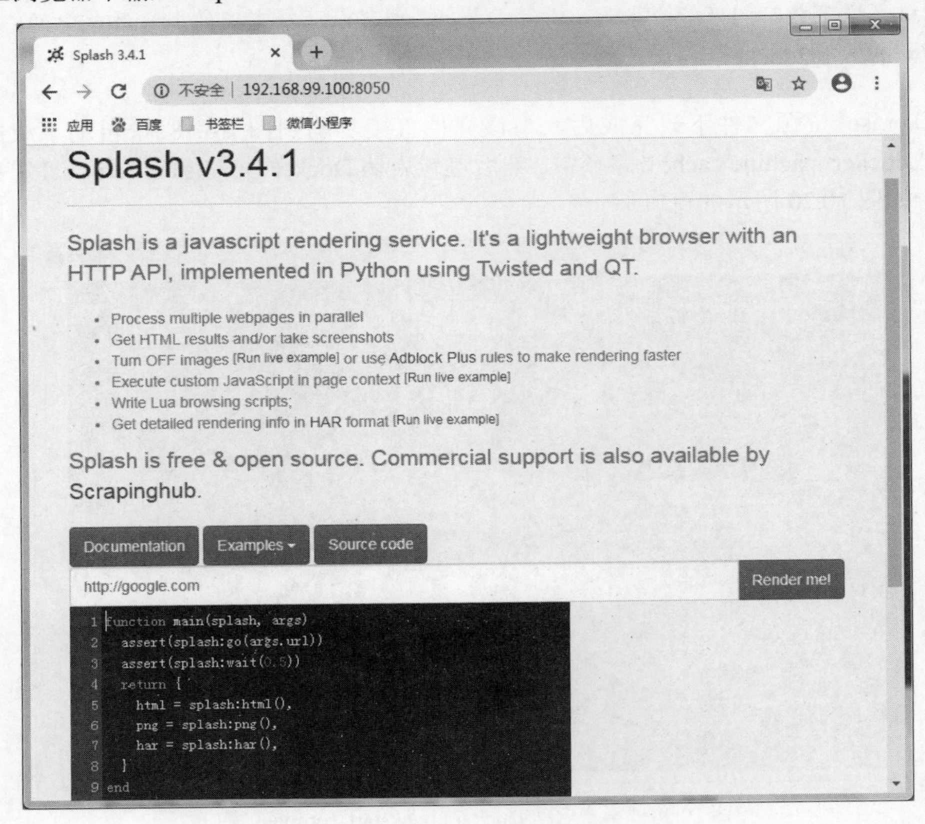

图 10.22　Splash 测试页面

10.3.3　Splash 中的 HTTP API

Splash 提供了 API 接口，可以实现 Python 与 Splash 之间的交互。Splash 比较常用的 API 接口使用方法如下。

1．render.html

通过该接口可以实现获取 JavaScript 渲染后的 HTML 代码，接口的请求地址为 http://localhost:8050/render.html。

【例 10.3】　获取百度首页图片链接。（**实例位置：资源包\Code\10\03**）

使用 render.html 接口是比较简单的，只要将接口地址设置为发送网络请求的主地址，然后将需要爬取的网页地址以参数的方式添加至网络请求中即可。以获取百度首页的图片链接为例，代码如下：

```
01  import requests                                    # 导入网络请求模块
02  from bs4 import BeautifulSoup                      # 导入 HTML 解析模块
03  splash_url = 'http://localhost:8050/render.html'   # Splash 的 render.html 接口地址
```

```
04    args = {'url':'https://www.baidu.com/'}                        # 需要爬取的页面地址
05    response = requests.get(splash_url,args)                        # 发送网络请求
06    response.encoding='utf-8'                                        # 设置编码方式
07    bs = BeautifulSoup(response.text,"html.parser")                 # 创建解析 HTML 代码的 BeautifulSoup 对象
08    # 获取百度首页 logo 图片的链接
09    img_url = 'https:'+bs.select('div[class="s-p-top"]')[0].select('img')[0].attrs['src']
10    print(img_url)                                                   # 打印链接地址
```

程序运行结果如下：

```
https://www.baidu.com/img/bd_logo1.png
```

说明

在执行以上及以下示例代码时，需要注意接口请求地址中的 localhost 表示当前计算机 Splash 服务的 IP 地址，如果使用 Windows 7 环境，则需要注意将代码中的 localhost 修改为对应的 Splash 服务 IP，例如笔者电脑中的 192.168.99.100。

在没有使用 render.html 接口并直接对百度首页的网络地址发送网络请求时，将出现如图 10.23 所示的错误信息。那是因为百度首页中 logo 图片的链接地址是渲染后的结果，所以在没有经过 Splash 渲染的情况下是不能直接从 HTML 代码中提取该链接地址的。

```
Traceback (most recent call last):
  File "C:/Users/Administrator/Desktop/test/demo.py", line 13, in <module>
    img_url = 'https:'+bs.select('div[class="s-p-top"]')[0].select('img')[0].attrs['src']
IndexError: list index out of range
```

图 10.23　获取不到渲染后的内容

在使用 render.html 接口时，除了可以使用简单的 url 参数外，还有多种参数可以应用，比较常用的参数及含义如表 10.3 所示。

表 10.3　render.html 接口常用参数及含义

参　数　名	描　　述
timeout	设置渲染页面超时的时间
proxy	设置代理服务的地址
wait	设置页面加载后等待更新的时间
images	设置是否下载图片，默认值为 1 表示下载图片，值为 0 时表示不下载图片
js_source	设置用户自定义的 JavaScript 代码，在页面渲染前执行

说明

关于 Splash API 接口中的其他参数可以参考以下官方文档的地址。

https://splash.readthedocs.io/en/stable/api.html

2. render.png

通过该接口可以实现获取目标网页的截图，接口的请求地址为 http://localhost:8050/render.png。

【例 10.4】 获取百度首页截图。（实例位置：资源包\Code\10\04）

该接口比上一个接口多了两个比较重要的参数，分别为 width 与 height，使用这两个参数即可指定目标网页截图的宽度与高度。以获取百度首页截图为例，代码如下：

```
01  import requests                                                      # 导入网络请求模块
02  splash_url = 'http://localhost:8050/render.png'                     # Splash 的 render.png 接口地址
03  args = {'url':'https://www.baidu.com/','width':1280,'height':800}   # 需要爬取的页面地址
04  response = requests.get(splash_url,args)                             # 发送网络请求
05  with open('baidu.png','wb') as f:                                    # 调用 open 函数
06      f.write(response.content)                                        # 将返回的二进制数据保存成图片
```

运行以上示例代码，在当前目录下将自动生成名称为 baidu.png 的图片文件，打开该文件如图 10.24 所示。

图 10.24 返回目标网页的截图

说明

Splash 还提供了一个 render.jpeg 接口，该接口与 render.png 类似，只不过返回的是 JPEG 格式的二进制数据。

3. render.json

通过该接口可以实现获取 JavaScript 渲染网页信息的 json，根据传递的参数，它可以包含 HTML、PNG 和其他信息。接口的请求地址为 http://localhost:8050/render.json。

【例 10.5】 获取请求页面的 json 信息。（实例位置：资源包\Code\10\05）

在默认的情况下使用 render.json 接口，将返回请求地址、页面标题、页面尺寸的 json 信息。代码如下：

```
01  import requests                                       # 导入网络请求模块
02  splash_url = 'http://localhost:8050/render.json'     # Splash 的 render.json 接口地址
03  args = {'url':'https://www.baidu.com/'}               # 需要爬取的页面地址
04  response = requests.get(splash_url,args)              # 发送网络请求
05  print(response.json())                                # 打印返回的 json 信息
```

程序运行结果如下：

```
{'url': 'https://www.baidu.com/', 'requestedUrl': 'https://www.baidu.com/', 'geometry': [0, 0, 1024, 768], 'title': '百度一下，你就知道'}
```

10.3.4　执行 lua 自定义脚本

【例 10.6】　获取百度渲染后的 HTML 代码。（**实例位置：资源包\Code\10\06**）

Splash 还提供了一个非常强大的 execute 接口，该接口可以实现在 Python 代码中执行 Lua 脚本。使用该接口就必须指定 lua_source 参数，该参数表示需要执行的 Lua 脚本，接着 Splash 执行完成后将结果返回给 Python。以获取百度首页渲染后的 HTML 代码为例，示例代码如下：

```
01  import requests                                          # 导入网络请求模块
02  from urllib.parse import quote                           # 导入 quote 方法
03  # 自定义的 lua 脚本
04  lua_script = '''
05  function main(splash)
06      splash:go("https://www.baidu.com/")
07      splash:wait(0.5)
08      return splash:html()
09  end
10  '''
11  splash_url = 'http://localhost:8050/execute?lua_source='+ quote(lua_script)# Splash 的 execute 接口地址
12  # 定义 headers 信息
13  headers = {'User-Agent':'Mozilla/5.0 (Windows NT 10.0; WOW64) '
14                       'AppleWebKit/537.36 (KHTML, like Gecko) Chrome/80.0.3987.149 Safari/537.36'}
15  response = requests.get(splash_url,headers=headers)      # 发送网络请求
16  print(response.text)                                     # 打印渲染后的 HTML 代码
```

运行以上代码，将打印百度首页渲染后的 HTML 代码，执行结果如图 10.25 所示。

```
<!DOCTYPE html><!--STATUS OK--><html><head><meta http-equiv="Content-Type"
content="text/html;charset=utf-8"><meta http-equiv="X-UA-Compatible"
content="IE=edge,chrome=1"><meta content="always" name="referrer"><meta
name="theme-color" content="#2932e1"><link rel="shortcut icon" href="/favicon
.ico" type="image/x-icon"><link rel="search"
type="application/opensearchdescription+xml" href="/content-search.xml"
title="百度搜索"><link rel="icon" sizes="any" mask="" href="//www.baidu
.com/img/baidu_85beaf5496f291521eb75ba38eacbd87.svg"><link rel="dns-prefetch"
 href="//dss0.bdstatic.com"><link rel="dns-prefetch" href="//dss1.bdstatic
.com"><link rel="dns-prefetch" href="//ss1.bdstatic.com"><link
rel="dns-prefetch" href="//sp0.baidu.com"><link rel="dns-prefetch"
href="//sp1.baidu.com"><link rel="dns-prefetch" href="//sp2.baidu
.com"><title>百度一下，你就知道</title><style type="text/css" id="css_index"
index="index">body,html{height:100%}html{overflow-y:auto}body{font:12px
arial;background:#fff}body,form,li,p,ul{margin:0;padding:0;
list-style:none}#fm,body,form{position:relative}td{text-align:left}img{border
:0}a{text-decoration:none}a:active{color:#f60}input{border:0;padding:0}
.clearfix:after{content:'\20';display:block;height:0;clear:both}
.clearfix{zoom:1}#wrapper{position:relative;
min-height:100%}#head{padding-bottom:100px;text-align:center;
*z-index:1}#ftCon{height:50px;position:absolute;text-align:left;width:100%;
margin:0 auto;z-index:0;overflow:hidden}#ftConw{display:inline-block;
text-align:left;margin-left:33px;line-height:22px;position:relative;top:-2px;
*float:right;*margin-left:0;*position:static}#ftConw,#ftConw
a{color:#999}#ftConw{text-align:center;margin-left:0}.bg{background-image:url
```

图 10.25　百度首页渲染后的 HTML 代码

在 Splash 中使用 Lua 脚本可以执行一系列的渲染操作，这样便可以通过 Splash 模拟浏览器实现网

页数据的提取工作。

Lua 脚本中的语法是比较简单的，可以通过 splash:的方式调用其内部的方法与属性，其中 function main(splash)表示脚本入口，splash:go("https://www.baidu.com/")表示调用go()方法访问百度首页（网络地址），splash:wait(0.5)表示等待 0.5 秒，return splash:html()表示返回渲染后的 HTML 代码，最后的 end 表示脚本结束。

Lua 脚本的常用属性与方法含义如表 10.4 所示。

表 10.4　Lua 脚本常用的属性与方法含义

参数与方法	描　述
splash.args 属性	获取加载时配置的参数，例如 url、GET 参数、POST 表单等
splash.js_enabled 属性	该属性默认值为 True 表示可以执行 JavaSripts 代码，设置为 False 表示禁止执行
splash.private_mode_enabled 属性	表示是否使用浏览器私有模式（隐身模式），True 表示启动，False 表示关闭
splash.resource_timeout 属性	设置网络请求的默认超时时间，以秒为单位
splash.images_enabled 属性	启用或禁用图像，True 表示启用，False 表示禁用
splash.plugins_enabled 属性	启用或禁用浏览器插件，True 表示启用，False 表示禁用
splash.scroll_position 属性	获取或设置当前滚动位置
splash:jsfunc()方法	将 JavaScript 函数转换为可调用的 Lua，但 JavaScript 函数必须在一对双中括号内
splash:evaljs()方法	执行一段 JavaScript 代码，并返回最后一条语句的结果
splash:runjs()方法	仅执行 JavaScript 代码
splash:call_later()方法	设置并执行定时任务
splash:http_get()方法	发送 HTTP GET 请求并返回响应，而无须将结果加载到浏览器窗口
splash:http_post()方法	发送 HTTP POST 请求并返回响应，而无须将结果加载到浏览器窗口
splash:get_cookies()方法	获取当前页面的 cookies 信息，结果以 HAR Cookies 格式返回
splash:add_cookie()方法	为当前页面添加 cookie 信息
splash:clear_cookies()方法	清除所有的 cookies

说明

由于 Lua 脚本中的属性与方法较多，如果需要了解其他属性与方法，则可以参考官方 api 文档 https://splash.readthedocs.io/en/stable/scripting-ref.html。

10.4　小　　结

本章主要介绍了如何爬取动态渲染的信息，一共学习了 3 种技术。其中 Ajax 是“异步 JavaScript”与“XML”的组合，爬取 Ajax 数据时需要先分析获取数据的请求地址，然后通过这个请求地址直接发送网络请求获取对应的数据。接着学习了 selenium 浏览器自动化测试框架，通过该框架可以自由地控制浏览器，然后从浏览器中提取对应的数据。最后我们学习了 Splash，它是一个 JavaScript 渲染服务，通过该服务所提供的 HTTP API 可以获取 JavaScript 渲染后数据。本章一共学习了 3 种爬取动态渲染信息的技术，读者可以根据个人需求使用对应技术爬取数据。

第 11 章

多线程与多进程爬虫

如果爬虫所爬取的数据量非常大时，不仅需要考虑数据该如何存储，还需要考虑如何提高爬虫效率。如果只使用单线程的爬虫，爬取数据的速度是很慢的。通常解决这样的问题可以使用 Python 中的多线程与多进程，这样就可以实现同时完成多项工作，提高执行效率。本章将结合实例由浅入深地向读者介绍在 Python 中如何创建使用多线程与多进程爬虫。

11.1 什么是线程

线程（Thread）是操作系统能够进行运算调度的最小单位。它被包含在进程中，是进程中的实际运作单位。一条线程指的是进程中一个单一顺序的控制流，一个进程中可以并发多个线程，每条线程并行执行不同的任务。例如，对于视频播放器，显示视频用一个线程，播放音频用另一个线程。只有两个线程同时工作，我们才能正常观看画面和声音同步的视频。

举个生活中的例子来更好地理解进程和线程的关系。一个进程就像一座房子，它是一个容器，有着相应的属性，如占地面积、卧室、厨房和卫生间等。房子本身并没有主动地做任何事情。而线程就是这座房子的居住者，他可以使用房子内每一个房间、做饭、洗澡等。

11.2 创建线程

由于线程是操作系统直接支持的执行单元，因此，高级语言（如 Python、Java 等）通常都内置多线程的支持。Python 的标准库提供了两个模块：_thread 和 threading，_thread 是低级模块，threading 是高级模块，对_thread 进行了封装。在绝大多数情况下，我们只需要使用 threading 这个高级模块。

11.2.1 使用 threading 模块创建线程

threading 模块提供了一个 Thread 类来代表一个线程对象，语法格式如下：

```
Thread([group [, target [, name [, args [, kwargs]]]]])
```

Thread 类的参数说明如下。

☑ group：值为 None，为以后版本而保留。

☑ target：表示一个可调用对象，线程启动时，run()方法将调用此对象，默认值为 None，表示不调用任何内容。

☑ name：表示当前线程名称，默认创建一个“Thread-N”格式的唯一名称。

☑ args：表示传递给 target 函数的参数元组。

☑ kwargs：表示传递给 target 函数的参数字典。

【例 11.1】　使用 threading 模块创建线程。（**实例位置：资源包\Code\11\01**）

下面，通过一个例子来学习如何使用 threading 模块创建线程。代码如下：

```
01  # -*- coding:utf-8 -*-
02  import threading,time
03
04  def process():
05      for i in range(3):
06          time.sleep(1)
07          print("thread name is %s" % threading.current_thread().name)
08
09  if __name__ == '__main__':
10      print("-----主线程开始-----")
11      # 创建 4 个线程，存入列表
12      threads = [threading.Thread(target=process) for i in range(4)]
13      for t in threads:
14          t.start()                                              # 开启线程
15      for t in threads:
16          t.join()                                               # 等待子线程结束
17      print("-----主线程结束-----")
```

上述代码中，创建了 4 个进程，然后分别用 for 循环执行 start()和 join()方法。每个子进程分别执行输出 3 次。运行结果如图 11.1 所示。

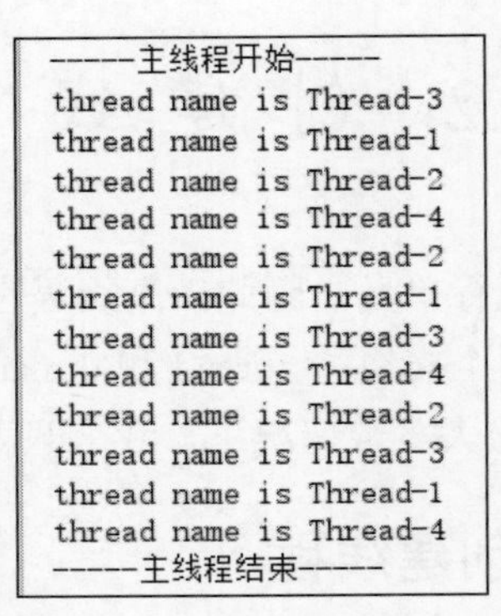

图 11.1　创建多线程

注意

从图 11.1 中可以看出，线程的执行顺序是不确定的。

11.2.2　使用 Thread 子类创建线程

Thread 线程类也可以通过定义一个子类，使其继承 Thread 线程类来创建线程。下面通过一个示例学习一下使用 Thread 子类创建线程的方式。

【例 11.2】　使用 Thread 子类创建线程。（**实例位置：资源包\Code\11\02**）

创建一个子类 SubThread，继承 threading.Thread 线程类，并定义一个 run()方法。实例化 SubThread 类创建两个线程，并且调用 start()方法开启线程，会自动调用 run()方法。代码如下：

```
01  # -*- coding: utf-8 -*-
02  import threading
03  import time
04  class SubThread(threading.Thread):
05      def run(self):
06          for i in range(3):
07              time.sleep(1)
08              msg = "子线程"+self.name+'执行，i='+str(i)      # name 属性中保存的是当前线程的名字
09              print(msg)
10  if __name__ == '__main__':
11      print('-----主线程开始-----')
12      t1 = SubThread()                                    # 创建子线程 t1
13      t2 = SubThread()                                    # 创建子线程 t2
14      t1.start()                                          # 启动子线程 t1
15      t2.start()                                          # 启动子线程 t2
16      t1.join()                                           # 等待子线程 t1
17      t2.join()                                           # 等待子线程 t2
18      print('-----主线程结束-----')
```

运行结果如图 11.2 所示。

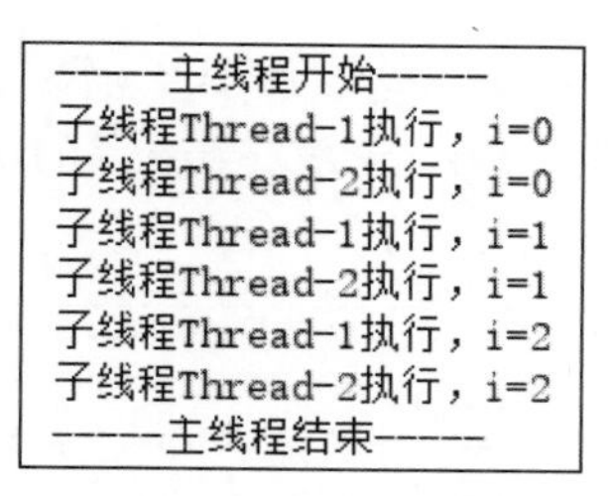

图 11.2　使用 Thread 子类创建线程

11.3　线程间通信

【例 11.3】　验证一下线程之间是否可以共享信息。（**实例位置：资源包\Code\11\03**）

下面通过一个例子来验证线程之间是否可以共享信息。定义一个全局变量 g_num，分别创建两个子线程对 g_num 执行不同的操作，并输出操作后的结果。代码如下：

```
01  # -*- coding:utf-8 -*-
02  from threading import Thread
03  import time
04
05  def plus():
06      print('-------子线程 1 开始------')
07      global g_num
08      g_num += 50
09      print('g_num is %d'%g_num)
10      print('-------子线程 1 结束------')
11
12  def minus():
13      time.sleep(1)
14      print('-------子线程 2 开始------')
15      global g_num
16      g_num -= 50
17      print('g_num is %d'%g_num)
18      print('-------子线程 2 结束------')
19
20  g_num = 100                                    # 定义一个全局变量
21  if __name__ == '__main__':
22      print('-------主线程开始------')
23      print('g_num is %d'%g_num)
24      t1 = Thread(target=plus)                   # 实例化线程 p1
25      t2 = Thread(target=minus)                  # 实例化线程 p2
26      t1.start()                                 # 开启线程 p1
27      t2.start()                                 # 开启线程 p2
28      t1.join()                                  # 等待 p1 线程结束
29      t2.join()                                  # 等待 p2 线程结束
30      print('-------主线程结束------')
```

上述代码中，定义一个全局变量 g_num，赋值为 100。然后创建两个线程。一个线程将 g_num 增加 50，一个线程将 g_num 减少 50。如果 g_num 最终结果为 100，则说明线程之间可以共享数据。运行结果如图 11.3 所示。

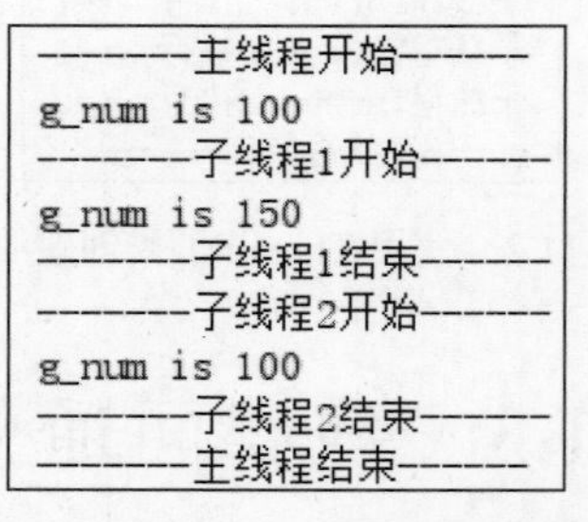

图 11.3　检测线程数据是否共享

从上面的例子可以得出，在一个进程内的所有线程共享全局变量，能够在不使用其他方式的前提下完成多线程之间的数据共享。

11.3.1　什么是互斥锁

由于线程可以对全局变量随意修改，这就可能造成多线程之间对全局变量的混乱。依然以房子为例，当房子内只有一个居住者时（单线程），他可以任意时刻使用任意一个房间，如厨房、卧室和卫生间等。但是，当这个房子有多个居住者时（多线程），他就不能在任意时刻使用某些房间，如卫生间，否则就会造成混乱。

如何解决这个问题呢？一个防止他人进入的简单方法，就是门上加一把锁。先到的人锁上门，后到的人就在门口排队，等锁打开再进去，如图 11.4 所示。

图 11.4　互斥锁示意图

这就是“互斥锁”（Mutual exclusion，缩写 Mutex），防止多个线程同时读写某一块内存区域。互斥锁为资源引入一个状态：锁定和非锁定。某个线程要更改共享数据时，先将其锁定，此时资源的状态为“锁定”，其他线程不能更改；直到该线程释放资源，将资源的状态变成“非锁定”，其他线程才能再次锁定该资源。互斥锁保证了每次只有一个线程进行写入操作，从而保证了多线程情况下数据的正确性。

11.3.2　使用互斥锁

在 threading 模块中使用 Lock 类可以方便地处理锁定。Lock 类有两个方法：acquire()锁定和 release()释放锁。示例用法如下：

```
mutex = threading.Lock()        #创建锁
mutex.acquire([blocking])       #锁定
mutex.release()                 #释放锁
```

参数说明如下。

☑ acquire([blocking])：获取锁定，如果有必要，则需要阻塞到锁定释放为止。如果提供 blocking 参数并将它设置为 False，那么当无法获取锁定时将立即返回 False，如果成功获取锁定则返回 True。

☑ release()：释放一个锁定。当锁定处于未锁定状态时，或者从与原本调用 acquire()方法的不同线程调用此方法，将出现错误。

下面，通过一个示例来学习如何使用互斥锁。

【例 11.4】 使用多线程的互斥锁。（**实例位置：资源包\Code\11\04**）

这里使用多线程和互斥锁模拟实现多人同时订购电影票的功能，假设电影院某个场次只有 100 张电影票，10 个用户同时抢购该电影票。每售出一张，显示一次剩余电影票张数。代码如下：

```
01  from threading import Thread,Lock
02  import time
03  n=100                                              # 共 100 张票
04
05  def task():
06      global n
07      mutex.acquire()                                # 上锁
08      temp=n                                         # 赋值给临时变量
09      time.sleep(0.1)                                # 休眠 0.1 秒
10      n=temp-1                                       # 数量减 1
11      print('购买成功，剩余%d 张电影票'%n)
12      mutex.release()                                # 释放锁
13
14  if __name__ == '__main__':
15      mutex=Lock()                                   # 实例化 Lock 类
16      t_l=[]                                         # 初始化一个列表
17      for i in range(10):
18          t=Thread(target=task)                      # 实例化线程类
19          t_l.append(t)                              # 将线程实例存入列表中
20          t.start()                                  # 创建线程
21      for t in t_l:
22          t.join()                                   # 等待子线程结束
```

在上述代码中，创建了 10 个线程，全部执行 task()函数。为解决资源竞争问题，使用 mutex.acquire()函数实现资源锁定，第一个获取资源的线程锁定后，其他线程等待 mutex.release()解锁。所以每次只有一个线程执行 task()函数。运行结果如图 11.5 所示。

```
购买成功，剩余99张电影票
购买成功，剩余98张电影票
购买成功，剩余97张电影票
购买成功，剩余96张电影票
购买成功，剩余95张电影票
购买成功，剩余94张电影票
购买成功，剩余93张电影票
购买成功，剩余92张电影票
购买成功，剩余91张电影票
购买成功，剩余90张电影票
```

图 11.5 模拟购票功能

注意

在使用互斥锁时，要避免死锁。在多任务系统下，当一个或多个线程等待系统资源，而资源又被线程本身或其他线程占用时，就形成了死锁，如图 11.6 所示。

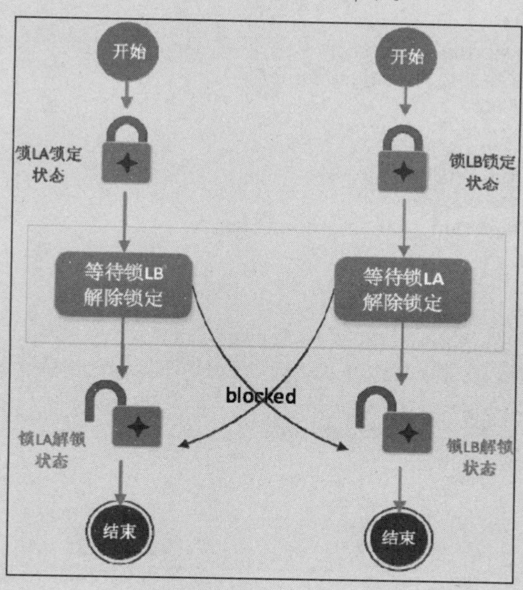

图 11.6 死锁示意图

11.3.3 使用队列在线程间通信

我们知道 multiprocessing 模块的 Queue 队列可以实现进程间通信，同样在线程间，也可以使用 Queue 队列实现线程间通信。不同之处在于我们需要使用 queue 模块的 Queue 队列，而不是 multiprocessing 模块的 Queue 队列，但 Queue 使用方法相同。

使用 Queue 在线程间通信通常应用于生产者消费者模式。产生数据的模块称为生产者，而处理数据的模块称为消费者。在生产者与消费者之间的缓冲区称之为仓库。生产者负责往仓库运输商品，而消费者负责从仓库里取出商品，这就构成了生产者消费者模式。下面通过一个示例来学习使用 Queue 在线程间通信。

【例 11.5】 使用队列在线程间通信。（**实例位置：资源包\Code\11\05**）

定义一个生产者类 Producer，定义一个消费者类 Consumer。生产者生产 5 件产品，依次写入队列，而消费者依次从队列中取出产品，代码如下：

```
01  from queue import Queue
02  import random,threading,time
03
04  # 生产者类
05  class Producer(threading.Thread):
06      def __init__(self, name,queue):
```

```
07            threading.Thread.__init__(self, name=name)
08            self.data=queue
09        def run(self):
10            for i in range(5):
11                print("生产者%s 将产品%d 加入队列!" % (self.getName(), i))
12                self.data.put(i)
13                time.sleep(random.random())
14            print("生产者%s 完成!" % self.getName())
15
16    # 消费者类
17    class Consumer(threading.Thread):
18        def __init__(self,name,queue):
19            threading.Thread.__init__(self,name=name)
20            self.data=queue
21        def run(self):
22            for i in range(5):
23                val = self.data.get()
24                print("消费者%s 将产品%d 从队列中取出!" % (self.getName(),val))
25                time.sleep(random.random())
26            print("消费者%s 完成!" % self.getName())
27
28    if __name__ == '__main__':
29        print('-----主线程开始-----')
30        queue = Queue()                          # 实例化队列
31        producer = Producer('Producer',queue)    # 实例化线程 Producer，并传入队列作为参数
32        consumer = Consumer('Consumer',queue)    # 实例化线程 Consumer，并传入队列作为参数
33        producer.start()                         # 启动线程 Producer
34        consumer.start()                         # 启动线程 Consumer
35        producer.join()                          # 等待线程 Producer 结束
36        consumer.join()                          # 等待线程 Consumer 结束
37        print('-----主线程结束-----')
```

运行结果如图 11.7 所示。

```
-----主线程开始-----
生产者Producer将产品0加入队列!
消费者Consumer将产品0从队列中取出!
生产者Producer将产品1加入队列!
消费者Consumer将产品1从队列中取出!
生产者Producer将产品2加入队列!
消费者Consumer将产品2从队列中取出!
生产者Producer将产品3加入队列!
消费者Consumer将产品3从队列中取出!
生产者Producer将产品4加入队列!
消费者Consumer将产品4从队列中取出!
消费者Consumer完成!
生产者Producer完成!
-----主线程结束-----
```

图 11.7　使用 Queue 在线程间通信

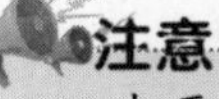

注意

由于程序中使用了 random.random()生成 0～1 的随机数，读者运行结果可能会与图 11.7 不同。

11.4　什么是进程

在了解进程之前，我们需要知道多任务的概念。多任务，顾名思义，就是指操作系统能够执行多个任务。例如，使用 Windows 或 Linux 操作系统可以同时看电影、聊天、查看网页等，此时，操作系统就是在执行多任务，而每个任务就是一个进程。我们可以打开 Windows 的任务管理器，查看一下操作系统正在执行的进程，如图 11.8 所示。图 11.8 中显示的进程不仅包括应用程序（如 QQ、谷歌浏览器等），还包括系统进程。

进程（process）是计算机中已运行程序的实体。进程与程序不同，程序本身只是指令、数据及其组织形式的描述，进程才是程序（那些指令和数据）的真正运行实例。例如，在没有打开 QQ 时，QQ 只是程序。打开 QQ 后，操作系统就为 QQ 开启了一个进程。再打开一个 QQ，则又开启了一个进程，如图 11.9 所示。

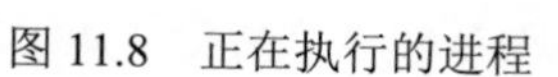

图 11.8　正在执行的进程

图 11.9　开启多个进程

11.5　创建进程的常用方式

在 Python 中有多个模块可以创建进程，比较常用的有 os.fork()函数、multiprocessing 模块和 Pool 进程池。由于 os.fork()函数只适用于 UNIX/Linux/Mac 系统上运行，在 Windows 操作系统中不可用，所以本章重点介绍 multiprocessing 模块和 Pool 进程池这两个跨平台模块。

11.5.1　使用 multiprocessing 模块创建进程

multiprocessing 模块提供了一个 Process 类来代表一个进程对象，语法格式如下：

```
Process([group [, target [, name [, args [, kwargs]]]]])
```

Process 类的参数说明如下。

☑ group：参数未使用，值始终为 None。

☑ target：表示当前进程启动时执行的可调用对象。

☑ name：为当前进程实例的别名。

☑ args：表示传递给 target 函数的参数元组。

☑ kwargs：表示传递给 target 函数的参数字典。

例如，实例化 Process 类，执行子进程，代码如下：

```
01  from multiprocessing import Process                      # 导入模块
02
03  # 执行子进程代码
04  def test(interval):
05      print('我是子进程')
06  # 执行主程序
07  def main():
08      print('主进程开始')
09      p = Process(target=test,args=(1,))                  # 实例化 Procss 进程类
10      p.start()                                            # 启动子进程
11      print('主进程结束')
12
13  if __name__ == '__main__':
14      main()
```

运行结果如下：

```
主进程开始
主进程结束
我是子进程
```

注意

在使用 IDLE 运行上述代码时，不会输出子进程内容，所以使用命令行方式运行 Python 代码，即在文件目录下，用“python＋文件名”方式，如图 11.10 所示。

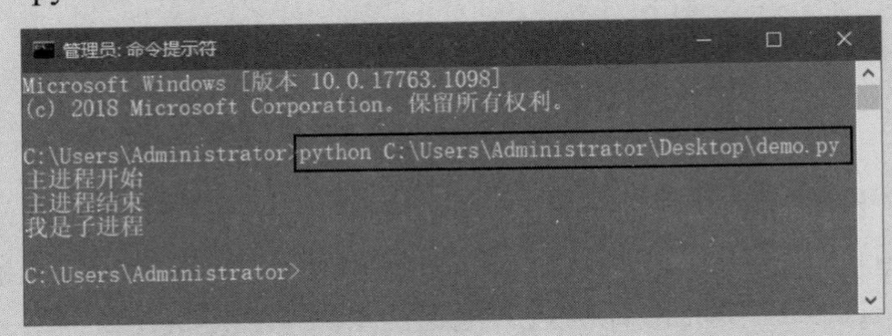

图 11.10　使用命令行运行 python 文件

在上述代码中，先实例化 Process 类，然后使用 p.start()方法启动子进程，开始执行 test()函数。Process 的实例 p 常用的方法除 start()外，还有如下常用方法。

☑ is_alive()：判断进程实例是否还在执行。

☑ join([timeout])：是否等待进程实例执行结束，或等待多少秒。

☑ start()：启动进程实例（创建子进程）。

☑ run()：如果没有给定 target 参数，则对这个对象调用 start()方法时，就将执行对象中的 run()方法。

☑ terminate()：不管任务是否完成，立即终止。

Process 类还有如下常用属性。

☑ name：当前进程实例别名，默认值为 Process-N，N 为从 1 开始递增的整数。

☑ pid：当前进程实例的 PID 值。

【例 11.6】　演示 Procss 类的方法和属性的使用。（**实例位置：资源包\Code\11\06**）

下面通过一个简单示例演示 Procss 类的方法和属性的使用，创建两个子进程，分别使用 os 模块和 time 模块输出父进程和子进程的 ID 及子进程的时间，并调用 Process 类的 name 和 pid 属性，代码如下：

```
01  # -*- coding:utf-8 -*-
02  from multiprocessing import Process
03  import time
04  import os
05
06  # 两个子进程将会调用的两个方法
07  def  child_1(interval):
08      print("子进程（%s）开始执行，父进程为（%s）" % (os.getpid(), os.getppid()))
09      t_start = time.time()                                    # 计时开始
10      time.sleep(interval)                                     # 程序将会被挂起 interval 秒
11      t_end = time.time()                                      # 计时结束
12      print("子进程（%s）执行时间为'%0.2f'秒"%(os.getpid(),t_end - t_start))
13
14  def  child_2(interval):
15      print("子进程（%s）开始执行，父进程为（%s）" % (os.getpid(), os.getppid()))
16      t_start = time.time()                                    # 计时开始
17      time.sleep(interval)                                     # 程序将会被挂起 interval 秒
18      t_end = time.time()                                      # 计时结束
19      print("子进程（%s）执行时间为'%0.2f'秒"%(os.getpid(),t_end - t_start))
20
21  if __name__ == '__main__':
22      print("------父进程开始执行-------")
23      print("父进程 PID：%s" % os.getpid())                    # 输出当前程序的 ID
24      p1=Process(target=child_1,args=(1,))                     # 实例化进程 p1
25      p2=Process(target=child_2,name="mrsoft",args=(2,))       # 实例化进程 p2
26      p1.start()                                               # 启动进程 p1
27      p2.start()                                               # 启动进程 p2
28      # 同时父进程仍然往下执行，如果 p2 进程还在执行，将会返回 True
29      print("p1.is_alive=%s"%p1.is_alive())
30      print("p2.is_alive=%s"%p2.is_alive())
31      # 输出 p1 和 p2 进程的别名和 PID
32      print("p1.name=%s"%p1.name)
33      print("p1.pid=%s"%p1.pid)
34      print("p2.name=%s"%p2.name)
```

```
35          print("p2.pid=%s"%p2.pid)
36          print("------等待子进程-------")
37          p1.join()                                                        # 等待 p1 进程结束
38          p2.join()                                                        # 等待 p2 进程结束
39          print("------父进程执行结束-------")
```

在上述代码中，第一次实例化 Process 类时，会为 name 属性默认赋值为 Process-1，第二次则默认为 Process-2，但是由于在实例化进程 p2 时，设置了 name 属性为 mrsoft，所以 p2.name 的值为 mrsoft 而不是 Process-2。程序运行流程示意图如图 11.11 所示，运行结果如图 11.12 所示。

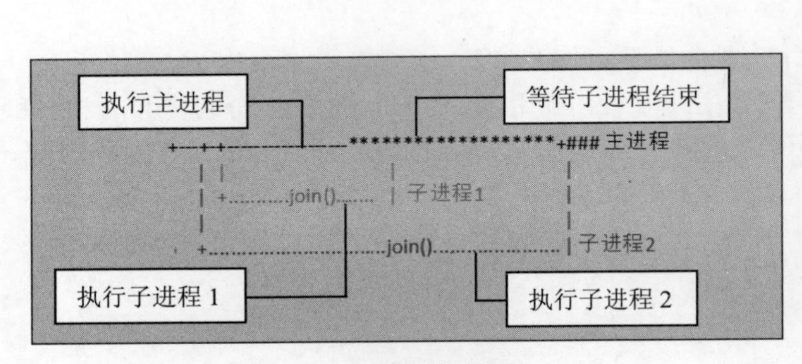

图 11.11　运行流程示意图

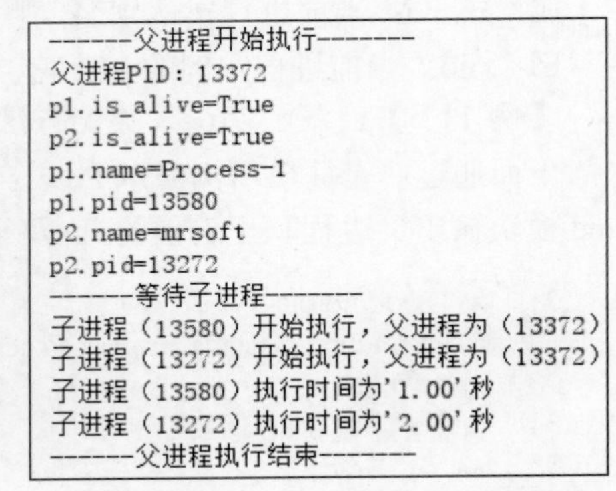
```
-------父进程开始执行--------
父进程PID：13372
p1.is_alive=True
p2.is_alive=True
p1.name=Process-1
p1.pid=13580
p2.name=mrsoft
p2.pid=13272
------等待子进程-------
子进程（13580）开始执行，父进程为（13372）
子进程（13272）开始执行，父进程为（13372）
子进程（13580）执行时间为'1.00'秒
子进程（13272）执行时间为'2.00'秒
------父进程执行结束-------
```

图 11.12　创建两个子进程

注意

读者运行时进程的 PID 值会与图 11.12 不同。

11.5.2　使用 Process 子类创建进程

对于一些简单的小任务，通常使用 Process(target=test)方式实现多进程。但是如果要处理复杂任务的进程，那么通常定义一个类，使其继承 Process 类，每次实例化这个类时，就等同于实例化一个进程对象。下面，通过一个示例来学习如何通过使用 Process 子类创建多个进程。

【例 11.7】　使用 Process 子类创建多个进程。（**实例位置：资源包\Code\11\07**）

使用 Process 子类方式创建两个子进程，分别输出父、子进程的 PID，以及每个子进程的状态和运行时间，代码如下：

```
01  # -*- coding:utf-8 -*-
02  from multiprocessing import Process
03  import time
04  import os
05
06  # 继承 Process 类
07  class SubProcess(Process):
08      # 由于 Process 类本身也有__init__初识化方法，这个子类相当于重写了父类的这个方法
09      def __init__(self,interval,name=''):
10          Process.__init__(self)                              # 调用 Process 父类的初始化方法
```

```
11            self.interval = interval                              # 接收参数 interval
12            if name:                                              # 判断传递的参数 name 是否存在
13                self.name = name   # 如果传递参数 name，则为子进程创建 name 属性，否则使用默认属性
14        # 重写了 Process 类的 run()方法
15        def run(self):
16            print("子进程(%s) 开始执行，父进程为（%s）"%(os.getpid(),os.getppid()))
17            t_start = time.time()
18            time.sleep(self.interval)
19            t_stop = time.time()
20            print("子进程(%s)执行结束，耗时%0.2f 秒"%(os.getpid(),t_stop-t_start))
21
22    if __name__=="__main__":
23        print("------父进程开始执行-------")
24        print("父进程 PID：%s" % os.getpid())                   # 输出当前程序的 ID
25        p1 = SubProcess(interval=1,name='mrsoft')
26        p2 = SubProcess(interval=2)
27        # 对一个不包含 target 属性的 Process 类执行 start()方法，就会运行这个类中的 run()方法，
28        # 所以这里会执行 p1.run()
29        p1.start()                                                # 启动进程 p1
30        p2.start()                                                # 启动进程 p2
31        # 输出 p1 和 p2 进程的执行状态，如果真正进行，则返回 True，否则返回 False
32        print("p1.is_alive=%s"%p1.is_alive())
33        print("p2.is_alive=%s"%p2.is_alive())
34        # 输出 p1 和 p2 进程的别名和 PID
35        print("p1.name=%s"%p1.name)
36        print("p1.pid=%s"%p1.pid)
37        print("p2.name=%s"%p2.name)
38        print("p2.pid=%s"%p2.pid)
39        print("------等待子进程-------")
40        p1.join()                                                 # 等待 p1 进程结束
41        p2.join()                                                 # 等待 p2 进程结束
42        print("------父进程执行结束-------")
```

在上述代码中，定义了一个 SubProcess 子类，继承 multiprocess.Process 父类。SubProcess 子类中定义了两个方法：__init__()初始化方法和 run()方法。在__init()__初识化方法中，调用 multiprocess.Process 父类的__init__()初始化方法，否则父类初始化方法会被覆盖，无法开启进程。此外，在 SubProcess 子类中并没有定义 start()方法，但在主进程中却调用了 start()方法，此时就会自动执行 SubProcess 类的 run()方法。运行结果如图 11.13 所示。

```
------父进程开始执行-------
父进程PID：14240
p1.is_alive=True
p2.is_alive=True
p1.name=mrsoft
p1.pid=12428
p2.name=SubProcess-2
p2.pid=11500
------等待子进程-------
子进程(12428) 开始执行，父进程为（14240）
子进程(11500) 开始执行，父进程为（14240）
子进程(12428)执行结束，耗时1.00秒
子进程(11500)执行结束，耗时2.00秒
------父进程执行结束-------
```

图 11.13　使用 Process 子类创建进程

11.5.3 使用进程池 Pool 创建进程

在 11.5.1 节和 11.5.2 节中，使用 Process 类创建了两个进程。如果要创建几十个或者上百个进程，则需要实例化更多个 Process 类。有没有更好的创建进程的方式解决这类问题呢？答案就是使用 multiprocessing 模块提供的 Pool 类，即 Pool 进程池。

为了更好地理解进程池，可以将进程池比作水池，如图 11.14 所示。我们需要完成放满 10 个水盆的水的任务，而在这个水池中，最多可以安放 3 个水盆接水，也就是同时可以执行 3 个任务，即开启 3 个进程。为更快完成任务，现在打开 3 个水龙头开始放水，当有一个水盆的水接满时，即该进程完成 1 个任务，我们就将这个水盆的水倒入水桶中，然后继续接水，即执行下一个任务。如果 3 个水盆每次同时装满水，那么在放满第 9 盆水后，系统会随机分配 1 个水盆接水，另外 2 个水盆空闲。

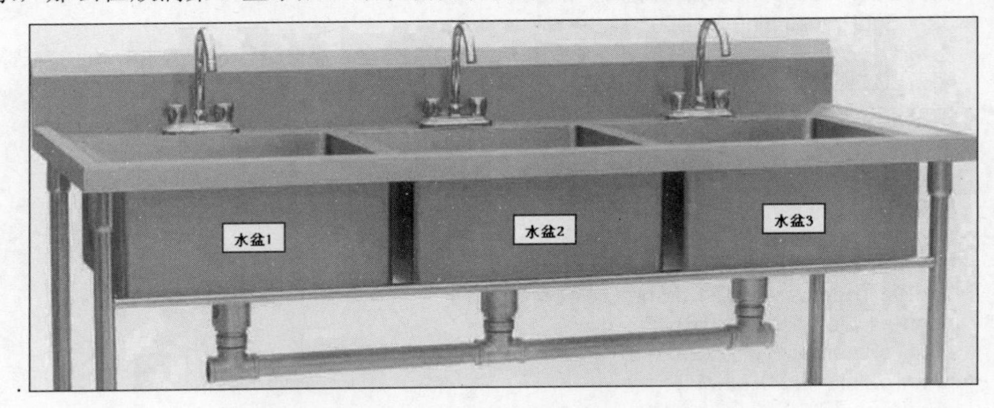

图 11.14　进程池示意图

接下来，先来了解一下 Pool 类的常用方法。常用方法及说明如下。

- ☑ apply_async(func[,args[,kwds]])：使用非阻塞方式调用 func 函数（并行执行，堵塞方式必须等待上一个进程退出才能执行下一个进程），args 为传递给 func 的参数列表，kwds 为传递给 func 的关键字参数列表。
- ☑ apply(func[, args[, kwds]])：使用阻塞方式调用 func 函数。
- ☑ close()：关闭 Pool，使其不再接受新的任务。
- ☑ terminate()：不管任务是否完成，立即终止。
- ☑ join()：主进程阻塞，等待子进程的退出，必须在 close 或 terminate 之后使用。

上面的方法提到 apply_async()使用非阻塞方式调用函数，而 apply()使用阻塞方式调用函数。那么什么是阻塞和非阻塞呢？在图 11.15 中，分别使用阻塞方式和非阻塞方式执行 3 个任务。如果使用阻塞方式，则必须等待上一个进程退出才能执行下一个进程，而使用非阻塞方式，则可以并行执行 3 个进程。

下面通过一个示例演示一下如何使用进程池创建多进程。

【例 11.8】　使用进程池创建多进程。（**实例位置：资源包\Code\11\08**）

这里模拟水池放水的场景，定义一个进程池，设置最大进程数为 3。然后使用非阻塞方式执行 10 个任务，查看每个进程执行的任务。具体代码如下：

```
01  # -*- coding=utf-8 -*-
02  from multiprocessing import Pool
03  import os, time
04
05  def task(name):
06      print('子进程（%s）执行 task %s ...' % ( os.getpid() ,name))
07      time.sleep(1)                                    # 休眠 1 秒
08
09  if __name__=='__main__':
10      print('父进程（%s）.' % os.getpid())
11      p = Pool(3)                                      # 定义一个进程池，最大进程数为 3
12      for i in range(10):                              # 从 0 开始循环 10 次
13          p.apply_async(task, args=(i,))               # 使用非阻塞方式调用 task()函数
14      print('等待所有子进程结束...')
15      p.close()                                        # 关闭进程池，关闭后 p 不再接收新的请求
16      p.join()                                         # 等待子进程结束
17      print('所有子进程结束.')
```

运行结果如图 11.16 所示，从图 11.16 可以看出 PID 为 7216 的子进程执行了 4 个任务，而其余两个子进程分别执行了 3 个任务。

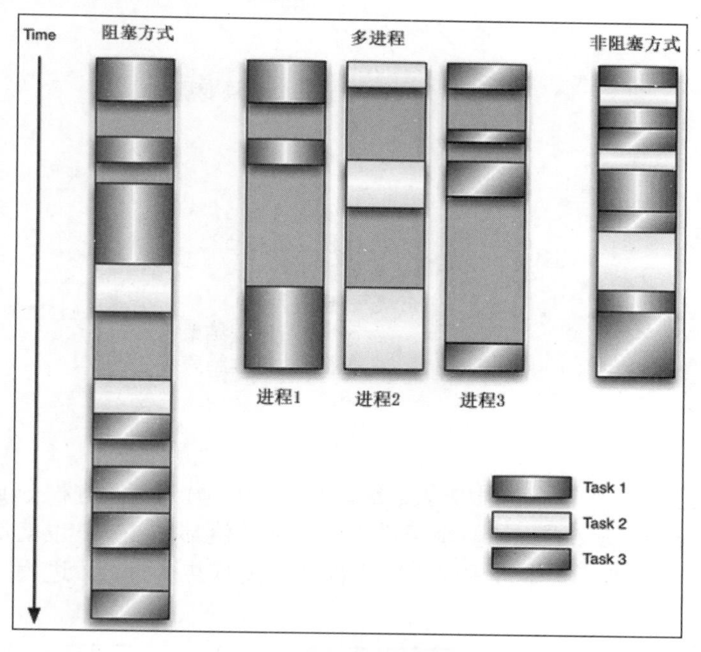

图 11.15 阻塞与非阻塞示例图

父进程（15864）.
等待所有子进程结束...
子进程（7216）执行task 0 ...
子进程（3308）执行task 1 ...
子进程（6164）执行task 2 ...
子进程（7216）执行task 3 ...
子进程（3308）执行task 4 ...
子进程（6164）执行task 5 ...
子进程（7216）执行task 6 ...
子进程（3308）执行task 7 ...
子进程（6164）执行task 8 ...
子进程（7216）执行task 9 ...
所有子进程结束.

图 11.16 使用进程池创建进程

11.6 进程间通信

我们已经学习了如何创建多进程，那么在多进程中，每个进程之间有什么关系呢？其实每个进程都有自己的地址空间、内存、数据栈，以及其他记录其运行状态的辅助数据。下面通过一个例子来验

证进程之间能否直接共享信息。

【例 11.9】 验证进程之间能否直接共享信息。（**实例位置：资源包\Code\11\09**）

定义一个全局变量 g_num，分别创建两个子进程对 g_num 执行不同的操作，并输出操作后的结果。代码如下：

```
01  # -*- coding:utf-8 -*-
02  from multiprocessing import Process
03
04  def plus():
05      print('-------子进程 1 开始------')
06      global g_num
07      g_num += 50
08      print('g_num is %d'%g_num)
09      print('-------子进程 1 结束------')
10
11  def minus():
12      print('-------子进程 2 开始------')
13      global g_num
14      g_num -= 50
15      print('g_num is %d'%g_num)
16      print('-------子进程 2 结束------')
17
18  g_num = 100                                    # 定义一个全局变量
19  if __name__ == '__main__':
20      print('-------主进程开始------')
21      print('g_num is %d'%g_num)
22      p1 = Process(target=plus)                  # 实例化进程 p1
23      p2 = Process(target=minus)                 # 实例化进程 p2
24      p1.start()                                 # 开启进程 p1
25      p2.start()                                 # 开启进程 p2
26      p1.join()                                  # 等待 p1 进程结束
27      p2.join()                                  # 等待 p2 进程结束
28      print('-------主进程结束------')
```

运行结果如图 11.17 所示。

在上述代码中，分别创建了两个子进程，一个子进程中令 g_num 加上 50，另一个子进程令 g_num 减去 50。但是从运行结果可以看出，g_num 在父进程和两个子进程中的初始值都是 100。也就是全局变量 g_num 在一个进程中的结果，没有传递到下一个进程中，即进程之间没有共享信息。进程间通信示意图如图 11.18 所示。

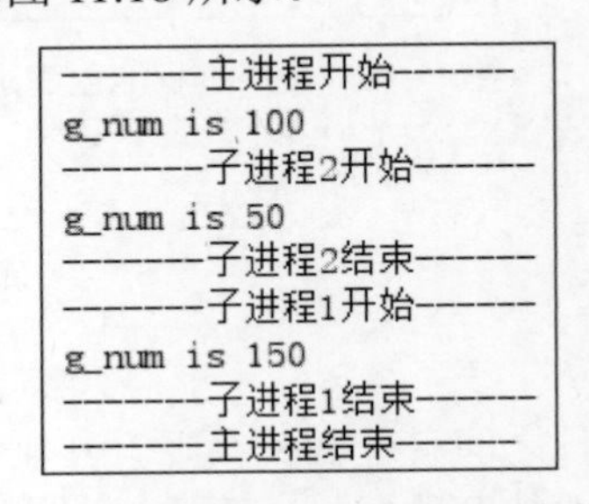

图 11.17 检验进程之间是否共享信息

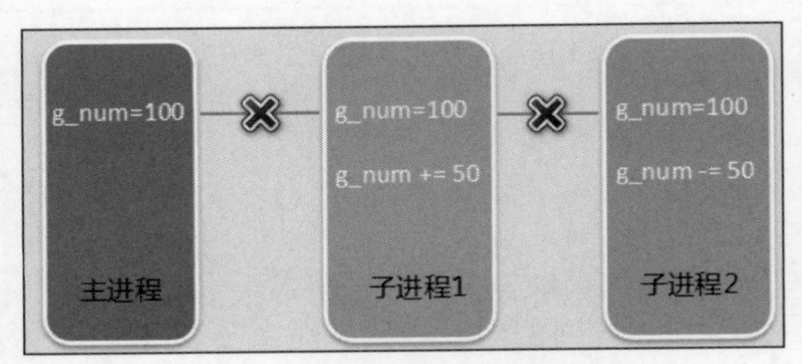

图 11.18 进行间通信示意图

要如何才能实现进程间的通信呢？Python 的 multiprocessing 模块包装了底层的机制，提供了 Queue（队列）、Pipes（管道）等多种方式来交换数据。本节将讲解通过队列（Queue）来实现进程间的通信。

11.6.1　队列简介

队列（Queue）就是模仿现实中的排队。例如学生在食堂排队买饭。新来的学生排到队伍最后，最前面的学生买完饭走开，后面的学生跟上。可以看出队列有以下两个特点。

☑　新来的都排在队尾。

☑　最前面的完成后离队，后面一个跟上。

根据以上特点，可以归纳出队列的结构如图 11.19 所示

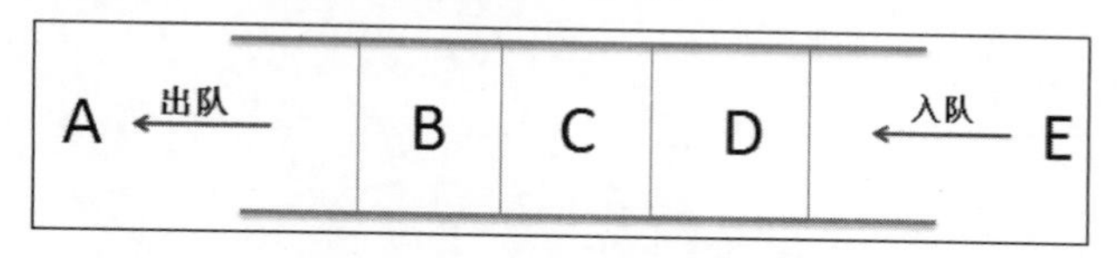

图 11.19　队列结构示意图

11.6.2　多进程队列的使用

进程之间有时需要通信，操作系统提供了很多机制来实现进程间的通信。可以使用 multiprocessing 模块的 Queue 实现多进程之间的数据传递。Queue 本身是一个消息队列程序，下面介绍一下 Queue 的使用。

初始化 Queue()对象时（如 q=Queue(num)），若括号中没有指定最大可接收的消息数量，或数量为负值，那么就代表可接受的消息数量没有上限（直到内存的尽头）。

Queue 的常用方法如下。

☑　Queue.qsize()：返回当前队列包含的消息数量。

☑　Queue.empty()：如果队列为空，则返回 True，反之返回 False 。

☑　Queue.full()：如果队列满了，则返回 True，反之返回 False。

☑　Queue.get([block[, timeout]])：获取队列中的一条消息，然后将其从队列中移除，block 默认值为 True。

  ➢　如果 block 使用默认值，且没有设置 timeout（单位秒），消息队列为空，此时程序将被阻塞（停在读取状态），直到从消息队列读到消息为止，如果设置了 timeout，则会等待 timeout 秒，若还没读取到任何消息，则抛出"Queue.Empty"异常。

  ➢　如果 block 值为 False，消息队列为空，则会立刻抛出"Queue.Empty"异常。

☑　Queue.get_nowait()：相当于 Queue.get(False)。

☑　Queue.put(item,[block[, timeout]])：将 item 消息写入队列，block 默认值为 True。

  ➢　如果 block 使用默认值，且没有设置 timeout（单位秒），消息队列如果已经没有空间可写入，此时程序将被阻塞（停在写入状态），直到从消息队列腾出空间为止，如果设置了 timeout，则会等待 timeout 秒，若还是没有空间，则抛出"Queue.Full"异常。

➢ 如果 block 值为 False，消息队列没有空间可写入，则会立刻抛出"Queue.Full"异常。

➢ Queue.put_nowait(item)：相当于 Queue.put(item, False)。

【例 11.10】 多进程队列的使用。（**实例位置：资源包\Code\11\10**）

下面通过一个例子来学习如何使用 processing.Queue。代码如下：

```
01  #coding=utf-8
02  from multiprocessing import Queue
03
04  if __name__ == '__main__':
05      q=Queue(3)                                  # 初始化一个 Queue 对象，最多可接收 3 条 put 消息
06      q.put("消息 1")
07      q.put("消息 2")
08      print(q.full())                             # 返回 False
09      q.put("消息 3")
10      print(q.full())                             # 返回 True
11
12      # 因为消息队列已满，下面的 try 都会抛出异常，
13      # 第一个 try 会等待 2 秒后再抛出异常，第二个 try 会立刻抛出异常
14      try:
15          q.put("消息 4",True,2)
16      except:
17          print("消息队列已满，现有消息数量:%s"%q.qsize())
18
19      try:
20          q.put_nowait("消息 4")
21      except:
22          print("消息队列已满，现有消息数量:%s"%q.qsize())
23
24      # 读取消息时，先判断消息队列是否为空，再读取
25      if not q.empty():
26          print('----从队列中获取消息---')
27          for i in range(q.qsize()):
28              print(q.get_nowait())
29      # 先判断消息队列是否已满，再写入
30      if not q.full():
31          q.put_nowait("消息 4")
```

运行结果如图 11.20 所示。

```
False
True
消息队列已满，现有消息数量:3
消息队列已满，现有消息数量:3
----从队列中获取消息---
消息1
消息2
消息3
```

图 11.20 Queue 的写入和读取

11.6.3　使用队列在进程间通信

我们知道使用 multiprocessing.Process 可以创建多进程，使用 multiprocessing.Queue 可以实现队列的操作。接下来，通过一个示例结合 Procss 和 Queue 实现进程间的通信。

【例 11.11】　使用队列在进程间通信。（**实例位置：资源包\Code\11\11**）

创建两个子进程，一个子进程负责向队列中写入数据，另一个子进程负责从队列中读取数据。为保证能够正确从队列中读取数据，设置读取数据的进程等待时间为 2 秒。如果 2 秒后仍然无法读取数据，则抛出异常。代码如下：

```
01  # -*- coding: utf-8 -*-
02  from multiprocessing import Process, Queue
03  import  time
04
05  # 向队列中写入数据
06  def write_task(q):
07      if not q.full():
08          for i in range(5):
09              message = "消息" + str(i)
10              q.put(message)
11              print("写入:%s"%message)
12  # 从队列读取数据
13  def read_task(q):
14      time.sleep(1)                                      # 休眠 1 秒
15      while not q.empty():
16          print("读取:%s" % q.get(True,2))# 等待 2 秒，如果还没读取到任何消息，则抛出"Queue.Empty"异常
17
18  if __name__ == "__main__":
19      print("-----父进程开始-----")
20      q = Queue()                                        # 父进程创建 Queue，并传给各个子进程
21      pw = Process(target=write_task, args=(q,))         # 实例化写入队列的子进程，并且传递队列
22      pr = Process(target=read_task, args=(q,))          # 实例化读取队列的子进程，并且传递队列
23      pw.start()                                         # 启动子进程 pw，写入
24      pr.start()                                         # 启动子进程 pr，读取
25      pw.join()                                          # 等待 pw 结束
26      pr.join()                                          # 等待 pr 结束
27      print("-----父进程结束-----")
```

运行结果如图 11.21 所示。

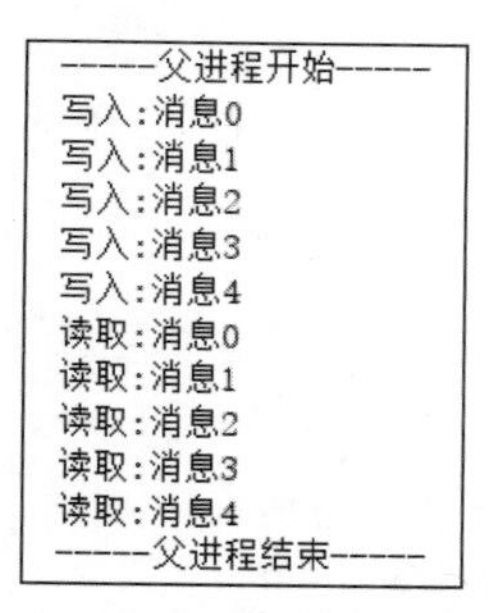

图 11.21　使用队列在进程间通信

11.7　多进程爬虫

尽管多线程是可以实现并发执行程序的，但是多个线程之间是只能共享当前进程的内存，所以线程所申请到的资源是有限的。要想更好地发挥爬虫的并发执行，可以考虑使用 multiprocessing 模块和 Pool 进程池实现一个多进程爬虫，这样可以更好地确保提高爬虫工作效率。下面以爬取某网站电影信息与下载地址为例，实现多进程爬虫，具体步骤如下。

【例 11.12】　多进程爬虫。(**实例位置：资源包\Code\11\12**)

1. 分析请求地址

(1) 打开电影网站的主页地址（https://www.ygdy8.net/html/gndy/dyzz/index.html），然后在当前网页的最下面切换下一页，对比两个主页地址的翻页规律，如图 11.22 与图 11.23 所示。

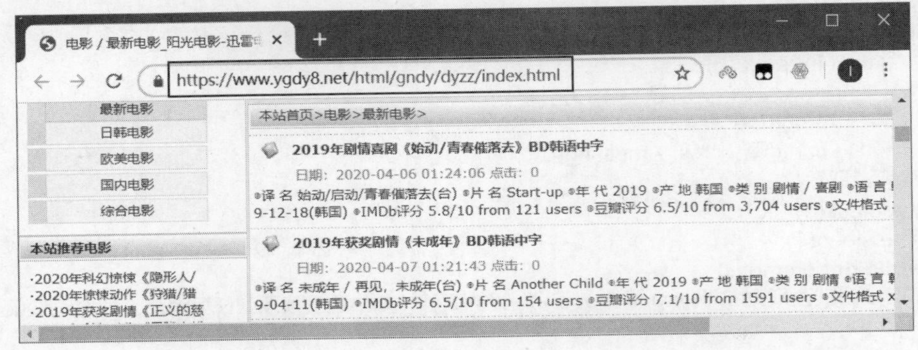

图 11.22　主页 1 地址

图 11.23　主页 2 地址

说明

根据以上方式将主页切换至第 3 页，此时可以确定主页地址翻页规律如下：

```
https://www.ygdy8.net/html/gndy/dyzz/index.html            # 主页 1 地址
https://www.ygdy8.net/html/gndy/dyzz/list_23_2.html        # 主页 2 地址
https://www.ygdy8.net/html/gndy/dyzz/list_23_3.html        # 主页 3 地址
```

（2）将主页 1 地址修改为 https://www.ygdy8.net/html/gndy/dyzz/list_23_1.html，测试主页 1 是否正常显示与图 11.22 相同的内容，如果网页内容相同，即可通过切换网页地址后面的 list_23_1（页码数字）实现主页的翻页功能。

（3）在任何一个主页中，按 F12 键打开浏览器“开发者工具”，然后选择 Elementts 选项，接着单击左上角按钮，再选择主页中电影的标题，获取电影详情页的网络地址，如图 11.24 所示。

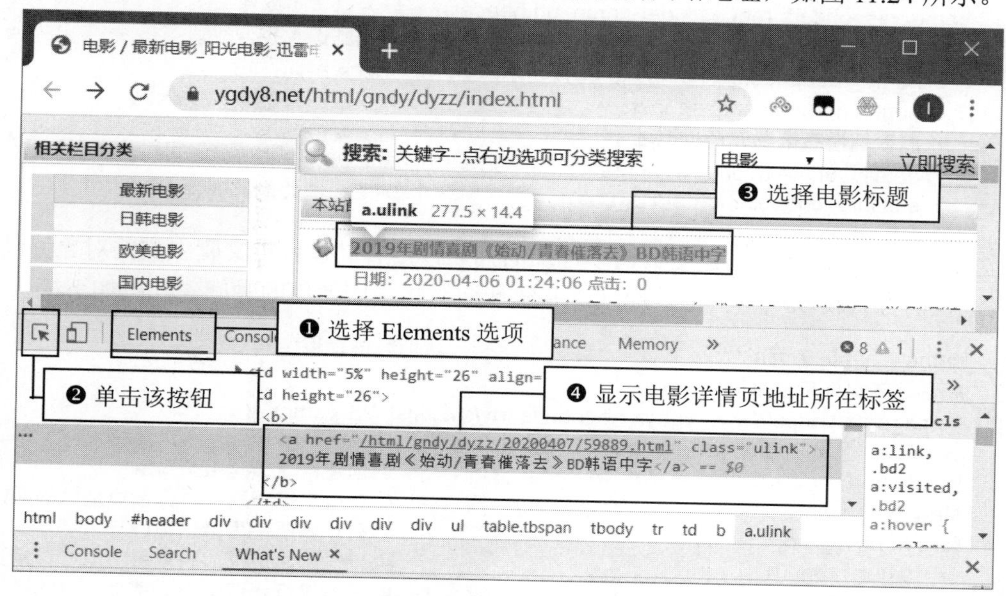

图 11.24　获取电影详情页的网络地址

2. 爬取电影详情页地址

在步骤 1 中已经分析出电影网站中主页地址翻页的规律，然后找到了电影详情页的网络地址，接下来需要实现爬取电影详情页的地址，具体步骤如下。

（1）创建 pool_spider.py 文件，然后在该文件中首先导入当前爬虫所需要的所有模块，代码如下：

```
01  import requests                              # 导入网络请求模块
02  from fake_useragent import UserAgent         # 导入请求头模块
03  from multiprocessing import Pool             # 导入进程池
04  import re                                    # 导入正则表达式
05  from bs4 import BeautifulSoup                # 导入解析 HTML 代码
06  import time                                  # 导入时间模块
07  import pandas as pd                          # 导入 pandas 模块
```

（2）创建 Spider 类，在该类中首先通过 init()方法分别初始化保存电影详情页请求地址的列表与保存最终数据的临时表格。代码如下：

```
01  class Spider():
02      def __init__(self):
03          self.info_urls = []                  # 所有电影详情页的请求地址
04          # 创建 DataFrame 临时表格
05          self.df = pd.DataFrame(columns=('name', 'date', 'imdb', 'douban', 'length', 'download_url'))
```

（3）创建 get_home()方法，在该方法中首先创建随机请求头，然后发送网络请求，当请求成功后爬取电影详情页的网络地址，最后将爬取的网络地址添加至对应的列表中。代码如下：

```
01  # 获取首页信息
02  def get_home(self,home_url):
03      header = UserAgent().random                          # 创建随机请求头
04      home_response = requests.get(home_url,header)        # 发送首页网络请求
05      if home_response.status_code ==200:                  # 判断请求是否成功
06          home_response.encoding='gb2312'                  # 设置编码方式
07          html = home_response.text                        # 获取返回的 HTML 代码
08          # 获取所有电影详情页地址
09          details_urls = re.findall('<a href="(.*?)" class="ulink">',html)
10          self.info_urls.extend(details_urls)              # 添加请求地址列表
```

（4）创建程序入口，然后创建主页请求地址的列表，接着创建自定义爬虫类的对象，最后分别通过串行和多进程的方式爬取电影详情页地址，并统计两组爬虫所使用的时间。代码如下：

```
01  if __name__ == '__main__':                                # 创建程序入口
02      # 创建主页请求地址的列表
03      home_url = ['https://www.ygdy8.net/html/gndy/dyzz/list_23_{}.html'
04                  .format(str(i))for i in range(1,11)]
05      s = Spider()                                          # 创建自定义爬虫类对象
06      start_time = time.time()                              # 记录串行爬取电影详情页地址的起始时间
07      for i in home_url:                                    # 循环遍历主页请求地址
08          s.get_home(i)                                     # 发送网络请求，获取每个电影详情页地址
09      end_time = time.time()                                # 记录串行爬取电影详情页地址的结束时间
10      print('串行爬取电影详情页地址耗时：',end_time-start_time)
11
12      start_time_4 = time.time()                            # 记录 4 进程爬取电影详情页地址的起始时间
13      pool = Pool(processes=4)                              # 创建 4 进程对象
14      pool.map(s.get_home,home_url)                         # 通过进程获取每个电影详情页地址
15      end_time_4 = time.time()                              # 记录 4 进程爬取电影详情页地址的结束时间
16      print('4 进程爬取电影详情页地址耗时：', end_time_4 - start_time_4)
```

程序运行结果如下：

```
串行爬取电影详情页地址耗时：12.16099762916565
4 进程爬取电影详情页地址耗时：4.924025297164917
```

注意

根据个人电脑配置不同，以上的程序运行结果也会有所不同。

3．爬取电影信息与下载地址

完成了以上的准备工作，接下来需要实现电影信息与下载地址的爬取，不过在爬取这些信息时同样需要通过浏览器“开发者工具”，获取电影信息与下载地址所在的 HTML 标签。电影信息所在的 HTML 标签如图 11.25 所示。

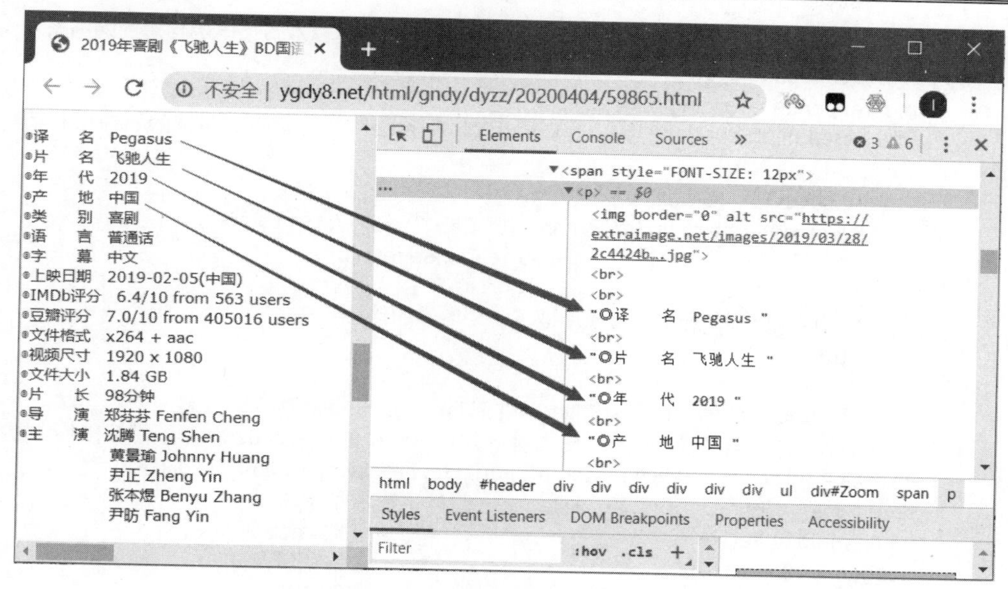

图 11.25　电影信息所在的 HTML 标签

通过电影详情页面右侧的滚动条，将网页拉到底部，然后通过浏览器“开发者工具”找到电影下载地址所在的 HTML 标签，如图 11.26 所示。

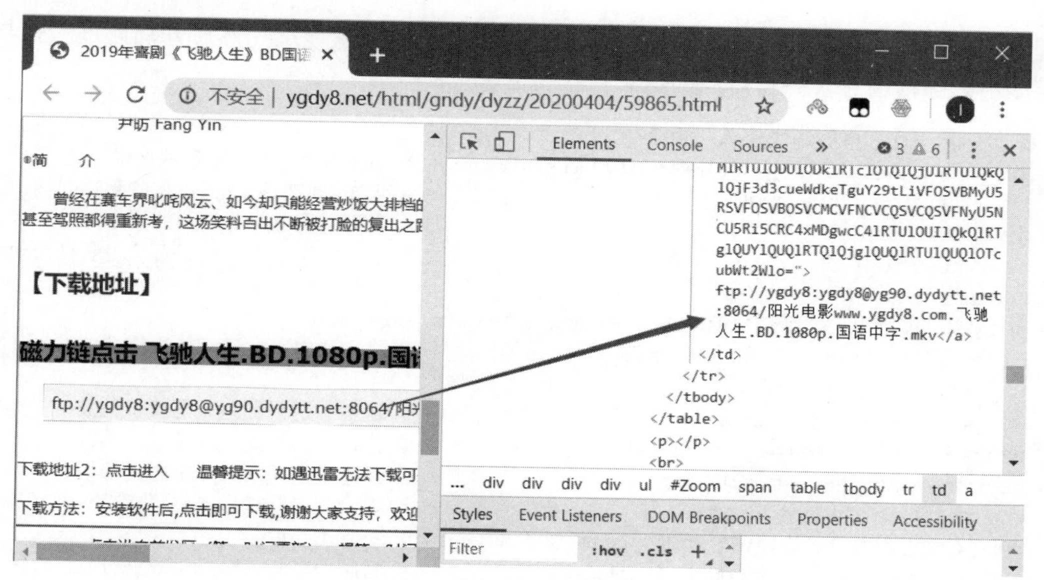

图 11.26　电影下载地址所在的 HTML 标签

确定需要爬取内容所在 HTML 标签的位置，接下来就需要编写爬取信息的代码，首先在 Spider 类中创建 get_info()方法，在该方法中先通过随机请求头发送电影详情页的网络请求，接着在解析后的 HTML 代码中获取需要的电影信息并将每行信息添加至临时表格中。代码如下：

```
01  def get_info(self,url):
02      header = UserAgent().random                          # 创建随机请求头
```

```
03          info_response = requests.get(url,header)                  # 发送获取每条电影信息的网络请求
04          if info_response.status_code ==200:                       # 判断请求是否成功
05              info_response.encoding = 'gb2312'
06              html = BeautifulSoup(info_response.text,"html.parser")      # 获取返回的 HTML 代码
07              try:
08                  # 获取迅雷下载地址
09                  download_url = re.findall('<a href=".*?">(.*?)</a></td>',
10                                                          info_response.text)[0]
11              except:
12                  # 出现异常不再爬取，直接爬取下一个电影的信息
13                  return
14
15              name = html.select('div[class="title_all"]')[0].text  # 获取电影名称
16              # 将电影的详细信息进行处理，先去除所有 HTML 中的空格（\u3000），然后用◎将数据进行分割
17              info_all = (html.select('div[id="Zoom"]')[0]).p.text.replace('\u3000','').split('◎')
18              date = info_all[8]                                       # 获取上映时间
19              imdb = info_all[9]                                       # 获取 imdb 评分
20              douban = info_all[10]                                    # 获取豆瓣评分
21              length = info_all[14]                                    # 获取片长
22              # 将数据信息添加至 DataFrame 临时表格中
23              self.df.loc[len(self.df)+1] = {'name': name, 'date': date, 'imdb': imdb,
24                                      'douban': douban, 'length': length,'download_url': download_url}
```

在程序入口处添加代码，首先需要组合每个电影详情页的请求地址，然后分别通过串行与多进程的方式爬取电影详情信息，并将对应的信息保存在 Excel 表格中。代码如下：

```
01  # 以下用于爬取电影详情信息，并保存
02  info_urls = ['http://www.ygdy8.net' + i for i in s.info_urls]  # 组合每个电影详情页的请求地址
03  info_start_time = time.time()                                  # 记录爬取电影详情信息的起始时间
04  for i in info_urls:                                            # 循环遍历电影详情页的请求地址
05      s.get_info(i)                                              # 发送网络请求，获取每个电影详情信息
06  info_end_time = time.time()                                    # 记录串行结束时间
07  print('串行爬取电影详情信息耗时：', info_end_time - info_start_time)
08  s.df.to_excel('movie_information.xlsx')                        # 将爬取电影的详细信息保存在 Excel 文件中
09
10  info_start_time_4 = time.time()                                # 记录 4 进程爬取电影详情信息的起始时间
11  pool = Pool(processes=4)                                       # 创建 4 进程对象
12  pool.map(s.get_info, info_urls)                                # 通过进程获取每个电影详情信息
13  info_end_time_4 = time.time()                                  # 记录 4 进程爬取电影详情信息的结束时间
14  print('4 进程爬取电影详情信息耗时：', info_end_time_4 - info_start_time_4)
15  s.df.to_excel('movie_information_4pool.xlsx')                  # 将爬取电影的详细信息保存在 Excel 文件中
```

程序运行后，在控制台中将显示如图 11.27 所示的信息，当前项目文件夹中将自动生成两个 Excel 文件（一个为串行爬取的电影信息，另一个为多进程爬取的电影信息），文件内容如图 11.28 所示。

```
串行爬取电影详情页地址耗时： 10.292543411254883
4进程爬取电影详情页地址耗时：4.76200008392334
串行爬取电影详情信息耗时： 248.38574147224426
4进程爬取电影详情信息耗时：55.632826805114746
```

图 11.27　耗时信息

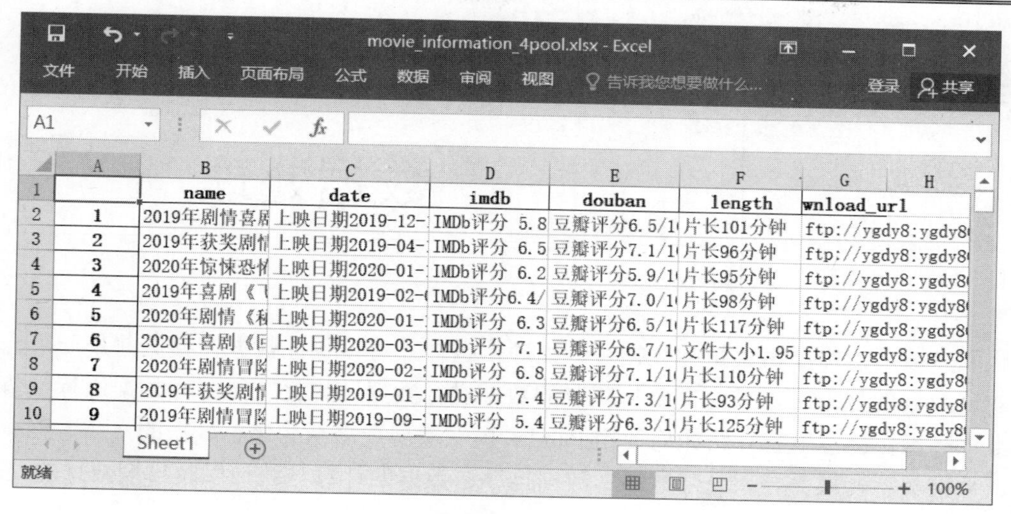

	A	B	C	D	E	F	G	H
1		name	date	imdb	douban	length	wnload_url	
2	1	2019年剧情喜剧	上映日期2019-12-	IMDb评分 5.8	豆瓣评分6.5/1	片长101分钟	ftp://ygdy8:ygdy8	
3	2	2019年获奖剧情	上映日期2019-04-	IMDb评分 6.5	豆瓣评分7.1/1	片长96分钟	ftp://ygdy8:ygdy8	
4	3	2020年惊悚恐怖	上映日期2020-01-	IMDb评分 6.2	豆瓣评分5.9/1	片长95分钟	ftp://ygdy8:ygdy8	
5	4	2019年喜剧《	上映日期2019-02-	IMDb评分6.4/	豆瓣评分7.0/1	片长98分钟	ftp://ygdy8:ygdy8	
6	5	2020年剧情《	上映日期2020-01-	IMDb评分 6.3	豆瓣评分6.5/1	片长117分钟	ftp://ygdy8:ygdy8	
7	6	2020年喜剧《	上映日期2020-03-	IMDb评分 7.1	豆瓣评分6.7/1	文件大小1.95	ftp://ygdy8:ygdy8	
8	7	2020年剧情冒险	上映日期2020-02-	IMDb评分 6.8	豆瓣评分7.1/1	片长110分钟	ftp://ygdy8:ygdy8	
9	8	2019年获奖剧情	上映日期2019-01-	IMDb评分 7.4	豆瓣评分7.3/1	片长93分钟	ftp://ygdy8:ygdy8	
10	9	2019年剧情冒险	上映日期2019-09-	IMDb评分 5.4	豆瓣评分6.3/1	片长125分钟	ftp://ygdy8:ygdy8	

图 11.28 爬取后的文件内容

11.8 小 结

本章主要介绍如何使用多线程与多进程提高程序的运行效率，如果想要提高爬虫的工作效率，建议使用多进程爬虫。虽然多线程可以实现并发执行程序，但是多个线程之间只能共享当前进程的内存，所以线程所申请到的资源是有限的。而进程池不仅可以同时执行多个任务，当一个任务执行完成后会自动执行下一个任务，并且系统会随机分配剩余任务。

第 12 章

数据处理

数据爬取完成后，需要将大量的数据进行处理，这样才可以保证数据在存储前是一个合理有效的数据。在实现数据的处理时，首先需要将爬取的数据进行数据结构化，然后对数据进行空值筛选以及删除重复数据等操作。本章将介绍如何使用 Pandas 模块实现数据结构化、数据的（增、删、改、查）、数据清洗、数据类型转换、导入外部数据、数据排序、数据的计算与统计以及日期数据的处理。

12.1 初识 Pandas

在实现数据处理时，可以使用 Pandas 来实现。Pandas 是一个开源的并且通过 BSD 许可的库，主要为 Python 语言提供了高性能、易于使用的数据结构和数据分析工具，Pandas 还提供了多种数据操作以及数据处理的方法。

Pandas 能够处理以下类型的数据。

☑ 与 SQL 或 Excel 表类似的数据。

☑ 有序和无序（非固定频率）的时间序列数据。

☑ 带行列标签的矩阵数据。

☑ 任意其他形式的观测、统计数据集。

Pandas 提供的两个主要数据结构 Series（一维数组结构）与 DataFrame（二维数组结构），可以处理金融、统计、社会科学、工程等领域里的大多数典型案例，并且 Pandas 是基于 NumPy 开发的，可以与其他第三方科学计算库完美集成。

Pandas 的功能很多，它的优势如下。

☑ 处理浮点与非浮点数据里的缺失数据，表示为 NaN。

☑ 大小可变，例如插入或删除 DataFrame 等多维对象的列。

☑ 自动、显式数据对齐，显式地将对象与一组标签对齐，也可以忽略标签，在 Series、DataFrame 计算时自动与数据对齐。

☑ 强大、灵活的分组统计（groupby）功能，即数据聚合、数据转换。

☑ 把 Python 和 NumPy 数据结构里不规则、不同索引的数据轻松地转换为 DataFrame 对象。

☑ 智能标签，对大型数据集进行切片、花式索引、子集分解等操作。

☑ 直观地合并（merge）、连接（join）数据集。

☑ 灵活地重塑（reshape）、透视（pivot）数据集。

☑　成熟的导入导出工具，导入文本文件（CSV 等支持分隔符的文件）、Excel 文件、数据库等来源的数据，导出 Excel 文件、文本文件等，利用超快的 HDF5 格式保存或加载数据。

☑　时间序列：支持日期范围生成、频率转换、移动窗口统计、移动窗口线性回归、日期位移等时间序列功能。

12.2　Series 对象

Series 和 DataFrame 是 Pandas 库中两个重要的对象，也是 Pandas 中两个重要的数据结构，如图 12.1 所示。

维数	名称	描述
1	Series	带标签的一维同构数组
2	DataFrame	带标签的，大小可变的，二维异构表格

图 12.1　Pandas 两个重要的数据结构

12.2.1　图解 Series 对象

Series 是 Python 中 Pandas 库中的一种数据结构，它类似一维数组，由一组数据及与这组数据相关的标签（即索引）组成，或者仅有一组数据没有索引，也可以创建一个简单的 Series。Series 可以存储整数、浮点数、字符串、Python 对象等多种类型的数据。

例如，如图 12.2 所示，在成绩表中包含了 Series 对象和 DataFrame 对象，其中“语文”“数学”“英语”每一列都是一个 Series 对象，而“语文”“数学”“英语”3 列组成了一个 DataFrame 对象，如图 12.3 所示。

	语文	数学	英语
0	110	105	99
1	105	88	115
2	109	120	130

图 12.2　原始数据（成绩表）

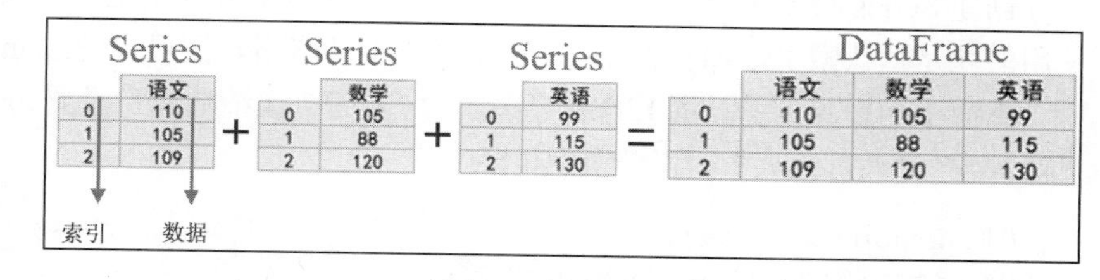

图 12.3　图解 Series

12.2.2　创建一个 Series 对象

创建 Series 对象主要使用 Pandas 的 Series 方法，语法格式如下：

```
s=pd.Series(data,index=index)
```

参数说明如下。

☑　data：表示数据，支持 Python 字典、多维数组、标量值（即只有大小，没有方向的量。也就是说，只是一个数值。如 s=pd.Series(5))。

☑ index：表示行标签（索引）。

☑ 返回值：Series 对象。

说明

当 data 参数是多维数组时，index 长度必须与 data 长度一致。如果没有指定 index 参数，则自动创建数值型索引（从 0～data 数据长度－1）。

创建一个 Series 对象，为成绩表添加一列“物理”成绩。程序代码如下：

```
01  import pandas as pd
02  s1=pd.Series([88,60,75])
03  print(s1)
```

运行程序，输出结果如下：

```
0    88
1    60
2    75
```

上述举例，如果通过 Pandas 模块引入 Series 对象，那么就可以直接在程序中使用 Series 对象了。关键代码如下：

```
01  from pandas import Series
02  s1=Series([88,60,75])
```

12.2.3 手动设置 Series 索引

创建 Series 对象时会自动生成整数索引，默认值从 0 开始至数据长度减 1。例如，12.2.2 节举例中使用的就是默认索引，如 0、1、2。除了使用默认索引，还可以通过 index 参数手动设置索引。

下面手动设置索引，将 12.2.2 节添加的“物理”成绩的索引设置为 1、2、3，也可以是“明日同学”“高同学”“七月流火”。程序代码如下：

```
01  import pandas as pd
02  s1=pd.Series([88,60,75],index=[1,2,3])
03  s2=pd.Series([88,60,75],index=['明日同学','高同学','七月流火'])
04  print(s1)
05  print(s2)
```

运行程序，输出结果如下：

```
1    88
2    60
3    75
dtype: int64
明日同学    88
```

```
高同学     60
七月流火    75
dtype: int64
```

说明

上述结果中输出的 dtype，是 DataFrame 数据的数据类型，int 为整型，后面的数字表示位数。

12.2.4　Series 的索引

1．Series 的位置索引

位置索引是从 0 开始数，[0]是 Series 第一个数，[1]是 series 第二个数，依次类推。

获取第一个学生的物理成绩。程序代码如下：

```
01  import pandas as pd
02  s1=pd.Series([88,60,75])
03  print(s1[0])
```

运行程序，输出结果如下：

```
88
```

注意

Series 不能使用[－1]定位索引。

2．Series 的标签索引

Series 的标签索引与位置索引方法类似，用[ ]表示，里面是索引名称，注意 index 的数据类型是字符串，如果需要获取多个标签索引值，则用[[ ]]表示（相当于[ ]中包含一个列表）。

通过标签索引“明日同学”和“七月流火”获取物理成绩，程序代码如下：

```
01  import pandas as pd
02  s1=pd.Series([88,60,75],index=['明日同学','高同学','七月流火'])
03  print(s1['明日同学'])                        # 通过一个标签索引获取索引值
04  print(s1[['明日同学','七月流火']])            # 通过多个标签索引获取索引值
```

运行程序，输出结果如下：

```
88
明日同学     88
七月流火     75
```

3．Series 切片索引

用标签索引做切片，包头包尾（即包含索引开始位置的数据，也包含索引结束位置的数据）。

通过标签切片索引“明日同学”至“七月流火”获取数据。程序代码如下：

```
print(s1['明日同学':'七月流火'])                          # 通过切片获取索引值
```

运行程序，输出结果如下：

```
明日同学      88
高同学        60
七月流火      75
```

用位置索引做切片，和 list 列表用法一样，包头不包尾（即包含索引开始位置的数据，不包含索引结束位置的数据）。

通过位置切片 1 至 4 获取数据，程序代码如下：

```
01    s2=pd.Series([88,60,75,34,68])
02    print(s2[1:4])
```

运行程序，输出结果如下：

```
1      60
2      75
3      34
```

12.2.5　获取 Series 索引和值

获取 Series 索引和值主要使用 Series 的 index 方法和 values 方法。

下面使用 Series 的 index 方法和 values 方法获取物理成绩的索引和值，程序代码如下：

```
01    import pandas as pd
02    s1=pd.Series([88,60,75])
03    print(s1.index)
04    print(s1.values)
```

运行程序，输出结果如下：

```
RangeIndex(start=0, stop=3, step=1)
[88 60 75]
```

12.3　DataFrame 对象

DataFrame 是 Pandas 库中的一种数据结构，它是由多种类型的列组成的二维表数据结构，类似于 Excel、SQL 或 Series 对象构成的字典。DataFrame 是最常用的 Pandas 对象，它与 Series 对象一样支持多种类型的数据。

12.3.1　图解 DataFrame 对象

DataFrame 是一个二维表数据结构，由行列数据组成的表格。DataFrame 既有行索引也有列索引，

它可以看作是由 Series 组成的字典，不过这些 Series 共用一个索引，如图 12.4 所示。

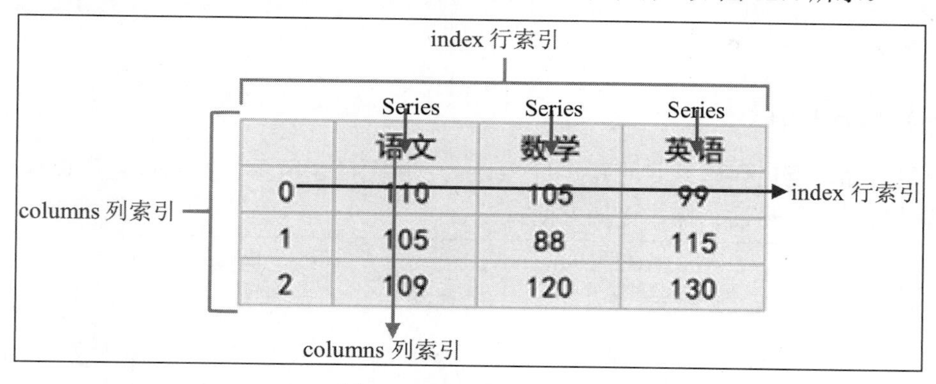

图 12.4　DataFrame 结构

处理 DataFrame 表格数据时，用 index 表示行或用 columns 表示列更直观。用这种方式迭代 DataFrame 的列，代码更易读懂。

【例 12.1】　输出成绩表的每一列数据。（**实例位置：资源包\Code\12\01**）

遍历 DataFrame 数据，输出成绩表的每一列数据，程序代码如下：

```
01  import pandas as pd
02  # 解决数据输出时列名不对齐的问题
03  pd.set_option('display.unicode.east_asian_width', True)
04  data = [[110,105,99],[105,88,115],[109,120,130]]
05  index = [0,1,2]
06  columns = ['语文','数学','英语']
07  # 创建 DataFrame 数据
08  df = pd.DataFrame(data=data, index=index,columns=columns)
09  print(df)
10  # 遍历 DataFrame 数据的每一列
11  for col in df.columns:
12      series = df[col]
13      print(series)
```

运行程序，输出结果如下：

```
   语文  数学  英语
0   110   105    99
1   105    88   115
2   109   120   130
0    110
1    105
2    109
Name: 语文, dtype: int64
0    105
1     88
2    120
```

```
Name: 数学, dtype: int64
0       99
1      115
2      130
Name: 英语, dtype: int64
```

从运行结果得知，上述代码返回的其实是 Series，如图 12.5 所示。Pandas 之所以提供多种数据结构，其目的就是为了代码易读、操作更加方便。

Series

	语文
0	110
1	105
2	109

Series

	数学
0	105
1	88
2	120

Series

	英语
0	99
1	115
2	130

图 12.5　Series 对象

12.3.2　创建一个 DataFrame 对象

创建 DataFrame 对象主要使用 Pandas 的 DataFrame 方法，语法格式如下：

```
pandas.DataFrame(data,index,columns,dtype,copy)
```

参数说明如下。

☑ data：数据，可以是 ndarray 数组、series 对象、列表、字典等。

☑ index：行标签（索引）。

☑ columns：列标签（索引）。

☑ dtype：每一列数据的数据类型，其与 Python 数据类型有所不同，如 object 数据类型对应的是 Python 的字符型。如表 12.1 所示是 Pandas 数据类型与 Python 数据类型的对应。

表 12.1　数据类型对应表

Pandas dtype	Python type
object	str
int64	int
float64	float
bool	bool
datetime64	datetime64[ns]
timedelta[ns]	NA
category	NA

☑ copy：用于复制数据。

☑ 返回值：DataFrame。

下面通过两种方法来创建 DataFrame，即通过二维数组创建和通过字典创建。

1．通过二维数组创建 DataFrame

【例 12.2】 通过二维数组创建 DataFrame。（**实例位置：资源包\Code\12\02**）

通过二维数组创建成绩表，包括语文、数学和英语，程序代码如下：

```
01  import pandas as pd
02  # 解决数据输出时列名不对齐的问题
03  pd.set_option('display.unicode.east_asian_width', True)
04  data = [[110,105,99],[105,88,115],[109,120,130]]
05  columns = ['语文','数学','英语']
06  df = pd.DataFrame(data=data, columns=columns)
07  print(df)
```

运行程序，输出结果如下：

```
   语文  数学  英语
0   110   105    99
1   105    88   115
2   109   120   130
```

2．通过字典创建 DataFrame

【例 12.3】 通过字典创建 DataFrame。（**实例位置：资源包\Code\12\03**）

通过字典创建 DataFrame，需要注意字典中的 value 值只能是一维数组或单个的简单数据类型，如果是数组，则要求所有数组长度一致；如果是单个数据，则每行都添加相同的数据。

通过字典创建成绩表，包括语文、数学、英语和班级，程序代码如下：

```
01  import pandas as pd
02  # 解决数据输出时列名不对齐的问题
03  pd.set_option('display.unicode.east_asian_width', True)
04  df = pd.DataFrame({
05        '语文':[110,105,99],
06        '数学':[105,88,115],
07        '英语':[109,120,130],
08        '班级':'高一 7 班'
09  },index=[0,1,2])
10  print(df)
```

运行程序，输出结果如下：

```
   语文  数学  英语      班级
0   110   105   109  高一 7 班
1   105    88   120  高一 7 班
2    99   115   130  高一 7 班
```

在上述代码中，“班级”的 value 值是一个单个数据，所以每一行都添加了相同的数据“高一 7 班”。

12.3.3 DataFrame 的重要属性和函数

DataFrame 是 Pandas 一个重要的对象，它的属性和函数很多，下面先简单了解 DataFrame 的几个重要属性和函数。重要属性介绍如表 12.2 所示，重要函数介绍如表 12.3 所示。

表 12.2 重要属性

属 性	描 述	举 例
values	查看所有元素的值	df.values
dtypes	查看所有元素的类型	df.dtypes
index	查看所有行名、重命名行名	df.index df.index=[1,2,3]
columns	查看所有列名、重命名列名	df.columns df.columns=['语','数','外']
T	行列数据转换	df.T
head	查看前 *n* 条数据，默认为 5 条	df.head() df.head(10)
tail	查看后 *n* 条数据，默认为 5 条	df.tail() df.tail(10)
shape	查看行数和列数，[0]表示行，[1]表示列	df.shape[0] df.shape[1]
info	查看索引，数据类型和内存信息	df.info

表 12.3 重要函数

函 数	描 述	举 例
describe	查看每列的统计汇总信息，DataFrame 类型	df.describe()
count	返回每一列中的非空值的个数	df.count()
sum	返回每一列的和，无法计算返回空值	df.sum()
max	返回每一列的最大值	df.max()
min	返回每一列的最小值	df.min()
argmax	返回最大值所在的自动索引位置	df.argmax()
argmin	返回最小值所在的自动索引位置	df.argmin()
idxmax	返回最大值所在的自定义索引位置	df.idxmax()
idxmin	返回最小值所在的自定义索引位置	df.idxmin()
mean	返回每一列的平均值	df.mean()
median	返回每一列的中位数（中位数又称中值，是统计学专有名词，是指按顺序排列的一组数据中居于中间位置的数）	df.median()
var	返回每一列的方差（方差用于度量单个随机变量的离散程度（不连续程度））	df.var()
std	返回每一列的标准差（标准差是方差的算术平方根，反映数据集的离散程度）	df.std()
isnull	检查 df 中的空值，空值为 True，否则为 False，返回布尔型数组	df.isnull()
notnull	检查 df 中的非空值，非空值为 True，否则 False，返回布尔型数组	df.notnull()

12.4　数据的增、删、改、查

12.4.1　增加数据

DataFrame 对象增加数据主要包括列数据增加和行数据增加。首先看下原始数据，如图 12.6 所示。

1．按列增加数据

【例 12.4】　按列增加数据。（**实例位置：资源包\Code\12\04**）

按列增加数据，可以通过以下 3 种方式实现。

（1）直接为 DataFrame 对象赋值。增加一列“物理”成绩，程序代码如下：

```
01  import pandas as pd
02  # 解决数据输出时列名不对齐的问题
03  pd.set_option('display.unicode.east_asian_width', True)
04  data = [[110,105,99],[105,88,115],[109,120,130],[112,115,140]]
05  name = ['明日','七月流火','高袁圆','二月二']
06  columns = ['语文','数学','英语']
07  df = pd.DataFrame(data=data, index=name, columns=columns)
08  df['物理']=[88,79,60,50]
09  print(df)
```

运行程序，输出结果如图 12.7 所示。

（2）使用 loc 属性在 DataFrame 对象的最后增加一列。使用 loc 属性在 DataFrame 对象的最后增加一列。例如，增加“物理”一列，关键代码如下：

```
df.loc[:,'物理'] = [88,79,60,50]
```

在 DataFrame 对象的最后增加一列“物理”，其值为等号右边的数据。

（3）在指定位置插入一列，主要使用 insert 方法。例如，在第一列后面插入“物理”，其值为 wl 的数值，关键代码如下：

```
01  wl =[88,79,60,50]
02  df.insert(1,'物理',wl)
03  print(df)
```

运行程序，输出结果如图 12.8 所示。

	语文	数学	英语
明日	110	105	99
七月流火	105	88	115
高袁圆	109	120	130
二月二	112	115	140

图 12.6　原始数据

	语文	数学	英语	物理
明日	110	105	99	88
七月流火	105	88	115	79
高袁圆	109	120	130	60
二月二	112	115	140	50

图 12.7　按列增加数据

	语文	物理	数学	英语
明日	110	88	105	99
七月流火	105	79	88	115
高袁圆	109	60	120	130
二月二	112	50	115	140

图 12.8　使用 insert 方法增加一列

2．按行增加数据

【例 12.5】　按行增加数据。（**实例位置：资源包\Code\12\05**）

按行增加数据，可以通过以下两种方式实现。

（1）增加一行数据，主要使用 loc 属性实现。

在成绩表中增加一行数据，即“钱多多”同学的成绩，关键代码如下：

```
df.loc['钱多多'] = [100,120,99]
```

（2）增加多行数据，主要使用字典结合 append 方法实现。

在原有数据中增加“钱多多”“童年”“无名”同学的考试成绩，关键代码如下：

```
01   df_insert=pd.DataFrame({'语文':[100,123,138],'数学':[99,142,60],'英语':[98,139,99]},index = ['钱多多','童年','无名'])
02   df1 = df.append(df_insert)
```

运行程序，输出结果分别如图 12.9 和图 12.10 所示。

	语文	数学	英语
明日	110	105	99
七月流火	105	88	115
高袁圆	109	120	130
二月二	112	115	140
钱多多	100	120	99

图 12.9　增加一行数据

	语文	数学	英语
明日	110	105	99
七月流火	105	88	115
高袁圆	109	120	130
二月二	112	115	140
钱多多	100	120	99
童年	123	142	139
无名	138	60	99

图 12.10　增加多行数据

12.4.2　删除数据

删除数据主要使用 DataFrame 对象的 drop()方法。语法格式如下：

```
DataFrame.drop(labels=None, axis=0, index=None, columns=None, level=None, inplace=False, errors='raise')
```

参数说明如下。

☑ labels：表示行标签或列标签。

☑ axis：axis = 0，表示按行删除；axis = 1，表示按列删除；默认值为 0。

☑ index：删除行，默认值为 None。

☑ columns：删除列，默认值为 None。

☑ level：针对有两级索引的数据。level = 0，表示按第 1 级索引删除整行；level = 1 表示按第 2 级索引删除整行；默认值为 None。

☑ inplace：可选参数，对原数组做出修改并返回一个新数组。默认值为 False，如果值为 True，那么原数组直接就被替换。

☑ errors：参数值为 ignore 或 raise，默认值为 raise，如果值为 ignore（忽略），则取消错误。

1．删除行列数据

【例 12.6】　删除行列数据。（**实例位置：资源包\Code\12\06**）

删除指定的学生成绩数据，关键代码如下：

```
01  df.drop(['数学'],axis=1,inplace=True)                    # 删除某列
02  df.drop(columns='数学',inplace=True)                     # 删除 columns 为“数学”的列
03  df.drop(labels='数学', axis=1,inplace=True)              # 删除列标签为“数学”的列
04  df.drop(['明日','二月二'],inplace=True)                   # 删除某行
05  df.drop(index='明日',inplace=True)                       # 删除 index 为“明日”的行
06  df.drop(labels='明日', axis=0,inplace=True)              # 删除行标签为“明日”的行
```

以上代码中的方法都可以实现删除指定的行列数据，读者选择一种即可。

2．删除特定条件的行

【例 12.7】　删除特定条件的行。（**实例位置：资源包\Code\12\07**）

删除满足特定条件的行，首先找到满足该条件的行索引，然后再使用 drop 方法将其删除。

删除“数学”中包含 88 的行、“语文”小于 110 的行，关键代码如下：

```
01  df.drop(index=df[df['数学'].isin([88])].index[0],inplace=True)    # 删除“数学”包含 88 的行
02  df.drop(index=df[df['语文']<110].index[0],inplace=True)           # 删除“语文”小于 110 的行
```

注意

如果数据中存在多个符合条件的行时，以上代码只删除第一个符合条件的行数据，而不是所有符合条件的行数据。

12.4.3　修改数据

修改数据包括行列标题和数据的修改，首先看下原始数据，如图 12.11 所示。

【例 12.8】　修改数据。（**实例位置：资源包\Code\12\08**）

1．修改列标题

修改列标题主要使用 DataFrame 对象的 cloumns 属性，直接赋值即可。

将“数学”修改为“数学（上）”，关键代码如下：

```
df.columns=['语文','数学（上）','英语']
```

在上述代码中，即使只修改“数学”为“数学（上）”，也要将所有列的标题全部写上，否则将报错。

下面再介绍一种方法，使用 DataFrame 对象的 rename 方法修改列标题。

将“语文”修改为“语文（上）”、“数学”修改为“数学（上）”、“英语”修改为“英语（上）”，关键代码如下：

```
df.rename(columns = {'语文':'语文（上）','数学':'数学（上）','英语':'英语（上）'},inplace = True)
```

在上述代码中，参数 inplace 为 True，表示直接修改 df，否则，不修改 df，只返回修改后的数据。

运行程序，输出结果分别如图 12.12 和图 12.13 所示。

	语文	数学	英语
明日	110	105	99
七月流火	105	88	115
高袁圆	109	120	130
二月二	112	115	140

图 12.11　原始数据

	语文	数学（上）	英语
明日	110	105	99
七月流火	105	88	115
高袁圆	109	120	130
二月二	112	115	140

图 12.12　修改列标题 1

	语文（上）	数学（上）	英语（上）
明日	110	105	99
七月流火	105	88	115
高袁圆	109	120	130
二月二	112	115	140

图 12.13　修改列标题 2

2．修改行标题

修改行标题主要使用 DataFrame 对象的 index 属性，直接赋值即可。

将行标题统一修改为数字编号，关键代码如下：

```
df.index=list('1234')
```

使用 DataFrame 对象的 rename 方法也可以修改行标题。例如，将行标题统一修改为数字编号，关键代码如下：

```
df.rename({'明日':1,'七月流火':2,'高袁圆':3,'二月二':4},axis=0,inplace = True)
```

3．修改数据

修改数据主要使用 DataFrame 对象的 loc 属性和 iloc 属性。

（1）修改整行数据。例如，修改“明日”同学的各科成绩，关键代码如下：

```
df.loc['明日']=[120,115,109]
```

如果各科成绩均加 10 分，可以直接在原有值上加 10，关键代码如下：

```
df.loc['明日']=df.loc['明日']+10
```

（2）修改整列数据。例如，修改所有同学的“语文”成绩，关键代码如下：

```
df.loc[:,'语文']=[115,108,112,118]
```

（3）修改某一数据。例如，修改“明日”同学的“语文”成绩，关键代码如下：

```
df.loc['明日','语文']=115
```

（4）使用 iloc 属性修改数据。通过 iloc 属性指定行列位置实现修改数据，关键代码如下：

```
01    df.iloc[0,0]=115                      # 修改某一数据
02    df.iloc[:,0]=[115,108,112,118]        # 修改整列数据
03    df.iloc[0,:]=[120,115,109]            # 修改整行数据
```

12.4.4　查询数据

查询数据的列、行及指定数据，首先看下原始数据，如图 12.14 所示。

	语文	数学	英语
明日	110	105	99
七月流火	105	88	115
高袁圆	109	120	130
二月二	112	115	140

图 12.14　原始数据

【例 12.9】　查询数据。（**实例位置：资源包\Code\12\09**）

1．查询列数据

在获取 DataFrame 对象中某一列的数据时，可以通过直接指定列名或者直接调用列名的属性来获取指定列的数据。关键代码如下：

```
01  print('指定列名的数据为：\n',df['语文'])
02  print('指定列名属性的数据为：\n',df.语文)
```

无论使用上面代码中的哪种方式，均可以获取原数据中“语文”列所对应的信息。

2．查询行数据

在获取 DataFrame 对象从第 1 行至第 3 行范围内的数据时，可以通过指定行索引范围的方式来获取数据。行索引从 0 开始，行索引 0 对应的是 DataFrame 对象中的第 1 行数据。关键代码如下：

```
print('获取指定行索引范围的数据：\n',df[0:3])
```

说明

在获取指定行索引范围的示例代码中，0 为起始行索引，3 为结束行索引的位置，所以此次获取的内容并不包含行索引为 3 的数据。

3．查询某个元素

在获取 DataFrame 对象中某一列中的某个元素时，可以通过依次指定列名称、行索引来进行数据的获取。关键代码如下：

```
print('获取指定列中的某个数据：',df['数学'][2])
```

12.5　数据清洗

12.5.1　NaN 数据处理

1．修改元素为 NaN

【例 12.10】　修改元素为 NaN。（**实例位置：资源包\Code\12\10**）

NaN 数据在 numpy 模块中用于表示空缺数据，所以在数据分析中偶尔会需要将数据结构中的某个元素修改为 NaN 值，这时只需要调用 numpy.NaN，为需要修改的元素赋值即可实现修改元素的目的。示例代码如下：

```
01  import pandas                               # 导入 pandas 模块
02  import numpy                                # 导入 numpy 模块
03  data = {'A': [1, 2, 3, 4, 5],
04          'B': [6, 7, 8, 9, 10],
```

```
05              'C':[11,12,13,14,15]}
06    data__frame = pandas.DataFrame(data)                          # 创建 DataFrame 对象
07    data__frame['A'][0] = numpy.nan                    # 将数据中列名为 A 行索引为 0 的元素修改为 NaN
08    print(data__frame)                                             # 打印 DataFrame 对象内容
```

程序运行结果如下：

```
     A   B   C
0  NaN   6  11
1  2.0   7  12
2  3.0   8  13
3  4.0   9  14
4  5.0  10  15
```

2. 统计 NaN 数据

Pandas 提供了两个可以快速识别空缺值的方法，isnull()方法用于判断是否为空缺值，如果是空缺值，那么将返回 True。notnull()方法用于识别非空缺值，该方法在检测出不是空缺值的数据时将返回 True。通过这两个方法与统计函数的方法即可获取数据中空缺值与非空缺值的具体数量。示例代码如下：

```
01    print('每列空缺值数量为：\n',data__frame.isnull().sum())           # 打印数据中空缺值数量
02    print('每列非空缺值数量为：\n',data__frame.notnull().sum())       # 打印数据中非空缺值数量
```

程序运行结果如下：

```
每列空缺值数量为：
A     1
B     0
C     0
dtype: int64
每列非空缺值数量为：
A     4
B     5
C     5
dtype: int64
```

3. 筛选 NaN 元素

在实现数据 NaN 元素的筛选时，可以使用 dropna()函数来实现，例如，将包含 NaN 元素所在的整行数据删除。示例代码如下：

```
01    data__frame.dropna(axis=0,inplace=True)                  # 将包含 NaN 元素所在的整行数据删除
02    print(data__frame)                                       # 打印 DataFrame 对象内容
```

程序运行结果如下：

```
     A   B   C
1  2.0   7  12
2  3.0   8  13
3  4.0   9  14
4  5.0  10  15
```

说明

如果需要将数据中包含 NaN 元素所在的整列数据删除，可以将 axis 参数设置为 1 即可。

dropna()函数提供了一个 how 参数，当将该参数设置为 all 时，dropna()函数将会删除某行或者某列所有元素全部为 NaN 的值。代码如下：

```
01  import pandas as pd                                  # 导入 pandas
02  import numpy                                         # 导入 numpy
03  data = {'A': [1, 2, 3, 4, 5],
04           'B': [6, 7, 8, 9, 10],
05           'C':[11,12,13,14,15]}
06  data__frame = pd.DataFrame(data)                     # 创建 DataFrame 对象
07  data__frame['A'][0] = numpy.nan                      # 将数据中列名为 A 行索引为 0 的元素修改为 NaN
08  data__frame['A'][1] = numpy.nan                      # 将数据中列名为 A 行索引为 1 的元素修改为 NaN
09  data__frame['A'][2] = numpy.nan                      # 将数据中列名为 A 行索引为 2 的元素修改为 NaN
10  data__frame['A'][3] = numpy.nan                      # 将数据中列名为 A 行索引为 3 的元素修改为 NaN
11  data__frame['A'][4] = numpy.nan                      # 将数据中列名为 A 行索引为 4 的元素修改为 NaN
12  data__frame.dropna(how='all',axis=1,inplace=True)    # 删除包含 NaN 元素对应的整行数据
13  print(data__frame)                                   # 打印 DataFrame 对象内容
```

程序运行结果如下：

```
    B   C
0   6  11
1   7  12
2   8  13
3   9  14
4  10  15
```

说明

由于 axis 的默认值为 0 也就是说只对行数据进行删除，而所有元素都为 NaN 的是列，所以在指定 how 参数时还需要指定删除目标为列 axis=1。

4．NaN 元素的替换

【例 12.11】 NaN 元素的替换。（**实例位置：资源包\Code\12\11**）

当处理数据中的 NaN 元素时，为了避免删除数据中比较重要的参考数据。所以可以使用 fillna()函数将数据中的 NaN 元素替换为同一个元素，这样在实现数据分析时，可以清楚地知道哪些元素无用即为 NaN 元素。示例代码如下：

```
01  import pandas as pd                                  # 导入 pandas
02  data = {'A': [1, None, 3, 4, 5],
03           'B': [6, 7, 8, None, 10],
04           'C': [11, 12, None, 14, None]}
05  data__frame = pd.DataFrame(data)                     # 创建 DataFrame 对象
06  data__frame.fillna(0, inplace=True)                  # 将数据中所有 NaN 元素修改为 0
07  print(data__frame)                                   # 打印 DataFrame 对象内容
```

程序运行结果如下：

```
     A     B     C
0  1.0   6.0  11.0
1  0.0   7.0  12.0
2  3.0   8.0   0.0
3  4.0   0.0  14.0
4  5.0  10.0   0.0
```

如果需要将不同列中的 NaN 元素修改为不同的元素值时，可以通过字典的方式对每列依次修改。示例代码如下：

```
01    import pandas as pd                                            # 导入 pandas
02    data = {'A': [1, None, 3, 4, 5],
03            'B': [6, 7, 8, None, 10],
04            'C': [11, 12, None, 14, None]}
05    data__frame = pd.DataFrame(data)                               # 创建 DataFrame 对象
06    print(data__frame)                                             # 打印修改前 DataFrame 对象内容
07    # 将数据中 A 列中 NaN 元素修改为 0，B 列修改为 1，C 列修改为 2
08    data__frame.fillna({'A':0,'B':1,'C':2}, inplace=True)
09    print(data__frame)                                             # 打印修改后 DataFrame 对象内容
```

修改前运行结果如图 12.15 所示，修改后结果如图 12.16 所示。

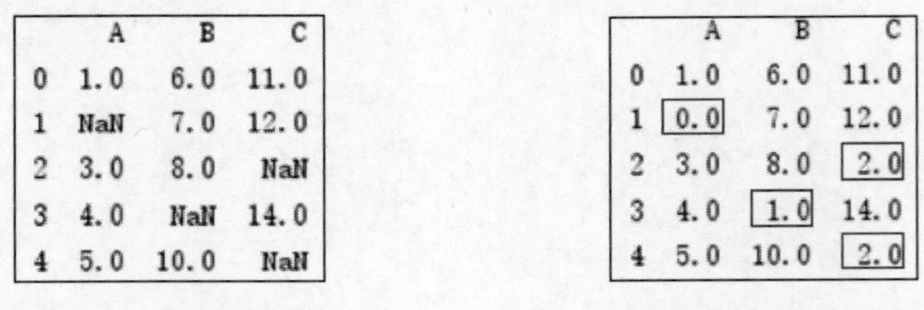

	A	B	C
0	1.0	6.0	11.0
1	NaN	7.0	12.0
2	3.0	8.0	NaN
3	4.0	NaN	14.0
4	5.0	10.0	NaN

图 12.15　修改前结果

	A	B	C
0	1.0	6.0	11.0
1	0.0	7.0	12.0
2	3.0	8.0	2.0
3	4.0	1.0	14.0
4	5.0	10.0	2.0

图 12.16　修改后结果

12.5.2　去除重复数据

Pandas 提供了一个 drop_duplicates()方法，用于去除数据中的重复数据。语法格式如下：

```
pandas.dataFrame.drop_duplicates(subset=None, keep='first', inplace=False)
```

drop_duplicates()方法的常用参数及含义如表 12.4 所示。

表 12.4　drop_duplicates()方法的常用参数及含义

参 数 名	描　述
subset	表示指定需要去重的列名，也可以是多个列名组成的列表。默认值为 None，表示全部列
keep	表示保存重复数据的哪一条数据，first 表示保留第一条、last 表示保留最后一条、False 表示重复项数据都不保留。默认值为 first
inplace	表示是否在原数据中进行操作，默认值为 False

【例 12.12】　去除某一列中重复数据。（**实例位置：资源包\Code\12\12**）

在指定去除某一列中重复数据时，需要在 subset 参数位置指定列名。示例代码如下：

```
01  import pandas as pd                                          # 导入 pandas
02  # 创建数据
03  data = {'A': ['A1','A1','A3'],
04          'B': ['B1','B2','B1']}
05  data__frame = pd.DataFrame(data)                             # 创建 DataFrame 对象
06  data__frame.drop_duplicates('A',inplace=True)                # 指定列名为 A
07  print(data__frame)                                           # 打印移除后的数据
```

程序运行结果如下：

```
    A   B
0  A1  B1
2  A3  B1
```

注意

在去除 DataFrame 对象中的重复数据时，将会删除指定列中重复数据所对应的整行数据。

说明

drop_duplicates()方法除了删除 DataFrame 对象中的数据行以外还可以对 DataFrame 对象中的某一列数据进行重复数据的删除，例如，删除 DataFrame 对象中 A 列内重复数据即可使用此段代码，new_data=data__frame['A'].drop_duplicates()。

【例 12.13】 去除多列重复数据。（**实例位置：资源包\Code\12\13**）

drop_duplicates()方法不仅可以实现 DataFrame 对象中单列的去重操作，还可以指定多列的去重操作。示例代码如下：

```
01  import pandas as pd                                          # 导入 pandas
02  # 创建数据
03  data = {'A': ['A1','A1','A1','A2','A2'],
04          'B': ['B1','B1','B3','B4','B5'],
05          'C': ['C1', 'C2', 'C3','C4','C5']}
06  data__frame = pd.DataFrame(data)                             # 创建 DataFrame 对象
07  data__frame.drop_duplicates(subset=['A','B'],inplace=True)   # 进行多列去重操作
08  print(data__frame)                                           # 打印移除后的数据
```

程序运行结果如下：

```
    A   B   C
0  A1  B1  C1
2  A1  B3  C3
3  A2  B4  C4
4  A2  B5  C5
```

【例 12.14】 删除数据中的所有重复数据。（**实例位置：资源包\Code\12\14**）

使用 drop_duplicates()方法如果没有指定任何参数，那么将会删除数据中的所有重复数据，但需要将删除后的数据赋值给一个新的变量。示例代码如下：

```
01  import pandas as pd                                          # 导入 pandas
02  # 创建数据
03  data = {'A': ['A1','A1','A1','A1','A2'],
04          'B': ['B1','B1','B3','B3','B5'],
05          'C': ['C1', 'C1', 'C3','C3','C5']}
06  data__frame = pd.DataFrame(data)                             # 创建 DataFrame 对象
07  # 删除所有重复数据，并重新赋值给 data__frame 变量
08  data__frame=data__frame.drop_duplicates()
09  print(data__frame)
```

程序运行结果如下：

```
    A   B   C
0  A1  B1  C1
2  A1  B3  C3
4  A2  B5  C5
```

说明

除了使用 drop_duplicates()方法直接删除重复数据以外，还可以使用 duplicated()方法判断每一行数据是否重复（完全相同），如果返回值为 False 则表示不重复，返回值为 True 表示重复。

12.6 数 据 转 换

12.6.1 DataFrame 转换为字典

DataFrame 转换为字典主要使用 DataFrame 对象的 to_dict 方法，在默认情况下以索引作为字典的键（key），以列作为字典的值（value）。例如，有一个 DataFrame 对象（索引为“类别”、列为“数量”），通过 to_dict 就会生成一个字典，示意图如图 12.17 所示。如果 DataFrame 对象包含两列，那么 to_dict 方法就会生成一个两层的字典（dict），第一层是列名作为字典的键（key），第二层以索引列的值作为字典的键（key），以列值作为字典的值（value）。

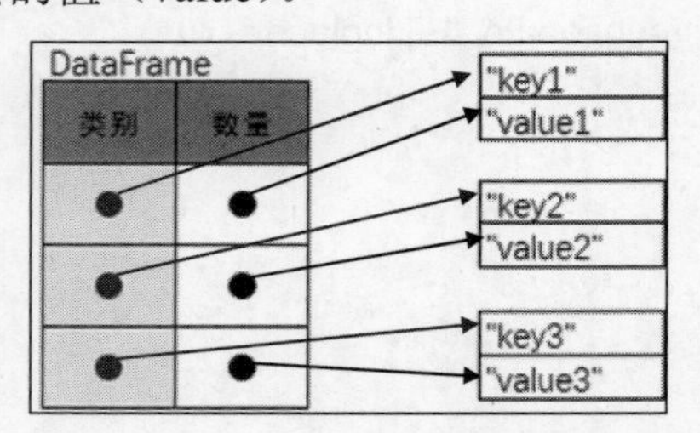

图 12.17 DataFrame 转换为字典示意图

【例 12.15】 将 DataFrame 转换为字典。（**实例位置：资源包\Code\12\15**）

1. 无参数转换

使用 to_dict()方法直接将 DataFrame 数据转换为字典类型的数据，代码如下：

```
01  import pandas as pd                                          # 导入 pandas 模块
02  # 解决数据输出时列名不对齐的问题
03  pd.set_option('display.unicode.east_asian_width', True)
04  data = [[110,105,99],[105,88,115]]                           # 创建数据
05  name = ['明日','七月流火']                                     # 创建索引名字
06  columns = ['语文','数学','英语']                                # 创建列名
07  # 创建 DataFrame 对象
08  df = pd.DataFrame(data=data, index=name, columns=columns)
09  print('原数据如下：\n',df)
10  print('默认字典转换结果如下：\n',df.to_dict())
```

程序运行结果如图 12.18 所示。

```
原数据如下：
          语文  数学  英语
明日       110   105    99
七月流火   105    88   115
默认字典转换结果如下：
{'语文': {'明日': 110, '七月流火': 105}, '数学': {'明日': 105, '七月流火': 88}, '英语': {'明日': 99, '七月流火': 115}}
```

图 12.18　直接将 DataFrame 数据转换为字典类型

2．参数值为 list

to_dict()方法还提供了一个 orient 参数，通过该参数可以实现各种字典数据的转换。当 orient 参数值指定为 list 时，数据中的列名为字典的键（key），而列名所对应的所有数据将以列表形式作为字典的值（value）。关键代码如下：

```
print('参数值为 list 转换结果如下：\n',df.to_dict(orient='list'))
```

程序运行结果如下：

```
参数值为 list 转换结果如下：
{'语文': [110, 105], '数学': [105, 88], '英语': [99, 115]}
```

3．参数值为 index

当 orient 参数值指定为 index 时，此时会生成一个两层的字典（dict），第一层是索引值作为字典的键（key），第二层以列名作为字典的键（key），以列值作为字典的值（value）。关键代码如下：

```
print('参数值为 index 转换结果如下：\n',df.to_dict(orient='index'))
```

程序运行结果如下：

```
参数值为 index 转换结果如下：
{'明日': {'语文':110,'数学':105,'英语':99},'七月流火':{'语文':105,'数学':88,'英语':115}}
```

说明

除了以上两种参数以外，还有 dict、series、split、records 参数，读者可以根据需求自行测试。

12.6.2 DataFrame 转换为列表

【例 12.16】 将 DataFrame 转换为列表。（**实例位置：资源包\Code\12\16**）

DataFrame 转换为列表主要使用 DataFrame 的 tolist 方法。

1. 将行数据转换列表

以二手房数据为例，将某个小区的数据转换为列表，代码如下：

```
01  import pandas as pd                                    # 导入 Pandas 模块
02  # 解决数据输出时列名不对齐的问题
03  pd.set_option('display.unicode.east_asian_width', True)
04  data = [['80 万',110,'3 室 2 厅'],['99.8 万',122,'2 室 2 厅']]    # 创建数据
05  name = ['吉盛小区','万科城']                              # 创建索引名字
06  columns = ['总价','面积','户型']                          # 创建列名
07  # 创建 DataFrame 对象
08  df = pd.DataFrame(data=data, index=name, columns=columns)
09  print('原数据如下：\n',df)
10  print('第一行数据转换列表如下：\n',df.iloc[0].to_list())
11  print('索引对应行数据转换列表如下：\n',df.loc['万科城'].to_list())
```

程序运行结果如图 12.19 所示。

```
原数据如下：
           总价   面积   户型
吉盛小区    80万   110  3室2厅
万科城    99.8万   122  2室2厅
第一行数据转换列表如下：
 ['80万', 110, '3室2厅']
索引对应行数据转换列表如下：
 ['99.8万', 122, '2室2厅']
```

图 12.19 将指定行数据转换为列表

2. 将列数据转换列表

将二手房数据中某列数据转换为列表数据，关键代码如下：

```
01  print(df['总价'].to_list())
02  print(df.户型.to_list())
```

程序运行结果如下：

```
['80 万', '99.8 万']
['3 室 2 厅', '2 室 2 厅']
```

12.6.3 DataFrame 转换为元组

【例 12.17】 将 DataFrame 转换为元组。（**实例位置：资源包\Code\12\17**）

DataFrame 转换为元组，首先通过循环语句按行读取 DataFrame 数据，然后使用元组函数 tuple 将其转换为元组。

将学生信息数据转换为元组，代码如下：

```
01  import pandas as pd                                              # 导入 pandas 模块
02  # 解决数据输出时列名不对齐的问题
03  pd.set_option('display.unicode.east_asian_width', True)
04  data = [['Aaron',18,'boy'],['Abby',23,'girl']]                   # 创建数据
05  columns = ['name','age','sex']                                   # 创建列名
06  df = pd.DataFrame(data=data, columns=columns)                    # 创建 DataFrame 对象
07  print('原数据如下：\n',df)
08  tuples = tuple(tuple(t) for t in df.values)                      # 将 DataFrame 数据转换为元组数据
09  print('转换后的元组数据如下：\n',tuples)
```

程序运行结果如图 12.20 所示。

```
原数据如下：
      name  age   sex
0  Aaron    18   boy
1   Abby    23  girl
(('Aaron', 18, 'boy'), ('Abby', 23, 'girl'))
```

图 12.20　DataFrame 转换成元组

12.7　导入外部数据

12.7.1　导入.xls 或.xlsx 文件

导入.xls 或.xlsx 文件主要使用 Pandas 的 read_excel()方法，语法如下：

```
pandas.read_excel(io,sheet_name=0,header=0,names=None,index_col=None,usecols=None,squeeze=False,
dtype=None,engine=None,converters=None,true_values=None,false_values=None,skiprows=None,nrow=None,
na_values=None,keep_default_na=True,verbose=False,parse_dates=False,date_parser=None,thousands=None,
comment=None,skipfooter=0,conver_float=True,mangle_dupe_cols=True,**kwds)
```

常用参数说明如下。

☑ io：字符串，xls 或 xlsx 文件路径或类文件对象。

☑ sheet_name：None、字符串、整数、字符串列表或整数列表，默认值为 0。字符串用于工作表名称，整数为索引表示工作表位置，字符串列表或整数列表用于请求多个工作表，为 None 时获取所有工作表。参数值如表 12.5 所示。

表 12.5　sheet_name 参数值

值	说　明
sheet_name=0	第一个 Sheet 页中的数据作为 DataFrame
sheet_name=1	第二个 Sheet 页中的数据作为 DataFrame

续表

值	说　明
sheet_name="Sheet1"	名为 Sheet1 的 Sheet 页中的数据作为 DataFrame
sheet_name=[0,1,'Sheet3']	第一个、第二个和名为 Sheet3 的 Sheet 页中的数据作为 DataFrame

- ☑ header：指定作为列名的行，默认值为 0，即取第一行的值为列名。数据为除列名以外的数据；若数据不包含列名，则设置 header=None。
- ☑ names：默认值为 None，要使用的列名列表。
- ☑ index_col：指定列为索引列，默认值为 None，索引 0 是 DataFrame 的行标签。
- ☑ usecols：int、list 或字符串，默认值为 None。
  - ➢ 如果为 None，则解析所有列。
  - ➢ 如果为 int，则解析最后一列。
  - ➢ 如果为 list 列表，则解析列号列表的列。
  - ➢ 如果为字符串，则表示以逗号分隔的 Excel 列字母和列范围列表（例如“A:E”或“A,C,E:F”）。范围包括双方。
- ☑ squeeze：布尔值，默认值为 False，如果解析的数据只包含一列，则返回一个 Series。
- ☑ dtype：列的数据类型名称或字典，默认值为 None。例如{'a':np.float64,'b':np.int32}。
- ☑ skiprows：省略指定行数的数据，从第一行开始。
- ☑ skipfooter：省略指定行数的数据，从尾部数的行开始。

【例 12.18】　导入.xls 或.xlsx 文件。（**实例位置：资源包\Code\12\18**）

1．常规导入

导入“1 月.xlsx”Excel 文件，程序代码如下：

```
01  import pandas as pd
02  # 解决数据输出时列名不对齐的问题
03  pd.set_option('display.unicode.east_asian_width', True)
04  df=pd.read_excel('1 月.xlsx')
05  print(df.head())                                        # 输出前 5 条数据
```

运行程序，输出部分数据，结果如图 12.21 所示。

	买家会员名	买家实际支付金额	收货人姓名	宝贝标题
0	mrhy1	41.86	周某某	零基础学Python
1	mrhy2	41.86	杨某某	零基础学Python
2	mrhy3	48.86	刘某某	零基础学Python
3	mrhy4	48.86	张某某	零基础学Python
4	mrhy5	48.86	赵某某	C#项目开发实战入门

图 12.21　“1 月.xlsx”文件数据（部分数据）

导入外部数据，必然要涉及路径问题，下面来了解一下相对路径和绝对路径。

- ☑ 相对路径就是以当前文件为基准进行一级级目录指向被引用的资源文件。以下是常用的表示当前目录和当前目录的父级目录的标识符。

- ../：表示当前文件所在目录的上一级目录。
- ./：表示当前文件所在的目录（可以省略）。
- /：表示当前文件的根目录（域名映射或硬盘目录)。
- 如果使用系统默认文件路径\，那么，在 Python 中则需要在路径最前面加一个 r，以避免路径里面的\被转义。

☑ 绝对路径是文件真正存在的路径，是指从硬盘的根目录（盘符）开始，进行一级级目录指向文件。

2. 导入指定的 Sheet 页

一个 Excel 文件包含多个 Sheet 页，通过设置 sheet_name 参数就可以导入指定 Sheet 页的数据。

一个 Excel 文件包含多家店铺的销售数据，导入其中一家店铺（莫寒）的销售数据，如图 12.22 所示。

	A	B	C	D	E	F
1	买家会员名	买家支付宝账号	买家实际支付	订单状态	收货人姓名	收货地址
2	mmbooks101	********	41.86	交易成功	赵某人	贵州省 贵阳市 花溪区
3	mmbooks102	********	41.86	交易成功	李某某	新疆维吾尔自治区 乌鲁木齐市 水磨沟区
4	mmbooks103	********	48.86	交易成功	高某某	云南省 红河哈尼族彝族自治州 开远市
5	mmbooks104	********	48.86	交易成功	高某某	云南省 红河哈尼族彝族自治州 开远市
6	mmbooks105	********	48.86	交易成功	高某某	云南省 红河哈尼族彝族自治州 开远市
7	mmbooks106	********	48.86	交易成功	高某某	云南省 红河哈尼族彝族自治州 开远市

明日　莫寒　白桦

图 12.22　原始数据

程序代码如下：

```
01  import pandas as pd
02  # 解决数据输出时列名不对齐的问题
03  pd.set_option('display.unicode.east_asian_width', True)
04  df=pd.read_excel('1 月.xlsx',sheet_name='莫寒')
05  print(df.head())                                        # 输出前 5 条数据
```

运行程序，输出部分数据，结果如图 12.23 所示。

```
     买家会员名 买家支付宝账号  买家实际支付金额  订单状态  ... 订单备注  宝贝总数量      类别  图书编号
0  mmbooks101       ********            41.86  交易成功  ...    'null          1  全彩系列      B16
1  mmbooks102       ********            41.86  交易成功  ...    'null          1  全彩系列      B16
2  mmbooks103       ********            48.86  交易成功  ...    'null          1  全彩系列      B17
3  mmbooks104       ********            48.86  交易成功  ...    'null          1  全彩系列      B17
4  mmbooks105       ********            48.86  交易成功  ...    'null          1  全彩系列      B18
```

图 12.23　导入指定的 Sheet 页（部分数据）

除了指定 Sheet 页的名字，还可以指定 Sheet 页的顺序，从 0 开始。例如，sheet_name=0 表示导入第一个 Sheet 页的数据，sheet_name=1 表示导入第二个 Sheet 页的数据，依此类推。

如果不指定 sheet_name 参数，则默认导入第一个 Sheet 页的数据。

3. 通过行列索引导入指定行列数据

DataFrame 是二维数据结构，因此它既有行索引又有列索引。当导入 Excel 数据时，行索引会自动生成，如 0、1、2，而列索引则默认将第 0 行作为列索引（如 A,B,…,J），示意图如图 12.24 所示。

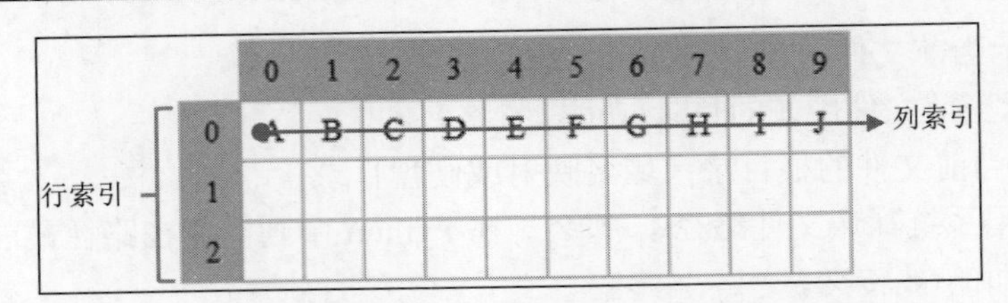

图 12.24　DataFrame 行列索引示意图

如果通过指定行索引导入 Excel 数据，则需要设置 index_col 参数。下面将“买家会员名”作为行索引（位于第 0 列），导入 Excel 数据，程序代码如下：

```
01  import pandas as pd
02  # 解决数据输出时列名不对齐的问题
03  pd.set_option('display.unicode.east_asian_width', True)
04  df1=pd.read_excel('1 月.xlsx',index_col=0)                    # “买家会员名”为行索引
05  print(df1.head())                                              # 输出前 5 条数据
```

运行程序，输出结果如图 12.25 所示。

	买家实际支付金额	收货人姓名	宝贝标题
买家会员名			
mrhy1	41.86	周某某	零基础学Python
mrhy2	41.86	杨某某	零基础学Python
mrhy3	48.86	刘某某	零基础学Python
mrhy4	48.86	张某某	零基础学Python
mrhy5	48.86	赵某某	C#项目开发实战入门

图 12.25　通过设置行索引导入 Excel 数据

如果通过指定列索引导入 Excel 数据，则需要设置 header 参数，关键代码如下：

```
df2=pd.read_excel('1 月.xlsx',header=1)                              # 设置第 1 行为列索引
```

运行程序，输出结果如图 12.26 所示。

如果将数字作为列索引，则可以设置 header 参数为 None，关键代码如下：

```
df3=pd.read_excel('1 月.xlsx',header=None)                           # 列索引为数字
```

运行程序，输出结果如图 12.27 所示。

	mrhy1	41.86	周某某	零基础学Python
0	mrhy2	41.86	杨某某	零基础学Python
1	mrhy3	48.86	刘某某	零基础学Python
2	mrhy4	48.86	张某某	零基础学Python
3	mrhy5	48.86	赵某某	C#项目开发实战入门
4	mrhy6	48.86	李某某	C#项目开发实战入门

图 12.26　通过设置列索引导入 Excel 数据

	0	1	2	3
0	买家会员名	买家实际支付金额	收货人姓名	宝贝标题
1	mrhy1	41.86	周某某	零基础学Python
2	mrhy2	41.86	杨某某	零基础学Python
3	mrhy3	48.86	刘某某	零基础学Python
4	mrhy4	48.86	张某某	零基础学Python

图 12.27　设置列索引

那么，为什么要指定索引呢？因为通过索引可以快速地检索数据，例如 df3[0]，就可以快速检索到“买家会员名”这一列数据。

4．导入指定列数据

一个 Excel 往往包含多列数据，如果只需要其中的几列，可以通过 usecols 参数指定需要的列，从 0 开始（表示第 1 列，依次类推）。

下面导入第一列数据（索引为 0），程序代码如下：

```
01  import pandas as pd
02  # 解决数据输出时列名不对齐的问题
03  pd.set_option('display.unicode.east_asian_width', True)
04  df1=pd.read_excel('1 月.xlsx',usecols=[0])                # 导入第 1 列
05  print(df1.head())
```

运行程序，输出结果如图 12.28 所示。

如果导入多列，则可以在列表中指定多个值。例如，导入第 1 列和第 4 列，关键代码如下：

```
df1=pd.read_excel('1 月.xlsx',usecols=[0,3])
```

也可以指定列名称，关键代码如下：

```
df1=pd.read_excel('1 月.xlsx',usecols=['买家会员名','宝贝标题'])
```

运行程序，输出结果如图 12.29 所示。

	买家会员名
0	mrhy1
1	mrhy2
2	mrhy3
3	mrhy4
4	mrhy5

图 12.28　导入第 1 列

	买家会员名	宝贝标题
0	mrhy1	零基础学Python
1	mrhy2	零基础学Python
2	mrhy3	零基础学Python
3	mrhy4	零基础学Python
4	mrhy5	C#项目开发实战入门

图 12.29　导入第 1 列和第 4 列数据

12.7.2　导入.csv 文件

导入.csv 文件主要使用 Pandas 的 read_csv()方法，语法如下：

```
pandas.read_csv(filepath_or_buffer,sep=',',delimiter=None,header='infer',names=None,index_col=None,usecols=None,squeeze=False,prefix=None,mangle_dupe_cols=True,dtype=None,engine=None,converters=None,true_values=None,false_values=None,skipinitialspace=False,skiprows=None,nrows=None,na_values=None,keep_default_na=True,na_filter=True,verbose=False,skip_blank_lines=True,parse_dates=False,infer_datetime_format=False,keep_date_col=False,date_parser=None,dayfirst=False,iterator=False,chunksize=None,compression='infer',thousands=None,decimal=b'.',lineterminator=None,quotechar='"',quoting=0,escapechar=None,comment=None,encoding=None）
```

常用参数说明如下。

☑ filepath_or_buffer：字符串，文件路径，也可以是 URL 链接。

☑ sep、delimiter：字符串，分隔符。

☑ header：指定作为列名的行，默认值为 0，即取第 1 行的值为列名。数据为除列名以外的数据；若数据不包含列名，则设置 header=None。

☑ names：默认值为 None，要使用的列名列表。

☑ index_col：指定列为索引列，默认值为 None，索引 0 是 DataFrame 的行标签。
☑ usecols：int、list 或字符串，默认值为 None。
  ➢ 如果为 None，则解析所有列。
  ➢ 如果为 int，则解析最后一列。
  ➢ 如果为 list 列表，则解析列号列表的列。
  ➢ 如果为字符串，则表示以逗号分隔的 Excel 列字母和列范围列表（例如“A:E”或“A,C,E:F”），范围包括双方。
☑ dtype：列的数据类型名称或字典，默认值为 None。例如{'a':np.float64,'b':np.int32}。
☑ parse_dates：布尔类型值、int 类型值的列表、列表或字典，默认值为 False。可以通过 parse_dates 参数直接将某列转换成 datetime64 日期类型。例如，df1=pd.read_csv('1 月.csv', parse_dates=['订单付款时间'])。
  ➢ parse_dates 为 True 时，尝试解析索引。
  ➢ parse_dates 为 int 类型值组成的列表时，如[1,2,3]，则解析 1、2、3 列的值作为独立的日期列。
  ➢ parse_date 为列表组成的列表，如[[1,3]]，则将 1、3 列合并，作为一个日期列使用。
  ➢ parse_date 为字典时，如{'总计':[1, 3]}，则将 1、3 列合并，合并后的列名为“总计”。
☑ encoding：字符串，默认值为 None，文件的编码格式。Python 常用的编码格式是 UTF-8。
☑ 返回值：返回一个 DataFrame。

【例 12.19】 导入 csv 文件。（**实例位置：资源包\Code\12\19**）

导入 csv 文件，程序代码如下：

```
01  import pandas as pd
02  # 设置数据显示的最大列数和宽度
03  pd.set_option('display.max_columns',500)
04  pd.set_option('display.width',1000)
05  # 解决数据输出时列名不对齐的问题
06  pd.set_option('display.unicode.east_asian_width', True)
07  df1=pd.read_csv('1 月.csv',encoding='gbk')                # 导入 csv 文件，并指定编码格式
08  print(df1.head())                                          # 输出前 5 条数据
```

运行程序，输出结果如图 12.30 所示。

	买家会员名	买家实际支付金额	收货人姓名	宝贝标题	订单付款时间
0	mrhy1	41.86	周某某	零基础学Python	2018/5/16 9:41
1	mrhy2	41.86	杨某某	零基础学Python	2018/5/9 15:31
2	mrhy3	48.86	刘某某	零基础学Python	2018/5/25 15:21
3	mrhy4	48.86	张某某	零基础学Python	2018/5/25 15:21
4	mrhy5	48.86	赵某某	C#项目开发实战入门	2018/5/25 15:21

图 12.30 导入 csv 文件

注意

在上述代码中指定了编码格式，即 encoding='gbk'。Python 常用的编码格式是 UTF-8 和 gbk，默认编码格式为 UTF-8。在导入.csv 文件时，需要通过 encoding 参数指定编码格式。当将 Excel 文件另存为.csv 文件时，默认编码格式为 gbk，此时编写代码导入.csv 文件时，就需要设置编码格式为 gbk，与原文件编码格式保持一致，否则会提示错误。

12.7.3　导入.txt 文本文件

导入.txt 文件同样使用 Pandas 的 read_csv 方法，不同的是需要指定 sep 参数（如制表符/t）。read_csv 方法读取.txt 文件返回一个 DataFrame，像表格一样的二维数据结构，如图 12.31 所示。

【例 12.20】　导入.txt 文本文件。（**实例位置：资源包\Code\12\20**）

下面使用 read_csv()方法导入 1 月.txt 文件，关键代码如下：

```
01  import pandas as pd
02  df1=pd.read_csv('1 月.txt',sep='\t',encoding='gbk')
03  print(df1.head())
```

运行程序，输出结果如图 12.32 所示。

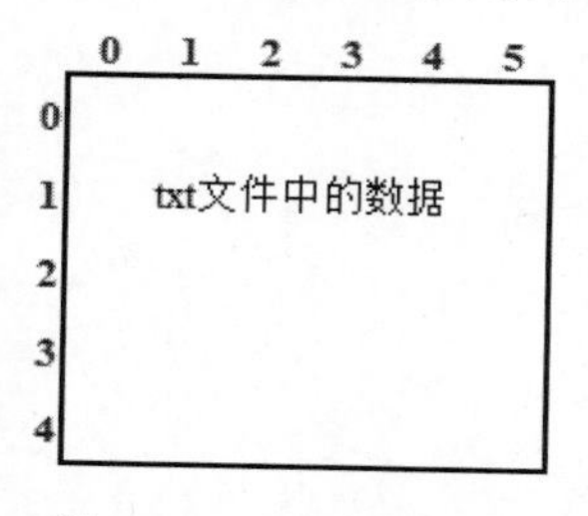

图 12.31　txt 文件形式

	买家会员名	买家实际支付金额	收货人姓名	宝贝标题	订单付款时间
0	mrhy1	41.86	周某某	零基础学Python	2018/5/16 9:41
1	mrhy2	41.86	杨某某	零基础学Python	2018/5/9 15:31
2	mrhy3	48.86	刘某某	零基础学Python	2018/5/25 15:21
3	mrhy4	48.86	张某某	零基础学Python	2018/5/25 15:21
4	mrhy5	48.86	赵某某	C#项目开发实战入门	2018/5/25 15:21

图 12.32　导入.txt 文本

12.7.4　导入 HTML 网页

导入 HTML 网页数据主要使用 Pandas 的 read_html 方法，该方法用于导入带有 table 标签的网页表格数据，语法格式如下：

```
pandas.read_html(io,match='.+',flavor=None,header=None,index_col=None,skiprows=None,attrs=None,parse_
dates=False,thousands=',',encoding=None,decimal='.',converters=None,na_values=None,keep_default_na=True,
displayed_only=True)
```

常用参数说明如下。

- ☑ io：字符串，文件路径，也可以是 URL 链接。网址不接受 https，可以尝试去掉 https 中的 s 后爬取，如 http://www.mingribook.com。
- ☑ match：正则表达式，返回与正则表达式匹配的表格。
- ☑ flavor：解析器默认为 lxml。
- ☑ header：指定列标题所在的行，列表 list 为多重索引。
- ☑ index_col：指定行标题对应的列，列表 list 为多重索引。
- ☑ encoding：字符串，默认值为 None，文件的编码格式。
- ☑ 返回值：返回一个 DataFrame。

使用 read_html 方法前，首先要确定网页表格是否为 table 类型。例如，NBA 球员薪资网页（http://www.espn.com/nba/salaries），右击该网页中的表格，在弹出的快捷菜单中选择“检查元素”命令，查看代码中是否含有表格标签<table>…</table>的字样，如图 12.33 所示，确定后才可以使用 read_html 方法。

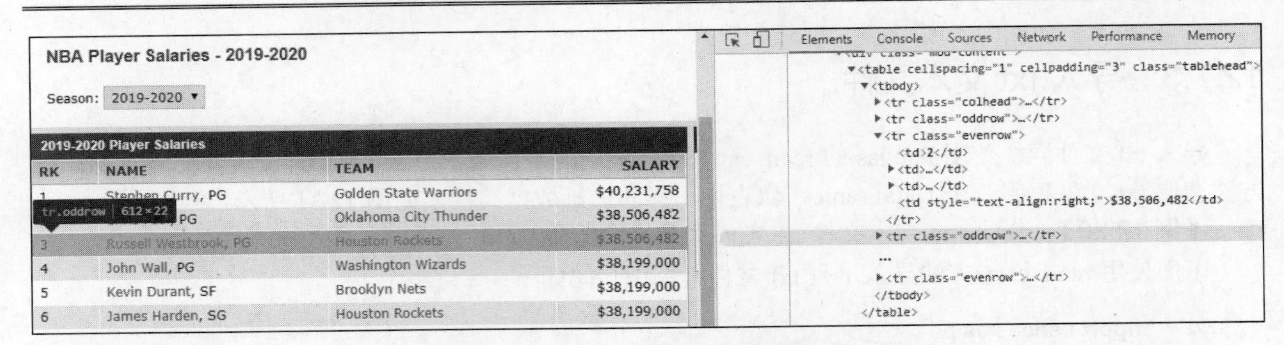

图 12.33　<table>…</table>表格标签

【例 12.21】　导入 HTML 网页。（**实例位置：资源包\Code\12\21**）

下面使用 read_html()方法导入 NBA 球员薪资数据，程序代码如下：

```
01    import pandas as pd
02    df = pd.DataFrame()
03    url_list = ['http://www.espn.com/nba/salaries/_/seasontype/4']
04    for i in range(2, 13):
05        url = 'http://www.espn.com/nba/salaries/_/page/%s/seasontype/4' % i
06        url_list.append(url)
07    # 遍历网页中的 table 读取网页表格数据
08    for url in url_list:
09        df = df.append(pd.read_html(url), ignore_index=True)
10    # 列表解析：遍历 dataframe 第 3 列，以子字符串$开头
11    df = df[[x.startswith('$') for x in df[3]]]
12    print(df)
13    df.to_csv('NBA.csv',header=['RK','NAME','TEAM','SALARY'], index=False)        # 导出 csv 文件
```

运行程序，输出结果如图 12.34 所示。

```
   0                      1                      2            3
1  1     Stephen Curry, PG  Golden State Warriors  $40,231,758
2  2        Chris Paul, PG  Oklahoma City Thunder  $38,506,482
3  3  Russell Westbrook, PG        Houston Rockets  $38,506,482
4  4         John Wall, PG     Washington Wizards  $38,199,000
5  5      Kevin Durant, SF           Brooklyn Nets  $38,199,000
```

图 12.34　导入网页数据

注意

运行程序，如果出现 ImportError: lxml not found, please install it 错误提示信息，需要安装 lxml 模块。

12.8　数据排序与排名

12.8.1　数据排序

DataFrame 数据排序主要使用 sort_values 方法，该方法类似于 SQL 中的 order by。sort_values 方法

可以根据指定行/列进行排序，语法格式如下：

```
DataFrame.sort_values(by, axis=0, ascending=True, inplace=False, kind='quicksort', na_position='last', ignore_index=False)
```

参数说明如下。

- ☑ by：要排序的名称列表。
- ☑ axis：轴，axis=0 表示行，axis=1 表示列，默认按行排序。
- ☑ ascending：升序或降序排序，布尔值，指定多个排序可以使用布尔值列表，默认值为 True。
- ☑ inplace：布尔值，默认值为 False，如果值为 True，则就地排序。
- ☑ kind：指定排序算法，值为 quicksort（快速排序）、mergesort（混合排序）或 heapsort（堆排），默认值为 quicksort。
- ☑ na_position：空值（NaN）的位置，值为 first 空值在数据开头，值为 last 空值在数据最后，默认值为 last。
- ☑ ignore_index：布尔值，是否忽略索引，值为 True 标记索引（从 0 开始按顺序的整数值），值为 False 则忽略索引。

1．按一列数据排序

【例 12.22】　按一列数据排序。(**实例位置：资源包\Code\12\22**)

按“销量”降序排序，排序对比效果如图 12.35 和图 12.36 所示。

序号	书号	图书名称	定价	销量	类别
1	9787569204537	Android精彩编程200例	89.8	1300	Android
2	9787567787421	Android项目开发实战入门	59.8	2355	Android
3	9787567799424	ASP.NET项目开发实战入门	69.8	120	ASP.NET
4	9787569210453	C#精彩编程200例	89.8	120	C#
5	9787567790988	C#项目开发实战入门	69.8	120	C#
6	9787567787445	C++项目开发实战入门	69.8	120	C语言C++
7	9787569208696	C语言精彩编程200例	79.8	271	C语言C++
8	9787567787414	C语言项目开发实战入门	59.8	625	C语言C++
9	9787567787438	JavaWeb项目开发实战入门	69.8	129	JavaWeb
10	9787569206081	Java精彩编程200例	79.8	241	Java
11	9787567787407	Java项目开发实战入门	59.8	120	Java
12	9787567790315	JSP项目开发实战入门	69.8	120	JSP
13	9787567790971	PHP项目开发实战入门	69.8	120	PHP
14	9787569221237	SQL即查即用	49.8	120	SQL
15	9787569222258	零基础学Python	79.8	888	Python
16	9787569208542	零基础学Android	89.8	110	Android
17	9787569221220	零基础学ASP. NET	79.8	120	ASP.NET
18	9787569210477	零基础学C#	79.8	120	C#
19	9787569208535	零基础学C语言	69.8	888	C语言C++
20	9787569212709	零基础学HTML5+CSS3	79.8	456	HTML5+CSS3
21	9787569205688	零基础学Java	69.8	663	Java
22	9787569210460	零基础学Javascript	79.8	322	Javascript
23	9787569212693	零基础学Oracle	79.8	148	Oracle
24	9787569208689	零基础学PHP	79.8	248	PHP
25	9787569226614	零基础学C++	79.8	333	C语言C++
26	9787569226607	Python从入门到项目实践	99.8	559	Python
27	9787569244403	Python项目开发案例集锦	128	281	Python

图 12.35　原始数据

	序号	书号	图书名称	定价	销量	类别	大类
1	B02	9787567787421	Android项目开发实战入门	59.8	2355	Android	程序设计
0	B01	9787569204537	Android精彩编程200例	89.8	1300	Android	程序设计
9	B19	9787569208535	零基础学C语言	69.8	888	C语言C++	程序设计
14	B15	9787569222258	零基础学Python	79.8	888	Python	程序设计
13	B21	9787569205688	零基础学Java	69.8	663	Java	程序设计
8	B08	9787567787414	C语言项目开发实战入门	59.8	625	C语言C++	程序设计
15	B26	9787569226607	Python从入门到项目实践	99.8	559	Python	程序设计
4	B05	9787567790988	C#项目开发实战入门	69.8	541	C#	程序设计
19	B20	9787569212709	零基础学HTML5+CSS3	79.8	456	HTML5+CSS3	网页
25	B13	9787567790971	PHP项目开发实战入门	69.8	354	PHP	网站
10	B25	9787569226614	零基础学C++	79.8	333	C语言C++	程序设计
20	B22	9787569210460	零基础学Javascript	79.8	322	Javascript	网页
16	B27	9787569244403	Python项目开发案例集锦	128.0	281	Python	程序设计
7	B07	9787569208696	C语言精彩编程200例	79.8	271	C语言C++	程序设计
26	B24	9787569208689	零基础学PHP	79.8	248	PHP	网站
11	B10	9787569206081	Java精彩编程200例	79.8	241	Java	程序设计
17	B23	9787569212693	零基础学Oracle	79.8	148	Oracle	数据库
23	B09	9787567787438	JavaWeb项目开发实战入门	69.8	129	JavaWeb	网站
6	B06	9787567787445	C++项目开发实战入门	69.8	120	C语言C++	程序设计
18	B14	9787569221237	SQL即查即用	49.8	120	SQL	数据库
3	B04	9787569210453	C#精彩编程200例	89.8	120	C#	程序设计
12	B11	9787567787407	Java项目开发实战入门	59.8	120	Java	程序设计
21	B03	9787567799424	ASP.NET项目开发实战入门	69.8	120	ASP.NET	网站
22	B17	9787569221220	零基础学ASP.NET	79.8	120	ASP.NET	网站
24	B12	9787567790315	JSP项目开发实战入门	69.8	120	JSP	网站
5	B18	9787569210477	零基础学C#	79.8	120	C#	程序设计
2	B16	9787569208542	零基础学Android	89.8	110	Android	程序设计

图 12.36　按“销量”降序排序

程序代码如下：

```
01  import pandas as pd
02  excelFile = 'mrbook.xlsx'
03  df = pd.DataFrame(pd.read_excel(excelFile))
04  # 设置数据显示的列数和宽度
05  pd.set_option('display.max_columns',500)
```

```
06  pd.set_option('display.width',1000)
07  # 解决数据输出时列名不对齐的问题
08  pd.set_option('display.unicode.ambiguous_as_wide', True)
09  pd.set_option('display.unicode.east_asian_width', True)
10  # 按“销量”列降序排序
11  df=df.sort_values(by='销量',ascending=False)
12  print(df)
```

2．按多列数据排序

【例 12.23】　按多列数据排序。（**实例位置：资源包\Code\12\23**）

多列排序是按照给定列的先后顺序进行排序。

按照“图书名称”和“销量”降序排序，首先按“图书名称”降序排序，然后再按“销量”降序排序，排序后的效果如图 12.37 所示。

关键代码如下：

```
01  # 按“图书名称”和“销量”列降序排序
02  df = df.sort_values(by=['图书名称','销量'])
```

3．对统计结果排序

【例 12.24】　对统计结果排序。（**实例位置：资源包\Code\12\24**）

按“类别”分组统计销量并进行降序排序，统计排序后的效果如图 12.38 所示。

	序号	书号	❶ 图书名称	定价	❷ 销量	类别	大类
21	B03	9787567799424	ASP.NET项目开发实战入门	69.8	120	ASP.NET	网站
0	B01	9787569204537	Android精彩编程200例	89.8	1300	Android	程序设计
1	B02	9787567787421	Android项目开发实战入门	59.8	2355	Android	程序设计
3	B04	9787569210453	C#精彩编程200例	89.8	120	C#	程序设计
4	B05	9787567790988	C#项目开发实战入门	69.8	541	C#	程序设计
6	B06	9787567787445	C++项目开发实战入门	69.8	120	C语言C++	程序设计
7	B07	9787569208696	C语言精彩编程200例	79.8	271	C语言C++	程序设计
8	B08	9787567787414	C语言项目开发实战入门	59.8	625	C语言C++	程序设计
24	B12	9787567790315	JSP项目开发实战入门	69.8	120	JSP	网站
23	B09	9787567787438	JavaWeb项目开发实战入门	69.8	129	JavaWeb	网站
11	B10	9787569206081	Java精彩编程200例	79.8	241	Java	程序设计
12	B11	9787567787407	Java项目开发实战入门	59.8	120	Java	程序设计
25	B13	9787567790971	PHP项目开发实战入门	69.8	354	PHP	网站
15	B26	9787569226607	Python从入门到项目实践	99.8	559	Python	程序设计
16	B27	9787569244403	Python项目开发案例集锦	128.0	281	Python	程序设计
18	B14	9787569221237	SQL即查即用	49.8	120	SQL	数据库
22	B17	9787569221220	零基础学ASP.NET	79.8	120	ASP.NET	网站
2	B16	9787569208542	零基础学Android	89.8	110	Android	程序设计
5	B18	9787569210477	零基础学C#	79.8	120	C#	程序设计
10	B25	9787569226614	零基础学C++	79.8	333	C语言C++	程序设计
9	B19	9787569208535	零基础学C语言	69.8	888	C语言C++	程序设计
19	B20	9787569212709	零基础学HTML5+CSS3	79.8	456	HTML5+CSS3	网页
13	B21	9787569205688	零基础学Java	69.8	663	Java	程序设计
20	B22	9787569210460	零基础学Javascript	79.8	322	Javascript	网页
17	B23	9787569212693	零基础学Oracle	79.8	148	Oracle	数据库
26	B24	9787569208689	零基础学PHP	79.8	248	PHP	网站
14	B15	9787569222258	零基础学Python	79.8	888	Python	程序设计

图 12.37　按照“图书名称”和“销量”降序排序

	类别	销量
1	Android	3765
3	C语言C++	2237
11	Python	1728
6	Java	1024
2	C#	781
10	PHP	602
4	HTML5+CSS3	456
8	Javascript	322
0	ASP.NET	240
9	Oracle	148
7	JavaWeb	129
5	JSP	120
12	SQL	120

图 12.38　按“类别”分组统计销量并降序排序

关键代码如下：

```
01	df1=df.groupby(["类别"])["销量"].sum().reset_index()
02	df2=df1.sort_values(by='销量',ascending=False)
```

4．按行数据排序

【例 12.25】　按行数据排序。（实例位置：资源包\Code\12\25）

按行排序，关键代码如下：

```
01	# 按照索引值为 0 的行，即第一行的值升序排序
02	print(dfrow.sort_values(by=0,ascending=True,axis=1))
```

注意

按行排序的数据类型要一致，否则会出现错误提示。

12.8.2　数据排名

排名是根据 Series 对象或 DataFrame 的某几列的值进行排名，主要使用 rank 方法，语法格式如下：

```
DataFrame.rank(axis=0,method='average',numeric_only=None,na_option='keep',ascending=True,pct=False)
```

参数说明如下。

☑　axis：轴，axis=0 表示行，axis=1 表示列，默认按行排序。

☑　method：表示在具有相同值的情况下所使用的排序方法。设置值如下。
- ➢　average：默认值，平均排名。
- ➢　min：最小值排名。
- ➢　max：最大值排名。
- ➢　first：按值在原始数据中的出现的顺序分配排名。
- ➢　dense：密集排名，类似最小值排名，但是排名每次只增加 1，即排名相同的数据只占一个名次。

☑　numeric_only：对于 DataFrame 对象，如果设置值为 True，则只对数字列进行排序。

☑　na_option：空值的排序方式，设置值如下。
- ➢　keep：保留，将空值等级赋值给 NaN 值。
- ➢　top：如果按升序排序，则将最小排名赋值给 NaN 值。
- ➢　bottom：如果按升序排序，则将最大排名赋值给 NaN 值。

☑　ascending：升序或降序排序，布尔值，指定多个排序可以使用布尔值列表。默认值为 True。

☑　pct：布尔值，是否以百分比形式返回排名。默认值为 False。

1．顺序排名

【例 12.26】　顺序排名。（实例位置：资源包\Code\12\26）

排名相同的，相同的值按照出现的顺序排名，程序代码如下：

```
01	import pandas as pd
```

```
02    excelFile = 'mrbook.xlsx'
03    df = pd.DataFrame(pd.read_excel(excelFile))
04    # 设置数据显示的列数和宽度
05    pd.set_option('display.max_columns',500)
06    pd.set_option('display.width',1000)
07    # 解决数据输出时列名不对齐的问题
08    pd.set_option('display.unicode.ambiguous_as_wide', True)
09    pd.set_option('display.unicode.east_asian_width', True)
10    # 按“销量”列降序排序
11    df=df.sort_values(by='销量',ascending=False)
12    # 顺序排名
13    df['顺序排名'] = df['销量'].rank(method="first", ascending=False)
14    print(df[['图书名称', '销量', '顺序排名']])
```

2. 平均排名

【例 12.27】 平均排名。（**实例位置：资源包\Code\12\27**）

排名相同，按顺序排名的平均值作为平均排名，关键代码如下：

```
df['平均排名']=df['销量'].rank(ascending=False)
```

运行程序，下面对比一下顺序排名与平均排名的不同，效果如图 12.39 和 12.40 所示。

```
                 图书名称  销量  顺序排名
1   Android项目开发实战入门  2355    1.0
0     Android精彩编程200例  1300    2.0
9          零基础学C语言   888    3.0
14       零基础学Python   888    4.0
13         零基础学Java   663    5.0
8     C语言项目开发实战入门   625    6.0
15   Python从入门到项目实践   559    7.0
4      C#项目开发实战入门   541    8.0
19   零基础学HTML5+CSS3   456    9.0
25    PHP项目开发实战入门   354   10.0
10          零基础学C++   333   11.0
20   零基础学Javascript   322   12.0
16  Python项目开发案例集锦   281   13.0
7      C语言精彩编程200例   271   14.0
26       零基
11  Java精彩编
17     零基础学
23 JavaWeb项目开发实战入门   129   18.0
6      C++项目开发实战入门   120   19.0
18           SQL即查即用   120   20.0
3        C#精彩编程200例   120   21.0
12    Java项目开发实战入门   120   22.0
21 ASP.NET项目开发实战入门   120   23.0
22        零基础学ASP.NET   120   24.0
24     JSP项目开发实战入门   120   25.0
5            零基础学C#   120   26.0
2       零基础学Android   110   27.0
```

销量相同按出现的先后顺序排名

图 12.39　销量相同按出现的先后顺序排名

```
                 图书名称  销量  平均排名
1   Android项目开发实战入门  2355    1.0
0     Android精彩编程200例  1300    2.0
9          零基础学C语言   888    3.5
14       零基础学Python   888    3.5
13         零基础学Java   663    5.0
8     C语言项目开发实战入门   625    6.0
15   Python从入门到项目实践   559    7.0
4      C#项目开发实战入门   541    8.0
19   零基础学HTML5+CSS3   456    9.0
25    PHP项目开发实战入门   354   10.0
10          零基础学C++   333   11.0
20   零基础学Javascript   322   12.0
16  Python项目开发案例集锦   281   13.0
7         C语言精彩
26             零
11        Java精彩
17          零基
23 JavaWeb项目开发实战入门   129   18.0
6      C++项目开发实战入门   120   22.5
18           SQL即查即用   120   22.5
3        C#精彩编程200例   120   22.5
12    Java项目开发实战入门   120   22.5
21 ASP.NET项目开发实战入门   120   22.5
22        零基础学ASP.NET   120   22.5
24     JSP项目开发实战入门   120   22.5
5            零基础学C#   120   22.5
2       零基础学Android   110   27.0
```

销量相同，以顺序排名的平均值作为平均排名

图 12.40　销量相同按顺序排名的平均值排名

3．最小值排名

排名相同的，按顺序排名取最小值作为排名，关键代码如下：

```
df['销量'].rank(method="min",ascending=False)
```

4．最大值排名

排名相同的，按顺序排名取最大值作为排名，关键代码如下：

```
df['销量'].rank(method="max",ascending=False)
```

12.9　简单的数据计算

Pandas 提供了大量的数据计算函数，可以实现求和、求均值、求最大值、求最小值、求中位数、求众数、求方差、标准差等，从而使数据统计变得简单高效。

12.9.1　求和（sum 函数）

在 Python 中通过调用 DataFrame 对象的 sum 函数实现行/列数据的求和运算，语法格式如下：

```
DataFrame.sum([axis,skipna,level,…])
```

参数说明如下。

☑ axis：axis=1 表示按行相加，axis=0 表示按列相加，默认按列相加。

☑ skipna：skipna=1 表示 NaN 值自动转换为 0，skipna=0 表示 NaN 值不自动转换，默认 NaN 值自动转换为 0。

说明

NaN 表示非数字值。在进行数据处理、数据计算时，Pandas 会为缺少的值自动分配 NaN 值。

☑ level：表示索引层级。

☑ 返回值：返回 Series 对象，一组含有行/列小计的数据。

首先，创建一组 DataFrame 类型的数据，包括语文、数学和英语三科的成绩，如图 12.41 所示。

【例 12.28】　数据求和计算。（**实例位置：资源包\Code\12\28**）

```
01  import pandas as pd
02  # 解决数据输出时列名不对齐的问题
03  pd.set_option('display.unicode.east_asian_width', True)
04  data = [[110,105,99],[105,88,115],[109,120,130]]
05  index = [1,2,3]
06  columns = ['语文','数学','英语']
07  df = pd.DataFrame(data=data, index=index, columns=columns)
```

```
08  df['总成绩']=df.sum(axis=1)
09  print(df)
```

运行程序结果如图 12.42 所示。

	语文	数学	英语
1	110	105	99
2	105	88	115
3	109	120	130

图 12.41　DataFrame 数据

	语文	数学	英语	总成绩
1	110	105	99	314
2	105	88	115	308
3	109	120	130	359

图 12.42　sum 函数计算三科的总成绩

12.9.2　求均值（mean 函数）

在 Python 中通过调用 DataFrame 对象的 mean 函数实现行/列数据平均值运算，语法格式如下：

```
DataFrame.mean([axis,skipna,level,…])
```

参数说明如下。

- ☑ axis：axis=1 表示按行相加，axis=0 表示按列相加，默认按列相加。
- ☑ skipna：skipna=1 表示 NaN 值自动转换为 0，skipna=0 表示 NaN 值不自动转换，默认 NaN 值自动转换为 0。
- ☑ level：表示索引层级。
- ☑ 返回值：返回 Series 对象，行/列平均值数据。

【例 12.29】　数据求均值计算。（**实例位置：资源包\Code\12\29**）

计算语文、数学和英语各科成绩的平均值，程序代码如下：

```
01  import pandas as pd
02  # 解决数据输出时列名不对齐的问题
03  pd.set_option('display.unicode.east_asian_width', True)
04  data = [[110,105,99],[105,88,115],[109,120,130],[112,115]]
05  index = [1,2,3,4]
06  columns = ['语文','数学','英语']
07  df = pd.DataFrame(data=data, index=index, columns=columns)
08  new=df.mean()
09  # 增加一行数据（语文、数学和英语的平均值，忽略索引）
10  df=df.append(new,ignore_index=True)
11  print(df)
```

运行程序结果如图 12.43 所示。

	语文	数学	英语
0	110.0	105.0	99.000000
1	105.0	88.0	115.000000
2	109.0	120.0	130.000000
3	112.0	115.0	NaN
4	109.0	107.0	114.666667

图 12.43　mean 函数计算三科成绩的平均值

从运行结果得知：语文平均分 109，数学平均分 107，英语平均分 114.666667。

12.9.3　求最大值（max 函数）

在 Python 中通过调用 DataFrame 对象的 max()函数实现行/列数据最大值运算，语法格式如下：

```
DataFrame.max([axis,skipna,level,…])
```

参数说明如下。

☑ axis：axis=1 表示按行相加，axis=0 表示按列相加，默认按列相加。

☑ skipna：skipna=1 表示 NaN 值自动转换为 0，skipna=0 表示 NaN 值不自动转换，默认 NaN 值自动转换为 0。

☑ level：表示索引层级。

☑ 返回值：返回 Series 对象，行/列最大值数据。

【例 12.30】　数据求最大值。（**实例位置：资源包\Code\12\30**）

计算语文、数学和英语各科成绩的最大值，程序代码如下：

```
01  import pandas as pd
02  # 解决数据输出时列名不对齐的问题
03  pd.set_option('display.unicode.east_asian_width', True)
04  data = [[110,105,99],[105,88,115],[109,120,130],[112,115]]
05  index = [1,2,3,4]
06  columns = ['语文','数学','英语']
07  df = pd.DataFrame(data=data, index=index, columns=columns)
08  new=df.max()
09  # 增加一行数据（语文、数学和英语的最大值，忽略索引）
10  df=df.append(new,ignore_index=True)
11  print(df)
```

运行程序结果如图 12.44 所示。

	语文	数学	英语
0	110.0	105.0	99.0
1	105.0	88.0	115.0
2	109.0	120.0	130.0
3	112.0	115.0	NaN
4	112.0	120.0	130.0

图 12.44　max 函数计算三科成绩的最大值

从运行结果得知：语文最高分 112 分，数学最高分 120 分，英语最高分 130 分。

12.9.4　求最小值（min 函数）

在 Python 中通过调用 DataFrame 对象的 min 函数实现行/列数据最小值运算，语法格式如下：

```
DataFrame.min([axis,skipna,level,…])
```

参数说明如下。

☑ axis：axis=1 表示按行相加，axis=0 表示按列相加，默认按列相加。
☑ skipna：skipna=1 表示 NaN 值自动转换为 0，skipna=0 表示 NaN 值不自动转换，默认 NaN 值自动转换为 0。
☑ level：表示索引层级。
☑ 返回值：返回 Series 对象，行/列最小值数据。

【例 12.31】 数据求最小值。（**实例位置：资源包\Code\12\31**）

计算语文、数学和英语各科成绩的最小值，程序代码如下：

```
01  import pandas as pd
02  # 解决数据输出时列名不对齐的问题
03  pd.set_option('display.unicode.east_asian_width', True)
04  data = [[110,105,99],[105,88,115],[109,120,130],[112,115]]
05  index = [1,2,3,4]
06  columns = ['语文','数学','英语']
07  df = pd.DataFrame(data=data, index=index, columns=columns)
08  new=df.min()
09  # 增加一行数据（语文、数学和英语的最小值，忽略索引）
10  df=df.append(new,ignore_index=True)
11  print(df)
```

运行程序结果如图 12.45 所示。

	语文	数学	英语
0	110.0	105.0	99.0
1	105.0	88.0	115.0
2	109.0	120.0	130.0
3	112.0	115.0	NaN
4	105.0	88.0	99.0

图 12.45　min 函数计算三科成绩的最小值

从运行结果得知：语文最低分 105 分，数学最低分 88 分，英语最低分 99 分。

12.10　数据分组统计

12.10.1　分组统计 groupby 函数

对数据进行分组统计，主要使用 DataFrame 对象的 groupby 函数，其功能如下。

（1）根据给定的条件将数据拆分成组。

（2）每个组都可以独立应用函数（如求和函数（sum）、求平均值函数（mean）等）。

（3）将结果合并到一个数据结构中。

groupby 函数用于将数据按照一列或多列进行分组，一般与计算函数结合使用，实现数据的分组统计，语法格式如下：

```
DataFrame.groupby(by=None,axis=0,level=None,as_index=True,sort=True,group_keys=True,squeeze=False,
observed=False)
```

参数说明如下。

☑ by：映射、字典或 Series 对象、数组、标签或标签列表。如果 by 是一个函数，则对象索引的每个值都调用它。如果传递了一个字典或 Series 对象，则使用该字典或 Series 对象值来确定组。如果传递了数组 ndarray，则按原样使用这些值来确定组。

☑ axis：axis=1 表示行，axis=0 表示列，默认值为 0。

☑ level：表示索引层级，默认无。

☑ as_index：布尔型，默认值为 True，返回以组标签为索引的对象。

☑ sort：对组进行排序，布尔型，默认值为 True。

☑ group_keys：布尔型，默认值为 True，调用 apply()函数时，将分组的键添加到索引以标识片段。

☑ squeeze：布尔型，默认值为 False，如果可能，则减少返回类型的维度，否则返回一致类型。

☑ observed：当以石斑鱼为分类时，才会使用该参数。如果参数值为 True，则仅显示分类石斑鱼的观测值。如果为 False 显示分类石斑鱼的所有值。

☑ 返回值：DataFrameGroupBy，返回包含有关组的信息的 groupby 对象。

【例 12.32】　分组统计 groupby 函数。（**实例位置：资源包\Code\12\32**）

（1）按照一列分组统计。按照图书“一级分类”对订单数据进行分组统计求和，程序代码如下：

```
01  import pandas as pd                                        # 导入 pandas 模块
02  # 设置数据显示的列数和宽度
03  pd.set_option('display.max_columns',500)
04  pd.set_option('display.width',1000)
05  # 解决数据输出时列名不对齐的问题
06  pd.set_option('display.unicode.east_asian_width', True)
07  df=pd.read_csv('JD.csv',encoding='gbk')
08  # 抽取数据
09  df1=df[['一级分类','7 天点击量','订单预定']]
10  print(df1.groupby('一级分类').sum())                          # 分组统计求和
```

运行程序，输出结果如图 12.46 所示。

```
                     7天点击量  订单预定
一级分类
数据库                    186        15
移动开发                  261         7
编程语言与程序设计       4280       192
网页制作/Web技术          345        15
```

图 12.46　按照一列分组统计

（2）按照多列分组统计。多列分组统计，以列表形式指定列。

按照图书“一级分类”和“二级分类”对订单数据进行分组统计求和，关键代码如下：

```
01  # 抽取数据
02  df1=df[['一级分类','二级分类','7 天点击量','订单预定']]
03  print(df1.groupby(['一级分类','二级分类']).sum())                    # 分组统计求和
```

运行程序，输出结果如图 12.47 所示

（3）分组并按指定列进行数据计算。前面介绍的分组统计是按照所有列进行汇总计算的，那么如何按照指定列汇总计算呢？

统计各编程语言的 7 天点击量，首先按“二级分类”分组，然后抽取“7 天点击量”列并对该列进行求和运算，关键代码如下：

```
01  # 抽取数据
02  df1=df[['一级分类','二级分类','7 天点击量','订单预定']]
03  print(df1.groupby('二级分类')['7 天点击量'].sum())
```

运行程序，输出结果如图 12.48 所示。

```
                               7天点击量  订单预定
一级分类          二级分类
数据库            Oracle             58        2
                  SQL               128       13
移动开发          Android           261        7
编程语言与程序设计 ASP.NET            87        2
                  C#                314       12
                  C++/C语言         724       28
                  JSP/JavaWeb       157        1
                  Java              408       16
                  PHP               113        1
                  Python           2449      132
                  Visual Basic       28        0
网页制作/Web技术  HTML              188        8
                  JavaScript        100        7
                  WEB前端            57        0
```

图 12.47　按照多列分组统计

```
二级分类
ASP.NET          87
Android         261
C#              314
C++/C语言       724
HTML            188
JSP/JavaWeb     157
Java            408
JavaScript      100
Oracle           58
PHP             113
Python         2449
SQL             128
Visual Basic     28
WEB前端          57
```

图 12.48　分组并按指定列进行数据计算

12.10.2　对分组数据进行迭代

【例 12.33】　对分组数据进行迭代。（**实例位置：资源包\Code\12\33**）

通过 for 循环对分组统计数据进行迭代（遍历分组数据）。

按照“一级分类”分组，并输出每一分类中的订单数据，代码如下：

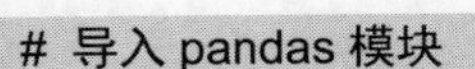

```
01  import pandas as pd                                  # 导入 pandas 模块
02  # 设置数据显示的列数和宽度
03  pd.set_option('display.max_columns',500)
04  pd.set_option('display.width',1000)
05  # 解决数据输出时列名不对齐的问题
06  pd.set_option('display.unicode.east_asian_width', True)
07  df=pd.read_csv('JD.csv',encoding='gbk')
08  # 抽取数据
```

```
09  df1=df[['一级分类','7 天点击量','订单预定']]
10  for name, group in df1.groupby('一级分类'):
11          print(name)
12          print(group)
```

运行程序，输出结果如图 12.49 所示。

```
数据库
    一级分类  7天点击量  订单预定
25   数据库       58       2
27   数据库      128      13
移动开发
     一级分类  7天点击量  订单预定
10  移动开发       85       4
19  移动开发       32       1
24  移动开发       85       2
28  移动开发       59       0
编程语言与程序设计
            一级分类  7天点击量  订单预定
0   编程语言与程序设计       35       1
1   编程语言与程序设计       49       0
2   编程语言与程序设计       51       2
3   编程语言与程序设计       64       1
4   编程语言与程序设计       26       0
5   编程语言与程序设计       60       1
……
网页制作/Web技术
            一级分类  7天点击量  订单预定
7   网页制作/Web技术      100       7
14  网页制作/Web技术      188       8
17  网页制作/Web技术       57       0
```

图 12.49　对分组数据进行迭代

在上述代码中 name 是 groupby 中“一级分类”的值，group 是分组后的数据。如果 groupby 对多列进行分组，那么需要在 for 循环中指定多列。

迭代“一级分类”和“二级分类”的订单数据，关键代码如下：

```
01  # 抽取数据
02  df2=df[['一级分类','二级分类','7 天点击量','订单预定']]
03  for (key1,key2),group in df2.groupby(['一级分类','二级分类']):
04          print(key1,key2)
05          print(group)
```

12.10.3　通过字典和 Series 对象进行分组统计

1．通过字典进行分组统计

【例 12.34】　通过字典进行分组统计。（**实例位置：资源包\Code\12\34**）

首先创建字典建立对应关系，然后将字典传递给 groupby 函数从而实现数据分组统计。

统计各地区销量，业务要求将“北京”“上海”“广州”3 个一线城市放在一起统计，那么首先创建一个字典将“上海出库销量”“北京出库销量”“广州出库销量”都对应“北上广”，然后使用 groupby() 方法进行分组统计，代码如下：

```
01  import pandas as pd                                        # 导入 pandas 模块
02  # 设置数据显示的列数和宽度
03  pd.set_option('display.max_columns',500)
04  pd.set_option('display.width',1000)
05  # 解决数据输出时列名不对齐的问题
06  pd.set_option('display.unicode.east_asian_width', True)
07  df=pd.read_csv('JD_warehouse.csv', encoding='gbk')         # 导入 csv 文件
08  df=df.set_index(['商品名称'])
09  # 创建字典
10  dict1={'上海出库销量':'北上广','北京出库销量':'北上广',
11          '广州出库销量':'北上广','成都出库销量':'成都',
12          '武汉出库销量':'武汉','西安出库销量':'西安'}
13  df1=df.groupby(dict1,axis=1)
14  print(df1.sum())
```

运行程序，输出结果如图 12.50 所示。

2. 通过 Series 对象进行分组统计

【例 12.35】 通过 Series 对象进行分组统计。（**实例位置：资源包\Code\12\35**）

通过 Series 对象进行分组统计与字典的方法类似。首先，创建一个 Series 对象，关键代码如下：

```
01  data={'上海出库销量':'北上广','北京出库销量':'北上广',
02          '广州出库销量':'北上广','成都出库销量':'成都',
03          '武汉出库销量':'武汉','西安出库销量':'西安',}
04  s1=pd.Series(data)
05  print(s1)
```

运行程序，输出结果如图 12.51 所示。

	北上广	成都	武汉	西安
商品名称				
零基础学Python（全彩版）	1991	284	246	152
Python从入门到项目实践（全彩版）	798	113	92	63
Python项目开发案例集锦（全彩版）	640	115	88	57
Python编程锦囊（全彩版）	457	85	65	47
零基础学C语言（全彩版）	364	82	63	40
SQL即查即用（全彩版）	305	29	25	40
零基础学Java（全彩版）	238	48	43	29
零基础学C++（全彩版）	223	53	35	23
零基础学C#（全彩版）	146	27	16	7
C#项目开发实战入门（全彩版）	135	18	22	12

图 12.50　通过字典进行分组统计

```
上海出库销量    北上广
北京出库销量    北上广
广州出库销量    北上广
成都出库销量      成都
武汉出库销量      武汉
西安出库销量      西安
```

图 12.51　通过 Series 对象进行分组统计

然后，将 Series 对象传递给 groupby 函数实现数据分组统计，关键代码如下：

```
01  df1=df.groupby(s1,axis=1).sum()
02  print(df1)
```

运行程序，输出结果如图 12.52 所示。

商品名称	北上广	成都	武汉	西安
零基础学Python（全彩版）	1991	284	246	152
Python从入门到项目实践（全彩版）	798	113	92	63
Python项目开发案例集锦（全彩版）	640	115	88	57
Python编程锦囊（全彩版）	457	85	65	47
零基础学C语言（全彩版）	364	82	63	40
SQL即查即用（全彩版）	305	29	25	40
零基础学Java（全彩版）	238	48	43	29
零基础学C++（全彩版）	223	53	35	23
零基础学C#（全彩版）	146	27	16	7
C#项目开发实战入门（全彩版）	135	18	22	12

图 12.52　分组统计结果

12.11　日期数据处理

12.11.1　DataFrame 的日期数据转换

在日常工作中，有一个非常麻烦的事情就是日期的格式可以有很多种表达，我们看到同样是 2020 年 2 月 14 日，可以有很多种格式，如图 12.53 所示。那么，我们需要先将这些格式统一后才能进行后续的工作。Pandas 提供了 to_datetime 方法可以帮助我们解决这一问题。

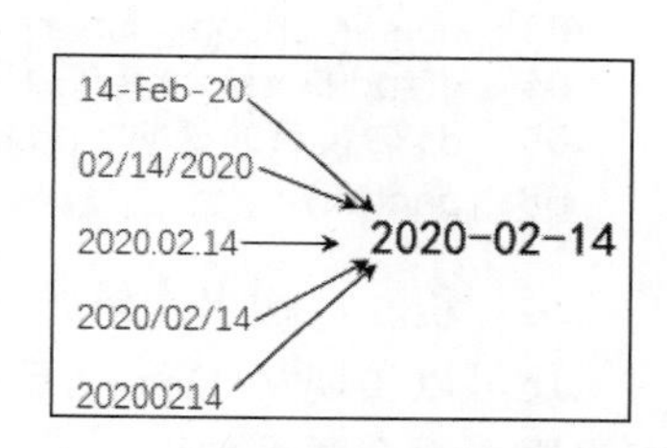

图 12.53　日期的多种格式转换

to_datetime 方法可以用来批量转换日期数据，对于处理大数据非常实用和方便，它可以将日期数据转换成你需要的各种格式。例如，将 2/14/20 和 14-2-2020 转换为日期格式 2020-02-14。to_datetime 方法的语法格式如下：

```
pandas.to_datetime(arg,errors='ignore',dayfirst=False,yearfirst=False,utc=None,box=True,format=None,exact=True,unit=None,infer_datetime_format=False,origin='unix',cache=False)
```

参数说明如下。

☑ arg：字符串、日期时间、字符串数组。

☑ errors：值为 ignore、raise 或 coerce，具体说明如下，默认值为 ignore 忽略错误。

  ➢ ignore：无效的解析将返回原值。

  ➢ raise：无效的解析将引发异常。

  ➢ coerce：无效的解析将被设置为 NaT，即无法转换为日期的数据转换为 NaT。

☑ dayfirst：第一天，布尔型，默认值为 False，如果为 True，则解析日期为第一天，如 20/01/2020。

☑ yearfirst：年份为第一，布尔型，默认值为 False，如果为 True，则解析日期以年份为第一，如将 10/11/12 解析为 2010-11-12。

☑ utc：默认值为 None。返回 utc 即协调世界时间。

☑ box：布尔值，默认值为 True，如果为 True，则返回值为 DatetimeIndex；如果为 False，则返回值为 ndarray。

☑ format：格式化显示时间的格式。字符串，默认值为 None。

☑ exact：布尔值，默认值为 True。如果为 True，则要求格式完全匹配。如果为 False，则允许格式与目标字符串中的任何位置匹配。

☑ unit：默认值为 None，参数的单位（D、s、ms、μs、ns）表示时间的单位。例如 Unix 时间戳，它是整数/浮点数。

☑ infer_datetime_format：默认值为 False。如果没有格式，则尝试根据第一个日期时间字符串推断格式。

☑ origin：默认值为 unix。定义参考日期。数值将被解析为单位数。

☑ cache：默认值为 False。如果为 True，则使用唯一、转换日期的缓存应用日期时间转换。在解析重复日期字符串，特别是带有时区偏移的字符串时，可能会产生明显的加速。只有在至少有 50 个值时才使用缓存。越界值的存在将使缓存不可用，并可能减慢解析速度。

☑ 返回值：日期时间。

【例 12.36】 将 2020 年 2 月 14 日的各种格式转换为日期格式。（**实例位置：资源包\Code\12\36**）

将 2020 年 2 月 14 日的各种格式转换为日期格式，程序代码如下：

```
01  import pandas as pd
02  # 解决数据输出时列名不对齐的问题
03  pd.set_option('display.unicode.east_asian_width', True)
04  df=pd.DataFrame({'原日期':['14-Feb-20', '02/14/2020', '2020.02.14', '2020/02/14','20200214']})
05  df['转换后的日期']=pd.to_datetime(df['原日期'])
06  print(df)
```

运行程序，输出结果如图 12.54 所示。

还可以实现从 DataFrame 对象中的多列，如年、月、日各列组合成一列日期。键值是常用的日期缩略语，组合要求如下。

必选：year、month、day。

可选：hour、minute、second、millisecond（毫秒）、microsecond（微秒）、nanosecond（纳秒）。

【例 12.37】 将一组数据组合为日期数据。（**实例位置：资源包\Code\12\37**）

将一组数据组合为日期数据，关键代码如下：

```
01  import pandas as pd
02  # 解决数据输出时列名不对齐的问题
03  pd.set_option('display.unicode.east_asian_width', True)
04  df = pd.DataFrame({'year': [2018, 2019,2020],
05                     'month': [1, 3,2],
06                     'day': [4, 5,14],
07                     'hour':[13,8,2],
08                     'minute':[23,12,14],
09                     'second':[2,4,0]})
10  df['组合后的日期']=pd.to_datetime(df)
11  print(df)
```

运行程序，输出结果如图 12.55 所示。

	原日期	转换后的日期
0	14-Feb-20	2020-02-14
1	02/14/2020	2020-02-14
2	2020.02.14	2020-02-14
3	2020/02/14	2020-02-14
4	20200214	2020-02-14

图 12.54　2020 年 2 月 14 日的各种格式转换为日期格式

	year	month	day	hour	minute	second	组合后的日期
0	2018	1	4	13	23	2	2018-01-04 13:23:02
1	2019	3	5	8	12	4	2019-03-05 08:12:04
2	2020	2	14	2	14	0	2020-02-14 02:14:00

图 12.55　日期组合

12.11.2　dt 对象的使用

dt 对象是 Series 对象中用于获取日期属性的一个访问器对象，通过它可以获取日期中的年、月、日、星期数、季节等，还可以判断日期是否处在年底。语法格式如下：

```
Series.dt()
```

返回值：返回与原始系列相同的索引系列。如果 Series 不包含类日期值，则引发错误。

dt 对象提供了 year、month、day、dayofweek、dayofyear、is_leap_year、quarter、weekday_name 等属性和方法。例如，year 可以获取“年”、month 可以获取“月”、quarter 可以直接得到每个日期分别是第几个季度，weekday_name 可以直接得到每个日期对应的是周几。

【例 12.38】 使用 dt 对象获取日期中的年、月、日、星期数、季节。（**实例位置：资源包\Code\12\38**）

使用 dt 对象获取日期中的年、月、日、星期数、季节等。

（1）获取年、月、日。

```
df['年'],df['月'],df['日']=df['日期'].dt.year,df['日期'].dt.month,df['日期'].dt.day
```

（2）从日期判断出所处星期数。

```
df['星期几']=df['日期'].dt.day_name()
```

（3）从日期判断所处季度。

```
df['季度']=df['日期'].dt.quarter
```

（4）从日期判断是否为年底最后一天。

```
df['是否年底']=df['日期'].dt.is_year_end
```

运行程序，输出结果如图 12.56 所示。

	原日期	日期	年	月	日	星期几	季度	是否年底
0	2019.1.05	2019-01-05	2019	1	5	Saturday	1	False
1	2019.2.15	2019-02-15	2019	2	15	Friday	1	False
2	2019.3.25	2019-03-25	2019	3	25	Monday	1	False
3	2019.6.25	2019-06-25	2019	6	25	Tuesday	2	False
4	2019.9.15	2019-09-15	2019	9	15	Sunday	3	False
5	2019.12.31	2019-12-31	2019	12	31	Tuesday	4	True

图 12.56　dt 对象日期转换

12.11.3 获取日期区间的数据

获取日期区间的数据的方法是直接在 DataFrame 对象中输入日期或日期区间，但前提必须设置日期为索引，举例如下。

☑ 获取 2018 年的数据。

```
df1['2018']
```

☑ 获取 2017 至 2018 年的数据。

```
df1['2017':'2018']
```

☑ 获取某月（2018 年 7 月）的数据。

```
df1['2018-07']
```

☑ 获取具体某天（2018 年 5 月 6 日）的数据。

```
df1['2018-05-06':'2018-05-06']
```

【例 12.39】 获取指定日期区间的订单数据。（**实例位置：资源包\Code\12\39**）

获取 2018 年 5 月 11 日至 6 月 10 日的订单，效果如图 12.57 所示。

订单付款时间	买家会员名	联系手机	买家实际支付金额
2018-05-11 11:37:00	mrhy61	1**********	55.86
2018-05-11 13:03:00	mrhy80	1**********	268.00
2018-05-11 13:27:00	mrhy40	1**********	55.86
2018-05-12 02:23:00	mrhy27	1**********	48.86
2018-05-12 21:13:00	mrhy76	1**********	268.00
2018-05-12 21:14:00	mrhy17	1**********	48.86
2018-05-12 22:06:00	mrhy60	1**********	55.86
……			
2018-06-08 22:29:00	yhhy12	1**********	163.71
2018-06-09 00:20:00	yhhy30	1**********	29.86
2018-06-09 11:49:00	yhhy35	1**********	160.30
2018-06-09 13:46:00	yhhy22	1**********	146.58
2018-06-09 14:21:00	yhhy8	1**********	153.44
2018-06-09 16:35:00	yhhy20	1**********	55.86
2018-06-09 21:17:00	yhhy47	1**********	43.86
2018-06-09 22:42:00	yhhy6	1**********	167.58
2018-06-10 08:22:00	yhhy4	1**********	166.43
2018-06-10 09:06:00	yhhy14	1**********	137.58
2018-06-10 21:11:00	yhhy24	1**********	139.44

图 12.57　2018 年 5 月 11 日至 6 月 10 日的订单（省略部分数据）

程序代码如下：

```
01    import pandas as pd
```

```
02  # 解决数据输出时列名不对齐的问题
03  pd.set_option('display.unicode.ambiguous_as_wide', True)
04  pd.set_option('display.unicode.east_asian_width', True)
05  df = pd.read_excel('mingribooks.xls')
06  df1=df[['订单付款时间','买家会员名','联系手机','买家实际支付金额']]
07  df1=df1.sort_values(by=['订单付款时间'])
08  df1 = df1.set_index('订单付款时间')                           # 将日期设置为索引
09  # 获取某个区间数据
10  print(df1['2018-05-11':'2018-06-10'])
```

12.11.4　按不同时期统计并显示数据

1. 按时期统计数据

【例 12.40】　按时期统计数据。（**实例位置：资源包\Code\12\40**）

按时期统计数据主要通过 DataFrame 对象的 resample()方法结合数据计算函数实现。resample()方法主要应用于时间序列频率转换和重采样，它可以从日期中获取年、月、日、星期、季节等，结合数据计算函数就可以实现按年、月、日、星期或季度等不同时期统计数据。代码如下：

```
01  import pandas as pd
02  # 解决数据输出时列名不对齐的问题
03  pd.set_option('display.unicode.ambiguous_as_wide', True)
04  pd.set_option('display.unicode.east_asian_width', True)
05  aa =r'TB2018.xls'
06  df = pd.DataFrame(pd.read_excel(aa))
07  df1=df[['订单付款时间','买家会员名','联系手机','买家实际支付金额']]
08  df1 = df1.set_index('订单付款时间')                           # 将 date 设置为 index
09  print('---------按年统计数据-----------')
10  # "AS"是每年第一天为开始日期，"A"是每年最后一天
11  print(df1.resample('AS').sum())
12
13  print('---------按季统计数据-----------')
14  # "QS"是每个季度第一天为开始日期，"Q"是每个季度最后一天
15  print(df1.resample('QS').sum())
16
17  print('---------按月统计数据-----------')
18  # "MS"是每个月第一天为开始日期，"M"是每个月最后一天
19  print(df1.resample('MS').sum())
20
21  print('---------按星期统计数据-----------')
22  print(df1.resample('W').sum())
23
24  print('---------按天统计数据-----------')
25  print(df1.resample('D').sum())
```

说明

由于该实例运行结果内容较多，读者可以运行源码查看运行结果。

注意

按日期统计数据过程中，可能会出现如图 12.58 所示的错误提示。

```
Traceback (most recent call last):
  File "F:/PythonBooks/Python数据分析从入门到实践/Program/07/相关性分析/demo.py", line 8, in <module>
    df1=df_x.resample('D').sum()                    #按日统计费用
  File "C:\Users\Administrator\AppData\Local\Programs\Python\Python37\lib\site-packages\pandas\core\generic.py", line 8155, in resample
    base=base, key=on, level=level)
  File "C:\Users\Administrator\AppData\Local\Programs\Python\Python37\lib\site-packages\pandas\core\resample.py", line 1250, in resample
    return tg._get_resampler(obj, kind=kind)
  File "C:\Users\Administrator\AppData\Local\Programs\Python\Python37\lib\site-packages\pandas\core\resample.py", line 1380, in _get_resampler
    "but got an instance of %r" % type(ax).__name__)
TypeError: Only valid with DatetimeIndex, TimedeltaIndex or PeriodIndex, but got an instance of 'Index'
```

图 12.58　错误提示

完整错误描述：

```
TypeError: Only valid with DatetimeIndex, TimedeltaIndex or PeriodIndex, but got an instance of 'Index'
```

出现上述错误，是由于 resample()函数要求索引必须为日期型。

解决方法：将数据的索引转换为 datetime 类型，关键代码如下：

```
df1.index = pd.to_datetime(df1.index)
```

2．按时期显示数据

DataFrame 对象的 period 方法可以将时间戳转换为时期，从而实现按时期显示数据，前提是日期必须设置为索引。语法格式如下：

```
DataFrame.to_period(freq=None, axis=0, copy=True)
```

参数说明如下。

- ☑ freq：字符串，周期索引的频率，默认值为 None。
- ☑ axis：行列索引，axis=0 为行索引，axis=1 为列索引，默认值为 0。
- ☑ copy：是否复制数据，默认值为 True，如果为 False，则不复制数据。
- ☑ 返回值：带周期索引的时间序列。

从日期中获取不同的时期，关键代码如下：

```
01  df1.to_period('A')                                    # 按年
02  df1.to_period('Q')                                    # 按季度
03  df1.to_period('M')                                    # 按月
04  df1.to_period('W')                                    # 按星期
```

3．按时期统计并显示数据

【例 12.41】　按时期统计并显示数据。（**实例位置：资源包\Code\12\41**）

- ☑ 按年统计并显示数据。

```
df2.resample('AS').sum().to_period('A')
```

运行结果如图 12.59 所示。

☑　按季度统计并显示数据。

```
Q_df=df2.resample('Q').sum().to_period('Q')
```

运行结果如图 12.60 所示。

```
---------按年统计并显示数据------------
                  买家实际支付金额
订单付款时间
2018                  218711.61
```

图 12.59　按年统计并显示数据

```
---------按季度统计并显示数据------------
                  买家实际支付金额
订单付款时间
2018Q1                 58230.83
2018Q2                 62160.49
2018Q3                 44942.19
2018Q4                 53378.10
```

图 12.60　按季度统计并显示数据

☑　按月度统计并显示数据。

```
df2.resample('M').sum().to_period('M')
```

运行结果如图 12.61 所示。

☑　按星期统计并显示数据（前 5 条数据）。

```
df2.resample('W').sum().to_period('W').head()
```

运行结果如图 12.62 所示。

```
---------按月统计并显示数据------------
                  买家实际支付金额
订单付款时间
2018-01                23369.17
2018-02                10129.87
2018-03                24731.79
2018-04                20484.80
2018-05                11847.91
2018-06                29827.78
2018-07                39433.60
2018-08                 1895.65
2018-09                 3612.94
2018-10                15230.59
2018-11                15394.61
2018-12                22752.90
```

图 12.61　按月统计并显示数据

```
---------按星期统计并显示数据------------
                           买家实际支付金额
订单付款时间
2018-01-01/2018-01-07              5735.91
2018-01-08/2018-01-14              4697.62
2018-01-15/2018-01-21              5568.77
2018-01-22/2018-01-28              5408.68
2018-01-29/2018-02-04              3600.12
```

图 12.62　按星期统计并显示数据

12.12　小　　结

本章介绍了如何对爬取后的数据进行处理，首先学习如何使用 Pandas 模块实现数据的结构化，也就是将数据转换成一个可读性非常强的临时表格，然后再对表格中的数据进行增、删、改、查的基本操作，接着对数据进行清洗将其中的空数据与重复数据清除。除了这些基本操作以外，还介绍了一些比较常用的数据处理方式，如数据类型的转换、导入各种文件中的数据、数据的排序、简单的数据计算等。数据处理也是爬虫中比较重要的一部分，希望读者可以多多练习，然后将爬取后的数据处理成合理有效的数据。

第 13 章

数据存储

完成了数据处理接下来需要实现数据存储，数据存储的方式多种多样，如果只是想简单的保存一下可以选择保存至文本文件（TXT、CSV、Excel）。还可以将数据保存至数据库（MySQL、SQLite）中。本章将介绍如何将爬取后的数据存储至文本文件或者数据库中。

13.1 文件的存取

13.1.1 基本文件操作 TXT

1. TXT 文件存储

如果想要简单的 TXT 文件存储数据，可以通过 open()函数操作文件，需要先创建或者打开指定的文件并创建文件对象。open()函数的基本语法格式如下：

```
file = open(filename[,mode[,buffering]])
```

参数说明如下。

☑ file：被创建的文件对象。

☑ filename：要创建或打开文件的文件名称，需要使用单引号或双引号括起来。如果要打开的文件和当前文件在同一个目录下，那么直接写文件名即可，否则需要指定完整路径。例如，要打开当前路径下的名称为 status.txt 的文件，可以使用"status.txt"。

☑ mode：可选参数，用于指定文件的打开模式。其参数值如表 13.1 所示。默认的打开模式为只读（即 r）。

表 13.1　mode 参数的参数值说明

值	说　明	注　意
r	以只读模式打开文件。文件的指针将会放在文件的开头	文件必须存在
rb	以二进制格式打开文件，并且采用只读模式。文件的指针将会放在文件的开头。一般用于非文本文件，如图片、声音等	
r+	打开文件后，可以读取文件内容，也可以写入新的内容覆盖原有内容（从文件开头进行覆盖）	
rb+	以二进制格式打开文件，并且采用读写模式。文件的指针将会放在文件的开头。一般用于非文本文件，如图片、声音等	

续表

<table>
<tr><th>值</th><th>说　明</th><th>注　意</th></tr>
<tr><td>w</td><td>以只写模式打开文件</td><td rowspan="4">文件存在，则将其覆盖，否则创建新文件</td></tr>
<tr><td>wb</td><td>以二进制格式打开文件，并且采用只写模式。一般用于非文本文件，如图片、声音等</td></tr>
<tr><td>w+</td><td>打开文件后，先清空原有内容，使其变为一个空的文件，对这个空文件有读写权限</td></tr>
<tr><td>wb+</td><td>以二进制格式打开文件，并且采用读写模式。一般用于非文本文件，如图片、声音等</td></tr>
<tr><td>a</td><td>以追加模式打开一个文件。如果该文件已经存在，那么文件指针将放在文件的末尾（即新内容会被写入已有内容之后），否则，创建新文件用于写入</td><td></td></tr>
<tr><td>ab</td><td>以二进制格式打开文件，并且采用追加模式。如果该文件已经存在，则文件指针将放在文件的末尾（即新内容会被写入已有内容之后），否则，创建新文件用于写入</td><td></td></tr>
<tr><td>a+</td><td>以读写模式打开文件。如果该文件已经存在，则文件指针将放在文件的末尾（即新内容会被写入已有内容之后），否则，创建新文件用于读写</td><td></td></tr>
<tr><td>ab+</td><td>以二进制格式打开文件，并且采用追加模式。如果该文件已经存在，则文件指针将放在文件的末尾（即新内容会被写入已有内容之后），否则，创建新文件用于读写</td><td></td></tr>
</table>

☑ buffering：可选参数，用于指定读写文件的缓冲模式，值为 0 表示不缓存；值为 1 表示缓存；如果大于 1，则表示缓冲区的大小。默认为缓存模式。

【例 13.1】 TXT 文件存储。（**实例位置：资源包\Code\13\01**）

以爬取某网页中的励志名句为例，首先通过 Requests 发送网络请求，然后接受响应结果并通过 BeautifulSoup 解析 HTML 代码，接着提取所有信息，最后将信息逐条写入 data.txt 文件中。示例代码如下：

```
01  import requests                                         # 导入网络请求模块
02  from bs4 import BeautifulSoup                           # html 解析库
03
04  url = 'http://quotes.toscrape.com/tag/inspirational/'# 定义请求地址
05  headers = {'User-Agent':'Mozilla/5.0 (Windows NT 10.0; WOW64) AppleWebKit/537.36 (KHTML, like
Gecko) Chrome/80.0.3987.149 Safari/537.36'}
06  response = requests.get(url,headers)                    # 发送网络请求
07  if response.status_code==200:                           # 如果请求成功
08      # 创建一个 BeautifulSoup 对象，获取页面正文
09      soup = BeautifulSoup(response.text, features="lxml")
10      text_all = soup.find_all('span',class_='text')      # 获取所有显示励志名句的 span 标签
11      txt_file = open('data.txt','w',encoding='utf-8')    # 创建 open 对象
12      for i,value in enumerate(text_all):                 # 循环遍历爬取内容
13          txt_file.write(str(i)+value.text+'\n')          # 写入每条爬取的励志名句并在结尾换行
14      txt_file.close()                                    # 关闭文件操作
```

运行以上示例代码后，文件夹目录中将自动生成 data.txt 文件，打开文件将显示如图 13.1 所示的结果。

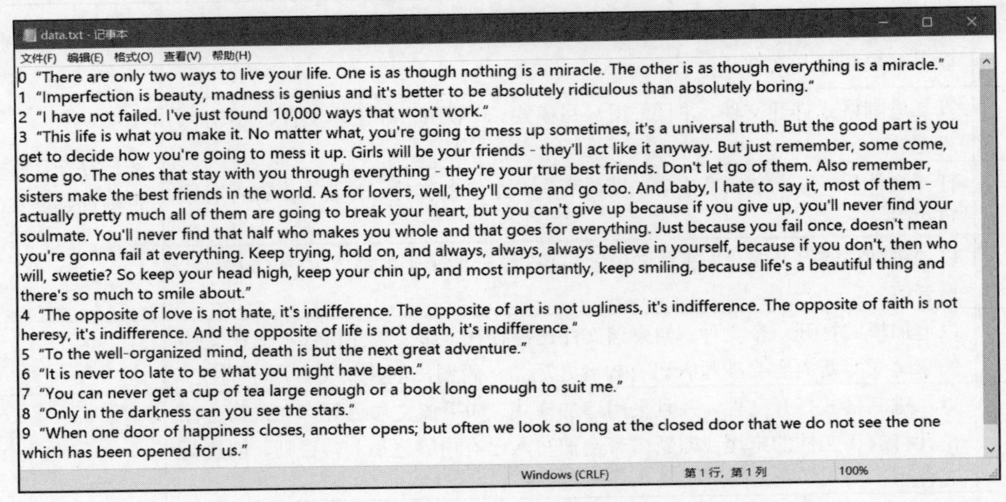

图 13.1　文件内容

2．读取 TXT 文件

在 Python 中打开文件后，除了可以向其写入或追加内容，还可以读取文件中的内容。读取文件内容主要分为以下几种情况。

（1）读取指定字符。文件对象提供了 read()方法读取指定个数的字符。其语法格式如下：

```
file.read([size])
```

其中，file 为打开的文件对象；size 为可选参数，用于指定要读取的字符个数，如果省略则一次性读取所有内容。

【例 13.2】 读取 message.txt 文件中的前 9 个字符。（**实例位置：资源包\Code\13\02**）

例如，要读取 message.txt 文件中的前 9 个字符，可以使用下面的代码。

```
01    with open('message.txt','r') as file:              # 打开文件
02        string = file.read(9)                          # 读取前 9 个字符
03        print(string)
```

如果 message.txt 的文件内容为：

```
Python 的强大，强大到你无法想象！！！
```

那么执行上面的代码将显示以下结果：

```
Python 的强大
```

使用 read(size)方法读取文件时，是从文件的开头读取的。如果想要读取部分内容，则可以先使用文件对象的 seek()方法将文件的指针移动到新的位置，然后再应用 read(size)方法读取。seek()方法的基本语法格式如下：

```
file.seek(offset[,whence])
```

参数说明如下。

☑ file：表示已经打开的文件对象。

☑ offset：用于指定移动的字符个数，其具体位置与 whence 有关。

☑ whence：用于指定从什么位置开始计算。whence=0 表示从文件头开始计算，whence=1 表示从当前位置开始计算，whence=2 表示从文件尾开始计算，默认值为 0。

【例 13.3】　从文件的第 11 个字符开始读取 8 个字符。（**实例位置：资源包\Code\13\03**）

例如，想要从文件的第 11 个字符开始读取 8 个字符，可以使用下面的代码。

```
01  with open('message.txt','r') as file:          # 打开文件
02      file.seek(11)                               # 移动文件指针到新的位置
03      string = file.read(8)                       # 读取 8 个字符
04      print(string)
```

如果 message.txt 的文件内容为：

```
Python 的强大，强大到你无法想象！！！
```

那么执行上面的代码将显示以下结果：

```
强大到你无法想象
```

说明

在使用 seek()方法时，offset 的值是按一个汉字占两个字符、英文和数字点一个字符计算的。这与 read(size)方法不同。

（2）读取一行。在使用 read()方法读取文件时，如果文件很大，则一次读取全部内容到内存，容易造成内存不足，所以通常会采用逐行读取。文件对象提供了 readline()方法用于每次读取一行数据。readline()方法的基本语法格式如下：

```
file.readline()
```

其中，file 为打开的文件对象。同 read()方法一样，打开文件时，也需要指定打开模式为 r（只读）或者 r+（读写）。

【例 13.4】　读取一行。（**实例位置：资源包\Code\13\04**）

读取一行，代码如下：

```
01  print("\n","="*20,"Python 经典应用","="*20,"\n")
02  with open('message.txt','r') as file:          # 打开保存 Python 经典应用信息的文件
03      number = 0                                  # 记录行号
04      while True:
05          number += 1
06          line = file.readline()
07          if line =='':
08              break                               # 跳出循环
```

```
09              print(number,line,end= "\n")                    # 输出一行内容
10    print("\n","="*20,"over","="*20,"\n")
```

执行上面的代码，将显示如图 13.2 所示的结果。

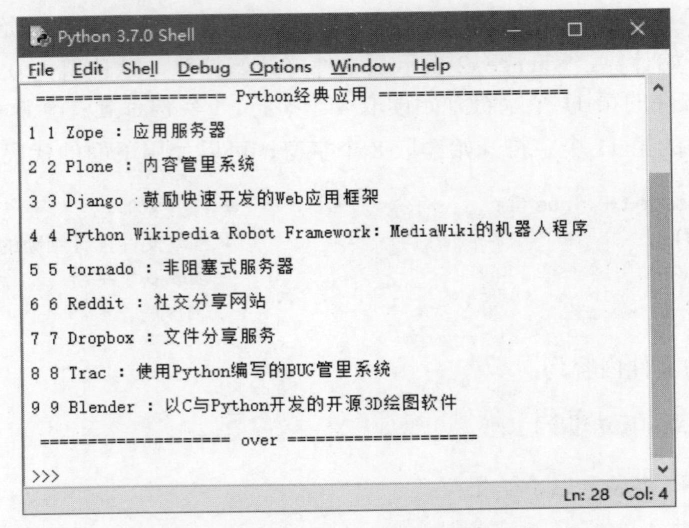

图 13.2　逐行显示 Python 经典应用

（3）读取全部行。读取全部行的作用同调用 read()方法时不指定 size 类似，只不过读取全部行时，返回的是一个字符串列表，每个元素为文件的一行内容。读取全部行，使用的是文件对象的 readlines()方法，其语法格式如下：

```
file.readlines()
```

其中，file 为打开的文件对象。同 read()方法一样，打开文件时，也需要指定打开模式为 r（只读）或者 r+（读写）。

【例 13.5】　读取全部行。（**实例位置：资源包\Code\13\05**）

例如，通过 readlines()方法读取 message.txt 文件中的所有内容，并输出读取结果，代码如下：

```
01    print("\n","="*20,"Python 经典应用","="*20,"\n")
02    with open('message.txt','r') as file:                # 打开保存 Python 经典应用信息的文件
03        message = file.readlines()                       # 读取全部信息
04        print(message)                                   # 输出信息
05        print("\n","="*25,"over","="*25,"\n")
```

执行上面的代码，将显示如图 13.3 所示的运行结果。

从该运行结果中可以看出 readlines()方法的返回值为一个字符串列表。在这个字符串列表中，每个元素记录一行内容。如果文件比较大时，采用这种方法输出读取的文件内容会很慢。这时可以将列表的内容逐行输出。例如，代码可以修改为以下内容：

```
01    print("\n","="*20,"Python 经典应用","="*20,"\n")
02    with open('message.txt','r') as file:                # 打开保存 Python 经典应用信息的文件
```

```
03      messageall = file.readlines()                # 读取全部信息
04      for message in messageall:
05          print(message)                           # 输出一条信息
06  print("\n","="*25,"over","="*25,"\n")
```

执行结果与图 13.3 相同。

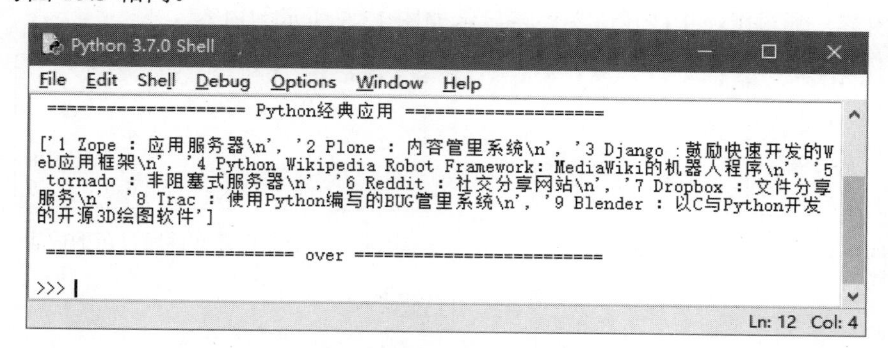

图 13.3　readlines()方法的返回结果

13.1.2　存储 CSV 文件

CSV 文件是文本文件的一种，该文件中每一行数据的多个元素之间是使用逗号进行分隔的。其实存取 CSV 文件时同样可以使用 open()函数，不过我们有更好的办法，就是使用 Pandas 模块实现 CSV 文件的存储工作。在存储数据时需要通过 DataFrame 对象的 to_csv()方法，其语法格式如下：

```
DataFrame.to_csv(path_or_buf, sep,na_rep,float_format,columns, header, index,index_label, mode,encoding,
line_terminator,quoting,quotechar,doublequote,escapechar,chunksize,tupleize_cols, date_format)
```

该函数中的常用参数及含义如表 13.2 所示。

表 13.2　to_csv()函数常用参数及含义

参 数 名	描　述
path_or_buf	要保存的路径及文件名
sep	str 类型，表示分隔符，默认值为逗号“,”
na_rep	str 类型，用于替换缺失值，默认值为“”空
float_format	str 类型，指定浮点数据的格式，例如，'%.2f'表示保留两位小数
columns	表示指定写入哪列数据的列名，默认值为 None
header	表示是否写入数据中的列名，默认值为 False，表示不写入
index	表示是否将行索引写入文件，默认值为 True
mode	str 类型，表示写入模式默认值为“w”
encoding	str 类型，表示写入文件的编码格式
line_terminator	换行符，默认值为“\n”

例如，创建 A、B、C 这 3 列数据，然后将数据写入 CSV 文件中，可以参考以下示例代码：

```
01  import pandas as pd                                      # 导入 pandas
02  data ={'A':[1,2,3],'B':[4,5,6],'C':[7,8,9]}             # 创建 3 列数据
03  df = pd.DataFrame(data)                                  # 创建 DataFrame 对象
04  df.to_csv('test.csv')                                    # 存储为 CSV 文件
```

运行以上代码后，文件夹目录中将自动生成 test.csv文件，在PyCharm中打开该文件将显示如图 13.4 所示的内容，通过 Excel 打开该文件将显示如图 13.5 所示的内容。

```
,A,B,C
0,1,4,7
1,2,5,8
2,3,6,9
```

图 13.4　PyCharm 打开文件所显示的内容

A	B	C	D
	A	B	C
0	1	4	7
1	2	5	8
2	3	6	9

图 13.5　Excel 打开文件所显示的内容

说明

图 13.5 中第一列数据为默认生成的索引列，在写入数据时，如果不需要默认的索引列，可以在 to_csv()函数中设置 index=False 参数。

13.1.3　存储 Excel 文件

Excel 文件是一个大家都比较熟悉的文件，该文件主要常用于办公的表格文件中，是微软公司推出的办公软件中的一个组件。Excel 文件的扩展名目前有两种，一种为.xls，另一种为.xlsx，其扩展名主要根据 Microsoft Office 办公软件的版本所决定。

在实现 Excel 文件的写入工作时，通过 DataFrame 的数据对象直接调用 to_excel()方法，其语法格式如下：

```
DataFrame.to_excel(excel_writer,sheet_name='Sheet1',na_rep='',float_format=None,columns=None,header=True,index=True,index_label=None,startrow=0,startcol=0,engine=None,merge_cells=True,encoding=None,inf_rep='inf', verbose=True, freeze_panes=None)
```

该函数中常用的参数及含义如表 13.3 所示。

表 13.3　to_excel()函数的常用参数及含义

参 数 名	描　述
excel_writer	字符串或 ExcelWriter 对象
sheet_name	字符串，默认值为 Sheet1，包含 DataFrame 的表的名称
na_rep	字符串，默认值为' '空。缺失数据的表示方式
float_format	字符串，默认值为 None，格式化浮点数的字符串
columns	序列，可选参数，要编辑的列
header	布尔型或字符串列表，默认值为 True。列名称，如果给定字符串列表，则表示它是列名称的别名
index	布尔型，默认值为 True，行名（索引）

续表

参 数 名	描　　述
index_label	字符串或序列，默认值为 None。如果需要，则可以使用索引列的列标签。如果没有给出，标题和索引为 True，则使用索引名称。如果数据文件使用多索引，则需要使用序列
startrow	指定从哪一行开始写入数据
startcol	指定从哪一列开始写入数据
engine	字符串，默认值为 None，使用写引擎，也可以通过 io.excel.xlsx.writer、io.excel.xls.writer 和 io.excel.xlsm.writer 进行设置
merge_cells	布尔型，默认值为 True
inf_rep	字符串，默认值为“正”，表示无穷大
freeze_panes	整数的元组，长度 2，默认值为 None。指定要冻结的行列

通过 to_excel()方法向 Excel 文件内写入信息。示例代码如下：

```
01  import pandas as pd                                                   # 导入 Pandas
02  data = {'编号': ['mr001', 'mr002', 'mr003', 'mr004'],
03          '体育': [34.5, 33, 35, 39], '语文': [110, 110, 105, 108],
04          '数学': [108, 110, 105, 101], '英语': [99, 110, 101, 112]}    # 创建数据
05  df = pd.DataFrame(data)                                               # 创建 DataFrame 对象
06  df.to_excel('test.xlsx')                                              # 存储为 Excel 文件
```

运行程序，将测试数据写入 Excel 文件中，如图 13.6 所示。

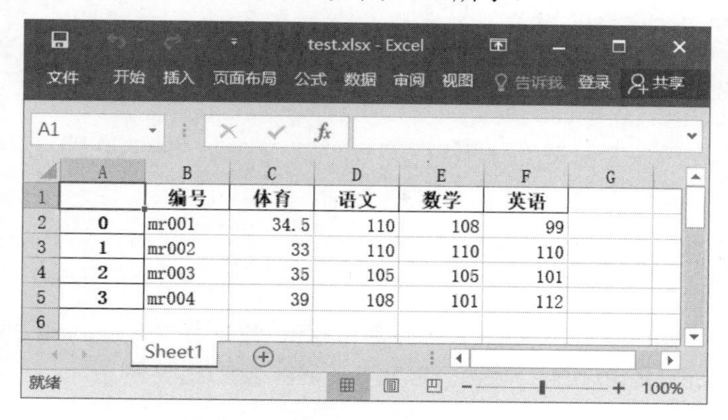

图 13.6　将测试数据写入 Excel 文件

13.2　SQLite 数据库

与许多其他数据库管理系统不同，SQLite 不是一个客户端/服务器结构的数据库引擎，而是一种嵌入式数据库，它的数据库就是一个文件。SQLite 将整个数据库，包括定义、表、索引以及数据本身，作为一个单独的、可跨平台使用的文件存储在主机中。由于 SQLite 本身是用 C 语言编写的，而且体积很小，所以，经常被集成到各种应用程序中。Python 就内置了 SQLite3，所以，在 Python 中使用 SQLite，不需要安装任何模块，便可以直接使用。

13.2.1 创建数据库文件

由于 Python 中已经内置了 SQLite3，所以可以直接使用 import 语句导入 SQLite3 模块。Python 操作数据库的通用流程如图 13.7 所示。

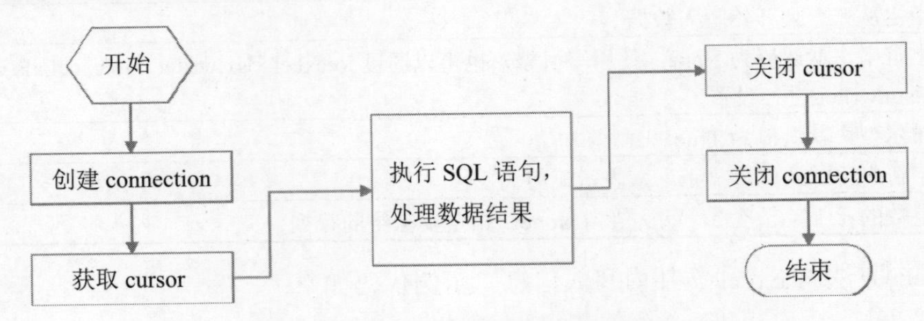

图 13.7 操作数据库流程图

例如，创建一个名称为 mrsoft.db 的 SQLite 数据库文件，然后执行 SQL 语句创建一个 user 表（用户表），user 表包含 id 和 name 两个字段。具体代码如下：

```
01  import sqlite3
02  # 连接到 SQLite 数据库
03  # 数据库文件是 mrsoft.db，如果文件不存在，则会自动在当前目录中创建
04  conn = sqlite3.connect('mrsoft.db')
05  # 创建一个 cursor
06  cursor = conn.cursor()
07  # 执行一条 SQL 语句，创建 user 表
08  cursor.execute('create table user(id int(10) primary key, name varchar(20))')
09  # 关闭游标
10  cursor.close()
11  # 关闭 Connection
12  conn.close()
```

在上述代码中，使用 sqlite3.connect()方法连接 SQLite 数据库文件 mrsoft.db，由于 mrsoft.db 文件并不存在，所以会创建 mrsoft.db 文件，该文件包含了 user 表的相关信息。

说明

上面代码只能运行一次，再次运行时，会提示错误信息：sqlite3.OperationalError:table user already exists。这是因为 user 表已经存在。

13.2.2 操作 SQLite

1. 新增用户数据信息

为了向数据表中新增数据，可以使用如下 SQL 语句：

```
insert into 表名(字段名 1,字段名 2,…,字段名 n)  values(字段值 1,字段值 2,…,字段值 n)
```

例如，在 user 表中，有两个字段，字段名分别为 id 和 name。而字段值需要根据字段的数据类型来赋值，如 id 是一个长度为 10 的整型，name 是长度为 20 的字符串型数据。向 user 表中插入 3 条用户信息记录，则 SQL 语句如下：

```
01    cursor.execute('insert into user(id, name) values("1", "MRSOFT")')
02    cursor.execute('insert into user(id, name) values("2", "Andy")')
03    cursor.execute('insert into user(id, name) values("3", "明日科技小助手")')
```

2．查看用户数据信息

查找 user 表中的数据可以使用如下 SQL 语句：

```
select  字段名 1,字段名 2,字段名 3,… from 表名  where 查询条件
```

查看用户信息的代码与插入数据信息大致相同，不同点在于使用的 SQL 语句不同。此外，查询数据时通常使用如下 3 种方式。

☑ fetchone()：获取查询结果集中的下一条记录。

☑ fetchmany(size)：获取指定数量的记录。

☑ fetchall()：获取结构集的所有记录。

下面通过一个实例来学习这 3 种查询方式的区别。

例如，分别使用 fetchone、fetchmany 和 fetchall 这 3 种方式查询用户信息的代码如下：

```
01    # 执行查询语句
02    cursor.execute('select * from user')
03    # 获取查询结果
04    result1 = cursor.fetchone()                          # 使用 fetchone 方法查询一条数据
05    result2 = cursor.fetchmany(2)                        # 使用 fetchmany 方法查询多条数据
06    print(result2)
07    result3 = cursor.fetchall()                          # 使用 fetchall 方法查询所有数据
08    print(result3)
```

修改上述代码，将获取查询结果的语句块代码修改为：

```
01    cursor.execute('select * from user where id > ?',(1,))
02    result3 = cursor.fetchall()
03    print(result3)
```

在 select 查询语句中，使用问号作为占位符代替具体的数值，然后使用一个元组来替换问号（注意，不要忽略元组中最后的逗号）。上述查询语句等价于：

```
cursor.execute('select * from user where id > 1')
```

说明

使用占位符的方式可以避免 SQL 注入的风险，推荐使用这种方式。

3．修改用户数据信息

修改 user 表中的数据可以使用如下 SQL 语句：

```
update   表名   set 字段名 = 字段值   where 查询条件
```

例如，将 SQLite 数据库中 user 表 id 为 1 的数据记录的 name 字段值 mrsoft 修改为 mr 的代码如下：

```
01   # 创建一个 cursor
02   cursor = conn.cursor()
03   cursor.execute('update user set name = ? where id = ?',('MR',1))
```

4．删除用户数据信息

删除 user 表中的数据可以使用如下 SQL 语句：

```
delete   from 表名   where 查询条件
```

例如，删除 SQLite 数据库中 user 表中 id 为 1 的数据的代码如下：

```
01   # 创建一个 cursor
02   cursor = conn.cursor()
03   cursor.execute('delete from user where id = ?',(1,))
```

13.3　MySQL 数据库

MySQL 是一款开源的数据库软件，由于免费的特点，使其得到了全世界用户的喜爱，是目前使用人数最多的数据库。下面将详细讲解如何下载和安装 MySQL 数据库。

13.3.1　下载与安装 MySQL

1．下载 MySQL

在浏览器的地址栏中输入地址 https://dev.mysql.com/downloads/windows/installer/5.7.html，并按 Enter 键，进入当前最新版本 MySQL 5.7 的下载页面，用户可以根据自己的操作系统位数选择离线安装包，如图 13.8 所示。

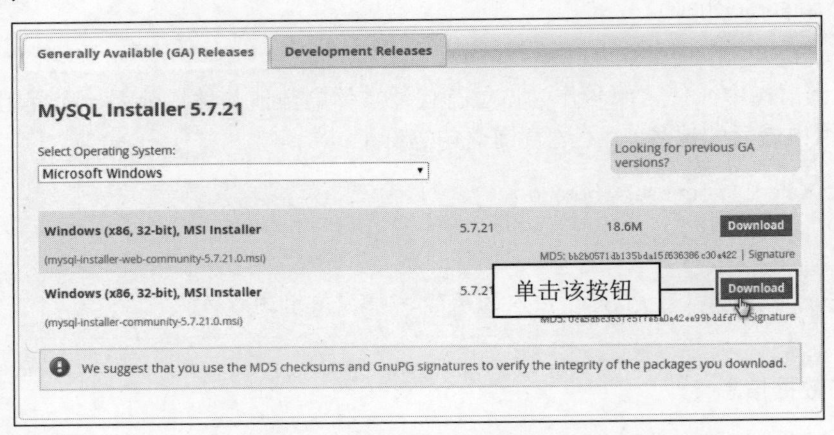

图 13.8　MySQL 5.7 的下载页面

说明

截至笔者写作之前，MySQL 的最新版本是 5.7，但 MySQL 的版本是随时更新的，读者使用时，可以根据自己的需要在 MySQL 官网上下载最新版本。

单击 Download 按钮下载，进入开始下载页面，如果有 MySQL 的账户，可以单击 Login 按钮，登录账户后开始下载；如果没有，可以单击下方的“No thanks, just start my download.”超链接，跳过注册步骤直接下载，如图 13.9 所示，方框中内容为不注册下载提示。

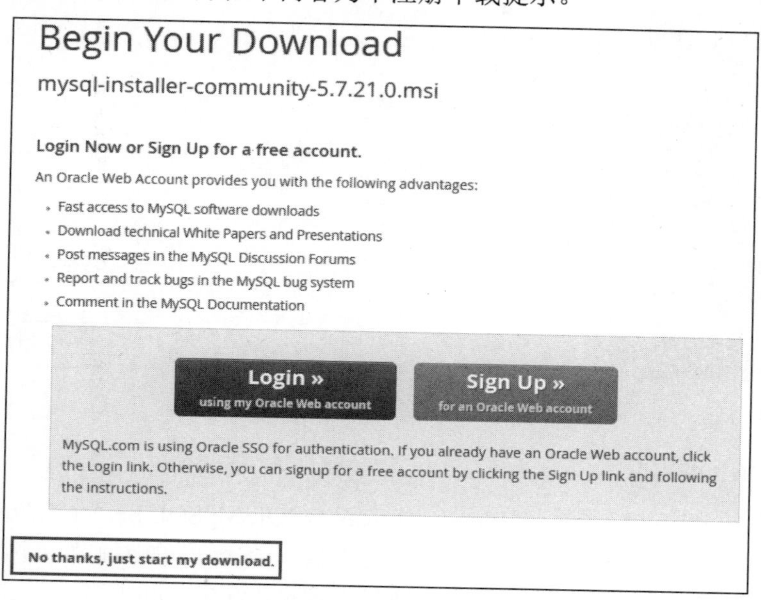

图 13.9　开始下载页面

2．安装 MySQL

下载完成后，开始安装 MySQL。双击安装文件，在所示界面中选中 I accept the license terms 复选框，单击 Next 按钮，进入选择设置类型界面。在选择设置中有 5 种类型，说明如下。

- ☑ Developer Default：安装 MySQL 服务器及开发 MySQL 应用所需的工具。工具包括开发和管理服务器的 GUI 工作台、访问操作数据的 Excel 插件、与 Visual Studio 集成开发的插件、通过 NET/Java/C/C++/OBDC 等访问数据的连接器、例子和教程、开发文档。
- ☑ Server only：仅安装 MySQL 服务器，适用于部署 MySQL 服务器。
- ☑ Client only：仅安装客户端，适用于基于已存在的 MySQL 服务器进行 MySQL 应用开发的情况。
- ☑ Full：安装 MySQL 所有可用组件。
- ☑ Custom：自定义需要安装的组件。

MySQL 会默认选择 Developer Default 类型，这里选择纯净的 Server only 类型，如图 13.10 所示，然后一直默认选择安装。

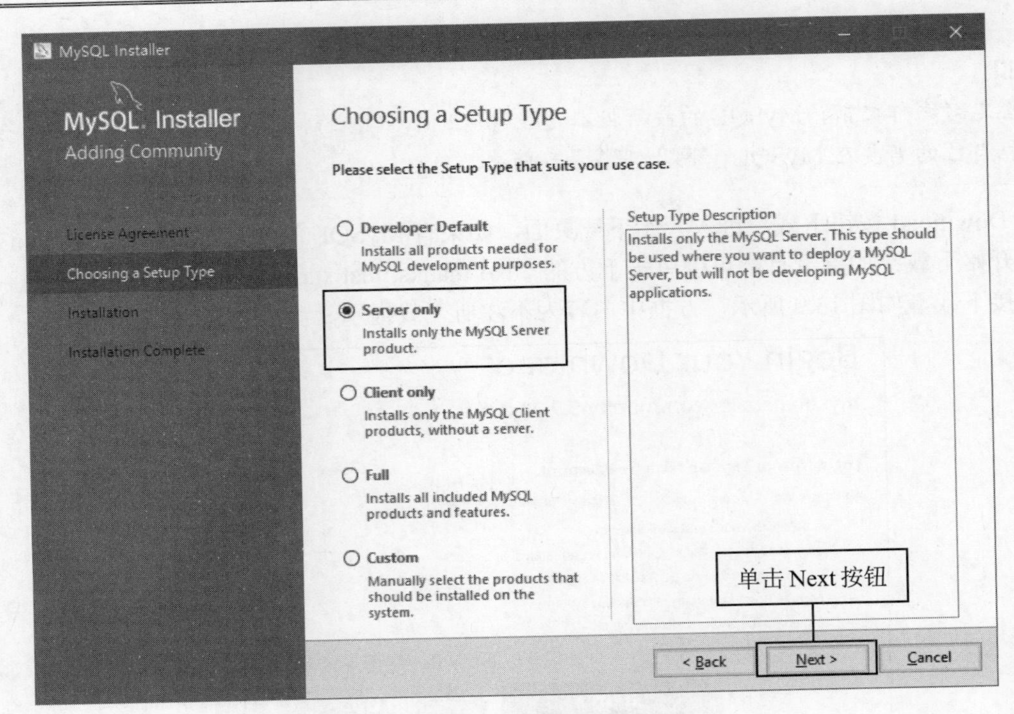

图 13.10　安装页面

3. 设置环境变量

安装完成后，默认的安装路径是 C:\Program Files\MySQL\MySQL Server 5.7\bin。下面设置环境变量，以便在任意目录下使用 MySQL 命令。右击“此电脑”，在弹出的快捷菜单中选择“属性”命令，在弹出的窗口中单击“高级系统设置”→“环境变量”按钮，选中 Path 变量，单击“编辑”→“新建”按钮，将 C:\Program Files\MySQL\MySQL Server 5.7\bin 写在变量值中，如图 13.11 所示。

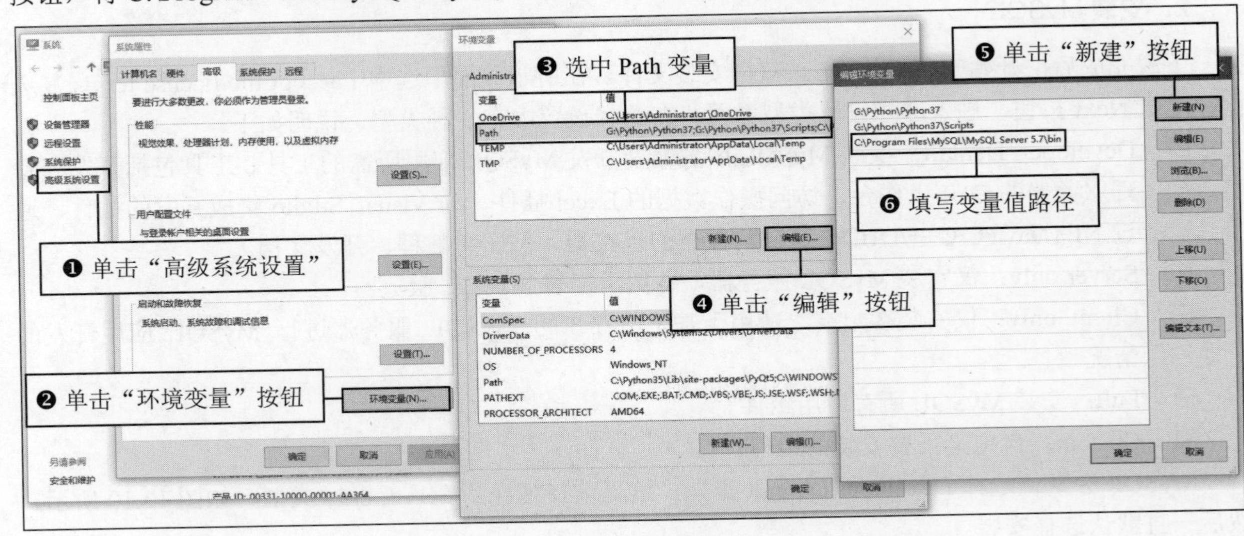

图 13.11　设置环境变量

4．启动 MySQL

使用 MySQL 数据库前，需要先启动 MySQL。在 cmd 窗口中，输入命令 net start mysql57 来启动 MySQL 5.7。启动成功后，使用账户和密码进入 MySQL。输入命令 mysql -u root -p，接着提示“Enter password:”，输入密码 root 即可进入 MySQL，如图 13.12 所示。

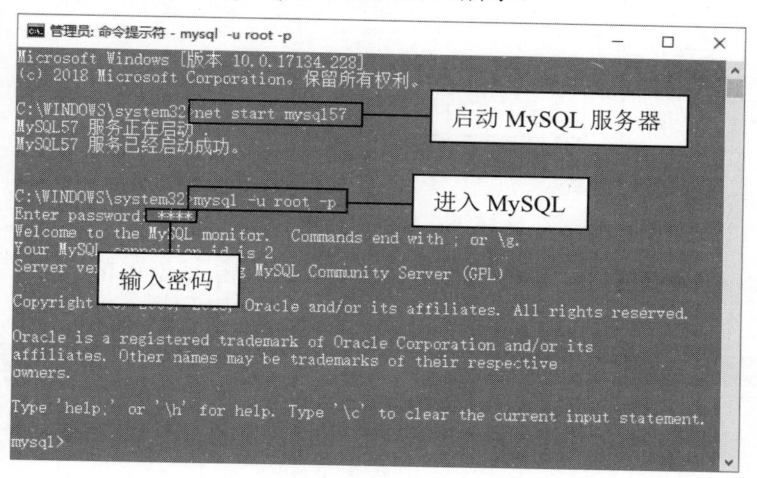

图 13.12　启动 MySQL

5．使用 Navicat for MySQL 管理软件

在命令提示符下操作 MySQL 数据库的方式对初学者并不友好，而且需要有专业的 SQL 语言知识，所以各种 MySQL 图形化管理工具应运而生，其中 Navicat for MySQL 就是一个广受好评的桌面版 MySQL 数据库管理和开发工具。它使用图形化的用户界面，可以让用户使用和管理更为轻松。官方网址为 https://www.navicat.com.cn。

（1）下载并安装 Navicat for MySQL，然后新建 MySQL 连接，如图 13.13 所示。

（2）设置连接信息。设置“连接名”为 studyPython，“主机名或 IP 地址”为 localhost 或 127.0.0.1，“端口”为 3306，“用户名”为 root，“密码”为 root，如图 13.14 所示。

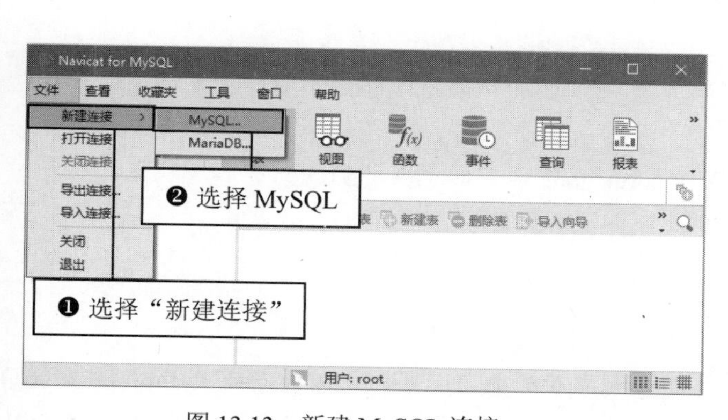

图 13.13　新建 MySQL 连接

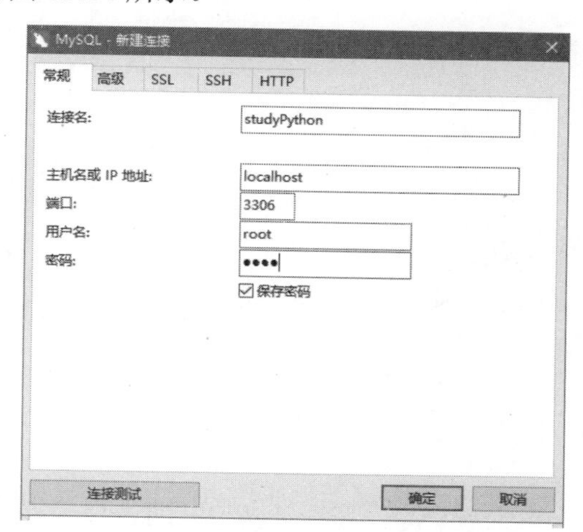

图 13.14　设置连接信息

（3）单击“确定”按钮，创建完成。此时，双击 studyPython，进入 studyPython 数据库，如图 13.15 所示。

图 13.15　进入 studyPython 数据库

（4）下面使用 Navicat 创建一个名为 mrsoft 的数据库，右击 studyPython，在弹出的快捷菜单中选择“新建数据库”命令，填写数据库信息，如图 13.16 所示。

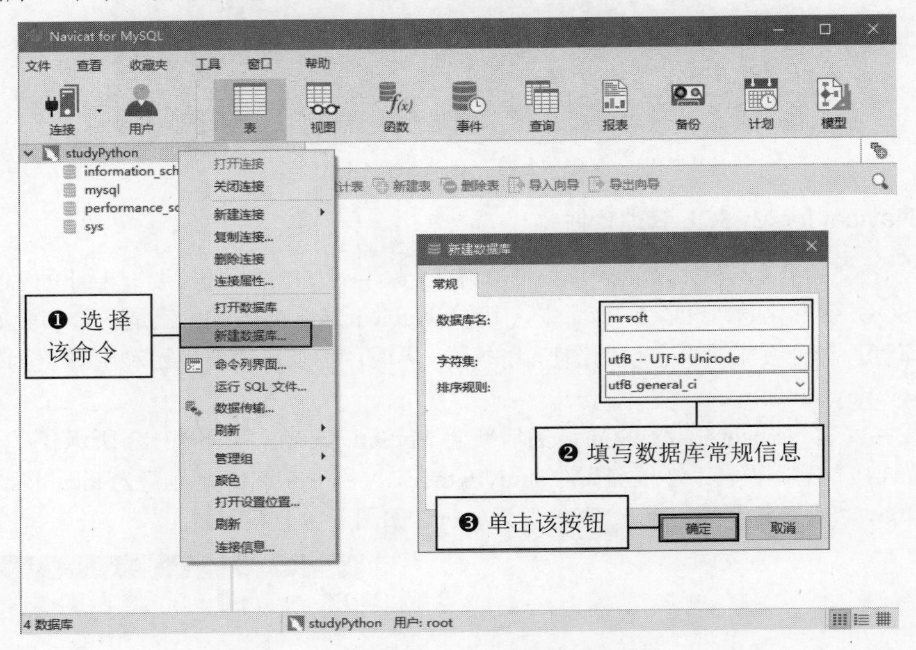

图 13.16　创建数据库

说明

关于 Navicat for MySQL 的更多操作，请到 Navicat 官网查阅相关资料。

13.3.2　安装 PyMySQL

由于 MySQL 服务器以独立的进程运行，并通过网络对外服务，所以，需要支持 Python 的 MySQL 驱动来连接到 MySQL 服务器。在 Python 中支持 MySQL 的数据库模块有很多，我们选择使用 PyMySQL。

PyMySQL 的安装比较简单，在 cmd 中运行如下命令：

```
pip install PyMySQL
```

运行结果如图 13.17 所示。

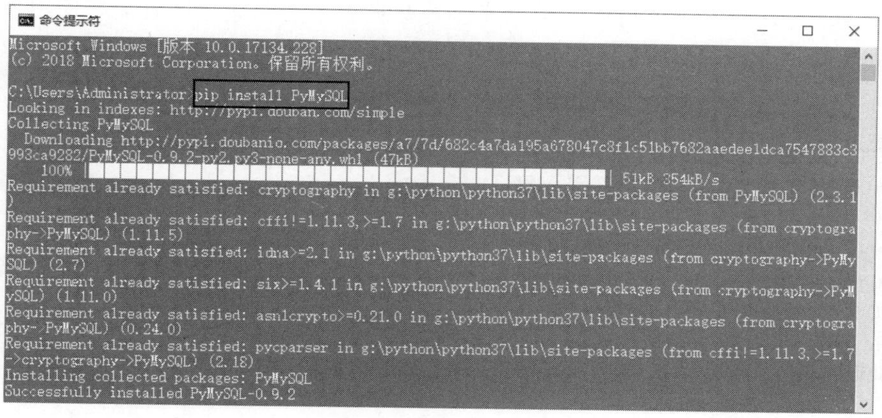

```
命令提示符
Microsoft Windows [版本 10.0.17134.228]
(c) 2018 Microsoft Corporation。保留所有权利。

C:\Users\Administrator>pip install PyMySQL
Looking in indexes: http://pypi.douban.com/simple
Collecting PyMySQL
  Downloading http://pypi.doubanio.com/packages/a7/7d/682c4a7da195a678047c8f1c51bb7682aaedee1dca7547883c3
993ca9282/PyMySQL-0.9.2-py2.py3-none-any.whl (47kB)
    100% |████████████████████████████████| 51kB 354kB/s
Requirement already satisfied: cryptography in g:\python\python37\lib\site-packages (from PyMySQL) (2.3.1
)
Requirement already satisfied: cffi!=1.11.3,>=1.7 in g:\python\python37\lib\site-packages (from cryptogra
phy->PyMySQL) (1.11.5)
Requirement already satisfied: idna>=2.1 in g:\python\python37\lib\site-packages (from cryptography->PyMy
SQL) (2.7)
Requirement already satisfied: six>=1.4.1 in g:\python\python37\lib\site-packages (from cryptography->PyM
ySQL) (1.11.0)
Requirement already satisfied: asn1crypto>=0.21.0 in g:\python\python37\lib\site-packages (from cryptogra
phy->PyMySQL) (0.24.0)
Requirement already satisfied: pycparser in g:\python\python37\lib\site-packages (from cffi!=1.11.3,>=1.7
->cryptography->PyMySQL) (2.18)
Installing collected packages: PyMySQL
Successfully installed PyMySQL-0.9.2
```

图 13.17　安装 PyMySQL

13.3.3　连接数据库

使用数据库的第一步是连接数据库。接下来使用 PyMySQL 连接数据库，由于 PyMySQL 也遵循 Python Database API 2.0 规范，所以操作 MySQL 数据库的方式与 SQLite 相似。我们可以通过类比的方式来学习。

【例 13.6】　连接数据库。（**实例位置：资源包\Code\13\06**）

前面已经创建了一个 MySQL 连接 studyPython，并且在安装数据库时设置了数据库的用户名 root 和密码 root。下面就通过以上信息，使用 connect()方法连接 MySQL 数据库，代码如下：

```
01  import pymysql
02
03  # 打开数据库连接，参数 1：主机名或 IP；参数 2：用户名；参数 3：密码；参数 4：数据库名称
04  db = pymysql.connect("localhost", "root", "root", "mrsoft")
05  # 使用 cursor()方法创建一个游标对象 cursor
06  cursor = db.cursor()
07  # 使用 execute()方法执行 SQL 查询
08  cursor.execute("SELECT VERSION()")
09  # 使用 fetchone()方法获取单条数据
10  data = cursor.fetchone()
11  print ("Database version : %s " % data)
12  # 关闭数据库连接
13  db.close()
```

在上述代码中，首先使用 connect()方法连接数据库，再使用 cursor()方法创建游标，接着使用 execute()方法执行 SQL 语句查看 MySQL 数据库版本，然后使用 fetchone()方法获取数据，最后使用 close()方法关闭数据库连接。运行结果如下：

```
Database version : 5.7.21-log
```

13.3.4 创建数据表

数据库连接成功后，接下来就可以为数据库创建数据表了。创建数据表需要使用 execute()方法，这里使用该方法创建一个 books 图书表，books 表包含 id（主键）、name（图书名称）、category（图书分类）、price（图书价格）和 publish_time（出版时间）5 个字段。创建 books 表的 SQL 语句如下：

```
01  CREATE TABLE books (
02      id int(8) NOT NULL AUTO_INCREMENT,
03      name varchar(50) NOT NULL,
04      category varchar(50) NOT NULL,
05      price decimal(10,2) DEFAULT NULL,
06      publish_time date DEFAULT NULL,
07      PRIMARY KEY (id)
08  ) ENGINE=MyISAM AUTO_INCREMENT=1 DEFAULT CHARSET=utf8;
```

在创建数据表前，使用如下语句：

```
DROP TABLE IF EXISTS `books`;
```

【例 13.7】 创建数据表。（**实例位置：资源包\Code\13\07**）

如果 mrsoft 数据库中已经存在 books，那么先删除 books，然后再创建 books 数据表。具体代码如下：

```
01  import pymysql
02
03  # 打开数据库连接
04  db = pymysql.connect("localhost", "root", "root", "mrsoft")
05  # 使用 cursor()方法创建一个游标对象 cursor
06  cursor = db.cursor()
07  # 使用 execute()方法执行 SQL，如果表存在则删除
08  cursor.execute("DROP TABLE IF EXISTS books")
09  # 使用预处理语句创建表
10  sql = """
11  CREATE TABLE books (
12  id int(8) NOT NULL AUTO_INCREMENT,
13  name varchar(50) NOT NULL,
14  category varchar(50) NOT NULL,
15  price decimal(10,2) DEFAULT NULL,
16  publish_time date DEFAULT NULL,
17  PRIMARY KEY (id)
18  ) ENGINE=MyISAM AUTO_INCREMENT=1 DEFAULT CHARSET=utf8;
19  """
20  # 执行 SQL 语句
21  cursor.execute(sql)
22  # 关闭数据库连接
23  db.close()
```

运行上述代码后，mrsoft 数据库下就已经创建了一个 books 表。打开 Navicat（如果已经打开按 F5

键刷新），发现 mrsoft 数据库下多了一个 books 表，右击 books 表，选择设计表，效果如图 13.18 所示。

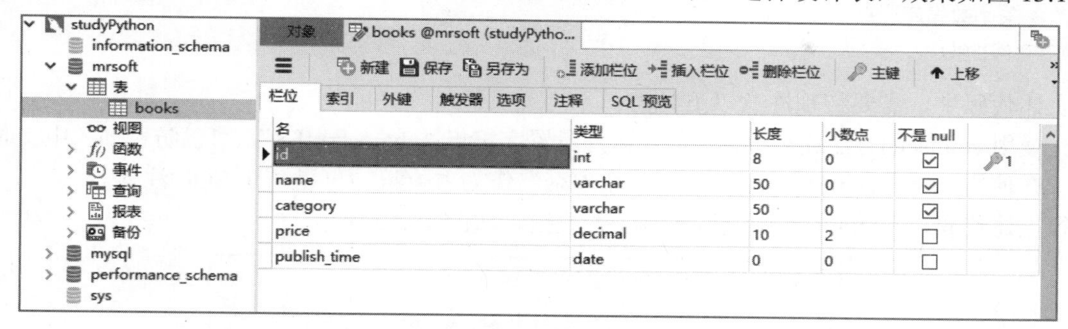

图 13.18　创建 books 表效果

13.3.5　操作 MySQL 数据表

MySQL 数据表的操作主要包括数据的增删改查，与操作 SQLite 类似，这里使用 executemany()方法向数据表中批量添加多条记录。executemany()方法的语法格式如下：

```
executemany(operation, seq_of_params)
```

参数说明如下。

☑ operation：操作的 SQL 语句。

☑ seq_of_params：参数序列。

【例 13.8】　操作数据表。（**实例位置：资源包\Code\13\08**）

使用 executemany()方法向数据表中批量添加多条记录的代码如下：

```
01  import pymysql
02
03  # 打开数据库连接
04  db = pymysql.connect("localhost", "root", "root", "mrsoft",charset="utf8")
05  # 使用 cursor()方法获取操作游标
06  cursor = db.cursor()
07  # 数据列表
08  data = [("零基础学 Python",'Python','79.80','2018-5-20'),
09  ("Python 从入门到精通",'Python','69.80','2018-6-18'),
10  ("零基础学 PHP",'PHP','69.80','2017-5-21'),
11  ("PHP 项目开发实战入门",'PHP','79.80','2016-5-21'),
12  ("零基础学 Java",'Java','69.80','2017-5-21'),
13  ]
14  try:
15      # 执行 SQL 语句，插入多条数据
16      cursor.executemany("insert into books(name,category,price,publish_time) values(%s,%s,%s,%s)",data)
17      # 提交数据
18      db.commit()
19  except:
20      # 发生错误时回滚
21      db.rollback()
```

```
22
23    # 关闭数据库连接
24    db.close()
```

在上述代码中，需要特别注意以下几点。

☑　使用 connect()方法连接数据库时，额外设置字符集“charset=utf-8”，可以防止插入中文时出错。

☑　在使用 insert 语句插入数据时，使用“%s”作为占位符，可以防止 SQL 注入。

运行上述代码，在 Navicat 中查看 books 表数据，如图 13.19 所示。

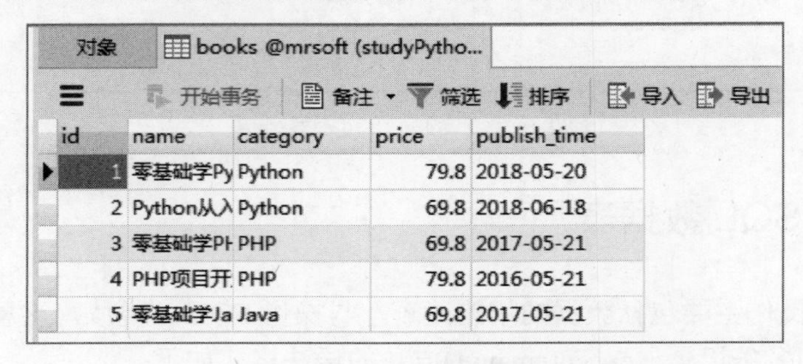

id	name	category	price	publish_time
1	零基础学Py	Python	79.8	2018-05-20
2	Python从入	Python	69.8	2018-06-18
3	零基础学PH	PHP	69.8	2017-05-21
4	PHP项目开	PHP	79.8	2016-05-21
5	零基础学Ja	Java	69.8	2017-05-21

图 13.19　books 表数据

13.4　小　　结

本章主要介绍了如何将爬取后的数据存储至文本文件或者数据库中。其中介绍了存储文本文件的 3 种格式，即 TXT、CSV 和 Excel，TXT 文件可以通过 Python 自带的 open()函数，解决文件内容的存储与读取，而 CSV 与 Excel 文件可以使用 Pandas 模块来实现这两个文件的存储工作。接着我们学习了如何将数据存储至 SQLite 与 MySQL 数据库中，在大型的爬虫项目中都会将爬取的数据存储至数据库中，所以读者不仅需要学习如何通过 Python 操作数据库，还需要完全掌握数据库的基础语法。

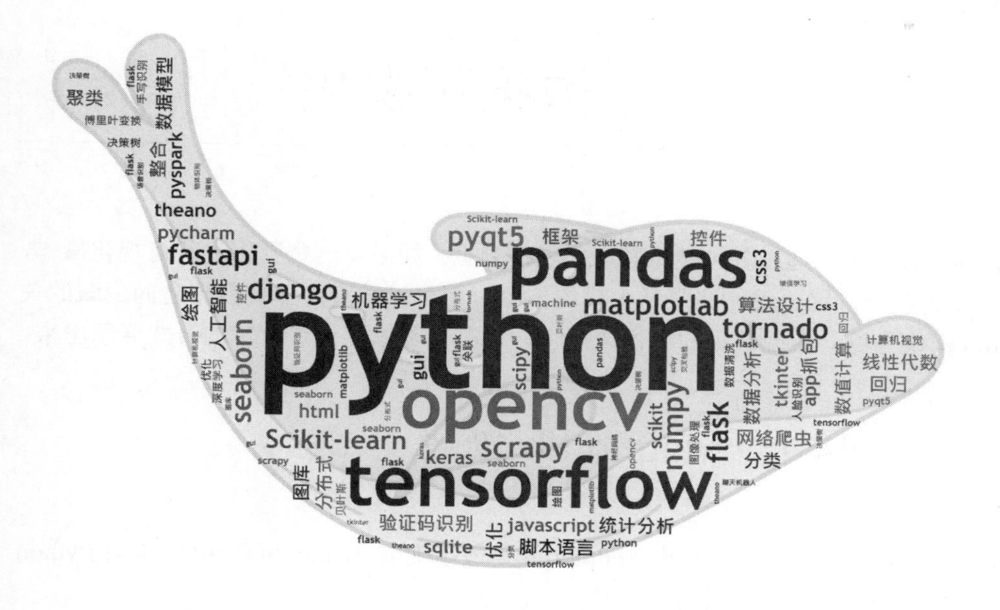

第 3 篇　高级应用

本篇主要介绍数据可视化、App 抓包工具、识别验证码、Scrapy 爬虫框架，以及 Scrapy_Redis 分布式爬虫等知识。

第 14 章

数据可视化

通过之前的学习内容，读者可以通过各种技术爬取大量的数据，如果将这些数据进行可视化操作，那么便可以得到一张精美的图表，这不仅能够展示大量的信息，更可以直观地体现数据之间隐藏的关系。本章将以 Matplotlib 模块为例，实现数据的可视化图表，让爬虫数据以更加直观的方式展示出来。

14.1 Matplotlib 概述

众所周知，Python 绘图库有很多，各有特点，而 Matplotlib 是最基础的 Python 可视化库。学习 Python 数据可视化，应首先从 Matplotlib 学起，然后再学习其他库作为拓展。

14.1.1 Matplotlib 简介

Matplotlib 是一个 Python 2D 绘图模块，常用于数据可视化。它能够以多种硬拷贝格式和跨平台的交互式环境生成出版物质量的图形。

Matplotlib 非常强大，绘制各种各样的图表游刃有余，它将容易的事情变得更容易，困难的事情变得可能。只需几行代码就可以绘制折线图（见图 14.1 和图 14.2）、柱形图（见图 14.3）、直方图（见图 14.4）、饼形图（见图 14.5）、散点图（见图 14.6）等。

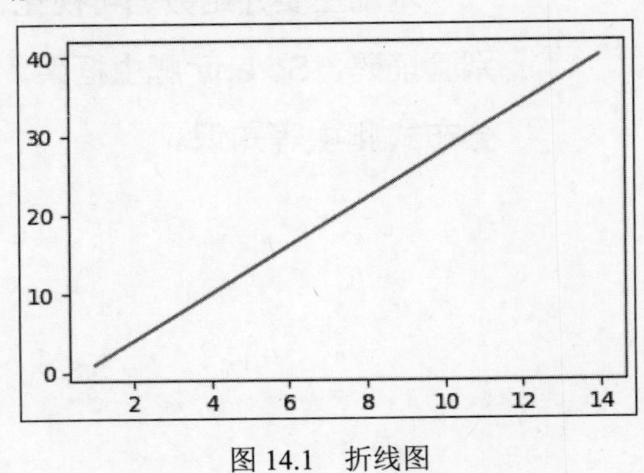

图 14.1　折线图

Matpoltlib 不仅可以绘制以上最基础的图表，还可以绘制一些高级图表，如双 y 轴可视化数据分析图表（见图 14.7）、堆叠柱形图（见图 14.8）、渐变饼形图（见图 14.9）、等高线图（见图 14.10）。

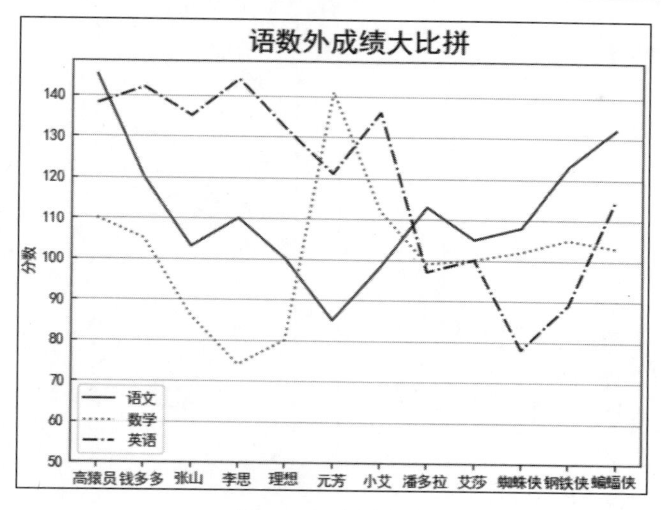

图 14.2　多折线图

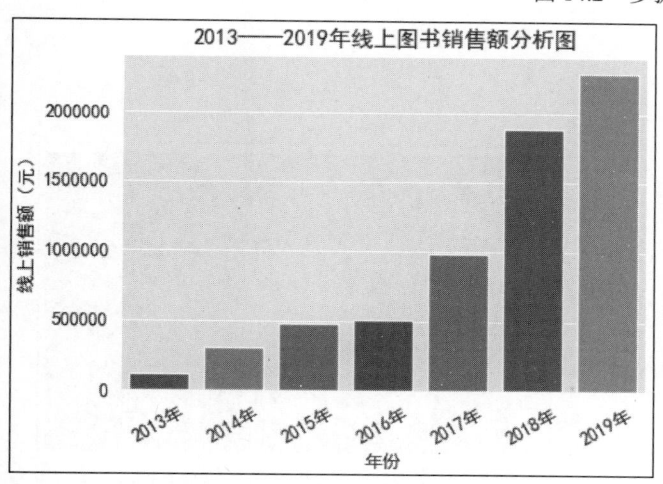

图 14.3　柱形图

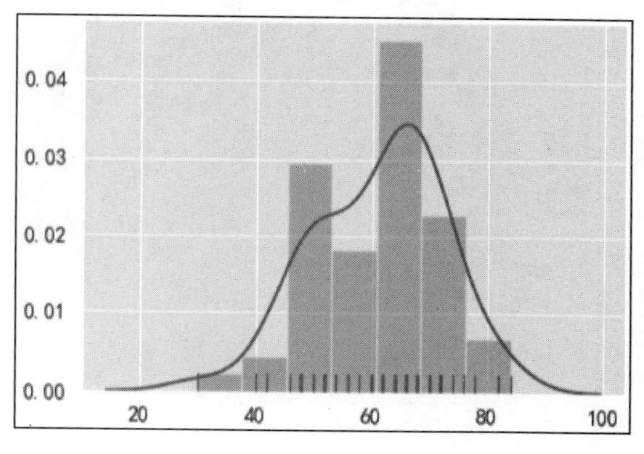

图 14.4　直方图

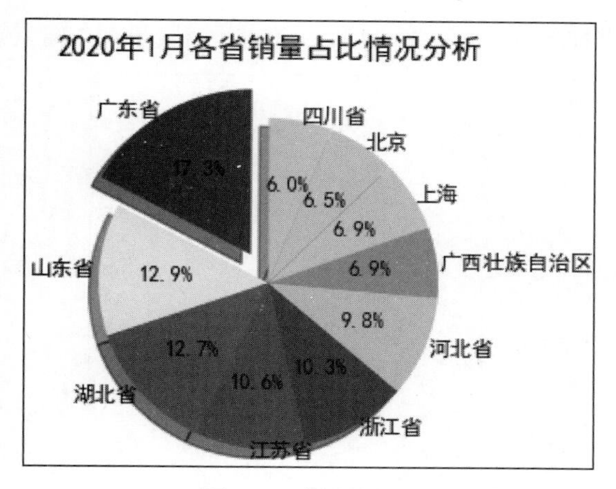

图 14.5　饼形图

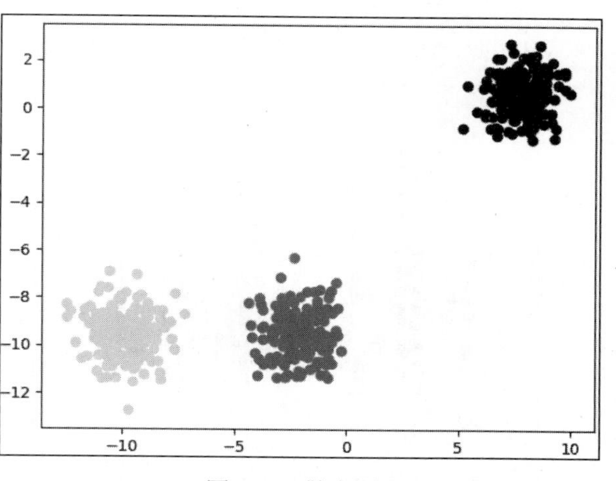

图 14.6　散点图

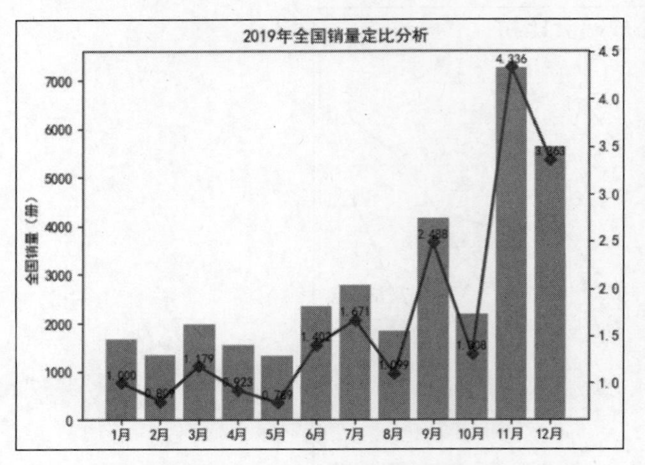

图 14.7　双 y 轴可视化数据分析图表

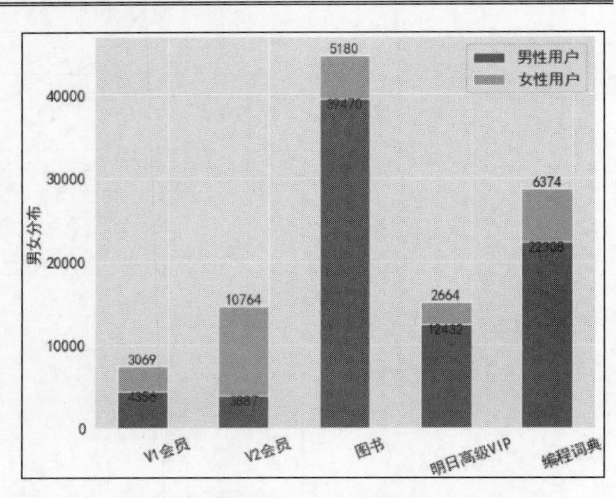

图 14.8　堆叠柱形图

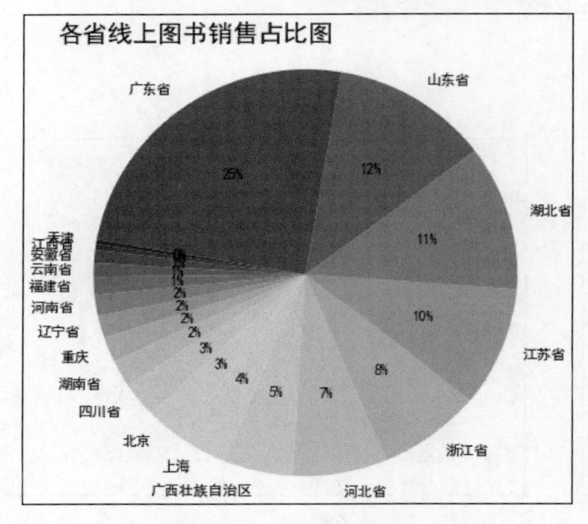

图 14.9　渐变饼形图

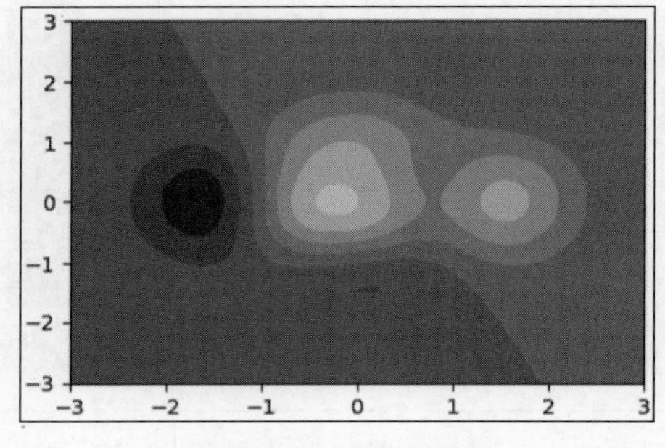

图 14.10　等高线图

不仅如此，Matplotlib 还可以绘制 3D 图表。例如，三维柱形图（见图 14.11）、三维曲面图（见图 14.12）。

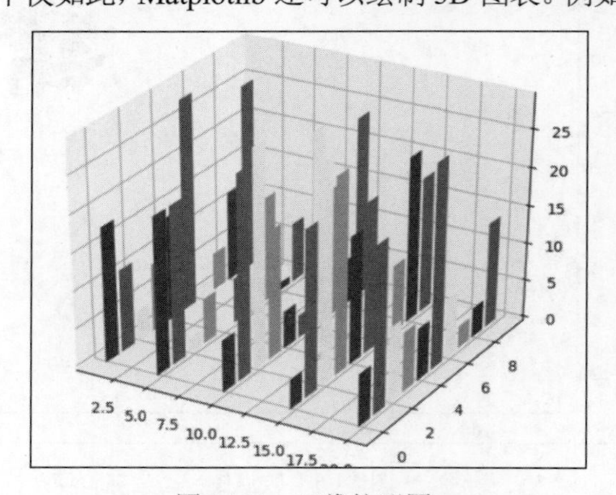

图 14.11　三维柱形图

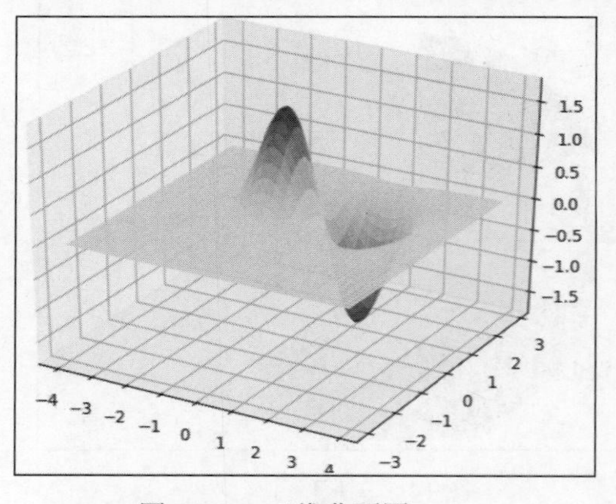

图 14.12　三维曲面图

综上所述，只要熟练地掌握 Matplotlib 的函数及各项参数就能够绘制出各种出乎意料的图表，满足数据分析的需求。

14.1.2　安装 Matplotlib

下面介绍如何安装 Matplotlib，安装方法有以下两种。

1．通过 pip 工具安装

在系统搜索框中输入 cmd，单击“命令提示符”，打开“命令提示符”窗口，在命令提示符后输入安装命令。通过 pip 工具安装，安装命令如下：

```
pip install matplotlib
```

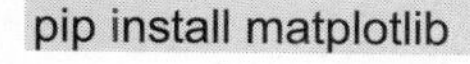

说明

如果使用了 Anaconda，则不需要单独安装 Matplotlib 模块。

2．通过 PyCharm 开发环境安装

运行 PyCharm，选择 File→Settings 命令，打开 Settings 窗口，单击 Project Interpreter 选项，然后单击“+”按钮，如图 14.13 所示。

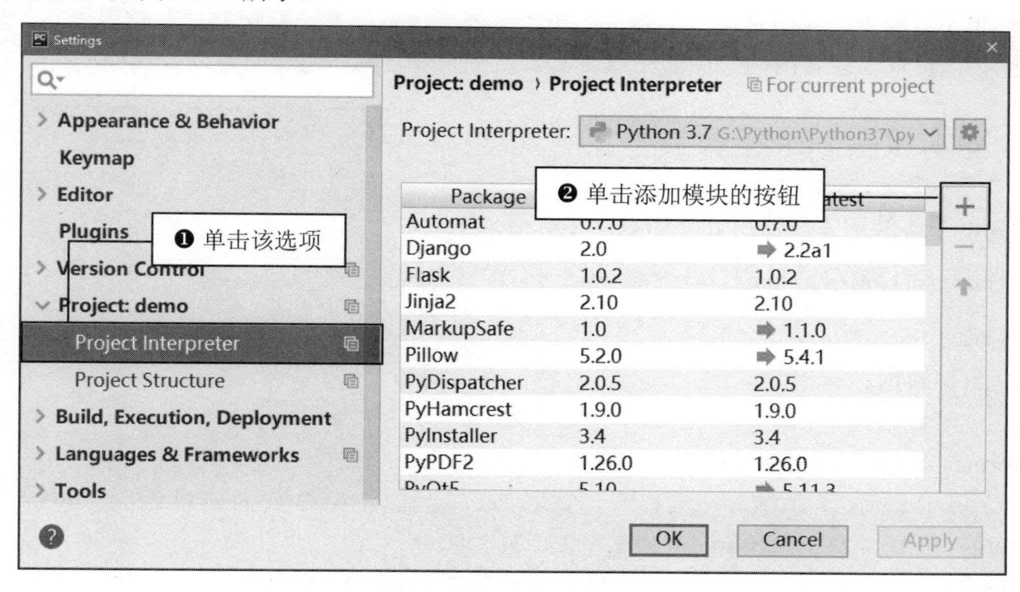

图 14.13　Settings 窗口

单击“+”按钮，打开 Available Packages 窗口，在搜索文本框中输入需要添加的模块名称，例如 matplotlib，然后在列表中选择需要安装的模块，如图 14.14 所示，单击 Install Package 按钮即可实现 Matplotlib 模块的安装。

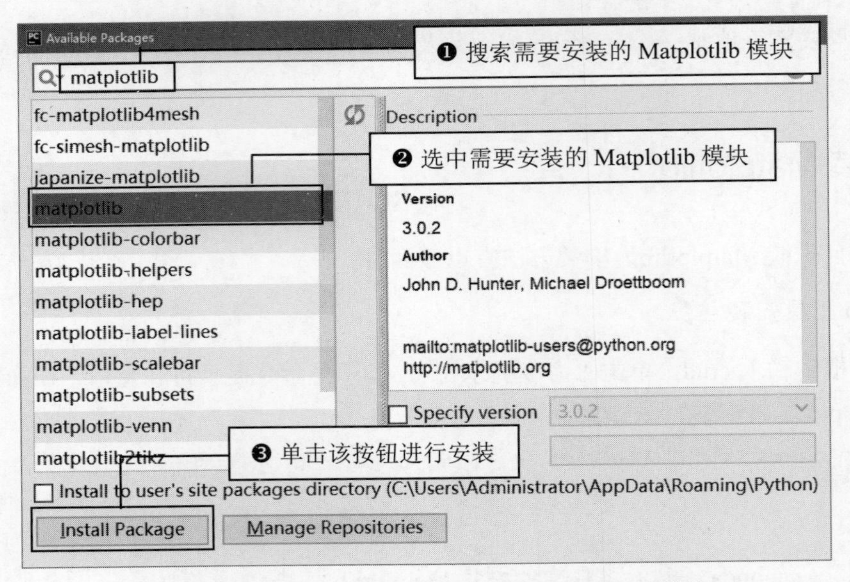

图 14.14　在 PyCharm 开发环境中安装 Matplotlib 模块

14.2　图表的常用设置

本节主要介绍图表的常用设置，主要包括颜色设置、线条样式、标记样式、设置画布、坐标轴、添加文本标签、设置标题和图例、添加注释文本、调整图表与画布边缘间距以及其他相关设置等。

14.2.1　基本绘图 plot 函数

Matplotlib 基本绘图主要使用 plot 函数，语法格式如下：

```
matplotlib.pyplot.plot(x,y,format_string,**kwargs)
```

参数说明如下。

☑ x：*x* 轴数据。

☑ y：*y* 轴数据。

☑ format_string：控制曲线格式的字符串，包括颜色、线条样式和标记样式。

☑ **kwargs：键值参数，相当于一个字典，比如输入参数为：(1,2,3,4,*k*,*a*=1,*b*=2,*c*=3)，*args=(1,2,3,4,k)，**kwargs={'a':'1,'b':2,'c':3}。

【例 14.1】　绘制简单的折线图。（**实例位置：资源包\Code\14\01**）

绘制简单的折线图，程序代码如下：

```
01  import matplotlib.pyplot as plt
02  # 折线图
03  # range()函数创建整数列表
04  x=range(1,15,1)
```

```
05    y=range(1,42,3)
06    plt.plot(x,y)
07    plt.show()
```

运行程序，输出结果如图 14.15 所示。

【例 14.2】　根据体温数据文件绘制折线图。（**实例位置：资源包\Code\14\02**）

以绘制体温折线图为例，数据是通过 range 函数随机创建的。下面导入 Excel 体温表，分析一下 14 天基础体温情况，程序代码如下：

```
01    import pandas as pd
02    import matplotlib.pyplot as plt
03    df=pd.read_excel('体温.xls')                                    # 导入 Excel 文件
04    # 折线图
05    x =df['日期']                                                   # x 轴数据
06    y=df['体温']                                                    # y 轴数据
07    plt.plot(x,y)
08    plt.show()
```

运行程序，输出结果如图 14.16 所示。

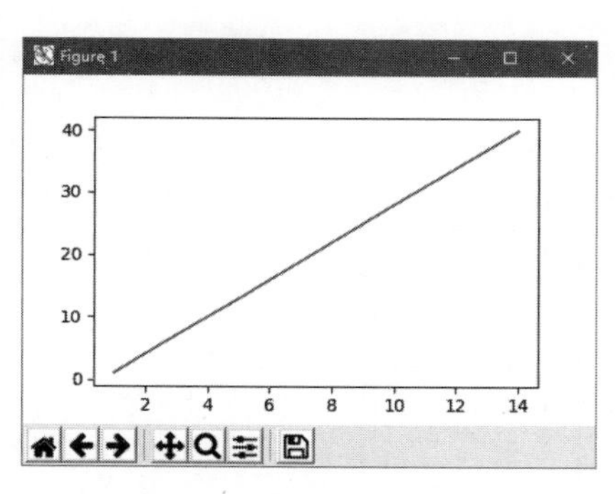

图 14.15　简单折线图

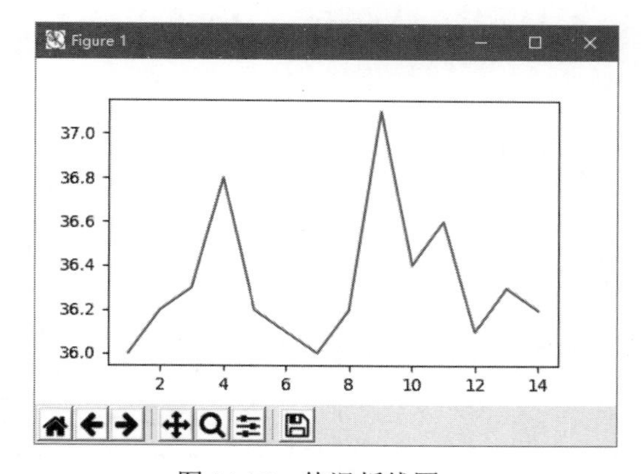

图 14.16　体温折线图

至此，您可能还是觉得上面的图表不够完美，那么在接下来的学习中，我们将一步一步完善这个图表。下面介绍图表中线条颜色、线条样式和标记样式的设置。

1. 颜色设置

color 参数可以设置线条颜色，通用颜色值如表 14.1 所示。

表 14.1　通用颜色

设　置　值	说　　明	设　置　值	说　　明
b	蓝色	m	洋红色
g	绿色	y	黄色
r	红色	k	黑色
c	蓝绿色	w	白色
#FFFF00	黄色，十六进制颜色值	0.5	灰度值字符串

其他颜色可以通过十六进制字符串指定，或者指定颜色名称，如下所示：

☑ 浮点形式的 RGB 或 RGBA 元组，例如，(0.1, 0.2, 0.5)或(0.1, 0.2, 0.5, 0.3)。
☑ 十六进制的 RGB 或 RGBA 字符串，例如，#0F0F0F 或#0F0F0F0F。
☑ 0～1 的小数作为灰度值，如 0.5。
☑ {'b', 'g', 'r', 'c', 'm', 'y', 'k', 'w'}，其中的一个颜色值。
☑ X11/CSS4 规定中的颜色名称。
☑ Xkcd 中指定的颜色名称，例如 xkcd:sky blue。
☑ Tableau 调色板中的颜色，{'tab:blue', 'tab:orange', 'tab:green', 'tab:red', 'tab:purple', 'tab:brown', 'tab:pink', 'tab:gray', 'tab:olive', 'tab:cyan'}。
☑ CN 格式的颜色循环，对应的颜色设置代码如下：

```
01  from cycler import cycler
02  colors=['#1f77b4', '#ff7f0e', '#2ca02c', '#d62728', '#9467bd', '#8c564b', '#e377c2','#7f7f7f', '#bcbd22', '#17becf']
03  plt.rcParams['axes.prop_cycle'] = cycler(color=colors)
```

2．线条样式

linestyle 可选参数可以设置线条的样式，设置值如下，设置后的效果如图 14.17 所示。

☑ “-”：实线，默认值。
☑ “--”：双画线
☑ “-.”：点画线。
☑ “:”：虚线。

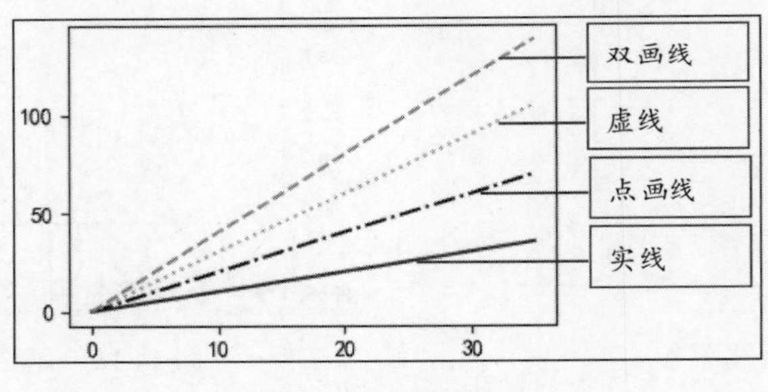

图 14.17　线条样式

3．标记样式

marker 可选参数可以设置标记样式，设置值如表 14.2 所示。

表 14.2　标记设置

标　记	说　明	标　记	说　明	标　记	说　明
.	点标记	1	下花三角标记	h	竖六边形标记
,	像素标记	2	上花三角标记	H	横六边形标记
o	实心圆标记	3	左花三角标记	+	加号标记
v	倒三角标记	4	右花三角标记	x	叉号标记
^	上三角标记	s	实心正方形标记	D	大菱形标记
>	右三角标记	p	实心五角星标记	d	小菱形标记
<	左三角标记	*	星形标记	|	垂直线标记

下面为“14 天基础体温折线图”设置颜色和样式，并在实际体温位置进行标记，关键代码如下：

```
plt.plot(x,y,color='m',linestyle='-',marker='o',mfc='w')
```

运行程序，输出结果如图 14.18 所示。

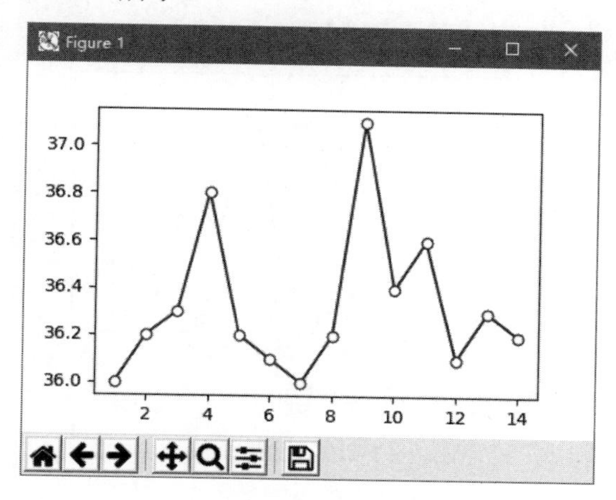

图 14.18　带标记的折线图

14.2.2　设置画布

画布就像画画的画板一样，在 Matplotlib 中可以使用 figure()方法设置画布大小、分辨率、颜色和边框等，语法格式如下：

```
matpoltlib.pyplot.figure(num=None, figsize=None, dpi=None, facecolor=None, edgecolor=None, frameon=True)
```

参数说明如下。

☑ num：图像编号或名称，数字为编号，字符串为名称，可以通过该参数激活不同的画布。
☑ figsize：指定画布的宽和高，单位为英寸。
☑ dpi：指定绘图对象的分辨率，即每英寸多少个像素，默认值为 80。像素越大画布越大。
☑ facecolor：背景颜色。
☑ edgecolor：边框颜色。
☑ frameon：是否显示边框，默认值为 True，绘制边框；如果为 False，则不绘制边框。

【例 14.3】　自定义画布。（**实例位置：资源包\Code\14\03**）

自定义一个 5×3 的黄色画布，关键代码如下：

```
01  import pandas as pd
02  import matplotlib.pyplot as plt
03  fig=plt.figure(figsize=(5,3),facecolor='yellow')
04  # 导入 Excel 文件
05  df=pd.read_excel('体温.xls')
06  # 折线图
07  x=df['日期']                                        # x 轴数据
08  y=df['体温']                                        # y 轴数据
```

```
09    plt.plot(x,y,color='m',linestyle='-',marker='o',mfc='w')
10    plt.show()
```

运行程序，输出结果如图 14.19 所示。

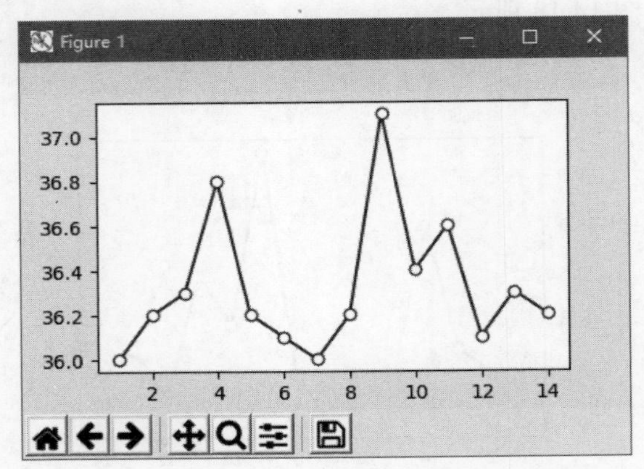

图 14.19　设置画布

注意

figsize=(5,3)，实际画布大小是 500 × 300，所以，这里不能输入太大的数字。

14.2.3　设置坐标轴

一张精确的图表，其中不免要用到坐标轴，下面介绍 Matplotlib 中坐标轴的使用。

1．*x* 轴、*y* 轴标题

设置 *x* 轴和 *y* 轴的标题主要使用 xlabel 函数和 ylabel 函数。

【例 14.4】　设置 *x* 轴、*y* 轴标题。（**实例位置：资源包\Code\14\04**）

为体温折线图设置标题，设置 *x* 轴标题为“2020 年 2 月”，*y* 轴标题为“基础体温”，程序代码如下：

```
01    import pandas as pd
02    import matplotlib.pyplot as plt
03    plt.rcParams['font.sans-serif']=['SimHei']                    # 解决中文乱码
04    df=pd.read_excel('体温.xls')                                   # 导入 Excel 文件
05    # 折线图
06    x=df['日期']                                                   # x 轴数据
07    y=df['体温']                                                   # y 轴数据
08    plt.plot(x,y,color='m',linestyle='-',marker='o',mfc='w')
09    plt.xlabel('2020 年 2 月')                                     # x 轴标题
10    plt.ylabel('基础体温')                                         # y 轴标题
11    plt.show()
```

运行程序，输出结果如图 14.20 所示。

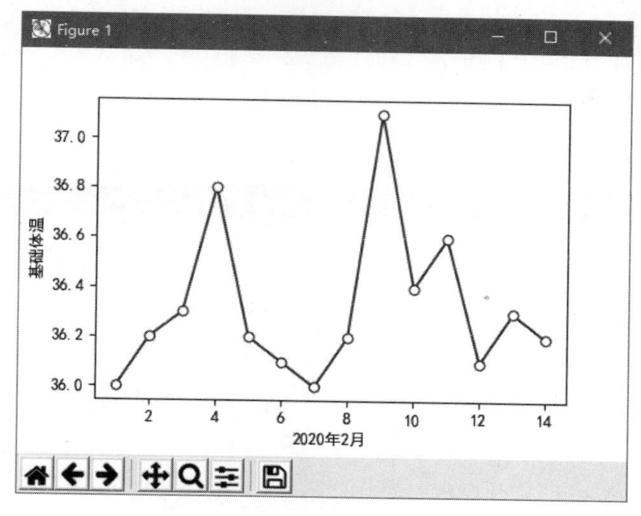

图 14.20　带坐标轴标题的折线图

上述举例，应注意两个问题，在实际编程过程中它们经常出现。

（1）中文乱码问题，解决代码如下：

```
plt.rcParams['font.sans-serif']=['SimHei']                # 解决中文乱码
```

（2）负号不显示问题，解决代码如下：

```
plt.rcParams['axes.unicode_minus'] = False                # 解决负号不显示
```

2. 坐标轴刻度

用 matplotlib 画二维图像时，默认情况下的横坐标（x 轴）和纵坐标（y 轴）显示的值有时可能达不到我们的需求，需要借助 xticks 函数和 yticks 函数分别对 x 轴和 y 轴的值进行设置。

xticks 函数的语法格式如下：

```
xticks(locs, [labels], **kwargs)
```

参数说明如下。

☑ locs：数组，表示 x 轴上的刻度。例如，在“学生英语成绩分布图”中，x 轴的刻度是 2～14 的偶数，如果想改变这个值，就可以通过 locs 参数设置。

☑ labels：也是数组，默认值和 locs 相同。locs 表示位置，而 labels 则决定该位置上的标签，如果赋予 labels 空值，则 x 轴将只有刻度而不显示任何值。

【例 14.5】 设置坐标轴刻度。（**实例位置：资源包\Code\14\05**）

在“14 天基础体温折线图”中，x 轴是 2～14 的偶数，但实际日期是从 1 到 14 的连续数字，下面使用 xticks 函数来解决这个问题，将 x 轴的刻度设置为 1～14 的连续数字，关键代码如下：

```
plt.xticks(range(1,15,1))
```

上述举例，日期看起来不是很直观。下面将 x 轴刻度标签直接改为日，关键代码如下：

```
01    dates=['1 日','2 日','3 日','4 日','5 日',
```

```
02              '6 日','7 日','8 日','9 日','10 日',
03              '11 日','12 日','13 日','14 日']
04    plt.xticks(range(1,15,1),dates)
```

运行程序，对比效果如图 14.21 和图 14.22 所示。

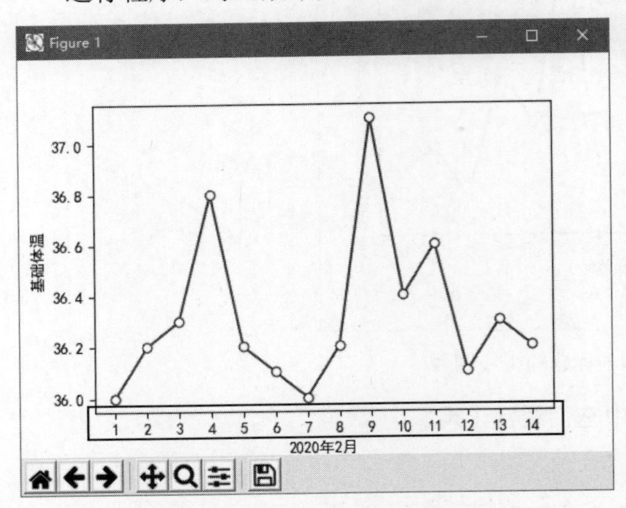

图 14.21　更改 x 轴刻度

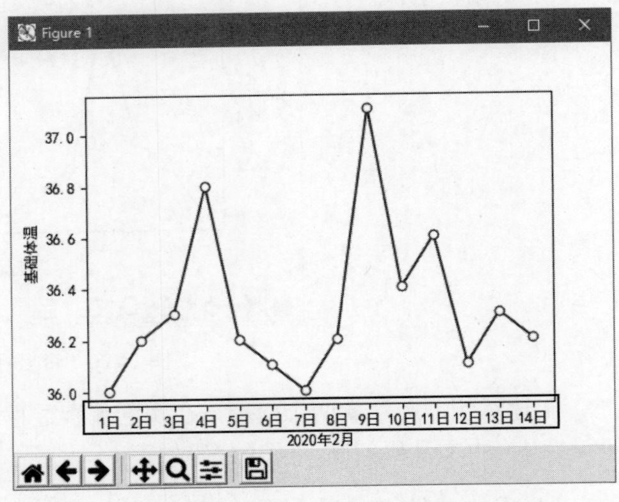

图 14.22　x 轴刻度为日

接下来，设置 y 轴刻度，主要使用 yticks 函数。例如，设置体温值为 35.4～38，关键代码如下：

```
plt.yticks([35.4,35.6,35.8,36,36.2,36.4,36.6,36.8,37,37.2,37.4,37.6,37.8,38])
```

3．坐标轴范围

坐标轴范围是指 x 轴和 y 轴的取值范围。设置坐标轴范围主要使用 xlim 函数和 ylim 函数。

【例 14.6】　设置坐标轴范围。（**实例位置：资源包\Code\14\06**）

设置 x 轴（日期）范围为 1～14，y 轴（基础体温）范围为 35～45，关键代码如下：

```
01    plt.xlim(1,14)
02    plt.ylim(35,45)
```

运行程序，输出结果如图 14.23 所示。

4．网格线

细节决定成败。很多时候为了图表的美观，不得不考虑细节。下面介绍图表细节之一——网格线，主要使用 grid 函数，首先生成网格线，代码如下：

```
plt.grid()
```

grid 函数也有很多参数，如颜色、网格线的方向（参数 axis='x'，隐藏 x 轴网格线；axis='y'，隐藏 y 轴网格线）、网格线样式和网格线宽度等。下面为图表设置网格线，关键代码如下：

```
plt.grid(color='0.5',linestyle='--',linewidth=1)
```

运行程序，输出结果如图 14.24 所示。

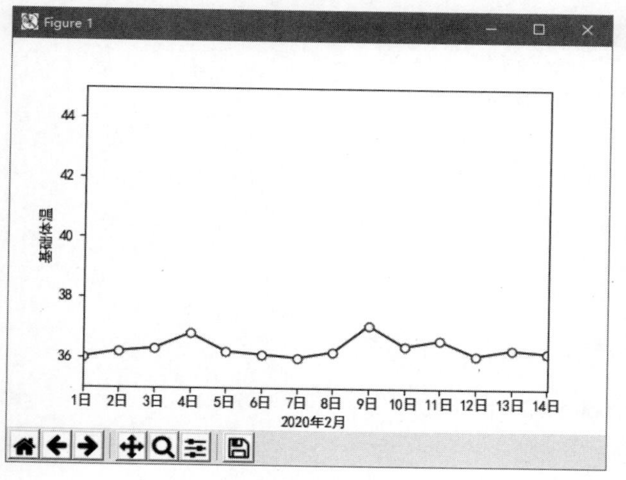

图 14.23　坐标轴范围

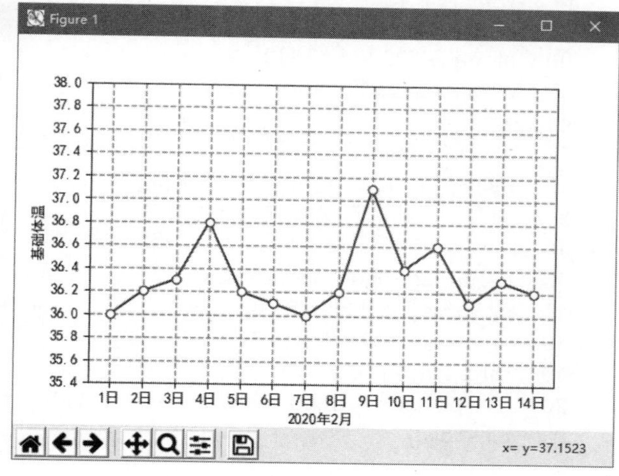

图 14.24　带网格线的折线图

网格线对于饼形图来说，直接使用并不显示，需要与饼形图的 frame 参数配合使用，设置该参数值为 True。详见 14.3.3 节绘制饼形图。

14.2.4　添加文本标签

在绘图过程中，为了能够更清晰、直观地看到数据，有时需要给图表中指定的数据点添加文本标签。下面介绍细节之二——文本标签，主要使用 text 函数，语法格式如下：

```
matplotlib.pyplot.text(x, y, s, fontdict=None, withdash=False, **kwargs)
```

参数说明如下。

☑ x：*x* 坐标轴的值。
☑ y：*y* 坐标轴的值。
☑ s：字符串，注释内容。
☑ fontdict：字典，可选参数，默认值为 None。用于重写默认文本属性。
☑ withdash：布尔型，默认值为 False，创建一个 TexWithDash 实例，而不是 Text 实例。
☑ **kwargs：关键字参数。这里指通用的绘图参数，如字体大小 fontsize=12、水平对齐方式 horizontalalignment='center'（或简写为 ha='center'）、垂直对齐方式 verticalalignment='center'（或简写为 va='center'）。

【例 14.7】　添加文本标签。（**实例位置：资源包\Code\14\07**）

为图表中各个数据点添加文本标签，关键代码如下：

```
01  import pandas as pd
02  import matplotlib.pyplot as plt
03  plt.rcParams['font.sans-serif']=['SimHei']          # 解决中文乱码
04  df=pd.read_excel('体温.xls')                         # 导入 Excel 文件
05  # 折线图
```

```
06  x=df['日期']                                       # x 轴数据
07  y=df['体温']                                       # y 轴数据
08  plt.plot(x,y,color='m',linestyle='-',marker='o',mfc='w')
09  plt.xlabel('2020 年 2 月')                           # x 轴标题
10  plt.ylabel('基础体温')                               # y 轴标题
11
12  # 设置 x 轴刻度及标签
13  dates=['1 日','2 日','3 日','4 日','5 日',
14         '6 日','7 日','8 日','9 日','10 日',
15         '11 日','12 日','13 日','14 日']
16  plt.xticks(range(1,15,1),dates)
17  plt.yticks([35.4,35.6,35.8,36,36.2,36.4,36.6,36.8,
18             37,37.2,37.4,37.6,37.8,38])
19  for a,b in zip(x,y):
20      plt.text(a,b+0.05,'%.1f'%b,ha = 'center',va = 'bottom',fontsize=9)
21  plt.show()
```

运行程序，输出结果如图 14.25 所示。

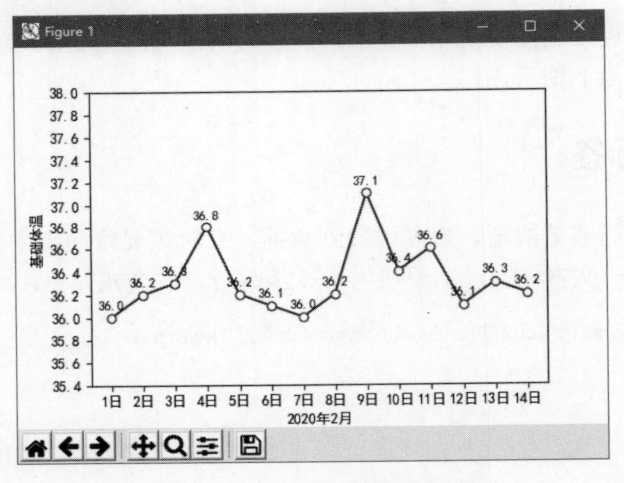

图 14.25　带文本标签的折线图

上述代码，首先，*x*、*y* 是 *x* 轴和 *y* 轴的值，它代表了折线图在坐标中的位置，通过 for 循环找到每一个 *x*、*y* 值相对应的坐标赋值给 *a*、*b*，再使用 plt.text 在对应的数据点上添加文本标签，而 for 循环也保证了折线图中每一个数据点都有文本标签。其中，*a*,*b*+0.05 表示在每一个数据点（*x* 值对应 *y* 值加 0.05）的位置处添加文本标签，'%.1f' %b 是对 *y* 值进行的格式化处理，保留小数点后 1 位；ha='center'、va='bottom'代表水平对齐、垂直对齐的方式，fontsize 则是字体大小。

14.2.5　设置标题和图例

数据是一个图表所要展示的东西，而有了标题和图例则可以帮助我们更好地理解这个图表的含义和想要传递的信息。下面介绍图表细节之三——标题和图例。

【例 14.8】　设置标题和图例。（**实例位置：资源包\Code\14\08**）

1. 图表标题

为图表设置标题主要使用 title 函数，语法格式如下：

```
matplotlib.pyplot.title(label, fontdict=None, loc='center', pad=None, **kwargs)
```

参数说明如下。

- ☑ label：字符串，图表标题文本。
- ☑ fontdict：字典，用来设置标题字体的样式，如{'fontsize': 20,'fontweight':20,'va': 'bottom','ha': 'center'}。
- ☑ loc：字符串，标题水平位置，参数值为 center、left 或 right，分别表示水平居中、水平居左和水平居右，默认为水平居中。
- ☑ pad：浮点型，表示标题离图表顶部的距离，默认值为 None。
- ☑ **kwargs：关键字参数，可以设置一些其他文本属性。

例如，设置图表标题为“14 天基础体温折线图”，主要代码如下：

```
plt.title('14 天基础体温折线图',fontsize='18')
```

2. 图表图例

为图表设置图例主要使用 legend 函数。下面介绍图例相关的设置。

（1）自动显示图例，代码如下：

```
plt.legend()
```

（2）手动添加图例，代码如下：

```
plt.legend('体温')
```

注意

这里需要注意一个问题，当手工添加图例时，有时会出现文本显示不全的问题，解决方法是在文本后面加一个逗号（,），主要代码如下：

```
plt.legend(('体温',))
```

（3）设置图例显示位置。通过 loc 参数可以设置图例的显示位置，如在右上方显示，主要代码如下：

```
plt.legend(('体温',),loc='upper right',fontsize=10)
```

具体图例显示位置设置如表 14.3 所示。

表 14.3　图例位置参数设置值

位置（字符串）	描　述	位置（字符串）	描　述
best	自适应	center left	左侧中间位置
upper right	右上方	center right	右侧中间位置
upper left	左上方	upper center	上方中间位置
lower right	右下方	lower center	下方中间位置
lower left	左下方	center	正中央
right	右侧		

上述参数可以设置大概的图例位置，如果这样可以满足需求，那么第二个参数不设置也可以。第二个参数 bbox_to_anchor 是元组类型，包括两个值，num1 用于控制 legend 的左右移动，值越大越向右移动，num2 用于控制 legend 的上下移动，值越大，越向上移动。用于微调图例的位置。

下面来看下设置标题和图例后的“14 天基础体温折线图”，效果如图 14.26 所示。

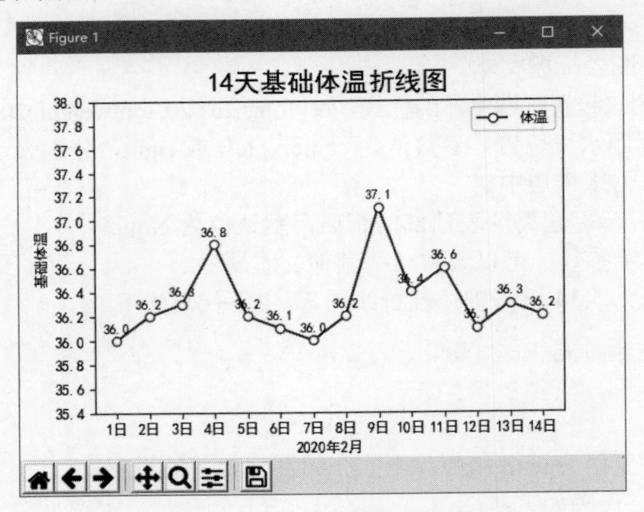

图 14.26　14 天基础体温折线图

14.2.6　添加注释

annotate 函数用于在图表上给数据添加文本注释，而且支持带箭头的画线工具，方便我们在合适的位置添加描述信息。

【例 14.9】　添加注释。（**实例位置：资源包\Code\14\09**）

在“14 天基础体温折线图”中用箭头指示最高体温，效果如图 14.27 所示。

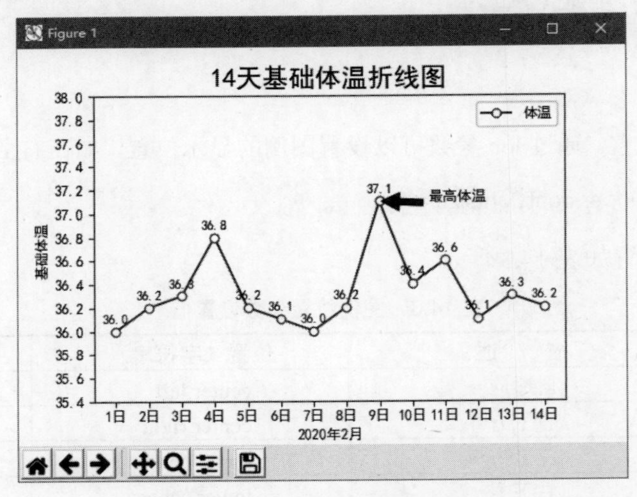

图 14.27　箭头指示最高体温

关键代码如下：

```
01    plt.annotate('最高体温', xy=(9,37.1), xytext=(10.5,37.1),
02                        xycoords='data',
03                        arrowprops=dict(facecolor='r', shrink=0.05))
```

下面介绍一下上述举例中用到的几个主要参数。

☑　xy：被注释的坐标点，二维元组，如(x,y)。

☑　xytext：注释文本的坐标点（也就是上述举例中箭头的位置），也是二维元组，默认与 *xy* 相同。

☑　xycoords：是被注释点的坐标系属性，设置值如表 14.4 所示。

表 14.4　xycoords 参数设置值

设　置　值	说　　明
figure points	以绘图区左下角为参考，单位是点数
figure pixels	以绘图区左下角为参考，单位是像素数
figure fraction	以绘图区左下角为参考，单位是百分比
axes points	以子绘图区左下角为参考，单位是点数（一个 figure 可以有多个 axes，默认为 1 个）
axes pixels	以子绘图区左下角为参考，单位是像素数
axes fraction	以子绘图区左下角为参考，单位是百分比
data	以被注释的坐标点 *xy* 为参考（默认值）
polar	不使用本地数据坐标系，使用极坐标系

☑　arrowprops：箭头的样式，dict（字典）型数据，如果该属性非空，则会在注释文本和被注释点之间画一个箭头。如果不设置 arrowstyle 关键字，则可以包含如表 14.5 所示关键字。

表 14.5　arrowprops 参数设置值

设　置　值	说　　明
width	箭头的宽度（单位是点）
headwidth	箭头头部的宽度（点）
headlength	箭头头部的长度（点）
shrink	箭头两端收缩的百分比（占总长）
?	任何 matplotlib.patches.FancyArrowPatch 中的关键字

说明

关于 annotate 函数的内容还有很多，这里不再赘述，感兴趣的读者可以以上述举例为基础，尝试更多的属性和样式。

14.3　常用图表的绘制

本节介绍常用图表的绘制，主要包括绘制折线图、绘制柱形图、绘制直方图、绘制饼形图、绘制散点图、绘制面积图、绘制热力图、绘制箱形图、绘制 3D 图表、绘制多个子图表及图表的保存。对于常用的图表类型以绘制多种类型图表进行举例，以适应不同应用场景的需求。

14.3.1 绘制折线图

折线图可以显示随时间而变化的连续数据，因此非常适用于显示在相等时间间隔下数据的趋势。如基础体温折线图、学生成绩走势图、股票月成交量走势图、月销售统计分析图，微博、公众号、网站访问量统计图等都可以用折线图体现。在折线图中，类别数据沿水平轴均匀分布，所有值数据沿垂直轴均匀分布。

Matplotlib 绘制折线图主要使用 plot 函数，相信通过前面的学习，您已经了解了 plot 函数的基本用法，并能够绘制一些简单的折线图。下面尝试绘制多折线图。

【例 14.10】　绘制折线图。（**实例位置：资源包\Code\14\10**）

使用 plot 函数绘制多折线图。例如，绘制学生语数外各科成绩分析图，程序代码如下：

```
01  import pandas as pd
02  import matplotlib.pyplot as plt
03  df1=pd.read_excel('data.xls')                          # 导入 Excel 文件
04  # 多折线图
05  x1=df1['姓名']
06  y1=df1['语文']
07  y2=df1['数学']
08  y3=df1['英语']
09  plt.rcParams['font.sans-serif']=['SimHei']             # 解决中文乱码
10  plt.rcParams['xtick.direction'] = 'out'                # x 轴的刻度线向外显示
11  plt.rcParams['ytick.direction'] = 'in'                 # y 轴的刻度线向内显示
12  plt.title('语数外成绩大比拼',fontsize='18')              # 图表标题
13  plt.plot(x1,y1,label='语文',color='r',marker='p')
14  plt.plot(x1,y2,label='数学',color='g',marker='.',mfc='r',ms=8,alpha=0.7)
15  plt.plot(x1,y3,label='英语',color='b',linestyle='-.',marker='*')
16  plt.grid(axis='y')                                     # 显示网格关闭 y 轴
17  plt.ylabel('分数')
18  plt.yticks(range(50,150,10))
19  plt.legend(['语文','数学','英语'])                       # 图例
20  plt.show()
```

运行程序，输出结果如图 14.28 所示。

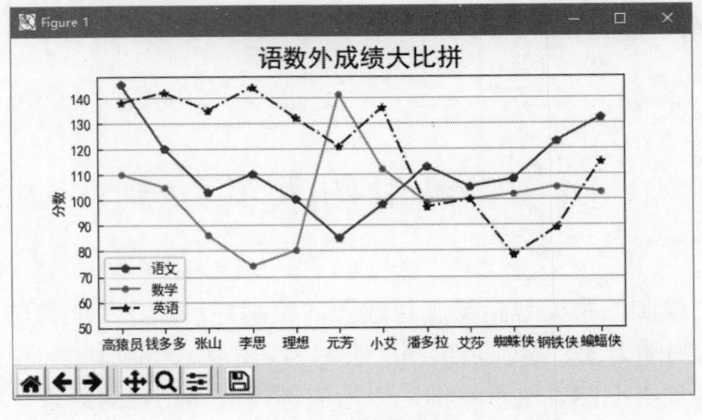

图 14.28　多折线图

上述举例，用到了几个参数，下面进行说明。

☑ mfc：标记的颜色。

☑ ms：标记的大小。

☑ mfc：标记边框的颜色。

☑ alpha：透明度，设置该参数可以改变颜色的深浅。

14.3.2　绘制柱形图

柱形图，又称长条图、柱状图、条状图等，是一种以长方形的长度为变量的统计图表。柱形图用来比较两个或两个以上的数据（不同时间或者不同条件），只有一个变量，通常用于较小的数据集分析。

Matplotlib 绘制柱形图主要使用 bar 函数，语法格式如下：

```
matplotlib.pyplot.bar(x,height,width,bottom=None,*,align='center',data=None,**kwargs)
```

参数说明如下。

☑ x：*x* 轴数据。

☑ height：柱子的高度，也就是 *y* 轴数据。

☑ width：浮点型，柱子的宽度，默认值为 0.8，可以指定固定值。

☑ bottom：标量或数组，可选参数，柱形图的 *y* 坐标，默认值为 0。

☑ *：星号本身不是参数。星号表示其后面的参数为命名关键字参数，命名关键字参数必须传入参数名，否则程序会出现错误。

☑ align：对齐方式，如 center（居中）和 edge（边缘），默认值为 center。

☑ data：data 关键字参数。如果给定一个数据参数，所有位置和关键字参数将被替换。

☑ **kwargs：关键字参数，其他可选参数，如 color（颜色）、alpha（透明度）、label（每个柱子显示的标签）等。

【例 14.11】　绘制柱形图。（**实例位置：资源包\Code\14\11**）

5 行代码绘制简单的柱形图，程序代码如下：

```
01	import matplotlib.pyplot as plt
02	x=[1,2,3,4,5,6]
03	height=[10,20,30,40,50,60]
04	plt.bar(x,height)
05	plt.show()
```

运行程序，输出结果如图 14.29 所示。

bar 函数可以绘制出各种类型的柱形图，如基本柱形图、多柱形图、堆叠柱形图，只要将 bar 函数的主要参数理解透彻，就会达到意想不到的效果。下面介绍几种常见的柱形图。

1．基本柱形图

【例 14.12】　基本柱形图。（**实例位置：资源包\Code\14\12**）

使用 bar 函数绘制“2013—2019 年线上图书销售额分析图”，程序代码如下：

```
01    import pandas as pd
02    import matplotlib.pyplot as plt
03    df = pd.read_excel('books.xlsx')
04    plt.rcParams['font.sans-serif']=['SimHei']                    # 解决中文乱码
05    x=df['年份']
06    height=df['销售额']
07    plt.grid(axis="y", which="major")                             # 生成虚线网格
08    # x、y 轴标签
09    plt.xlabel('年份')
10    plt.ylabel('线上销售额（元）')
11    # 图表标题
12    plt.title('2013—2019 年线上图书销售额分析图')
13    plt.bar(x,height,width = 0.5,align='center',color = 'b',alpha=0.5)
14    # 设置每个柱子的文本标签，format(b,',')格式化销售额为千位分隔符格式
15    for a,b in zip(x,height):
16        plt.text(a, b,format(b,','), ha='center', va= 'bottom',fontsize=9,color = 'b',alpha=0.9)
17    plt.legend(['销售额'])                                        # 图例
18    plt.show()
```

运行程序，输出结果如图 14.30 所示。

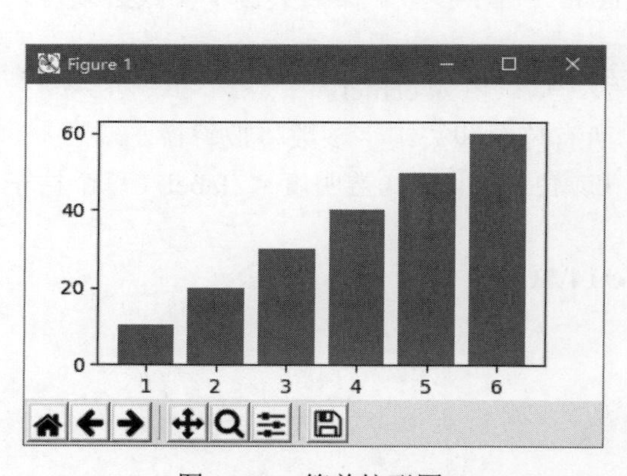

图 14.29　简单柱形图

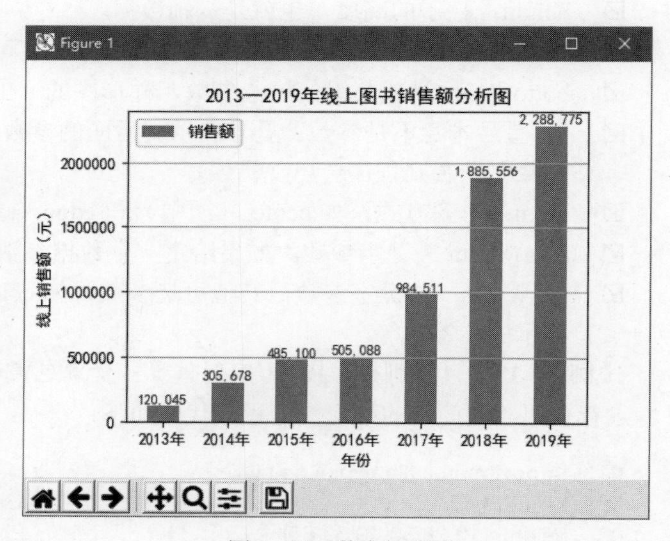

图 14.30　基本柱形图

上述举例，应用了前面所学习的知识。例如标题、图例、文本标签，坐标轴标签等。

2. 多柱形图

【例 14.13】　多柱形图。（**实例位置：资源包\Code\14\13**）

对于线上图书销售额的统计，如果要统计各个平台的销售额，可以使用多柱形图，不同颜色的柱子代表不同的平台，如京东、天猫、自营等，程序代码如下：

```
01    import pandas as pd
02    import matplotlib.pyplot as plt
03    df = pd.read_excel('books.xlsx',sheet_name='Sheet2')
```

```
04   plt.rcParams['font.sans-serif']=['SimHei']          # 解决中文乱码
05   x=df['年份']
06   y1=df['京东']
07   y2=df['天猫']
08   y3=df['自营']
09   width =0.25
10   # y 轴标签
11   plt.ylabel('线上销售额（元）')
12   # 图表标题
13   plt.title('2013—2019 年线上图书销售额分析图')
14   plt.bar(x,y1,width = width,color = 'darkorange')
15   plt.bar(x+width,y2,width = width,color = 'deepskyblue')
16   plt.bar(x+2*width,y3,width = width,color = 'g')
17   # 设置每个柱子的文本标签，format(b,',')格式化销售额为千位分隔符格式
18   for a,b in zip(x,y1):
19        plt.text(a, b,format(b,','), ha='center', va= 'bottom',fontsize=8)
20   for a,b in zip(x,y2):
21        plt.text(a+width, b,format(b,','), ha='center', va= 'bottom',fontsize=8)
22   for a, b in zip(x, y3):
23        plt.text(a + 2*width, b, format(b, ','), ha='center', va='bottom', fontsize=8)
24   plt.legend(['京东','天猫','自营'])                   # 图例
25   plt.show()
```

上述举例，柱形图中若显示 n 个柱子，则柱子宽度值需小于 $1/n$，否则柱子会出现重叠现象。运行程序，输出结果如图 14.31 所示。

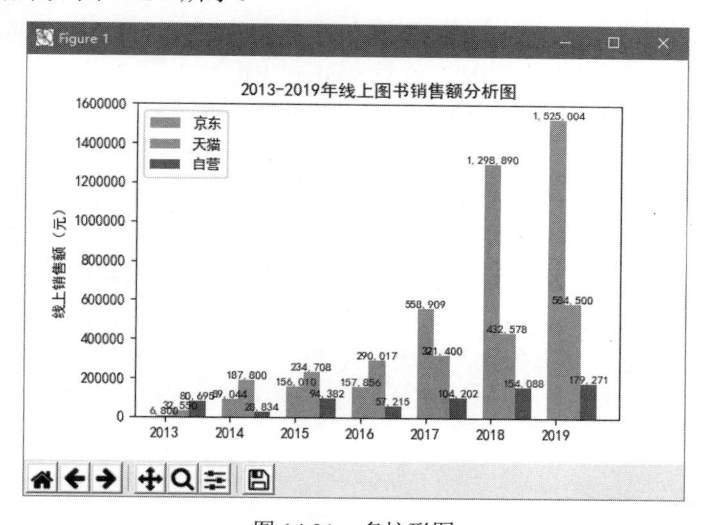

图 14.31　多柱形图

14.3.3　绘制饼形图

饼形图常用来显示各个部分在整体所占的比例。例如，在工作中如果遇到需要计算总费用或金额的各个部分构成比例的情况，一般通过各个部分与总额相除来计算，而且这种比例表示方法很抽象，

而通过饼形图将直接显示各个组成部分所占比例，一目了然。

Matplotlib 绘制饼形图主要使用 pie 函数，语法格式如下：

```
matplotlib.pyplot.pie(x,explode=None,labels=None,colors=None,autopct=None,pctdistance=0.6,shadow=False,
labeldistance=1.1,startangle=None,radius=None,counterclock=True,wedgeprops=None,textprops=None,center=
(0, 0), frame=False, rotatelabels=False, hold=None, data=None)
```

部分参数说明如下。

- ☑ x：每一块饼图的比例，如果 sum(x)＞1，则会使用 sum(x)归一化。
- ☑ labels：每一块饼图外侧显示的说明文字。
- ☑ explode：每一块饼图离中心的距离。
- ☑ startangle：起始绘制角度，默认是从 x 轴正方向逆时针画起，如设置值为 90，则从 y 轴正方向画起。
- ☑ shadow：在饼图下面画一个阴影，默认值为 False，即不画阴影。
- ☑ labeldistance：标记的绘制位置，相对于半径的比例，默认值为 1.1，如＜1 则绘制在饼图内侧。
- ☑ autopct：设置饼图百分比，可以使用格式化字符串或 format 函数。如'%1.1f'保留小数点前后 1 位。
- ☑ pctdistance：类似于 labeldistance 参数，指定百分比的位置刻度，默认值为 0.6。
- ☑ radius：饼图半径，默认值为 1。
- ☑ counterclock：指定指针方向，布尔型，可选参数，默认值为 True，表示逆时针；如果值为 False，则表示顺时针。
- ☑ wedgeprops：字典类型，可选参数，默认值为 None。字典传递给 wedge 对象，用来画一个饼图。例如 wedgeprops={'linewidth':2}设置 wedge 线宽为 2。
- ☑ textprops：设置标签和比例文字的格式，字典类型，可选参数，默认值为 None。传递给 text 对象的字典参数。
- ☑ center：浮点类型的列表，可选参数，默认值为(0,0)，表示图表中心位置。
- ☑ frame：布尔型，可选参数，默认值为 False，不显示轴框架（也就是网格）；如果值为 True，则显示轴框架，与 grid 函数配合使用。在实际应用中，建议使用默认设置，因为显示轴框架会干扰饼形图效果。
- ☑ rotatelabels：布尔型，可选参数，默认值为 False；如果值为 True，则旋转每个标签到指定的角度。

绘制简单饼形图，程序代码如下：

```
01    import matplotlib.pyplot as plt
02    x = [2,5,12,70,2,9]
03    plt.pie(x,autopct='%1.1f%%')
04    plt.show()
```

运行程序，输出结果如图 14.32 所示。

饼形图也存在各种类型，主要包括基础饼形图、分裂饼形图、立体感带阴影的饼形图、环形图等。下面分别进行介绍。

1. 基础饼形图

【例 14.14】　基础饼形图。（**实例位置：资源包\Code\14\14**）

下面通过饼形图分析 2020 年 1 月各省销量占比情况，程序代码如下：

```
01  import pandas as pd
02  from matplotlib import pyplot as plt
03  df1 = pd.read_excel('data2.xls')
04  plt.rcParams['font.sans-serif']=['SimHei']                 # 解决中文乱码
05  plt.figure(figsize=(5,3))                                  # 设置画布大小
06  labels = df1['省']
07  sizes = df1['销量']
08  # 设置饼形图每块的颜色
09  colors = ['red', 'yellow', 'slateblue', 'green','magenta','cyan','darkorange','lawngreen','pink','gold']
10  plt.pie(sizes,                                             # 绘图数据
11          labels=labels,                                     # 添加区域水平标签
12          colors=colors,                                     # 设置饼图的自定义填充色
13          labeldistance=1.02,                                # 设置各扇形标签（图例）与圆心的距离
14          autopct='%.1f%%',                                  # 设置百分比的格式，这里保留一位小数
15          startangle=90,                                     # 设置饼图的初始角度
16          radius = 0.5,                                      # 设置饼图的半径
17          center = (0.2,0.2),                                # 设置饼图的原点
18          textprops = {'fontsize':9, 'color':'k'},           # 设置文本标签的属性值
19          pctdistance=0.6)                                   # 设置百分比标签与圆心的距离
20  # 设置 x、y 轴刻度一致，保证饼图为圆形
21  plt.axis('equal')
22  plt.title('2020 年 1 月各省销量占比情况分析')
23  plt.show()
```

运行程序，输出结果如图 14.33 所示。

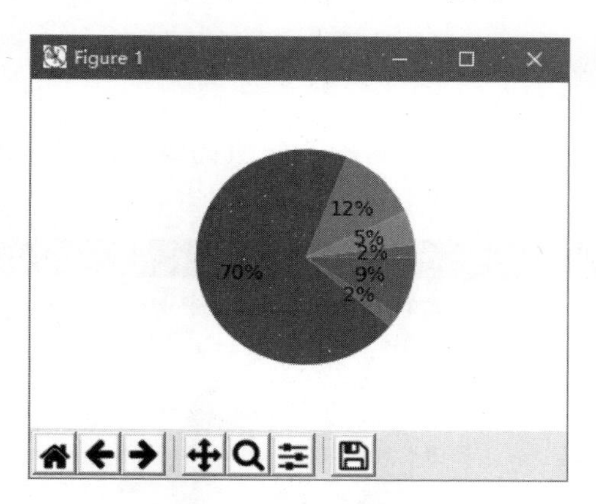

图 14.32　简单饼形图

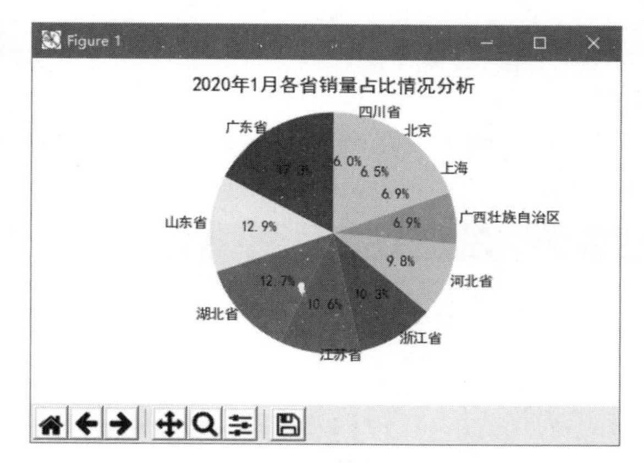

图 14.33　基础饼形图

2. 分裂饼形图

分裂饼形图是将主要的饼图部分分裂出来，以达到突出显示的目的。

【例 14.15】　分裂饼形图。（**实例位置：资源包\Code\14\15**）

将销量占比最多的广东省分裂显示，效果如图 14.34 所示。分裂饼形图可以同时分裂多块，效果如

图 14.35 所示。

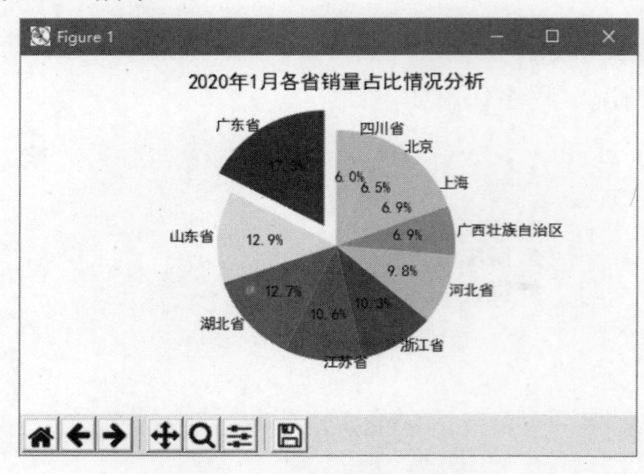

图 14.34　分裂单块饼形图

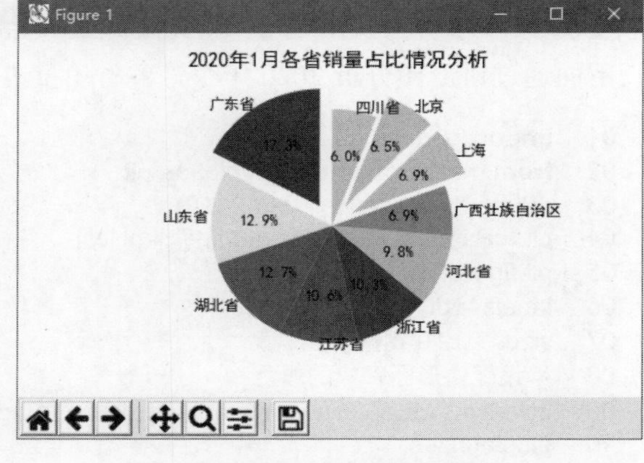

图 14.35　分裂多块饼形图

分裂饼形图主要通过设置 explode 参数实现，该参数用于设置饼图距中心的距离，我们需要将哪块饼图分裂出来，就设置它与中心的距离即可。例如，图 14.33 有 10 块饼图，我们将占比最多的“广东省”分裂出来，广东省在第一位，那么就设置第一位距中心的距离为 0.1，其他为 0，关键代码如下：

```
explode = (0.1,0,0,0,0,0,0,0,0,0)
```

3．立体感带阴影的饼形图

【例 14.16】　立体感带阴影的饼形图。（**实例位置：资源包\Code\14\16**）

立体感带阴影的饼形图看起来更美观，效果如图 14.36 所示。

立体感带阴影的饼形图主要通过 shadow 参数实现，设置该参数值为 True 即可，关键代码如下：

```
shadow=True
```

4．环形图

【例 14.17】　环形图。（**实例位置：资源包\Code\14\17**）

环形图是由两个及两个以上大小不一的饼图叠在一起，挖去中间的部分所构成的图形，效果如图 14.37 所示。

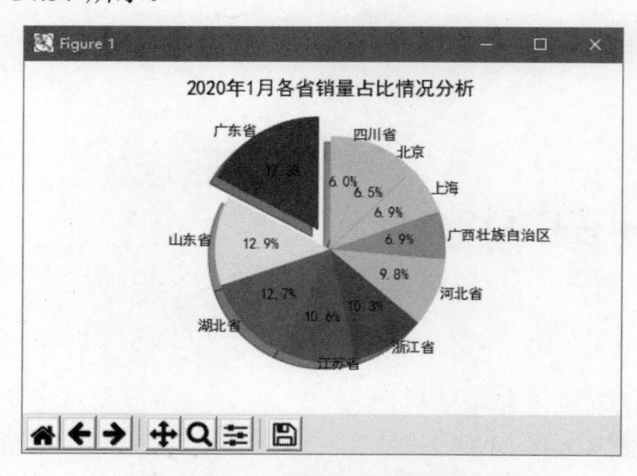

图 14.36　立体感带阴影的饼形图

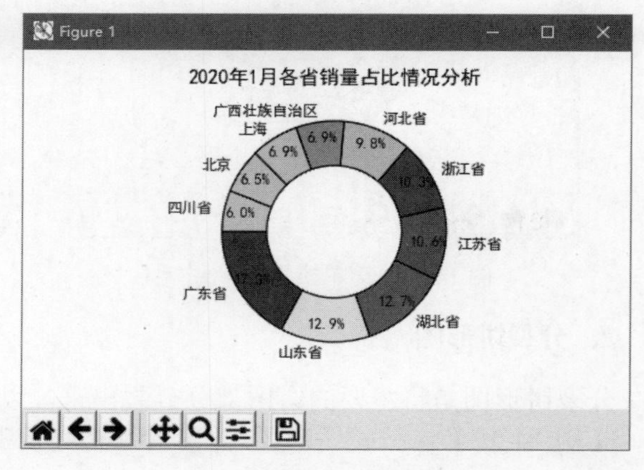

图 14.37　环形图

这里还是通过 pie 函数实现，一个关键参数 wedgeprops，字典类型，用于设置饼形图内外边界的属性，如环的宽度、环边界颜色和宽度，代码如下：

```
01  import pandas as pd
02  from matplotlib import pyplot as plt
03  df1 = pd.read_excel('data2.xls')
04  plt.rcParams['font.sans-serif']=['SimHei']                  # 解决中文乱码
05  plt.figure(figsize=(5,3))                                   # 设置画布大小
06  labels = df1['省']
07  sizes = df1['销量']
08  # 设置饼形图每块的颜色
09  colors = ['red', 'yellow', 'slateblue', 'green','magenta','cyan','darkorange','lawngreen','pink','gold']
10  plt.pie(sizes,                                              # 绘图数据
11          labels=labels,                                      # 添加区域水平标签
12          colors=colors,                                      # 设置饼图的自定义填充色
13          autopct='%.1f%%',                                   # 设置百分比的格式，这里保留一位小数
14          #radius =1 ,                                        # 设置饼图的半径
15          pctdistance=0.85,
16          startangle = 180,
17          textprops = {'fontsize':9, 'color':'k'},            # 设置文本标签的属性值
18          wedgeprops = {'width': 0.4, 'edgecolor': 'k'})
19  plt.title('2020 年 1 月各省销量占比情况分析')
20  plt.show()
```

5．内嵌环形图

【例 14.18】　内嵌环形图。（**实例位置：资源包\Code\14\18**）

内嵌环形图实际是双环形图，效果如图 14.38 所示。

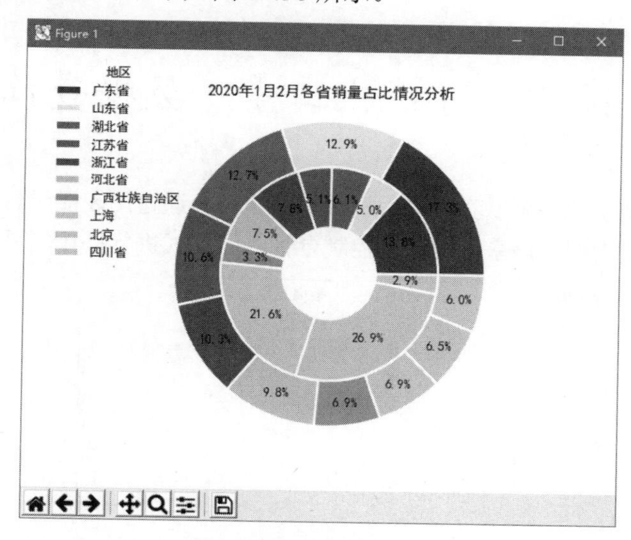

图 14.38　内嵌环形图

绘制内嵌环形图需要注意以下 3 点。

（1）连续使用两次 pie 函数。

（2）通过 wedgeprops 参数设置环形边界。

（3）通过 radius 参数设置不同的半径。

另外，由于图例内容比较长，为了使图例能够正常显示，图例代码中引入了两个主要参数，frameon 参数设置图例有无边框，bbox_to_anchor 参数设置图例位置，代码如下：

```
01    import pandas as pd
02    import matplotlib.pyplot as plt
03    plt.rcParams['font.sans-serif']=['SimHei']
04    df1 = pd.read_excel('data2.xls')
05    df2=pd.read_excel('data2.xls',sheet_name='2 月')
06    # 数据集，x1、x2 分别对应外环、内环百分比例
07    x1=df1['销量']
08    x2=df2['销量']
09    # 设置饼状图各个区块的颜色
10    colors = ['red', 'yellow', 'slateblue', 'green','magenta','cyan','darkorange','lawngreen','pink','gold']
11    # 外环
12    plt.pie(x1,autopct='%.1f%%',radius=1,pctdistance=0.85,colors=colors,wedgeprops=dict(linewidth=2,width=0.3,
edgecolor='w'))
13    # 内环
14    plt.pie(x2,autopct='%.1f%%',radius=0.7,pctdistance=0.7,colors=colors,wedgeprops=dict(linewidth=2,width=0.4,
edgecolor='w'))
15    # 图例
16    legend_text=df1['省']
17    # 设置图例标题、位置、去掉图例边框
18    plt.legend(legend_text,title='地区',frameon=False,bbox_to_anchor=(0.2,0.5))
19    plt.axis('equal')                                          # 设置坐标轴比例以显示为圆形
20    plt.title('2020 年 1 月 2 月各省销量占比情况分析')
21    plt.show()
```

14.4　案例：可视化二手房数据查询系统

可视化二手房数据查询系统中可以实现二手房数据的更新、通过图表显示各区二手房数量比例、各区二手房均价以及热门户型的均价。该系统是通过控制台输入的方式进行操作，系统首页如图 14.39 所示。

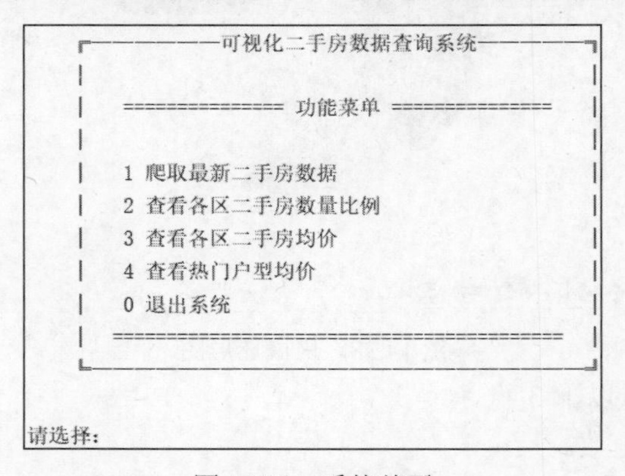

图 14.39　系统首页

【例 14.19】　可视化二手房数据查询系统。（**实例位置：资源包\Code\14\19**）

1．分析二手房数据位置

在该案例中首先需要确认二手房网页中共有多少页，然后确认每次切换网页时所对应的网络地址，并找出固定规律。接着需要获取二手房的小区名称、房子总价、户型、建筑面积、单价以及房子所在区域。根据之前所学习的知识，可以使用浏览器开发者工具，获取网页中每个信息所对应的 HTML 代码标签。具体步骤如下。

（1）浏览器中打开二手房网页地址 https://cc.lianjia.com/ershoufang/，然后将网页拖动至底部，单击“下一页”或第“2”页按钮，观察网页地址的变化。经过对比可以确认网页地址中“pg2”用于切换网页的第 2 页内容。网页地址对比如下：

```
https://cc.lianjia.com/ershoufang/                    # 第一页的网页地址
https://cc.lianjia.com/ershoufang/pg2/                # 第二页的网页地址
```

（2）测试网页地址的规律，将第一页的网页地址修改为 https://cc.lianjia.com/ershoufang/pg1/，然后在浏览器中访问修改后的网页地址，如果可以正常访问二手房网站的第一页内容，则说明网页地址切换规律正确。

（3）按 F12 键打开浏览器开发者工具，然后单击左上角图标，再选择网页中需要获取的文本信息，如二手房的小区名称，操作步骤如图 14.40 所示。

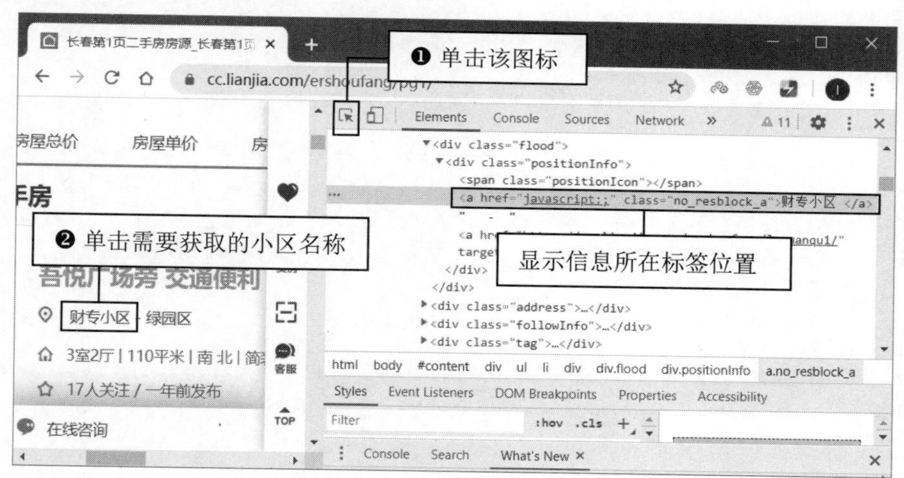

图 14.40　获取小区名称所在的标签位置

（4）根据以上操作步骤依次获取房子总价、户型、建筑面积、单价以及房子所在的区域，信息所在网页中的位置如图 14.41 所示。

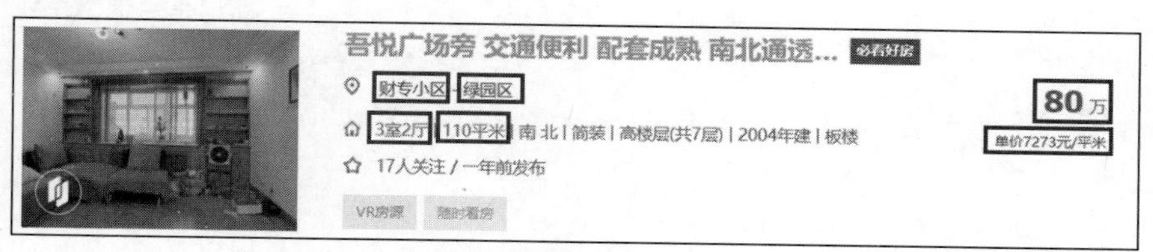

图 14.41　房源信息在网页中的位置

2. 爬取二手房数据

（1）导入系统所需的必备模块以及类，代码如下：

```
01  from requests_html import HTMLSession                          # 导入 HTMLSession 类
02  from requests_html import UserAgent                            # 导入 UserAgent 类
03  from requests_html import HTML                                 # 导入 HTML 类
04  import pandas as pd                                            # 导入 pandas 模块
05  import matplotlib                                              # 导入图表模块
06  import matplotlib.pyplot as plt                                # 导入绘图模块
07  # 避免中文乱码
08  matplotlib.rcParams['font.sans-serif'] = ['SimHei']
09  matplotlib.rcParams['axes.unicode_minus'] = False
10  from multiprocessing import Pool                               # 导入进程池
11  # 分类列表，作为数据表中的列名
12  class_name_list = ['小区名字', '总价', '户型', '建筑面积', '单价', '区域']
13  # 创建 DataFrame 临时表格
14  df = pd.DataFrame(columns=class_name_list)
```

（2）创建控制台菜单 menu()方法，在该方法中使用 print()函数打印一个有规律的菜单选项。代码如下：

```
01  def menu():
02      # 输出菜单
03      print('''
04      ╔———————可视化二手房数据查询系统———————╗
05      │                                          │
06      │   ===============  功能菜单  =============== │
07      │                                          │
08      │   1  爬取最新二手房数据                     │
09      │   2  查看各区二手房数量比例                 │
10      │   3  查看各区二手房均价                     │
11      │   4  查看热门户型均价                       │
12      │   0  退出系统                               │
13      │==========================================│
14      ╚——————————————————————————————————————————╝
15      ''')
```

（3）创建 main()方法，在该方法中根据用户在控制台中所输入的选项来启动对应功能的方法。代码如下：

```
01  def main():
02      ctrl = True                                                # 标记是否退出系统
03      while (ctrl):
04          menu()                                                 # 显示菜单
05          option = input("请选择：")                             # 选择菜单项
06          if option in ['0', '1', '2', '3', '4']:
07              option_int = int(option)
08              if option_int == 0:                                # 退出系统
```

```
09                  print('退出可视化二手房数据查询系统！')
10                  ctrl = False
11              elif option_int == 1:                               # 爬取最新二手房数据
12                  print('爬取最新二手房数据')
13                  start_crawler()                                 # 启动多进程爬虫
14                  print('二手房数据爬取完毕！')
15              elif option_int == 2:                               # 查看各区房子数量比例
16                  print('查看各区房子数量比例')
17              elif option_int == 3:                               # 查看各区二手房均价
18                  print('查看各区二手房均价')
19              elif option_int == 4:                               # 查看热门户型均价
20                  print('查看热门户型均价')
21          else:
22              print('请输入正确的功能选项！')
```

（4）创建 start_crawler()方法，在该方法中创建 4 进程对象，然后通过进程对象启动爬虫。代码如下：

```
01  # 启动爬虫
02  def start_crawler():
03      df.to_csv("二手房数据.csv", encoding='utf_8_sig')         # 第一次生成带表头的空文件
04      url = 'https://cc.lianjia.com/ershoufang/pg{}/'
05      urls = [url.format(str(i)) for i in range(1, 101)]
06      pool = Pool(processes=4)                                  # 创建 4 进程对象
07      pool.map(get_house_info, urls)
08      pool.close()  # 关闭进程池
```

（5）创建 get_house_info()方法，在该方法中需要获取每页中所有的房源信息，然后依次获取小区名称、房子总价、房子区域、房子单价、户型以及单价信息，再将获取到的信息添加至 DataFrame 临时表格中，最后将所有信息写入 csv 文件中。代码如下：

```
01  def get_house_info(url):
02      session = HTMLSession()                                       # 创建 HTML 会话对象
03      ua = UserAgent().random                                       # 创建随机请求头
04      response = session.get(url, headers={'user-agent': ua})       # 发送网络请求
05      if response.status_code == 200:                               # 判断请求是否成功
06          html = HTML(html=response.text)                           # 解析 HTML
07          li_all = html.find('.sellListContent li')                 # 获取每页所有房源信息
08          for li in li_all:
09              name = li.xpath('//div[1]/div[2]/div/a[1]/text()')[0].strip()   # 获取小区名称
10              # 获取房子总价
11              total_price = li.xpath('//div[1]/div[6]/div[1]/span/text()')[0] + '万'
12              region = li.xpath('//div[1]/div[2]/div/a[2]/text()')[0]         # 获取房子区域
13              unit_price = li.xpath('//div[1]/div[6]/div[2]/span/text()')[0]  # 获取房子单价
14              house_info = li.xpath('//div[1]/div[3]/div/text()')[0]          # 获取房子详细信息
15              house_list = house_info.split('|')                  # 使用|分割房子详细信息
16              type = house_list[0].strip()                        # 获取房子户型
17              dimensions = house_list[1].strip()                  # 获取房子面积
18              # '小区名字', '总价', '户型', '建筑面积', '单价', '区域'
19              print(name,total_price,type,dimensions,unit_price,region)
20              # 将数据信息添加至 DataFrame 临时表格中
```

```
21                  df.loc[len(df) + 1] = {'小区名字': name, '总价': total_price, '户型': type,
22                                         '建筑面积': dimensions, '单价': unit_price, '区域': region}
23              # 将数据以添加模式写入 csv 文件中，不再添加头部列
24              df.to_csv("二手房数据.csv",   mode='a', header=False)
25          else:
26              print(response.status_code)
```

（6）创建程序入口并调用自定义的 main()方法。代码如下：

```
01  if __name__ == '__main__':                            # 创建程序入口
02      main()                                            # 调用自定义 main()方法
```

运行程序，在控制台菜单中输入 1，此时控制台中将显示已经爬取的二手房信息，如图 14.42 所示。爬虫程序执行完成后，退出系统项目文件夹将自动生成二手房数据.csv 文件，文件内容如图 14.43 所示。

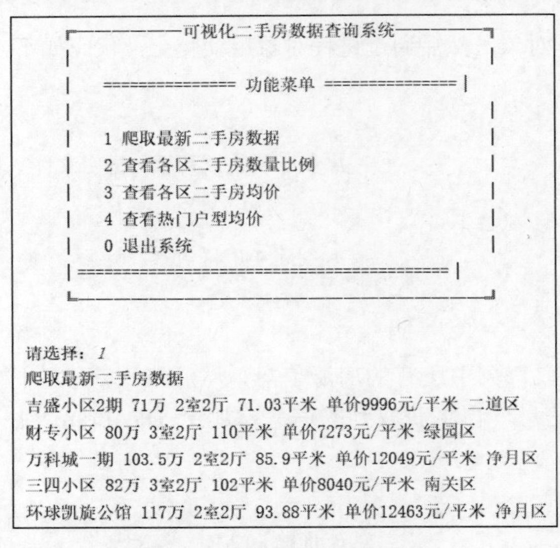

图 14.42　爬取二手房信息

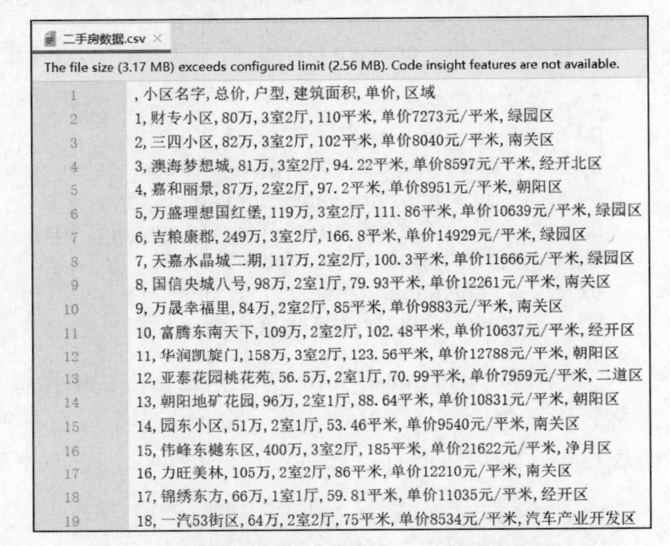

图 14.43　查看二手房 csv 文件中数据

3. 数据可视化

在实现数据可视化功能时，首先需要读取二手房数据.csv文件内容，然后进行数据的清洗工作，如删除数据中的无效数据以及重复数据。

（1）饼形图显示各区二手房数量所占比例

① 创建 cleaning_data()方法，在该方法中首先读取刚刚爬取的“二手房数据.csv”文件并创建 DataFrame 临时表格，然后将数据中的索引列、空值以及数据中的无效值删除，再将房子单价数据类型转换为 float 类型，最后将清洗后的数据返回。代码如下：

```
01  # 清洗数据
02  def cleaning_data():
03      data = pd.read_csv('二手房数据.csv')                    # 读取 csv 数据文件
04      del data['Unnamed: 0']                                 # 将索引列删除
05      data.dropna(axis=0, how='any', inplace=True)           # 删除 data 数据中的所有空值
06      data = data.drop_duplicates()                          # 删除重复数据
```

```
07        # 将单价“元/平方米”去掉
08        data['单价'] = data['单价'].map(lambda d: d.replace('元/平方米', ''))
09        data['单价'] = data['单价'].map(lambda d: d.replace('单价', ''))        # 将单价“元/平方米”去掉
10        data['单价'] = data['单价'].astype(float)                  # 将房子单价转换为浮点类型
11        return data
```

② 创建 show_house_number()方法，在该方法中首先需要获取已经清洗后的二手房数据，然后根据房子区域进行分组并获取每个区域房子的数量，再计算出每个区域房子数量的百分比，最后将计算出的数值通过饼形图显示出来。代码如下：

```
01  # 显示各区二手房数量所占比例
02  def show_house_number():
03      data = cleaning_data()                                  # 获取清洗后的数据
04      group_number = data.groupby('区域').size()              # 房子区域分组数量
05      region = group_number.index                             # 区域
06      numbers = group_number.values                           # 获取每个区域内房子出售的数量
07      percentage = numbers / numbers.sum() * 100              # 计算每个区域房子数量的百分比
08      plt.figure()                                            # 图形画布
09      plt.pie(percentage, labels=region,labeldistance=1.05,
10              autopct="%1.1f%%", shadow=True, startangle=0, pctdistance=0.6)
11      plt.axis("equal")                                       # 设置横轴和纵轴大小相等，这样饼才是圆的
12      plt.title('各区二手房数量所占比例', fontsize=12)
13      plt.show()                                              # 显示饼形图
```

③ 在自定义的 main()方法中“查看各区房子数量比例”的位置调用 show_house_number()方法，然后重新运行程序，在控制台菜单中输入 2，将显示如图 14.44 所示的各区房子数量比例饼形图。

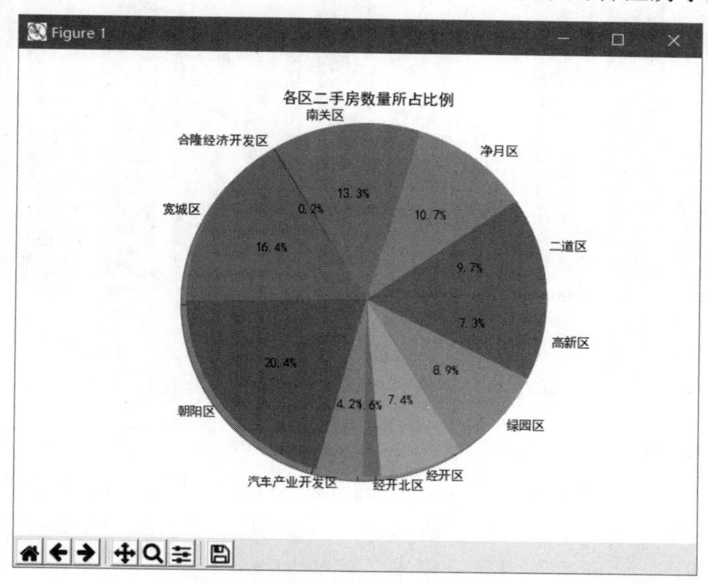

图 14.44　各区房子数量比例饼形图

（2）柱形图显示各区二手房均价

创建 show_average_price()方法，在该方法中首先获取清洗后的数据，然后根据房子区域对信息进

行分组并计算出每个区域的均价，最后将计算的数值通过垂直柱形图显示出来。代码如下：

```
01  # 显示各区二手房均价图
02  def show_average_price():
03      data = cleaning_data()                                       # 获取清洗后的数据
04      group = data.groupby('区域')                                  # 将房子区域分组
05      average_price_group = group['单价'].mean()                    # 计算每个区域的均价
06      region = average_price_group.index                           # 区域
07      average_price = average_price_group.values.astype(int)       # 区域对应的均价
08      plt.figure()                                                 # 图形画布
09      plt.bar(region,average_price, alpha=0.8)                     # 绘制柱形图
10      plt.xlabel("区域")                                            # 区域文字
11      plt.ylabel("均价")                                            # 均价文字
12      plt.title('各区二手房均价')                                     # 表标题文字
13      # 为每一个图形加数值标签
14      for x, y in enumerate(average_price):
15          plt.text(x, y + 100, y, ha='center')
16      plt.show()                                                   # 显示图表
```

在自定义的 main()方法中“查看各区二手房均价”的位置调用 show_average_price()方法，然后重新运行程序，在控制台菜单中输入 3，将显示如图 14.45 所示的各区二手房均价的垂直柱形图。

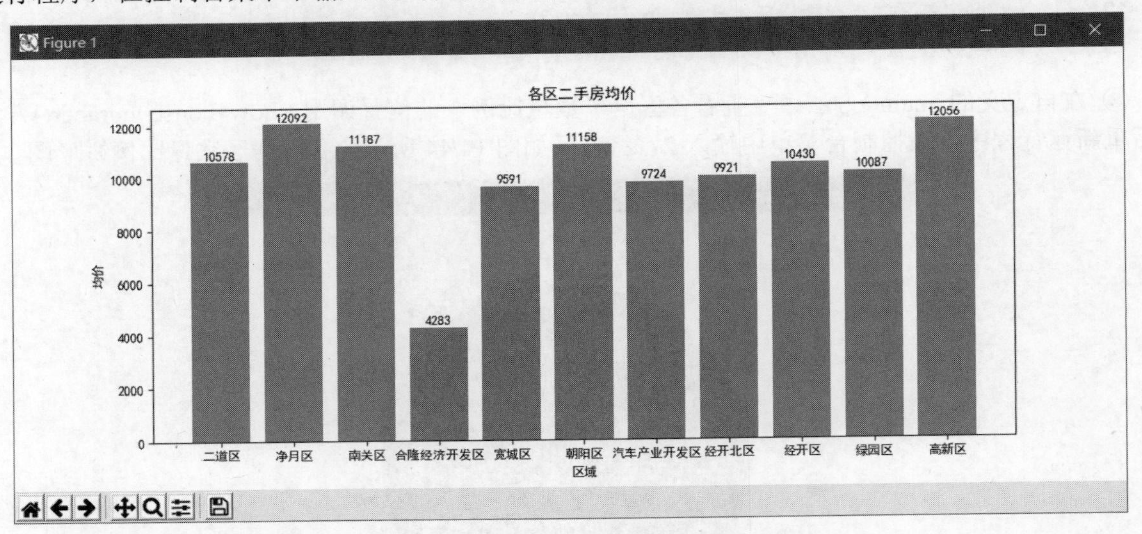

图 14.45　各区二手房均价的垂直柱形图

（3）水平柱形图显示热门户型均价

创建 show_type()方法，在该方法中首先获取清洗后的数据，然后将数据按照户型进行分组并统计每个分组的数量，接着根据户型分组的数量进行降序并提取出前 5 组户型数据，再计算每个户型的均价，最后将计算的数值通过水平柱形图显示出来。代码如下：

```
01  # 显示热门户型均价图
02  def show_type():
03      data = cleaning_data()                                       # 获取清洗后的数据
04      house_type_number = data.groupby('户型').size()               # 房子户型分组数量
```

```
05    sort_values = house_type_number.sort_values(ascending=False)   # 将户型分组数量进行降序
06    top_five = sort_values.head(5)                                  # 提取前 5 组户型数据
07    house_type_mean = data.groupby('户型')['单价'].mean()            # 计算每个户型的均价
08    type = house_type_mean[top_five.index].index                    # 户型
09    price = house_type_mean[top_five.index].values                  # 户型对应的均价
10    price = price.astype(int)
11    plt.figure()                                                    # 图形画布
12    plt.barh(type, price, height=0.3, color='r', alpha=0.8)         # 从下往上画水平柱形图
13    plt.xlim(0, 15000)                                              # x 轴的均价 0～15000
14    plt.xlabel("均价")                                              # 均价文字
15    plt.title("热门户型均价")                                        # 表标题文字
16    # 为每一个图形加数值标签
17    for y, x in enumerate(price):
18        plt.text(x + 10, y, str(x) + '元', va='center')
19    plt.show()                                                      # 显示图表
```

在自定义的 main()方法中“查看热门户型均价”的位置调用 show_type()方法，然后重新运行程序，在控制台菜单中输入 4，将显示如图 14.46 所示的热门户型均价的水平柱形图。

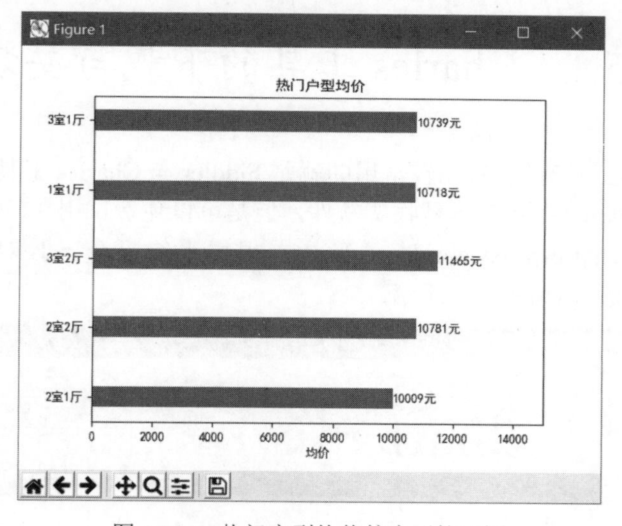

图 14.46　热门户型均价的水平柱形图

14.5　小　　结

本章主要介绍了如何通过 Matplotlib 模块实现数据可视化图表。Matplotlib 是一个 Python 2D 绘图模块，使用该模块只需要几行代码就可以绘制折线图、柱形图、直方图、饼形图、散点图等。在本章，我们首先学习了绘制图表的常用设置，然后实现了比较常用的折线图、柱形图以及饼图。最后通过一个案例实现了爬取二手房数据并将二手房数据进行可视化图表显示。数据可视化图表让爬虫数据以更加直观的方式展示出来，但读者需要为数据选择一个比较适合的图表方式，否则将无法直观地查看数据。

第 15 章

App 抓包工具

爬虫不仅只对 Web 页面的信息进行爬取，还有应用中也存在大量数据需要爬取，例如移动端的 App。由于 App 中的数据都是采用异步的方式从后台服务器中获取，类似于 Web 中的 AJAX 请求，所以在爬取数据前同样需要分析 App 用于获取数据的 URL。

由于 App 运行在手机或平板电脑中，在获取请求地址时无法像 Web 一样在 PC 端通过浏览器进行获取。此时就需要使用专业的抓包工具，实现 App 请求地址的抓取工作。本章将介绍如何使用 Charles 抓包工具，获取 App 中的请求地址。

15.1 Charles 工具的下载与安装

可以实现 App 抓包的工具有很多，比较常用的就是 Fiddler 与 Charles 工具，不过论性能来讲 Charles 的功能更加强大一些。Charles 抓包工具是收费软件，但是可以免费试用 30 天。打开 Charles 工具的官方下载页面 https://www.charlesproxy.com/download/，根据系统平台下载对应的版本即可。这里以 Windows 系统为例进行讲解，如图 15.1 所示。

图 15.1 下载系统平台对应版本的 Charles 工具

下载完成后本地磁盘中将出现名称为 charles-proxy-4.5.6-win64.msi 的安装文件，双击该文件将显示如图 15.2 所示的欢迎界面，在该界面中直接单击 Next 按钮。

在许可协议页面中，选中 I accept the terms in the License Agreement 复选框同意协议，然后单击 Next 按钮，如图 15.3 所示。

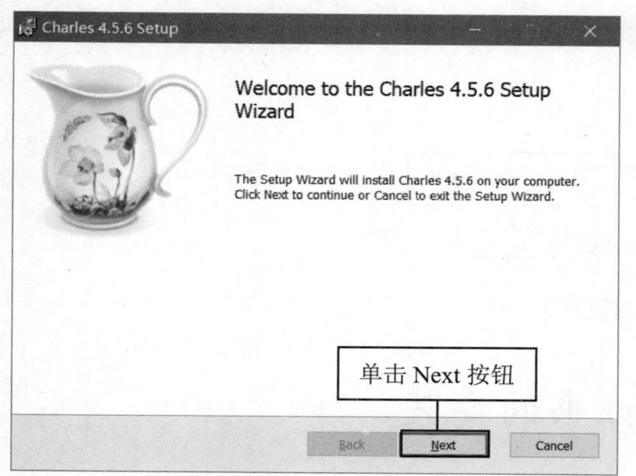

图 15.2　Charles 欢迎界面

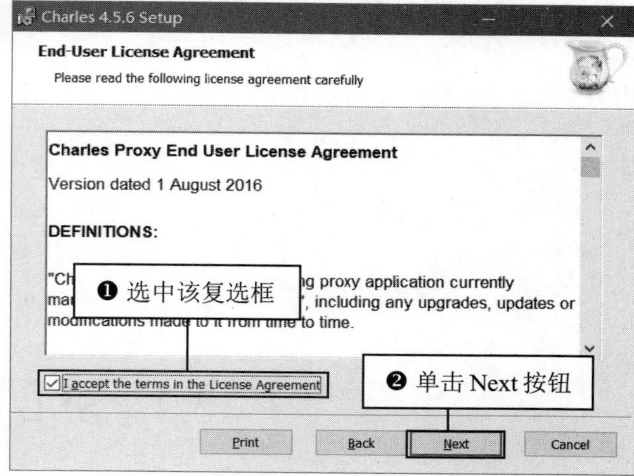

图 15.3　选中协议

在 Destination Folder 界面中，选择自己需要安装的路径，然后单击 Next 按钮，如图 15.4 所示。

在 Ready to install Charles 界面中直接单击 Install 按钮，如图 15.5 所示。

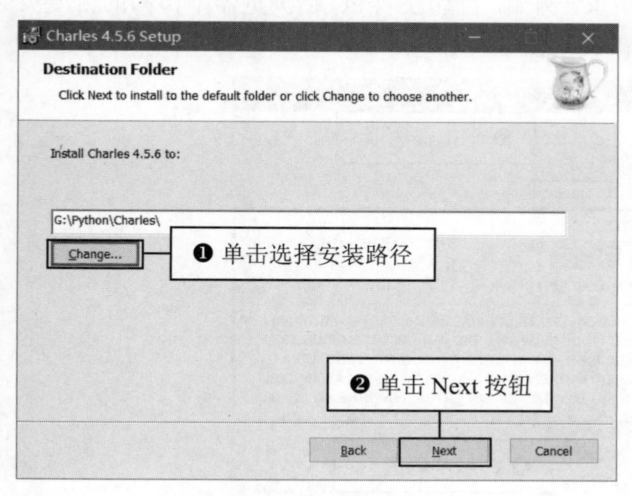

图 15.4　选择安装路径

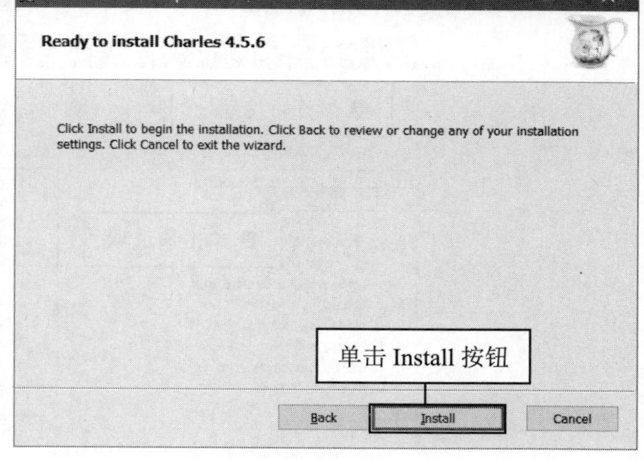

图 15.5　准备安装

安装完成后将显示如图 15.6 所示的界面，在该界面中直接单击 Finish 按钮即可。

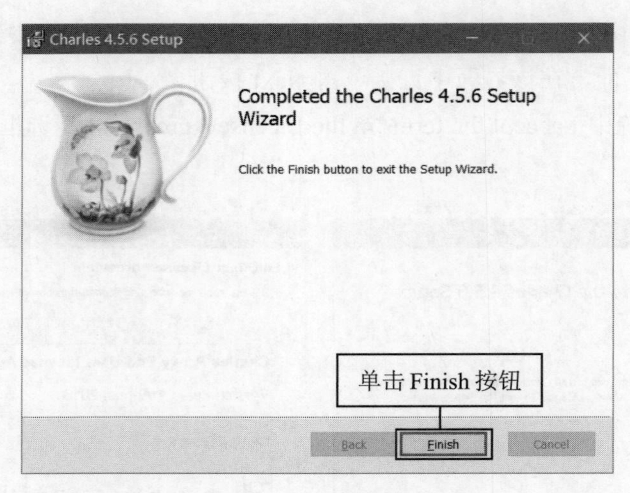

图 15.6　安装完成

15.2　SSL 证书的安装

15.2.1　安装 PC 端证书

Charles 工具安装完成后，在菜单中或底部搜索位置找到 Charles 启动图标，启动 Charles 工具。Charles 启动后将默认获取当前 PC 端中的所有网络请求，例如，自动获取 PC 端浏览器中访问的百度页面，不过在查看请求内容时，将显示如图 15.7 所示的乱码信息。

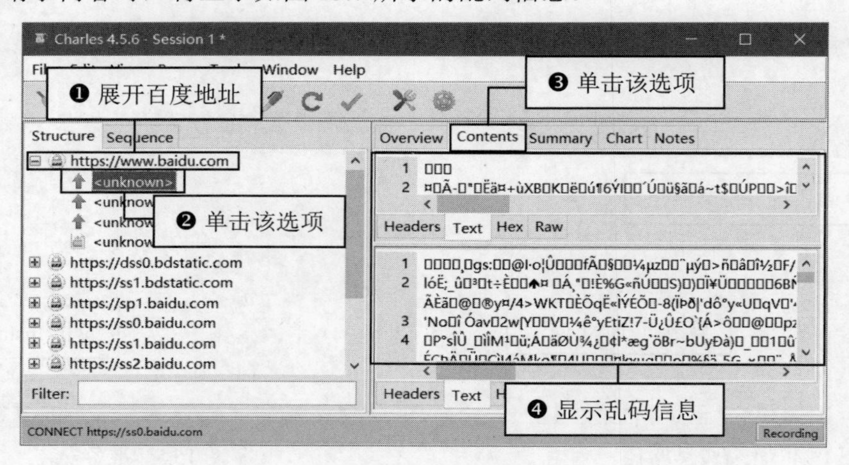

图 15.7　显示乱码信息

说明

Charles 在默认的情况下可以获取 PC 端中的网络请求。

目前的网页多数都是使用 HTTPS 与服务端进行数据交互，而通过 HTTPS 传输的数据都是加密的，所以此时通过 Charles 所获取到的信息会是乱码，此时需要安装 PC 端 SSL 证书。安装 PC 端 SSL 证书的具体步骤如下。

（1）打开 Charles 工具，依次选择 Help→SSL Proxying→Install Charles Root Certificate 选项打开安装 SSL 证书界面，如图 15.8 所示。

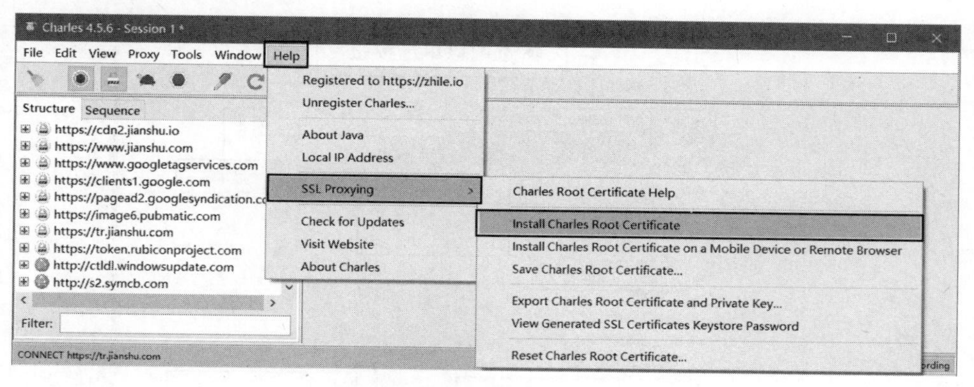

图 15.8　打开安装 SSL 证书界面

（2）在已经打开的安装 SSL 证书界面中单击“安装证书”按钮，如图 15.9 所示。然后在证书导入向导窗口中直接单击“下一步”按钮，如图 15.10 所示。

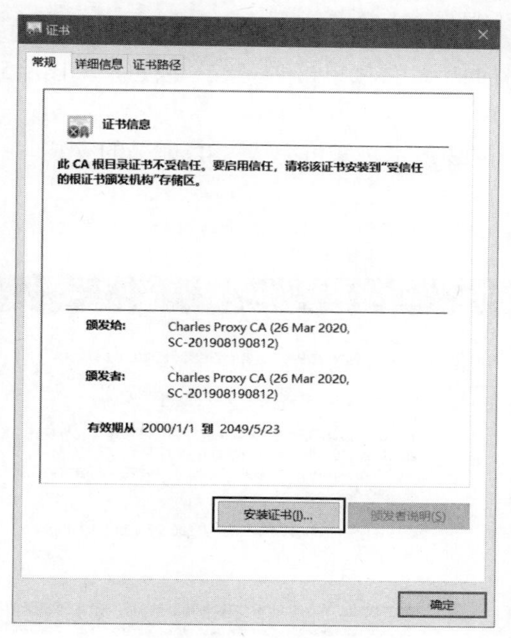

图 15.9　安装证书界面

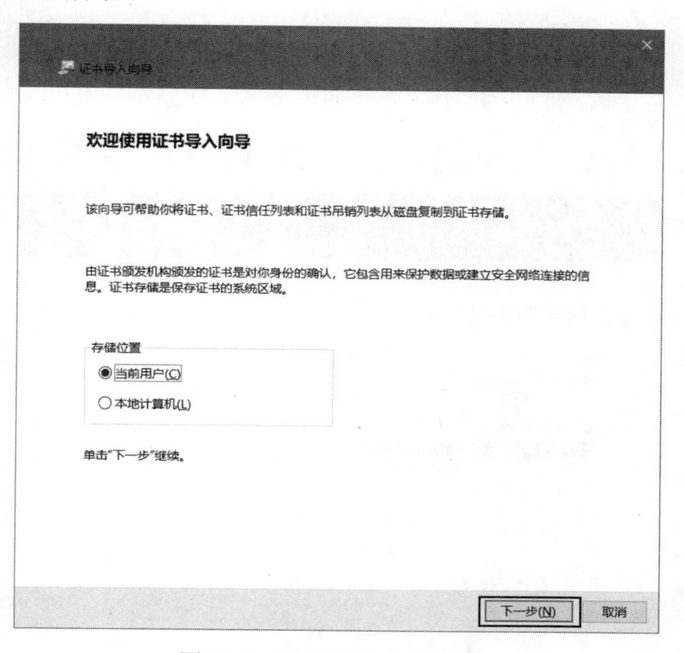

图 15.10　证书导入向导界面

（3）打开证书向导的“证书存储”界面，在该界面中首先选中“将所有的证书都放入下列存储”单选按钮，然后单击“浏览”按钮，选择证书的存储位置为“受信任的根证书颁发机构”，再单击“确定”按钮，最后单击“下一步”按钮即可，如图 15.11 所示。

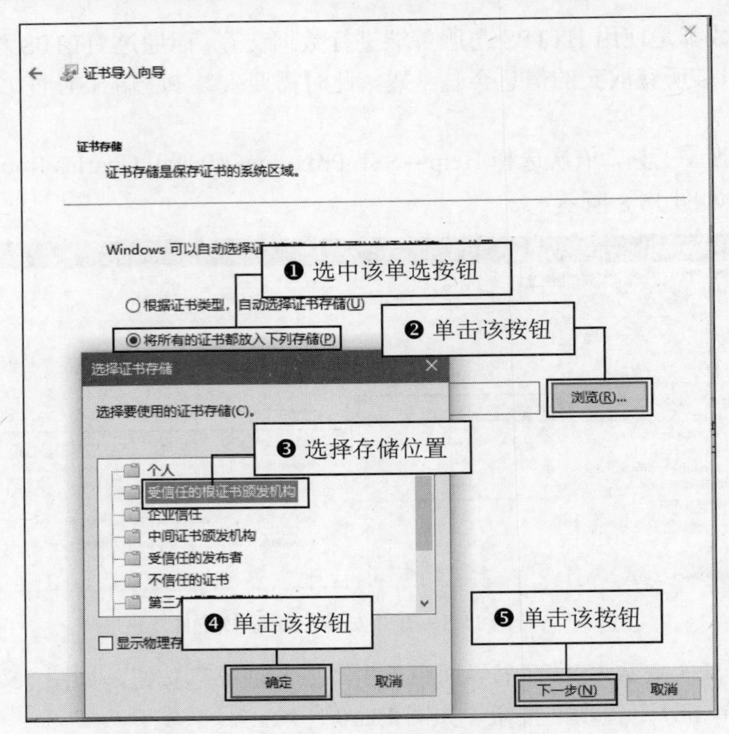

图 15.11　选择证书存储区域

（4）在证书导入向导的“正在完成证书导入向导”界面中，直接单击“完成”按钮，如图 15.12 所示。

（5）在弹出的安全警告框中单击“是”按钮，如图 15.13 所示，即可完成 SSL 证书的安装。

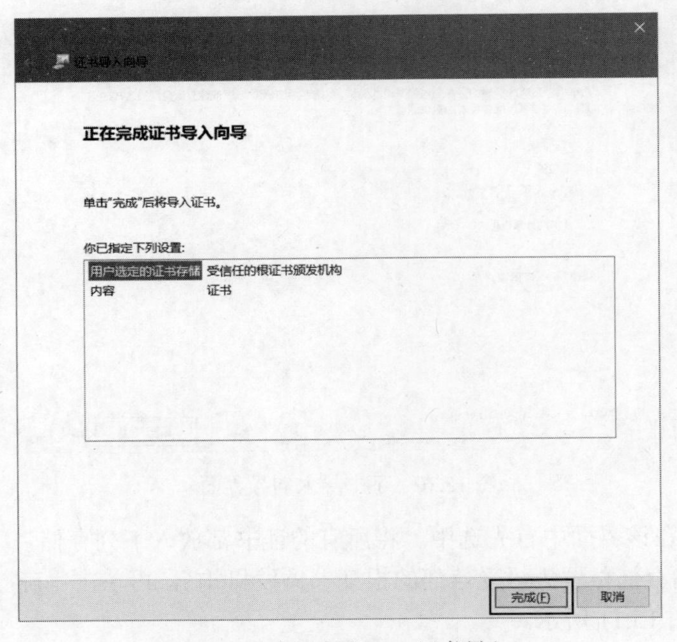

图 15.12　确认完成 SSL 证书导入

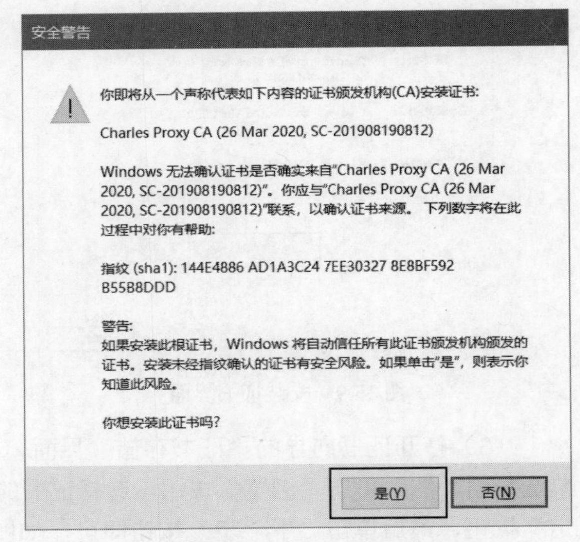

图 15.13　确认 SSL 证书的安全警告

（6）在“导入成功”的提示对话框中单击“确定”按钮，如图 15.14 所示，然后在安装证书的窗口中单击“确定”按钮，如图 15.15 所示。

图 15.14　确定导入成功

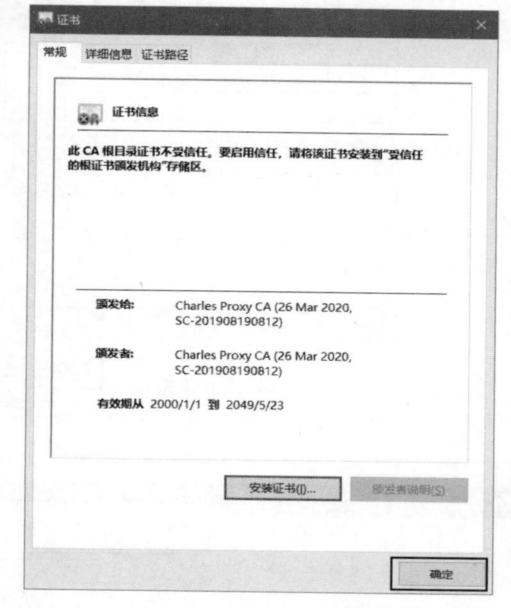

图 15.15　确定安装证书

15.2.2　设置代理

PC 端的 SSL 证书安装完成后，在获取请求详情内容时依然显示乱码。此时还需要设置 SSL 代理，设置 SSL 代理的具体步骤如下。

在 Charles 工具中，依次选择 Proxy→SSL Proxying Settings 命令，如图 15.16 所示。

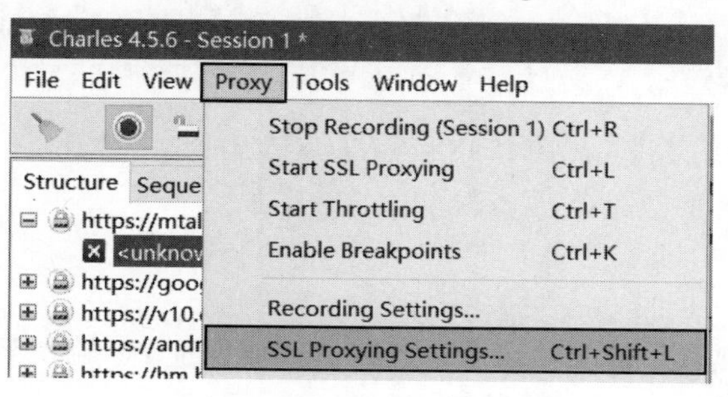

图 15.16　打开 SSL 代理设置

在 SSL Proxying 选项卡中选中 Enable SSL Proxying 复选框，然后单击左侧 Include 下面对应的 Add 按钮，在 Edit Location 窗口中设置指定代理，如果没有代理的情况下，则可以将其设置为*（表示所有的 SSL）即可，如图 15.17 所示。

SSL 代理设置完成后，重新启动 Charles，再次打开浏览器中的百度网页，单击左侧目录中的“/”将显示如图 15.18 所示的请求内容。

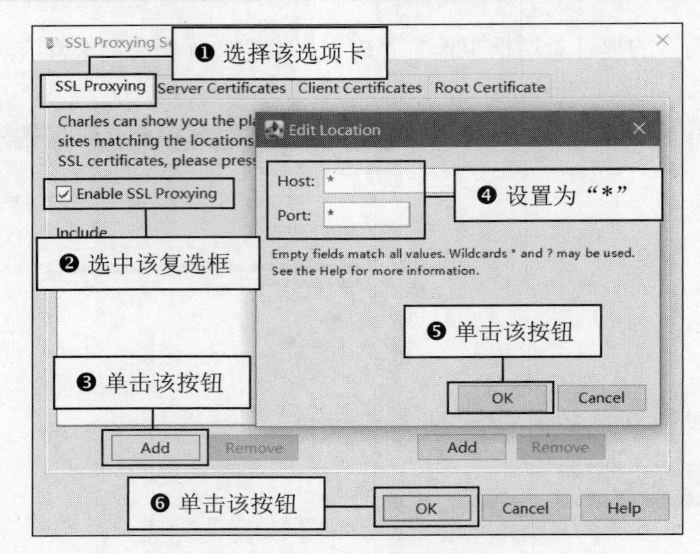

图 15.17　SSL 代理设置

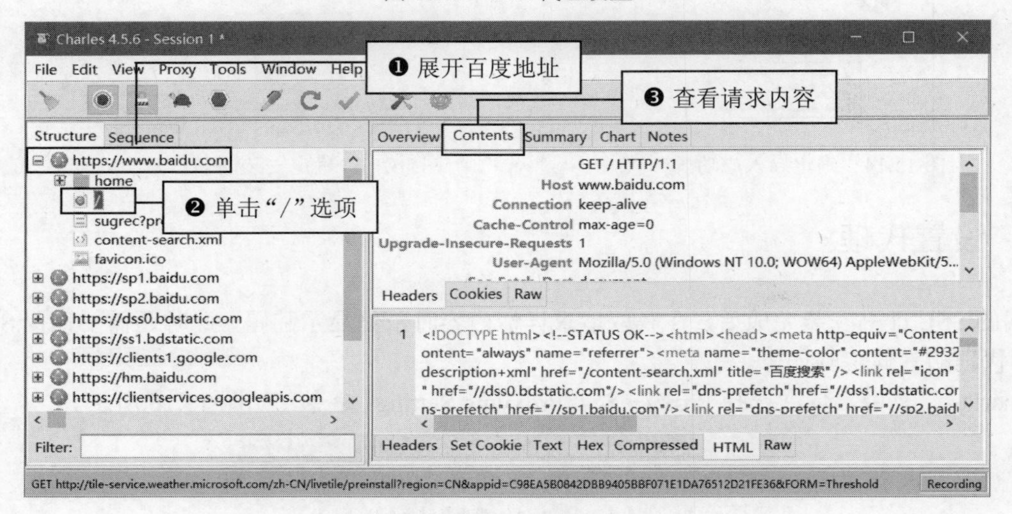

图 15.18　查看百度请求内容

15.2.3　配置网络

如果需要通过 Charles 抓取手机中的请求地址时，需要保证 PC 端与手机端在同一网络环境下，然后为手机端进行网络配置。配置网络的具体步骤如下。

（1）确定 PC（电脑端）与手机端在同一网络下，然后在 Charles 工具的窗体中依次选择 Help→SSL Proxying→Install Charles Root Certificate on a Mobile Device or Remote Browser 选项，如图 15.19 所示。

（2）在打开的移动设备安装证书的信息提示框中，需要记录 ip 地址与端口号，如图 15.20 所示。

（3）将提示框中的 ip 地址与端口号记住后，将手机（这里以 Android 手机为例）WiFi 连接与 PC（电脑端）同一网络的 WiFi，然后在手机 WiFi 列表中长按已经连接的 WiFi，在弹出的菜单中选择“修改网络”，如图 15.21 所示。

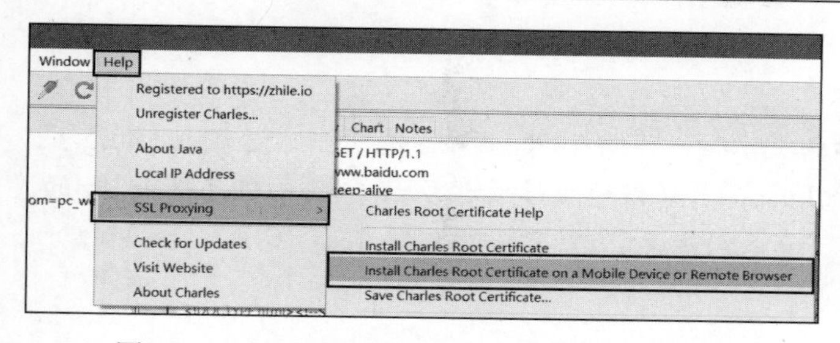

图 15.19　打开移动设备安装证书的信息提示框

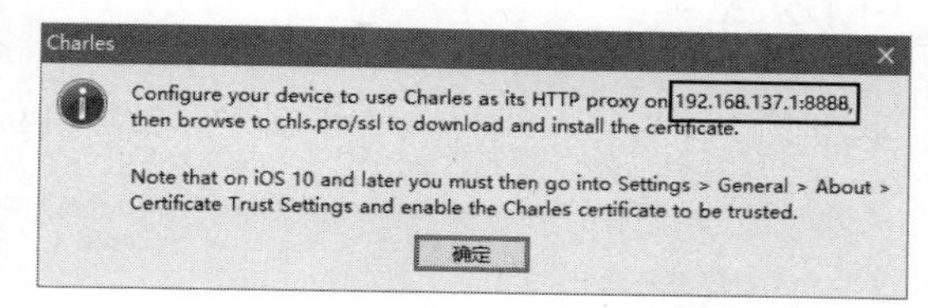

图 15.20　记录 ip 地址与端口号

（4）在修改网络的界面中，首先选中“显示高级选项”，然后在“服务器主机名”与“服务器端口”所对应的位置，填写 Charles 在移动设备安装证书的信息提示框中所给出的 IP 与端口号，单击“保存”按钮，如图 15.22 所示。

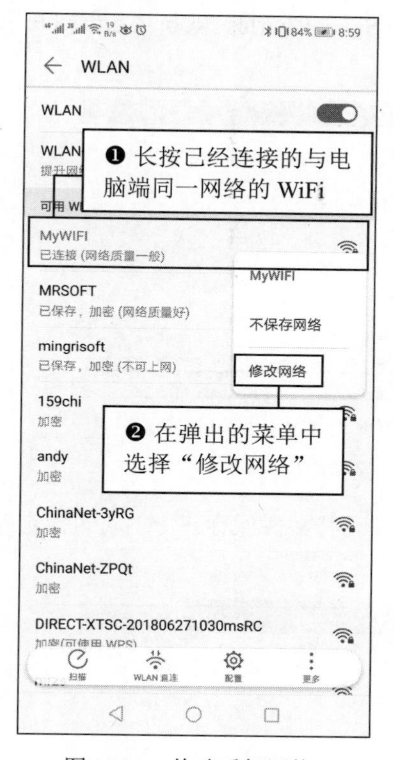

图 15.21　修改手机网络

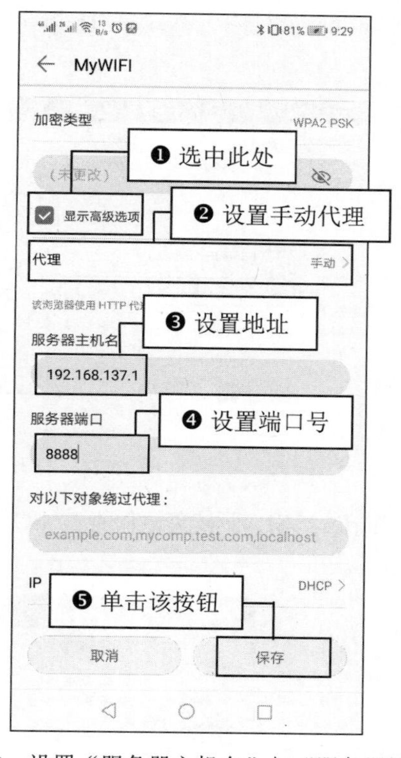

图 15.22　设置“服务器主机名”与“服务器端口号”

（5）在手机端将服务器主机与端口号设置完成后，PC 端（电脑端）Charles 将自动弹出是否信任此设备的确认对话框，在该对话框中直接单击 Allow 按钮即可，如图 15.23 所示。

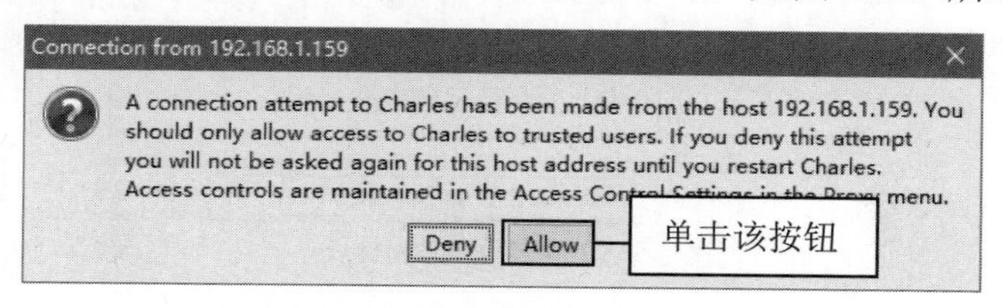

图 15.23　确认是否信任手机设备

注意

如果 PC 端的 Charles 没有如图 15.23 所示的提示框，可以在 PC 端命令行窗口内通过 ipconfig 获取当前 PC 端的无线局域适配器所对应的 IPv4 地址，并将该地址设置在步骤（4）手机连接 WiFi 的服务器主机名中。

15.2.4 安装手机端证书

PC 端与手机端的网络配置完成后，需要将 Charles 证书保存在 PC 端，然后安装在手机端，这样 Charles 才可以正常地抓取手机 App 中的网络请求。安装手机端证书的具体步骤如下。

（1）在 Charles 工具中依次选择 Help→SSL Proxying→Save Charles Root Certificate…命令，如图 15.24 所示。

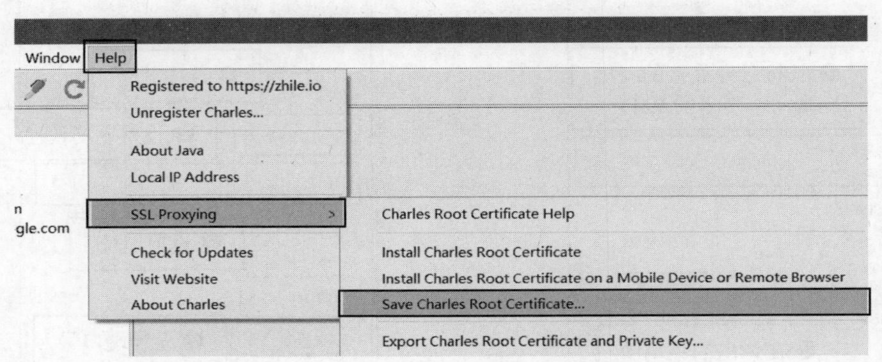

图 15.24　打开 Charles_SSL 证书保存窗口

（2）在 Charles_SSL 证书文件保存在 PC 端的窗口中，将证书文件保存在 PC 端的指定路径下，如图 15.25 所示。

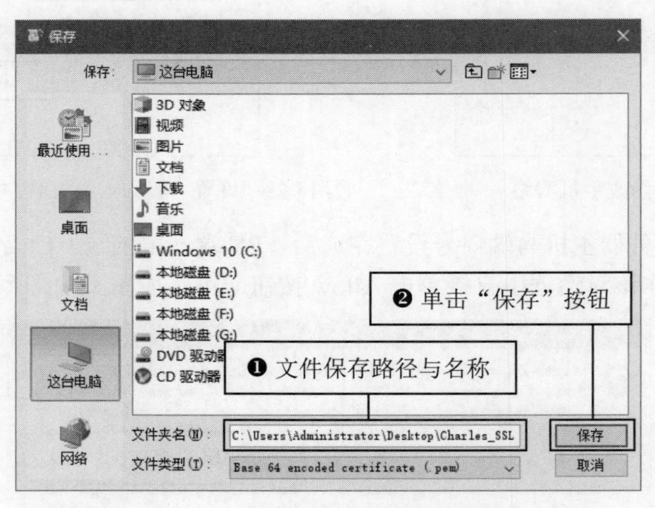

图 15.25　将 Charles_SSL 证书文件保存在 PC 端

（3）将 Charles_SSL 证书文件导入手机中，然后在手机中依次选择设置→安全和隐私→更多安全设置→从 SD 卡安装证书，选择 Charles_SSL 证书文件，输入手机密码后设置证书名称，单击“确定”按钮，如图 15.26 所示。

说明

不同品牌的手机也许安装 Charles_SSL 证书文件的方式会有所不同，所以需要读者根据使用的手机品牌寻找对应的安装方式即可。

（4）完成以上配置工作后，打开 Android 手机中的某个 App 中的某个新闻网页，如图 15.27 所示。

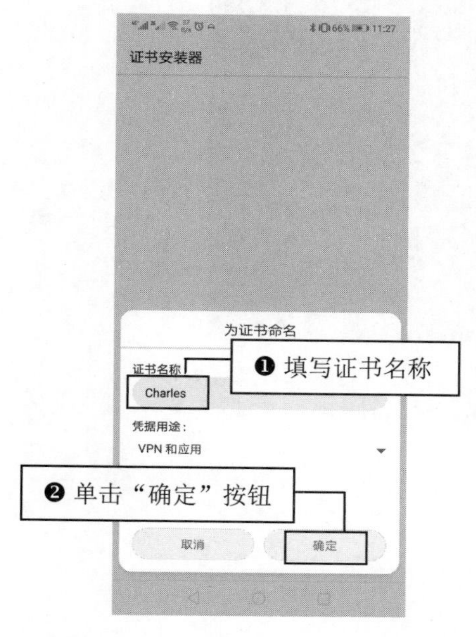

图 15.26　在手机 SD 卡上安装证书　　　图 15.27　Android 手机中的新闻网页

（5）在 Charles 工具中左侧的请求栏内，同时观察最新不断出现的换色闪烁的请求，即可查询到 Android 手机中新闻所对应网页的请求地址，如图 15.28 所示。

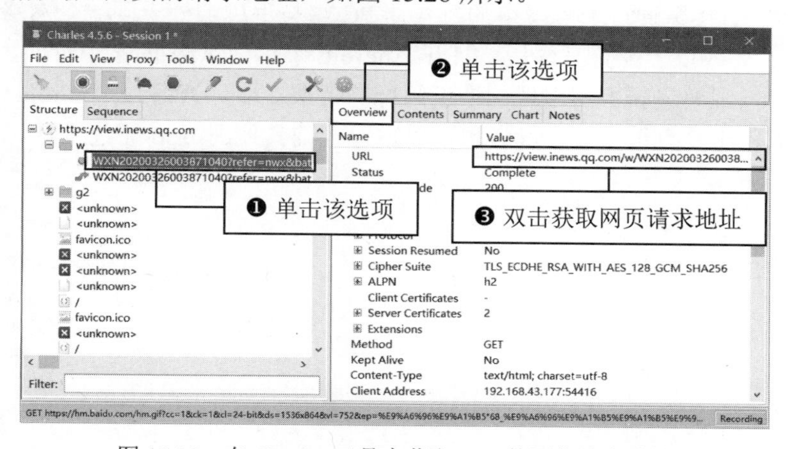

图 15.28　在 Charles 工具中获取 App 的网络请求地址

说明

在不确定 Charles 工具中所获取的请求地址是否正确时，可以将获取的地址在 PC 端的浏览器中进行页面的验证工作，验证结果如图 15.29 所示。

图 15.29 在 PC 端的浏览器上验证抓取的 App 请求地址

15.3 小　　结

本章主要介绍如何使用 Charles 抓包工具获取 App 中的请求地址。Charles 工具并不是下载安装后就可以直接使用的，需要先在 PC 端安装 SSL 证书，然后需要设置代理，如果没有代理可以将其设置为*（表示所有的 SSL）。接着通过配置网络的方式让 PC 端与手机端处于同一个网络环境中，最后安装手机端的 SSL 证书。完成以上配置工作后，打开 Android 手机中 App 的某个页面，接着在 Charles 工具中左侧的请求栏内，观察最新不断出现的换色闪烁的请求，即可查询到 Android 手机中当前网页的请求地址。App 的抓包工具有很多种，读者也可以自己查询其他的 App 抓包工具。

第 16 章

识别验证码

许多网站都采取了验证码的反爬虫机制，随着技术的发展，验证码出现了各种各样的形态，从一开始的几个数字，发展到随机添加几个英文字母，以及混淆曲线、彩色斑点等。本章将介绍如何使用 OCR 技术实现字符验证码的识别、如何使用第三方验证码识别平台识别验证码以及滑动拼图验证码的校验工作。

16.1 字符验证码

字符验证码的特点就是验证码中包含数字、字母或者掺杂着斑点与混淆曲线的图片验证码。识别此类验证码，首先需要找到验证码图片在网页 HTML 代码中的位置，然后将验证码下载，最后再通过 Tesseract-OCR 技术进行验证码的识别工作。

16.1.1 搭建 OCR 环境

Tesseract-OCR 是一个免费、开源的 OCR 引擎，通过该引擎可以识别图片中的验证码，搭建 OCR 的具体步骤如下。

（1）打开 Tesseract-OCR 下载地址 https://github.com/UB-Mannheim/tesseract/wiki，然后选择与自己系统匹配的版本（这里以 Windows 64 位为例），如图 16.1 所示。

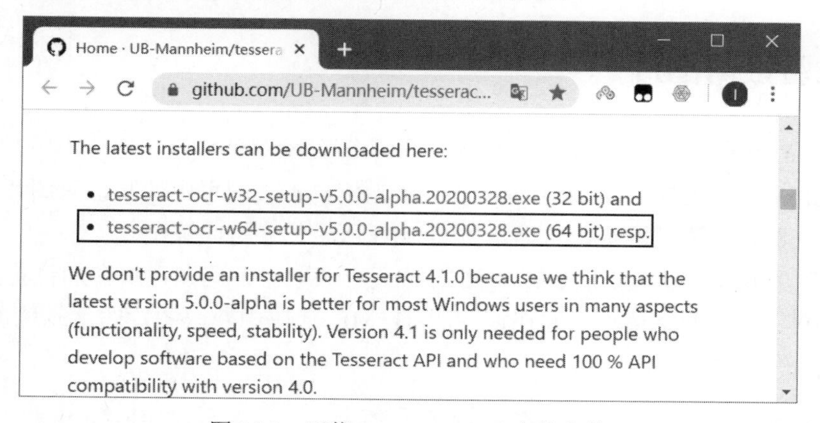

图 16.1 下载 Tesseract-OCR 安装文件

（2）Tesseract-OCR 文件下载完成后，默认安装即可，只需要在 Choose Components 界面中选中 Additional language data(download)选项，这样 OCR 将可以识别多国语言，接着单击 Next 按钮继续安装，如图 16.2 所示。

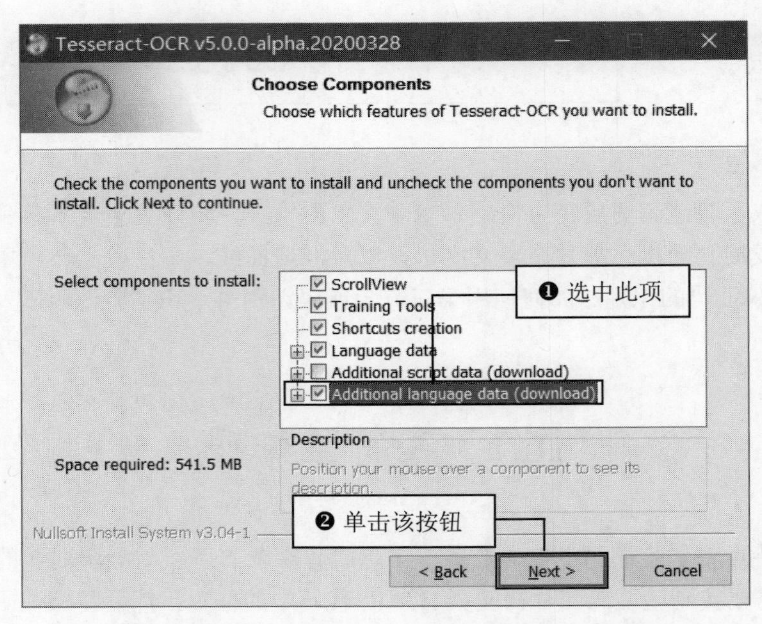

图 16.2　选中 Additional language data(download)选项

（3）Tesseract-OCR 安装完成后，接下来需要在 Python 中安装 tesserocr 模块，安装命令如下：

```
pip install tesserocr
```

说明

如果使用的是 Anaconda 并在安装 tesserocr 模块时出现了错误，可以使用如下命令：

```
conda install -c simonflueckiger tesserocr
```

16.1.2　下载验证码图片

【例 16.1】　下载验证码图片。（**实例位置：资源包\Code\16\01**）

以测试网页 http://sck.rjkflm.com:666/spider/word/为例，下载网页中的验证码图片，具体步骤如下。

（1）使用浏览器打开测试网页，将显示如图 16.3 所示的字符验证码。

（2）打开浏览器开发者工具，然后在 HTML 代码中获取验证码图片所在的位置，如图 16.4 所示。

（3）对目标网页发送网络请求，并在返回的 HTML 代码中获取图片的下载地址，然后下载验证码图片。代码如下：

```
01    import requests                                        # 导入网络请求模块
02    import urllib.request                                  # 导入 urllib.request 模块
```

```
03  from fake_useragent import UserAgent                    # 导入随机请求头
04  from bs4 import BeautifulSoup                           # 导入解析 HTML
05  header = {'User-Agent':UserAgent().random}              # 创建随机请求头
06  url = 'http://sck.rjkflm.com/spider/word/'              # 网页请求地址
07  # 发送网络请求
08  response = requests.get(url,header)
09  response.encoding='utf-8'                               # 设置编码方式
10  html = BeautifulSoup(response.text,"html.parser")       # 解析 HTML
11  src = html.find('img').get('src')
12  img_url = url+src                                       # 组合验证码图片请求地址
13  urllib.request.urlretrieve(img_url,'code.png')          # 下载并设置图片名称
```

图 16.3　字符验证码

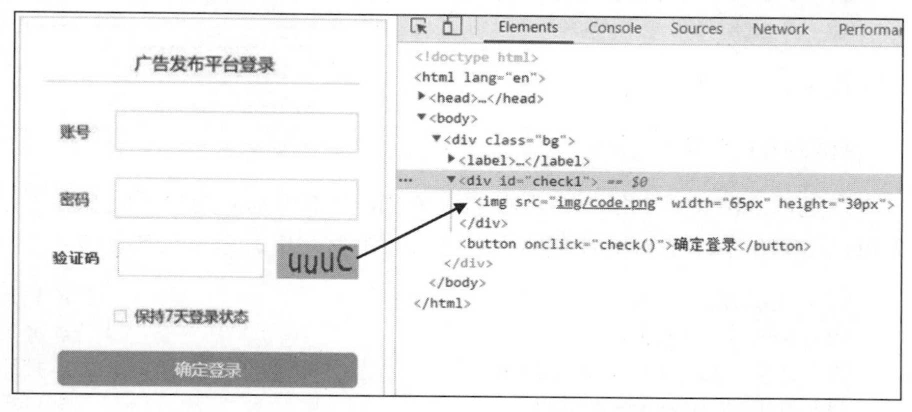

图 16.4　获取验证码在 HTML 代码中所在的位置

程序运行后项目文件夹中将自动生成如图 16.5 所示的验证码图片。

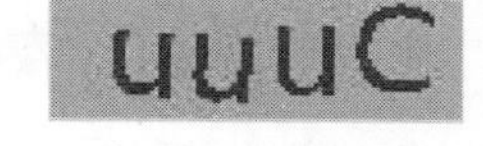

图 16.5　验证码图片

16.1.3　识别验证码

【例 16.2】　识别验证码。（**实例位置：资源包\Code\16\02**）

验证码下载完成后，首先需要导入 tesserocr 与 Image 模块，然后通过 Image.open()方法打开验证码图片，接着通过 tesserocr.image_to_text()函数识别图片中的验证码信息即可。示例代码如下：

```
01  import tesserocr                                 # 导入 tesserocr 模块
02  from PIL import Image                            # 导入图像处理模块
03  img =Image.open('code.png')                      # 打开验证码图片
04  code = tesserocr.image_to_text(img)              # 将图片中的验证码转换为文本
05  print('验证码为：',code)
```

程序运行结果如下：

```
验证码为：uuuc
```

OCR 的识别技术虽然很强大，但是并不是所有的验证码都可以这么轻松地识别出来，例如图 16.6 所示的验证码中就会掺杂许多干扰线条，那么在识别这样的验证码信息时，则需要对验证码图片进行相应的处理并识别。

图 16.6　带有干扰线的验证码

如果直接通过 OCR 识别，则识别结果将会受到干扰线的影响。下面通过 OCR 直接识别来测试一下，识别代码与效果如下：

```
01    import tesserocr                                    # 导入 tesserocr 模块
02    from PIL import Image                               # 导入图像处理模块
03    img =Image.open('code2.jpg')                        # 打开验证码图片
04    code = tesserocr.image_to_text(img)                 # 将图片中的验证码转换为文本
05    print('验证码为：',code)
```

程序运行结果如下：

```
验证码为：YSGN.
```

通过以上测试可以发现，直接通过 OCR 技术识别后的验证码中多了一个“点”，遇到此类情况首先可以将彩色的验证码图片转换为灰度图片测试一下。示例代码如下：

```
01    import tesserocr                                    # 导入 tesserocr 模块
02    from PIL import Image                               # 导入图像处理模块
03    img =Image.open('code2.jpg')                        # 打开验证码图片
04    img = img.convert('L')                              # 将彩色图片转换为灰度图片
05    img.show()                                          # 显示灰度图片
06    code = tesserocr.image_to_text(img)                 # 将图片中的验证码转换为文本
07    print('验证码为：',code)
```

程序运行后将自动显示如图 16.7 所示的灰度验证码图片。

控制台中所识别的验证码如下：

```
验证码为：YSGN.
```

接下来需要将灰度后的验证码图片实现二值化效果，将验证码二值化处理后次通过 OCR 进行识别。示例代码如下：

```
01    import tesserocr                                    # 导入 tesserocr 模块
02    from PIL import Image                               # 导入图像处理模块
03    img =Image.open('code2.jpg')                        # 打开验证码图片
04    img = img.convert('L')                              # 将彩色图片转换为灰度图片
05    t = 155                                             # 设置阈值
06    table = []                                          # 二值化数据的列表
07    for i in range(256):                                # 循环遍历
08        if i <t:
09            table.append(0)
```

```
10        else:
11            table.append(1)
12    img = img.point(table,'1')                      # 将图片进行二值化处理
13    img.show()                                      # 显示处理后图片
14    code = tesserocr.image_to_text(img)             # 将图片中的验证码转换为文本
15    print('验证码为：',code)                          # 打印验证码
```

程序运行后将自动显示二值化处理后的验证码图片，如图 16.8 所示。

图 16.7　验证码转换后的灰度图片

YSGN

图 16.8　二值化处理后的验证码图片

控制台中所识别的验证码如下：

```
验证码为：YSGN
```

说明

在识别以上具有干扰线的验证码图片时，我们可以做一些灰度和二值化处理，这样可以提高图片验证码的识别率，如果二值化处理后还是无法达到识别的精准性，则可以适当地上下调节一下二值化操作中的阈值。

16.2　第三方验证码识别

虽然 OCR 可以识别验证码图片中的验证码信息，但是识别效率与准确度是 OCR 的缺点。所以使用第三方验证码识别平台则是一个不错的选择，不仅可以提高验证码的识别效率，还可以提高验证码识别的准确度。使用第三方平台识别验证码是非常简单的，平台提供了一个完善的 API 接口，根据平台对应的开发文档即可完成快速开发的需求，但每次验证码成功识别后，平台会收取少量的费用。

验证码识别平台一般分为两种，分别是打码平台和 AI 开发者平台。打码平台主要是由在线人员进行验证码的识别工作，然后在短暂的时间内返回结果。AI 开发者平台主要是由人工智能来进行识别，例如百度 AI 以及其他 AI 平台。

【例 16.3】　第三方打码平台。（**实例位置：资源包\Code\16\03**）

下面以打码平台为例，演示验证码识别的具体过程。

（1）在浏览器中打开打码平台网页 http://www.chaojiying.com/，然后单击首页的“用户注册”按钮，如图 16.9 所示。

（2）在用户中心的页面中填写注册账号的基本信息，如图 16.10 所示。

说明

账号注册完成后可以联系平台的客服人员，申请免费测试的题分。

图 16.9　打码平台首页　　　　图 16.10　填写注册账号的基本信息

（3）账号注册完成后，在网页的顶部导航栏中选择“开发文档”，然后在常用开发语言示例下载中选择 Python 语言，如图 16.11 所示。

图 16.11　选择开发语言示例

（4）在 Python 语言 Demo 下载页面中，查看注意事项，然后单击“点击这里下载”即可下载示例代码，如图 16.12 所示。

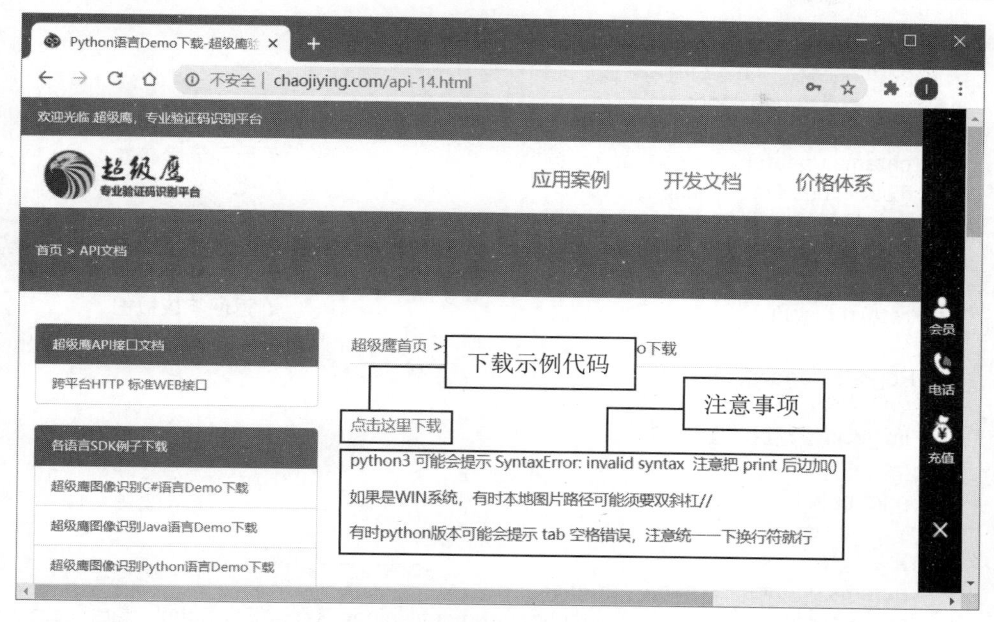

图 16.12　下载示例代码

（5）在平台提供的示例代码中，已经将所有需要用到的功能代码进行了封装处理。封装后的代码如下：

```
01  #!/usr/bin/env python
02  # coding:utf-8
03  import requests                                          # 网络请求模块
04  from hashlib import md5                                  # 加密
05
06  class Chaojiying_Client(object):
07
08      def __init__(self, username, password, soft_id):
09          self.username = username                         # 自己注册的账号
10          password = password.encode('utf8')               # 自己注册的密码
11          self.password = md5(password).hexdigest()
12          self.soft_id = soft_id                           # 软件 id
13          self.base_params = {                             # 组合表单数据
14              'user': self.username,
15              'pass2': self.password,
16              'softid': self.soft_id,
17          }
18          self.headers = {                                 # 请求头信息
19              'Connection': 'Keep-Alive',
20              'User-Agent': 'Mozilla/4.0 (compatible; MSIE 8.0; Windows NT 5.1; Trident/4.0)',
21          }
22
23      def PostPic(self, im, codetype):
24          """
25          im: 图片字节
26          codetype: 题目类型 参考 http://www.chaojiying.com/price.html
```

```
27            """
28            params = {
29                'codetype': codetype,
30            }
31            params.update(self.base_params)                              # 更新表单参数
32            files = {'userfile': ('ccc.jpg', im)}                        # 上传验证码图片
33            # 发送网络请求
34            r = requests.post('http://upload.chaojiying.net/Upload/Processing.php', data=params, files=files,
headers=self.headers)
35            return r.json()                                              # 返回响应数据
36
37        def ReportError(self, im_id):
38            """
39            im_id:报错题目的图片 ID
40            """
41            params = {
42                'id': im_id,
43            }
44            params.update(self.base_params)
45            r = requests.post('http://upload.chaojiying.net/Upload/ReportError.php', data=params, headers=
self.headers)
46            return r.json()
```

（6）在已经确保用户名完成充值的情况下，填写必要的参数，然后创建示例代码中的实例对象，实现验证码的识别工作。代码如下：

```
01  if __name__ == '__main__':
02      # 用户中心>>软件 ID 生成一个替换 96001
03      chaojiying = Chaojiying_Client('超级鹰用户名', '超级鹰用户名的密码', '96001')
04      im = open('a.jpg', 'rb').read()      # 本地图片文件路径来替换 a.jpg，有时 WIN 系统须要//
05      # 1902 验证码类型  官方网站>>价格体系 3.4+版 print 后要加()
06      print(chaojiying.PostPic(im, 1902))
```

（7）使用平台示例代码中所提供的验证码图片，运行以上示例代码，程序运行结果如下：

```
{'err_no': 0, 'err_str': 'OK', 'pic_id': '3109515574497000001', 'pic_str': '7261', 'md5': 'cf567a46b464d6cbe6b0646
fb6eb18a4'}
```

说明

程序运行结果中 pic_str 所对应的值为返回的验证码识别信息。

在发送识别验证码的网络请求时，代码中的 1902 表示验证码类型，该平台所支持的常用验证码类型如表 16.1 所示。

表 16.1　常用验证码类型

验证码类型	验证码描述
1902	常见 4～6 位英文和数字
1101～1020	1～20 位英文和数字
2001～2007	1～7 位纯汉字

续表

验证码类型	验证码描述
3004～3012	1～12 位纯英文
4004～4111	1～11 位纯数字
5000	不定长汉字、英文和数字
5108	8 位英文和数字（包含字符）
5201	拼音首字母，计算题，成语混合
5211	集装箱号，包括 4 位字母和 7 位数字
6001	计算题
6003	复杂计算题
6002	选择题四选一（ABCD 或 1234）
6004	问答题，智能回答题
9102	点击两个相同的字，返回：x1,y1|x2,y2
9202	点击两个相同的动物或物品，返回：x1,y1|x2,y2
9103	坐标多选，返回 3 个坐标，如：x1,y1|x2,y2|x3,y3
9004	坐标多选，返回 1～4 个坐标，如：x1,y1|x2,y2|x3,y3

说明

表 16.1 中只列出了比较常用的验证码识别类型，详细内容可查询验证码平台官网。

16.3　滑动拼图验证码

滑动拼图验证码是在滑动验证码的基础上增加了滑动距离的校验，用户需要将图形滑块滑动至主图空缺滑块的位置，才能通过校验。以下面地址对应的网页为例，实现滑动拼图验证码的自动校验，具体步骤如下。

【例 16.4】　滑动拼图验证码。（**实例位置：资源包\Code\16\04**）

测试网页地址为 http://sck.rjkflm.com:666/spider/jigsaw/。

（1）在浏览器中打开测试网页，将显示如图 16.13 所示的滑动拼图验证码。

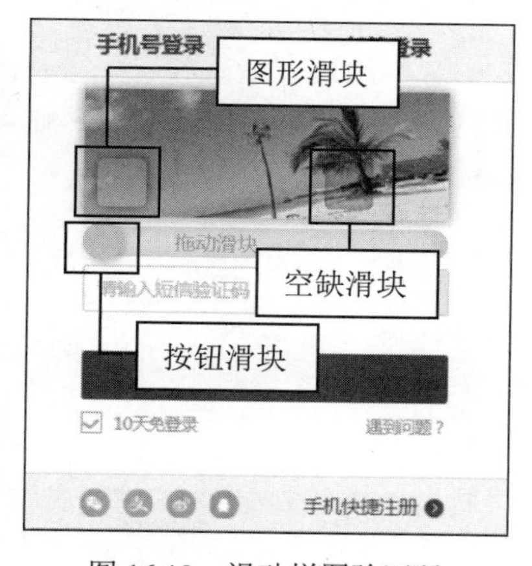

图 16.13　滑动拼图验证码

（2）打开浏览器开发者工具，单击按钮滑块，然后在 HTML 代码中依次获取按钮滑块、图形滑块以及空缺滑块所对应的 HTML 代码标签所在的位置，如图 16.14 所示。

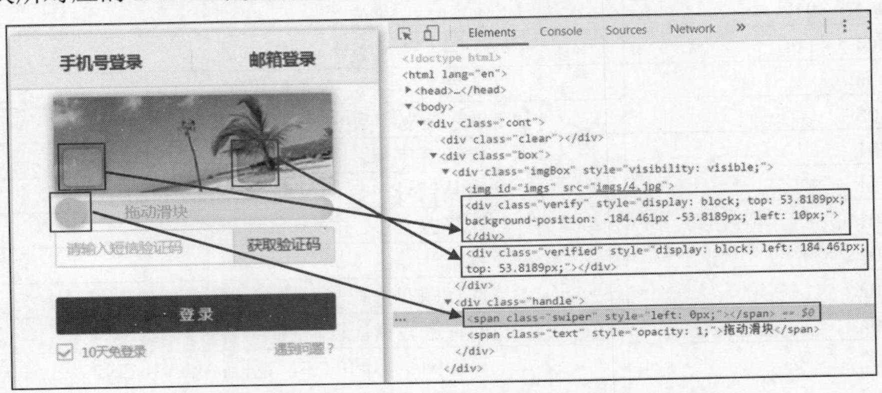

图 16.14　确定滑动拼图验证码在 HTML 代码中的位置

（3）通过鼠标拖动按钮滑块，完成滑动拼图验证码的校验，此时 HTML 代码的变化如图 16.15 所示。

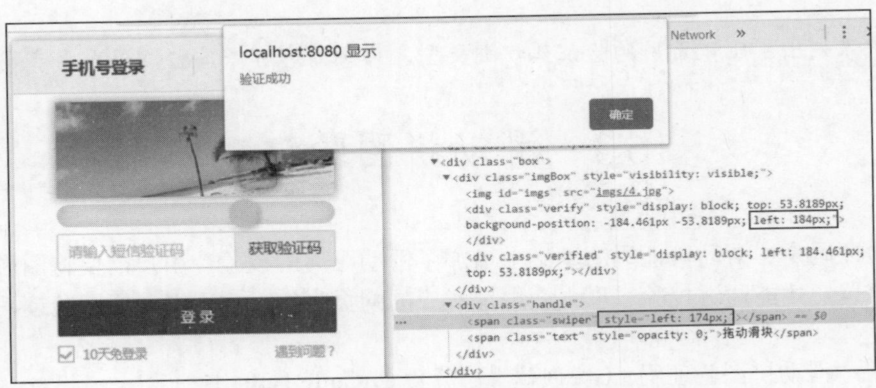

图 16.15　验证成功后 HTML 代码的变化

说明

通过图 16.14 与图 16.15 可以看出按钮滑块在默认情况下 left 的值为 0px，而图形滑块在默认情况下 left 的值为 10px。验证成功后按钮滑块的 left 值为 174px，而图形滑块的 left 值为 184px。此时可以总结出整个验证过程中滑块的位置变化，如图 16.16 所示。

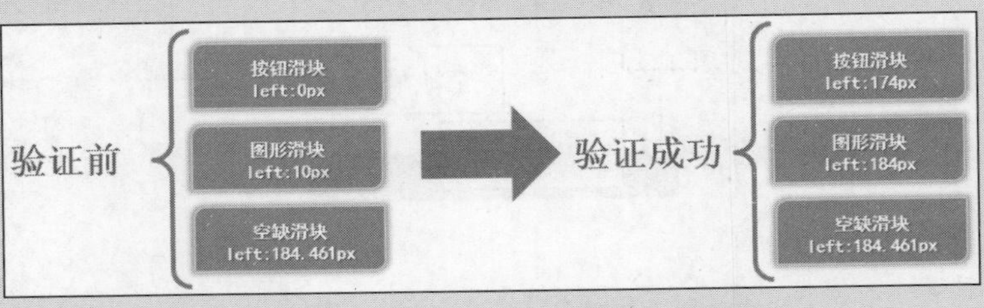

图 16.16　验证过程中滑块的位置变化

（4）通过按钮滑块的 left 值可以确认需要滑动的距离，接下来只需要使用 Selenium 模拟滑动的工作即可。实现代码如下：

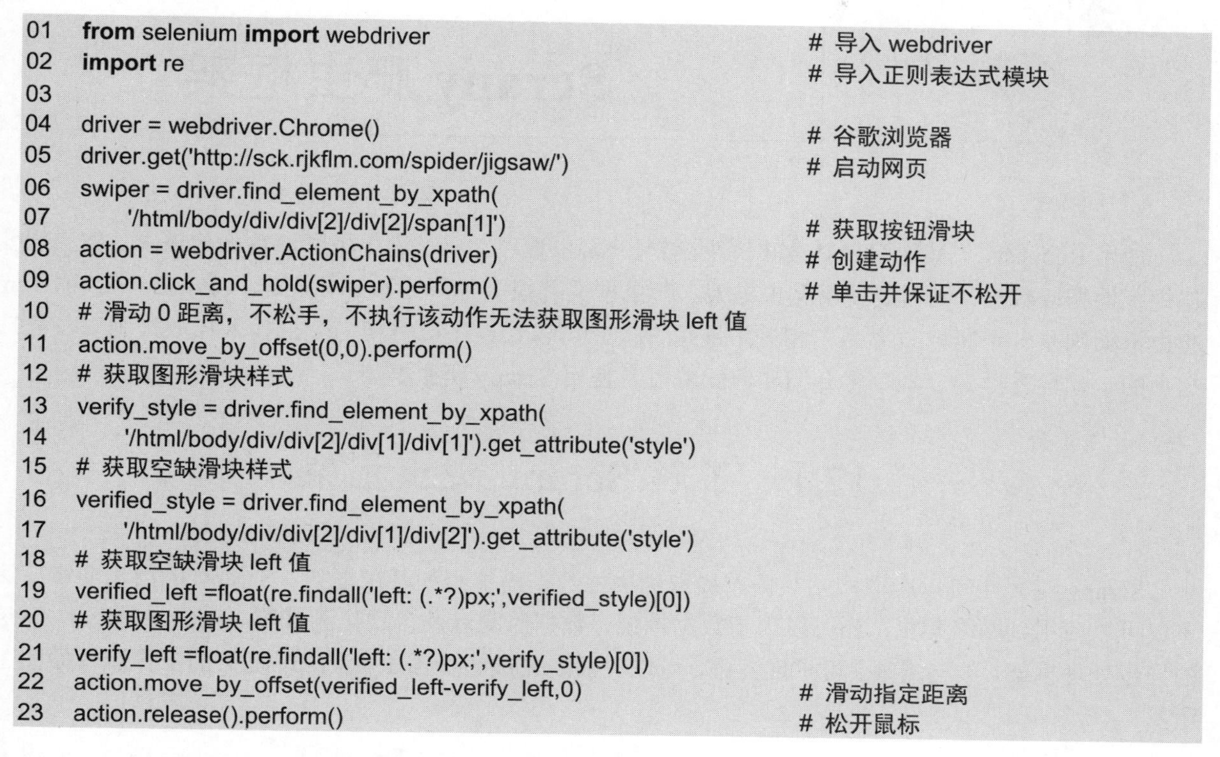

```
01  from selenium import webdriver                                    # 导入 webdriver
02  import re                                                         # 导入正则表达式模块
03
04  driver = webdriver.Chrome()                                       # 谷歌浏览器
05  driver.get('http://sck.rjkflm.com/spider/jigsaw/')                # 启动网页
06  swiper = driver.find_element_by_xpath(
07          '/html/body/div/div[2]/div[2]/span[1]')                   # 获取按钮滑块
08  action = webdriver.ActionChains(driver)                           # 创建动作
09  action.click_and_hold(swiper).perform()                           # 单击并保证不松开
10  # 滑动 0 距离，不松手，不执行该动作无法获取图形滑块 left 值
11  action.move_by_offset(0,0).perform()
12  # 获取图形滑块样式
13  verify_style = driver.find_element_by_xpath(
14          '/html/body/div/div[2]/div[1]/div[1]').get_attribute('style')
15  # 获取空缺滑块样式
16  verified_style = driver.find_element_by_xpath(
17          '/html/body/div/div[2]/div[1]/div[2]').get_attribute('style')
18  # 获取空缺滑块 left 值
19  verified_left =float(re.findall('left: (.*?)px;',verified_style)[0])
20  # 获取图形滑块 left 值
21  verify_left =float(re.findall('left: (.*?)px;',verify_style)[0])
22  action.move_by_offset(verified_left-verify_left,0)                # 滑动指定距离
23  action.release().perform()                                        # 松开鼠标
```

程序运行后将显示如图 16.17 所示的验证成功提示框。

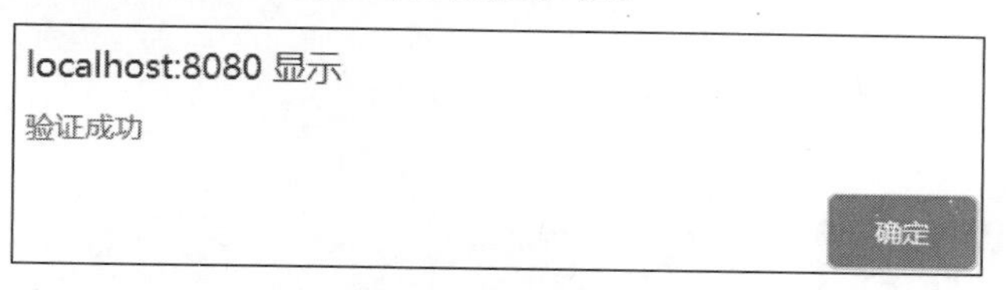

图 16.17　验证成功提示框

16.4　小　　结

本章主要介绍了 3 种验证码的识别方式，其中最为常见的字符验证码需要先将验证码图片下载，然后再通过 OCR 技术将其识别。如果您觉得第一种识别验证码的方式非常麻烦，那么可以使用第三方的验证码识别平台，不过这些平台会收取相应的费用。第三种验证码就是滑动拼图验证码，对于这样的验证码需要在网页的 HTML 代码中找到滑动拼图验证码，滑动前与滑动成功后的坐标位置，最后通过 Selenium 模拟滑动固定的距离即可。

第 17 章

Scrapy 爬虫框架

使用 Requests 与其他 HTML 解析库所实现的爬虫程序，只是满足了爬取数据的需求。如果想要更加规范地爬取数据，则需要使用爬虫框架。爬虫框架有很多种，例如 PySpider、Crawley 等。而 Scrapy 爬虫框架则是一个爬取效率高、相关扩展组件多、可以让程序员将精力全部投入抓取规则以及处理数据上的一款优秀框架。本章将介绍如何配置以及使用 Scrapy 爬虫框架。

17.1　了解 Scrapy 爬虫框架

Scrapy 是一个可以爬取网站数据、提取结构性数据而编写的开源框架。Scrapy 的用途非常广泛，不仅可以应用到网络爬虫，还可以用于数据挖掘、数据监测以及自动化测试等。Scrapy 是基于 Twisted 的异步处理框架，架构清晰、可扩展性强，可以灵活地完成各种需求。Scrapy 框架的工作流程如图 17.1 所示。

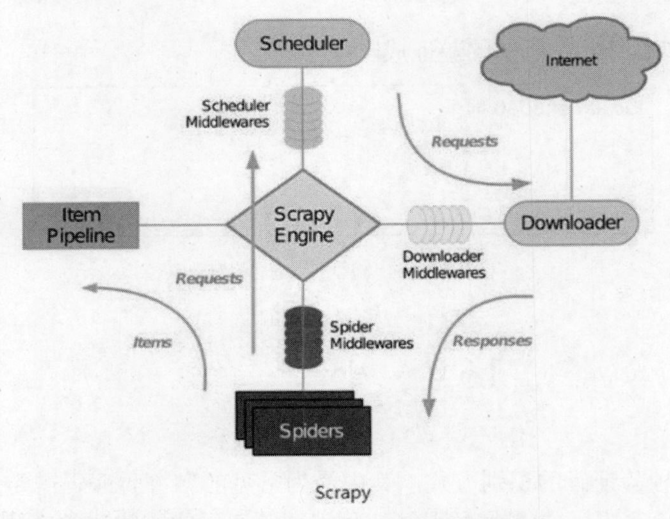

图 17.1　Scrapy 框架的工作流程

在 Scrapy 的工作流程中主要包含以下几个部分。

☑　Scrapy Engine（框架的引擎）：用于处理整个系统的数据流，触发各种事件，是整个框架的核心。

☑　Scheduler（调度器）：用于接受引擎发过来的请求，将之添加至队列中，并在引擎再次请求时将请求返回给引擎。可以理解为从 URL 队列中取出一个请求地址，同时去除重复的请求地址。

- ☑ Downloader（下载器）：用于从网络下载 Web 资源。
- ☑ Spiders（网络爬虫）：从指定网页中爬取需要的信息。
- ☑ Item Pipeline（项目管道）：用于实现处理爬取后的数据，例如数据的清洗、验证以及保存。
- ☑ Downloader Middlewares（下载器中间件）：位于 Scrapy 引擎和下载器之间，主要用于处理引擎与下载器之间的网络请求与响应。
- ☑ Spider Middlewares（爬虫中间件）：位于爬虫与引擎之间，主要用于处理爬虫的响应输入和请求输出。
- ☑ Scheduler Middewares（调度中间件）：位于引擎和调度之间，主要用于处理从引擎发送到调度的请求和响应。

17.2　搭建 Scrapy 爬虫框架

17.2.1　使用 Anaconda 安装 Scrapy

如果您已经安装了 Anaconda，那么便可以在 Anaconda Prompt（Anaconda）窗口中输入 conda install scrapy 命令进行 Scrapy 框架的安装工作。不过在安装的过程中可能会出现如图 17.2 所示的 404 错误。

当出现如图 17.2 所示的 404 错误时，首先需要通过 conda config --show-sources 命令查看是否存在镜像地址，如图 17.3 所示。

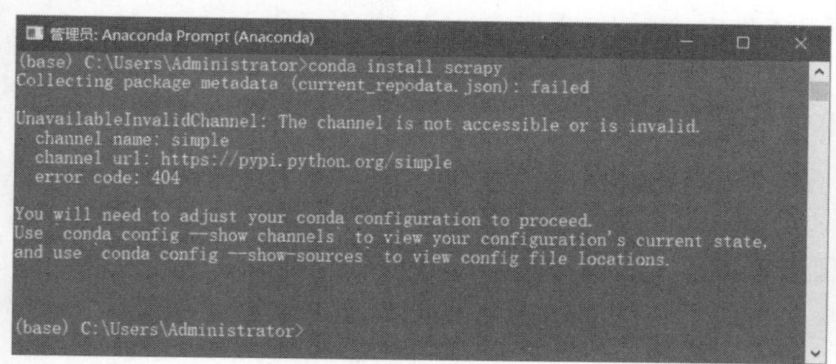

图 17.2　安装错误

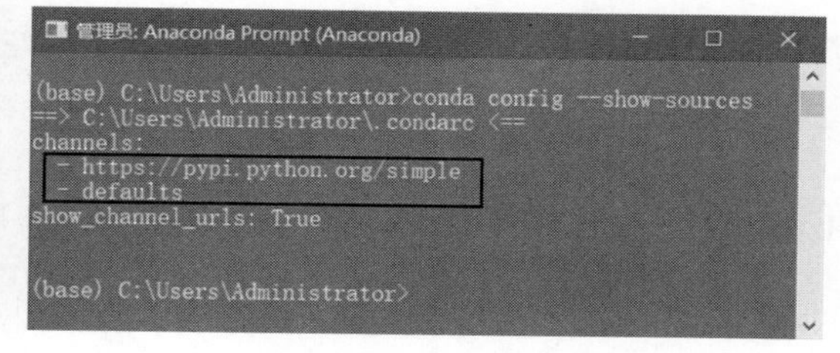

图 17.3　查看镜像地址

注意

图 17.3 中方框内的镜像地址为笔者电脑中的镜像地址，读者的镜像地址不一定和图中地址相同。

经过查询发现存在镜像地址时，可以先通过 conda config --remove-key channels 命令清空所有镜像地址，然后再次通过 conda config --show-sources 命令进行查看，如图 17.4 所示。

镜像地址被清空后，再次输入 conda install scrapy 命令安装 Scrapy 爬虫框架，如图 17.5 所示。

在底部命令行中输入 y，确认继续安装 Scrapy 爬虫框架，如图 17.6 所示。

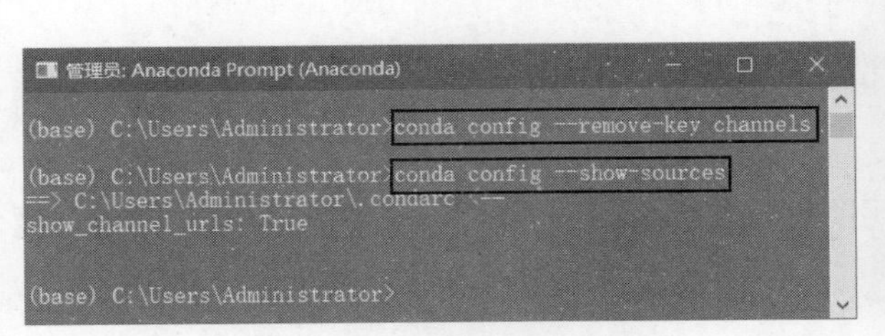

图 17.4　清空所有镜像地址

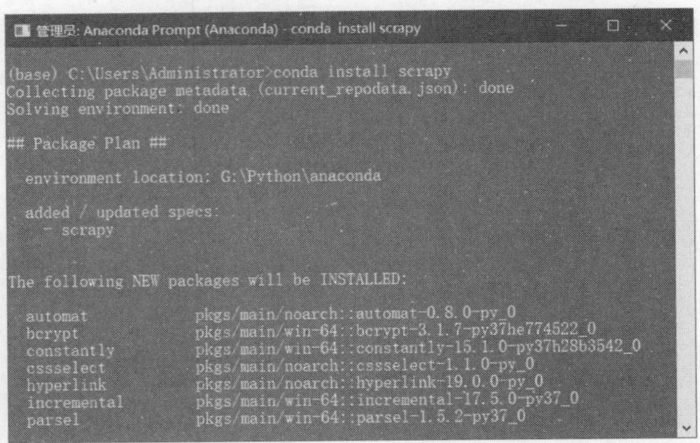

图 17.5　安装 Scrapy 爬虫框架

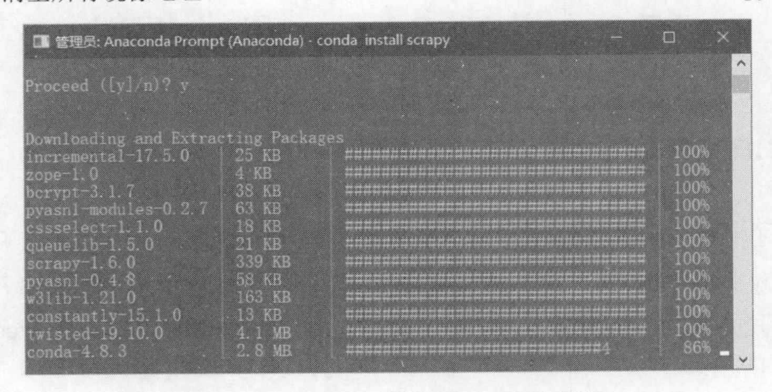

图 17.6　确认继续安装 Scrapy 爬虫框架

17.2.2　Windows 系统下配置 Scrapy

由于 Scrapy 爬虫框架依赖的库比较多，尤其是在 Windows 系统下，至少需要依赖的库有 Twisted、lxml、pyOpenSSL 以及 pywin32。搭建 Scrapy 爬虫框架的具体步骤如下。

1．安装 Twisted 模块

（1）打开（https://www.lfd.uci.edu/~gohlke/pythonlibs/）Python 扩展包的非官方 Windows 二进制文件网站，然后按 Ctrl+F 快捷键搜索 twisted 模块，然后单击对应的索引如图 17.7 所示。

（2）单击 twisted 索引后，网页将自动定位到下载 twisted 扩展包的二进制文件下载的位置，然后根据自己 Python 版本进行下载即可，由于笔者使用的是 Python 3.7，所以这里单击 Twisted-18.7.0-cp37-cp37m-win_amd64.whl 进行下载，其中 cp37 既代表对应 Python 3.7 版本，Windows 32 与 win_amd64 分别表示 Windows 32 位与 64 位系统，如图 17.8 所示。

（3）Twisted-18.7.0-cp37-cp37m-win_amd64.whl 二进制文件下载完成后，以管理员身份运行命令提示符窗口，然后使用 cd 命令进入 Twisted-18.7.0-cp37-cp37m-win_amd64.whl 二进制文件所在的路径，最后在窗口中输入 pip install Twisted-18.7.0-cp37-cp37m-win_amd64.whl 命令安装 Twisted 模块，如图 17.9 所示。

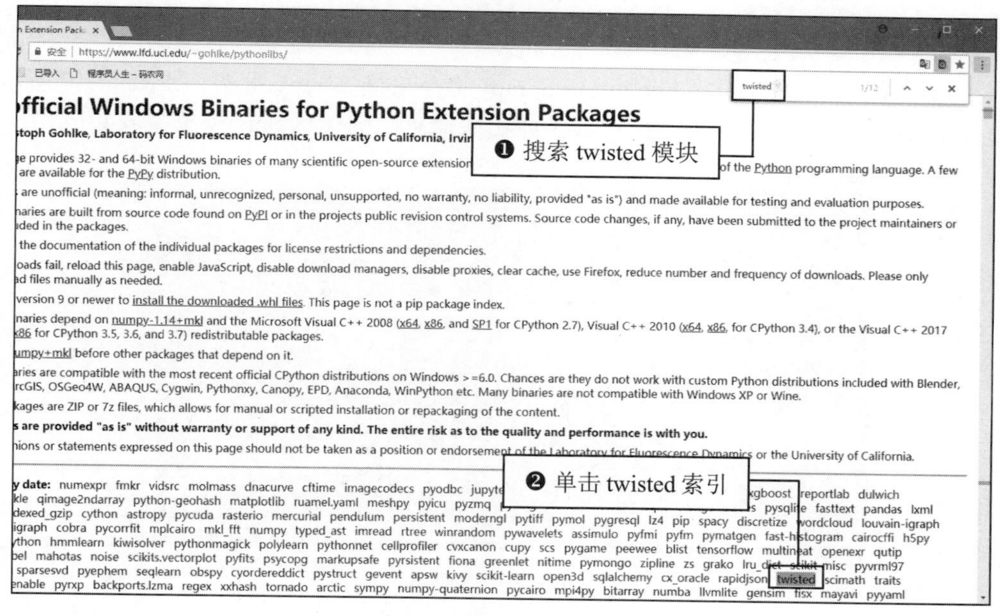

图 17.7　单击 twisted 索引

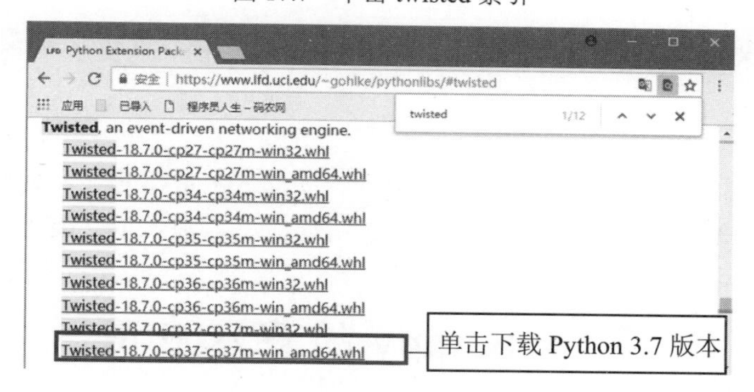

图 17.8　下载 Twisted-18.7.0-cp37-cp37m-win_amd64.whl 二进制文件

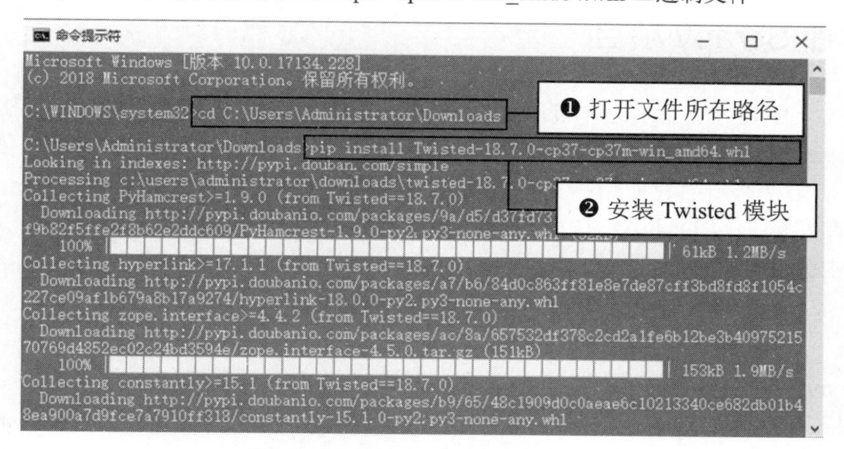

图 17.9　安装 Twisted 模块

2．安装 Scrapy

打开命令提示符窗口，然后输入 pip install Scrapy 命令安装 Scrapy 框架，如图 17.10 所示。安装完成后在命令行中输入 scrapy，如果没有出现异常或错误信息，则表示 Scrapy 框架安装成功。

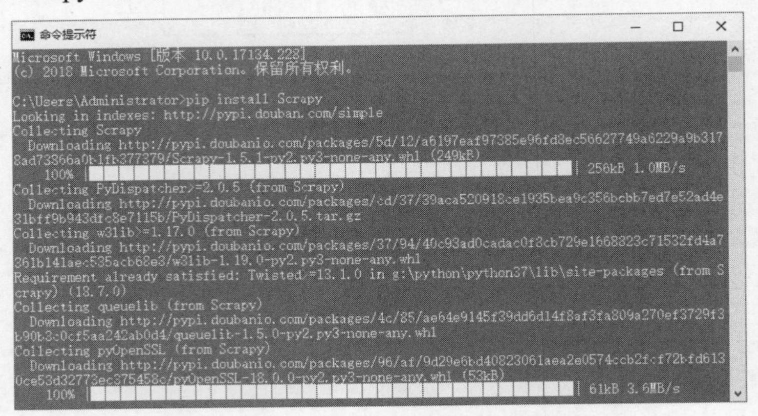

图 17.10　Windows 下安装 Scrapy 框架

说明

Scrapy 框架在安装过程中，同时会将 lxml 与 pyOpenSSL 模块也安装在 Python 环境中。

3．安装 pywin32

打开命令窗口，然后输入 pip install pywin32 命令，安装 pywin32 模块。安装完成后，在 Python 命令行下输入 import pywin32_system32，如果没有提示错误信息，则表示安装成功。

17.3　Scrapy 的基本应用

17.3.1　创建 Scrapy 项目

在任意路径下创建一个保存项目的文件夹，如 F:\PycharmProjects，在文件夹内运行命令行窗口，然后输入 scrapy startproject scrapyDemo 即可创建一个名称为 scrapyDemo 的项目，如图 17.11 所示。

为了提升开发效率，笔者使用第三方开发工具 PyCharm 打开刚刚创建的 scrapyDemo 项目，项目打开完成后，在左侧项目的目录结构中可以看到如图 17.12 所示的内容。

目录结构中的文件说明如下。

☑ spiders（文件夹）：用于创建爬虫文件，编写爬虫规则。

☑ __init__.py（文件）：初始化文件。

☑ items.py（文件）：用于数据的定义，可以寄存处理后的数据。

☑ middlewares.py（文件）：定义爬取时的中间件，其中包括 SpiderMiddleware（爬虫中间件）、DownloaderMiddleware（下载中间件）。

☑ pipelines.py（文件）：用于实现清洗数据、验证数据、保存数据。

☑ settings.py（文件）：整个框架的配置文件，主要包含配置爬虫信息、请求头、中间件等。

☑ scrapy.cfg（文件）：项目部署文件，其中定义了项目的配置文件路径等相关信息。

图 17.11　创建 Scrapy 项目

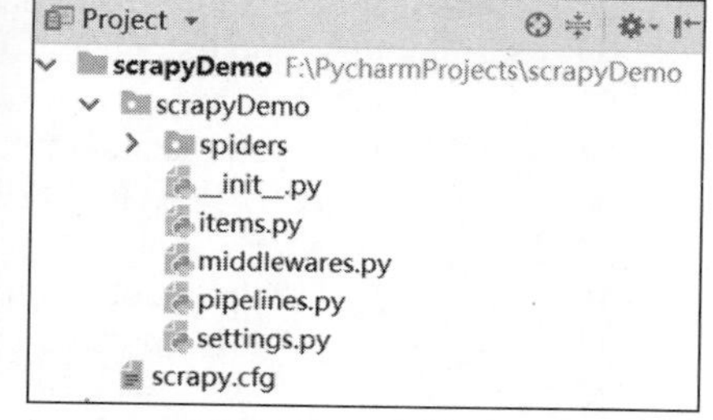

图 17.12　scrapyDemo 项目的目录结构

17.3.2　创建爬虫

在创建爬虫时，首先需要创建一个爬虫模块的文件，该文件需要放置在 spiders 文件夹中。爬虫模块是用于从一个网站或多个网站中爬取数据的类，它需要继承 scrapy.Spider 类，在 scrapy.Spider 类中提供了 start_requests()方法用于实现初始化网络请求，然后通过 parse()方法解析返回的结果。scrapy.Spider 类中常用的属性与方法含义如下。

☑ name：用于定义一个爬虫名称的字符串。Scrapy 通过这个爬虫名称进行爬虫的查找，所以这个名称必须是唯一的，不过我们可以生成多个相同的爬虫实例。如果爬取单个网站，那么一般会用这个网站的名称作为爬虫的名称。

☑ allowed_domains：包含了爬虫允许爬取的域名列表，当 OffsiteMiddleware 启用时，域名不在列表中的 URL 不会被爬取。

☑ start_urls：URL 的初始列表，如果没有指定特定的 URL，则爬虫将从该列表中进行爬取。

☑ custom_settings：这是一个专属于当前爬虫的配置，是一个字典类型的数据，设置该属性会覆盖整个项目的全局，所以在设置该属性时必须在实例化前更新，必须定义为类变量。

☑ settings：这是一个 settings 对象，通过它可以获取项目的全局设置变量。

☑ logger：使用 Spider 创建的 Python 日志器。

☑ start_requests()：该方法用于生成网络请求，它必须返回一个可迭代对象。该方法默认使用 start_urls 中的 URL 来生成 Request，而 Request 的请求方式为 GET，如果想通过 POST 请求网页时可以使用 FormRequest()重写该方法。

☑ parse()：当 response 没有指定回调函数时，该方法是 Scrapy 处理 response 的默认方法。该方法负责处理 response 并返回处理的数据和下一步请求，然后返回一个包含 Request 或 Item 的可迭代对象。

☑ closed()：当爬虫关闭时，该函数会被调用。该方法用于代替监听工作，可以定义释放资源或是收尾操作。

【例 17.1】　爬取网页代码并保存 HTML 文件。（**实例位置：资源包\Code\17\01**）

下面通过一个爬虫示例，实现爬取网页后将网页的代码以 HTML 文件的形式保存至项目的文件夹中，示例代码如下：

```
01  import scrapy                                                    # 导入框架
02
03
04  class QuotesSpider(scrapy.Spider):
05      name = "quotes"                                              # 定义爬虫名称
06
07      def start_requests(self):
08          # 设置爬取目标的地址
09          urls = [
10              'http://quotes.toscrape.com/page/1/',
11              'http://quotes.toscrape.com/page/2/',
12          ]
13          # 获取所有地址，有几个地址发送几次请求
14          for url in urls:
15              # 发送网络请求
16              yield scrapy.Request(url=url, callback=self.parse)
17
18      def parse(self, response):
19          # 获取页数
20          page = response.url.split("/")[-2]
21          # 根据页数设置文件名称
22          filename = 'quotes-%s.html' % page
23          # 写入文件的模式打开文件，如果没有该文件将创建该文件
24          with open(filename, 'wb') as f:
25              # 向文件中写入获取的 HTML 代码
26              f.write(response.body)
27          # 输出保存文件的名称
28          self.log('Saved file %s' % filename)
```

在运行 Scrapy 所创建的爬虫项目时，需要在命令窗口中输入 scrapy crawl quotes，其中 quotes 是自己定义的爬虫名称。由于笔者使用了第三方开发工具 PyCharm，所以需要在底部的 Terminal 窗口中输入运行爬虫的命令行，运行完成后将显示如图 17.13 所示的信息。

```
Terminal
2018-06-07 10:19:03 [scrapy.core.engine] INFO: Spider opened
2018-06-07 10:19:03 [scrapy.extensions.logstats] INFO: Crawled 0 pages (at 0 pages/min), scraped 0 items (at 0 items/min)
2018-06-07 10:19:03 [scrapy.extensions.telnet] DEBUG: Telnet console listening on 127.0.0.1:6023
2018-06-07 10:19:04 [scrapy.core.engine] DEBUG: Crawled (404) <GET http://quotes.toscrape.com/robots.txt> (referer: None)
2018-06-07 10:19:04 [scrapy.core.engine] DEBUG: Crawled (200) <GET http://quotes.toscrape.com/page/1/> (referer: None)
2018-06-07 10:19:04 [quotes] DEBUG: Saved file quotes-1.html
2018-06-07 10:19:04 [scrapy.core.engine] DEBUG: Crawled (200) <GET http://quotes.toscrape.com/page/2/> (referer: None)
2018-06-07 10:19:04 [quotes] DEBUG: Saved file quotes-2.html
2018-06-07 10:19:04 [scrapy.core.engine] INFO: Closing spider (finished)
6: TODO    Python Console    Terminal
```

图 17.13 显示启动爬虫后的信息

当我们要实现一个 POST 请求时，可以使用 FormRequest()函数来实现。示例代码如下：

```
01  import scrapy                                                    # 导入框架
02  import json                                                      # 导入 json 模块
03  class QuotesSpider(scrapy.Spider):
04      name = "quotes"                                              # 定义爬虫名称
05      # 字典类型的表单参数
06      data = {'1': '能力是有限的，而努力是无限的。',
```

```
07                  '2': '星光不问赶路人，时光不负有心人。'}
08      def start_requests(self):
09          return [scrapy.FormRequest('http://httpbin.org/post',
10                                      formdata=self.data,callback=self.parse)]
11
12      # 响应信息
13      def parse(self, response):
14          response_dict = json.loads(response.text)          # 将响应数据转换为字典类型
15          print(response_dict)                                # 打印转换后的响应数据
```

说明

除了在命令窗口中输入命令 scrapy crawl quotes 启动爬虫外，Scrapy 还提供了可以在程序中启动爬虫的 API，也就是 CrawlerProcess 类。首先需要在 CrawlerProcess 初始化时传入项目的 settings 信息，然后在 crawl()方法中传入爬虫的名称，最后通过 start()方法启动爬虫。代码如下：

```
01  # 导入 CrawlerProcess 类
02  from scrapy.crawler import CrawlerProcess
03  # 导入获取项目的设置信息
04  from scrapy.utils.project import get_project_settings
05
06
07  # 程序入口
08  if __name__=='__main__':
09      # 创建 CrawlerProcess 类对象并传入项目设置信息参数
10      process = CrawlerProcess(get_project_settings())
11      # 设置需要启动的爬虫名称
12      process.crawl('quotes')
13      # 启动爬虫
14      process.start()
```

注意

如果在运行 Scrapy 所创建的爬虫项目时，出现 SyntaxError:invalid syntax 的错误信息，如图 17.14 所示，说明 Python 3.7 版本将 async 识别成了关键字，解决此类错误，首先需要打开 Python37\Lib\site-packages\twisted\conch\manhole.py 文件，然后将该文件中的所有 async 关键字修改成与关键字无关的标识符，如“async_”。

```
  File "<frozen importlib._bootstrap>", line 1006, in _gcd_import
  File "<frozen importlib._bootstrap>", line 983, in _find_and_load
  File "<frozen importlib._bootstrap>", line 967, in _find_and_load_unlocked
  File "<frozen importlib._bootstrap>", line 677, in _load_unlocked
  File "<frozen importlib._bootstrap_external>", line 728, in exec_module
  File "<frozen importlib._bootstrap>", line 219, in _call_with_frames_removed
  File "G:\Python\Python37\lib\site-packages\scrapy\extensions\telnet.py", line 12, in <module>
    from twisted.conch import manhole, telnet
  File "G:\Python\Python37\lib\site-packages\twisted\conch\manhole.py", line 154
    def write(self, data, async=False):
                              ^
SyntaxError: invalid syntax

Process finished with exit code 1
```

图 17.14　Scrapy 框架常见错误信息

17.3.3 获取数据

Scrapy 爬虫框架可以通过特定的 CSS 或者 XPath 表达式来选择 HTML 文件中的某一处，并且提取出相应的数据。CSS（Cascading Style Sheet，层叠样式表）用于控制 HTML 的页面布局、字体、颜色、背景以及其他效果。XPath 是一门可以在 XML 文档中，根据元素和属性查找信息的语言。

1. CSS 提取数据

使用 CSS 提取 HTML 文件中的某一处数据时，可以指定 HTML 文件中的标签名称，例如，获取 17.3.2 节示例中网页的 title 标签代码时，可以使用如下代码：

```
response.css('title').extract()
```

获取结果如图 17.15 所示。

```
2018-06-07 11:22:09 [scrapy.core.engine] DEBUG: Crawled (200) <GET http://quotes.toscrape.com/page/1/> (referer: None)
['<title>Quotes to Scrape</title>']
2018-06-07 11:22:09 [scrapy.core.engine] DEBUG: Crawled (200) <GET http://quotes.toscrape.com/page/2/> (referer: None)
['<title>Quotes to Scrape</title>']
```

图 17.15 使用 CSS 提取 title 标签

说明

返回的内容为 CSS 表达式所对应节点的 list 列表，所以在提取标签中的数据时，可以使用以下代码：

```
response.css('title::text').extract_first()
```

或者

```
response.css('title::text')[0].extract()
```

2. XPath 提取数据

使用 XPath 表达式提取 HTML 文件中的某一处数据时，需要根据 XPath 表达式的语法规定来获取指定的数据信息，例如，同样是获取 title 标签内的信息，可以使用如下代码：

```
response.xpath('//title/text()').extract_first()
```

【例 17.2】 使用 XPath 表达式获取多条信息。（**实例位置：资源包\Code\17\02**）

下面通过一个示例，实现使用 XPath 表达式获取 17.3.2 节示例中的多条信息，示例代码如下：

```
01  # 响应信息
02  def parse(self, response):
03      # 获取所有信息
04      for quote in response.xpath(".//*[@class='quote']"):
05          # 获取名人名言文字信息
```

```
06            text = quote.xpath(".//*[@class='text']/text()").extract_first()
07            # 获取作者
08            author = quote.xpath(".//*[@class='author']/text()").extract_first()
09            # 获取标签
10            tags = quote.xpath(".//*[@class='tag']/text()").extract()
11            # 以字典形式输出信息
12            print(dict(text=text, author=author, tags=tags))
```

说明

Scrapy 的选择对象中还提供了.re()方法，这是一种可以使用正则表达式提取数据的方法，可以直接通过 response.xpath().re()方式进行调用，然后在 re()方法中填入对应的正则表达式即可。

3．翻页提取数据

【例 17.3】　翻页提取数据。（**实例位置：资源包\Code\17\03**）

以上示例中已经实现了获取网页中的数据，如果需要获取整个网页的所有信息就需要使用翻页功能。例如，获取 17.3.2 节示例中整个网站的作者名称，可以使用以下代码：

```
01  # 响应信息
02  def parse(self, response):
03      # div.quote
04      # 获取所有信息
05      for quote in response.xpath(".//*[@class='quote']"):
06          # 获取作者
07          author = quote.xpath(".//*[@class='author']/text()").extract_first()
08          print(author)                                                   # 输出作者名称
09
10      # 实现翻页
11      for href in response.css('li.next a::attr(href)'):
12              yield response.follow(href, self.parse)
```

4．创建 Items

【例 17.4】　包装结构化数据。（**实例位置：资源包\Code\17\04**）

在爬取网页数据的过程中，就是从非结构性的数据源中提取结构性数据。例如，在 QuotesSpider 类的 parse()方法中已经获取到了 text、author 以及 tags 信息，如果需要将这些数据包装成结构化数据，那么就需要 Scrapy 所提供的 Item 类来满足这样的需求。Item 对象是一个简单的容器，用于保存爬取到的数据信息，它提供了一个类似于字典的 API，用于声明其可用字段的便捷语法。Item 使用简单的类定义语法和 Field 对象来声明。在创建 scrapyDemo 项目时，项目的目录结构中就已经自动创建了一个 items.py 文件，用来定义存储数据信息的 Item 类，它需要继承 scrapy.Item。示例代码如下：

```
01  import scrapy
02
03
04  class ScrapydemoItem(scrapy.Item):
05      # define the fields for your item here like:
06      # 定义获取名人名言文字信息
```

```
07          text = scrapy.Field()
08          # 定义获取的作者
09          author =scrapy.Field()
10          # 定义获取的标签
11          tags = scrapy.Field()
12          pass
```

Item 创建完成后，回到自己编写的爬虫代码中，在 parse()方法中创建 Item 对象，然后输出 Item 信息，代码如下：

```
01  # 响应信息
02  def parse(self, response):
03      # 获取所有信息
04      for quote in response.xpath(".//*[@class='quote']"):
05          # 获取名人名言文字信息
06          text = quote.xpath(".//*[@class='text']/text()").extract_first()
07          # 获取作者
08          author = quote.xpath(".//*[@class='author']/text()").extract_first()
09          # 获取标签
10          tags = quote.xpath(".//*[@class='tag']/text()").extract()
11          # 创建 Item 对象
12          item = ScrapydemoItem(text=text, author=author, tags=tags)
13          yield item                                                  # 输出信息
```

17.3.4　将爬取的数据保存为多种格式的文件

在确保已经创建了 Items 后，便可以很轻松地将爬取的数据保存成多种格式的文件，如 JSON、CSV、XML 等。

例如，我们需要将每个 Item 写成 1 行 json 时，可以将数据写成后缀名为.jl 或者.jsonlines 的文件。那么可以在命令行窗口中输入下面的命令：

```
scrapy crawl quotes -o test.jl
```

或

```
scrapy crawl quotes -o test.jsonlines
```

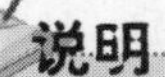

说明

在上面的命令代码中，quotes 为启动爬虫的名称，test 表示保存后的文件名称，.jl 或.jsonlines 为保存文件的后缀名称。

如果需要将数据保存成后缀名称为.json、.csv、.xml、.pickle、.marshal 的文件，则可以参考以下命令行代码：

```
scrapy crawl quotes -o test.json
scrapy crawl quotes -o test.csv
scrapy crawl quotes -o test.xml
```

```
scrapy crawl quotes -o test.pickle
scrapy crawl quotes -o test.marshal
```

如果不想通过命令行的方式保存各种格式的文件时，则可以使用 Scrapy 所提供的 cmdline 子模块，该子模块中提供了 execute()方法，该方法中的参数为列表参数，所以可以将命令行代码拆分成列表即可。示例代码如下：

```
01  from scrapy import cmdline                                    # 导入 cmdline 子模块
02  cmdline.execute('scrapy crawl quotes -o test.json'.split())
03  cmdline.execute('scrapy crawl quotes -o test.csv'.split())
04  cmdline.execute('scrapy crawl quotes -o test.xml'.split())
05  cmdline.execute('scrapy crawl quotes -o test.pickle'.split())
06  cmdline.execute('scrapy crawl quotes -o test.marshal'.split())
```

说明

上面的示例代码中不可同时执行，只能单条命令执行。

17.4　编写 Item Pipeline

当爬取的数据已经被存放在 Items 后，如果 Spider（爬虫）解析完 Response（响应结果），Items 就会传递到 Item Pipeline（项目管道）中，然后在 Item Pipeline（项目管道）中创建用于处理数据的类，这个类就是项目管道组件，通过执行一连串的处理即可实现数据的清洗、存储等工作。

17.4.1　项目管道的核心方法

Item Pipeline（项目管道）的典型用途如下。

☑ 清理 HTML 数据。
☑ 验证抓取的数据（检查项目是否包含某些字段）。
☑ 检查重复项（并将其删除）。
☑ 将爬取的结果存储在数据库中。

在编写自定义 Item Pipeline（项目管道）时，可以实现以下几个方法。

☑ process_item()：该方法是在自定义 Item Pipeline（项目管道）时，所必须实现的方法。该方法中需要提供两个参数，参数的具体含义如下。
  - item 参数为 Item 对象（被处理的 Item）或字典。
  - spider 参数为 Spider 对象（爬取信息的爬虫）。

说明

process_item()方法用于处理返回的 Item 对象，在处理时会先处理低优先级的 Item 对象，直到所有方法调用完毕。如果返回 Deferred 或引发 DropItem 异常，那么该 Item 将不再进行处理。

☑ open_spider()：该方法是在开启爬虫时被调用的，所以在这个方法中可以进行初始化操作，其中 spider 参数就是被开启的 Spider（爬虫）对象。

☑ close_spider()：该方法与上一个方法相反，是在关闭爬虫时被调用的，在这个方法中可以进行一些收尾工作，其中 spider 参数就是被关闭的 Spider（爬虫）对象。

☑ from_crawler()：该方法为类方法，需要使用@classmethod 进行标识，在调用该方法时需要通过参数 cls 创建实例对象，最后需要返回这个实例对象。通过 crawler 参数可以获取 Scrapy 所有的核心组件，例如配置信息等。

17.4.2 将信息存储至数据库

【例 17.5】 将京东数据存储至数据库。（**实例位置：资源包\Code\17\05**）

了解了 Item Pipeline（项目管道）的作用，接下来便可以将爬取的数据信息，通过 Item Pipeline（项目管道）存储到数据库中，这里以爬取京东图书排行榜信息为例，然后将爬取的数据信息存储至 MySQL 数据库中。实现的具体步骤如下。

（1）安装并调试 MySQL 数据库，然后通过 Navicat for MySQL 创建数据库名称为 jd_data，如图 17.16 所示。

（2）在 jd_data 数据库中创建名称为 ranking 的数据表，如图 17.17 所示。

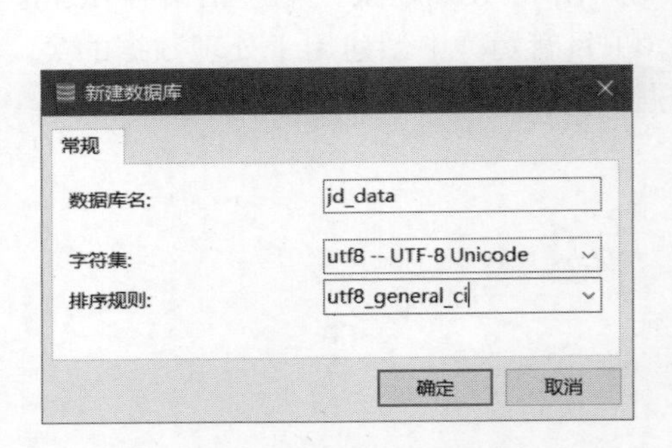

图 17.16 创建 jd_data 数据库

名	类型	长度	小数点	不是 null
id	int	11	0	☑
book_name	varchar	45	0	☐
press	varchar	45	0	☐
author	varchar	45	0	☐

图 17.17 创建 ranking 数据表

（3）通过谷歌浏览器打开京东图书排行榜网页（https://book.jd.com/booktop/0-0-0.html?category=3287-0-0-0-10001-1），按 F12 键打开浏览器“开发者工具”，单击 Elements 选项，然后单击左上角的图标，选择网页中需要提取的数据，定位数据位置，如图 17.18 所示。

说明

根据以上定位数据的方式依次获取“作者”“出版社”所对应的数据。

（4）确定了数据在 HTML 代码中的位置，接下来在命令行窗口中通过 scrapy startproject jd 创建名称为 jd 的项目结构。然后通过 cd jd 命令打开项目文件夹，最后通过 scrapy genspider jdSpider book.jd.com 命令创建一个 jdSpider.py 爬虫文件。完整的项目结构如图 17.19 所示。

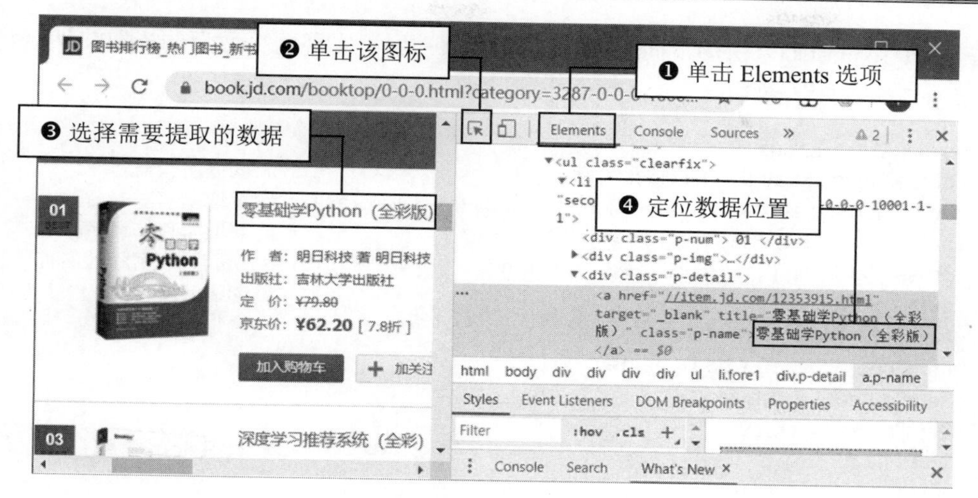

图 17.18　定位数据位置

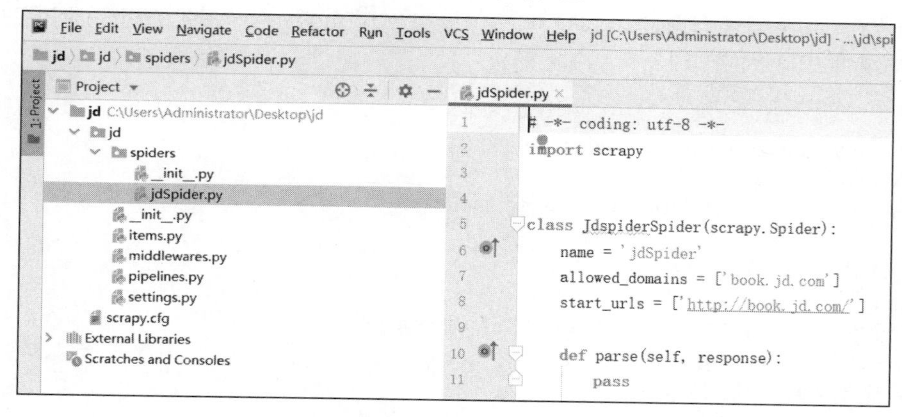

图 17.19　完整的 jd 项目结构

（5）打开项目文件结构中的 items.py 文件，在该文件中定义 Item，代码如下：

```
01  import scrapy
02
03  class JdItem(scrapy.Item):
04      # define the fields for your item here like:
05      book_name = scrapy.Field()                    # 保存图书名称
06      author = scrapy.Field()                       # 保存作者
07      press = scrapy.Field()                        # 保存出版社
08      pass
```

（6）打开 jdSpider.py 爬虫文件，然后在该文件中重写 start_requests()方法，用于实现对京东图书排行榜发送网络请求。代码如下：

```
01  def start_requests(self):
02      # 需要访问的地址
03      url = 'https://book.jd.com/booktop/0-0-0.html?category=3287-0-0-0-10001-1'
04      yield scrapy.Request(url=url, callback=self.parse)          # 发送网络请求
```

（7）在 start_requests()方法的下面重写 parse()方法，用于实现网页数据的提取，然后将提取的数据添加至 Item 对象中。代码如下：

```
01    def parse(self, response):
02        all=response.xpath(".//*[@class='p-detail']")                      # 获取所有信息
03        book_name = all.xpath("./a[@class='p-name']/text()").extract()    # 获取所有图书名称
04        author = all.xpath("./dl[1]/dd/a[1]/text()").extract()            # 获取所有作者名称
05        press = all.xpath("./dl[2]/dd/a/text()").extract()                # 获取所有出版社名称
06        item = JdItem()                                                   # 创建 Item 对象
07        # 将数据添加至 Item 对象
08        item['book_name'] = book_name
09        item['author'] = author
10        item['press'] = press
11        yield item                                                        # 打印 item 信息
12        pass
```

（8）使用 PyCharm 运行当前爬虫，首先导入 CrawlerProcess 类与 get_project_settings 函数，接着创建程序入口启动爬虫。代码如下：

```
01    # 导入 CrawlerProcess 类
02    from scrapy.crawler import CrawlerProcess
03    # 导入获取项目的设置信息
04    from scrapy.utils.project import get_project_settings
05
06    # 程序入口
07    if __name__=='__main__':
08        # 创建 CrawlerProcess 类对象并传入项目设置信息的参数
09        process = CrawlerProcess(get_project_settings())
10        # 设置需要启动的爬虫名称
11        process.crawl('jdSpider')
12        # 启动爬虫
13        process.start()
```

说明

启动爬虫后，控制台中将打印 Item 对象内所爬取的信息。

（9）确认数据已经爬取，接下来需要在项目管道中将数据存储至 MySQL 数据库中，首先打开 pipelines.py 文件，在该文件中首先导入 pymysql 数据库操作模块，然后通过 init 方法初始化数据库参数。代码如下：

```
01    import pymysql                                                        # 导入数据库连接 pymysql 模块
02
03    class JdPipeline(object):
04        # 初始化数据库参数
05        def __init__(self,host,database,user,password,port):
06            self.host = host
07            self.database = database
08            self.user = user
```

```
09            self.password = password
10            self.port = port
```

注意

如果没有 pymysql 模块，则需要单独安装。

（10）重写 from_crawler()方法，在该方法中，返回通过 crawler 获取的配置文件中的数据库参数的 cls()实例对象。代码如下：

```
01  @classmethod
02  def from_crawler(cls,crawler):
03      # 返回 cls()实例对象，其中包含通过 crawler 获取的配置文件中的数据库参数
04      return cls(
05          host=crawler.settings.get('SQL_HOST'),
06          user=crawler.settings.get('SQL_USER'),
07          password=crawler.settings.get('SQL_PASSWORD'),
08          database = crawler.settings.get('SQL_DATABASE'),
09          port = crawler.settings.get('SQL_PORT')
10      )
```

（11）重写 open_spider()方法，在该方法中实现启动爬虫时进行数据库的连接，以及创建游标。代码如下：

```
01  # 打开爬虫时调用
02  def open_spider(self, spider):
03      # 数据库连接
04      self.db = pymysql.connect(self.host,self.user,self.password,self.database,self.port,charset='utf8')
05      self.cursor = self.db.cursor()                                # 创建游标
```

（12）重写 close_spider()方法，在该方法中实现关闭爬虫时关闭数据库的连接。代码如下：

```
01  # 关闭爬虫时调用
02  def close_spider(self, spider):
03      self.db.close()
```

（13）重写 process_item()方法，在该方法中首先将 item 对象转换为字典类型的数据，然后将 3 列数据通过 zip()函数转换成每条数据为[('book_name', 'press', 'author')]类型的数据，接着提交并返回 item。代码如下：

```
01  def process_item(self, item, spider):
02      data = dict(item)                                             # 将 item 转换成字典类型
03      # SQL 语句
04      sql = 'insert into ranking (book_name,press,author) values(%s,%s,%s)'
05      # 执行插入多条数据
06      self.cursor.executemany(sql, list(zip(data['book_name'], data['press'], data['author'])))
07      self.db.commit()                                              # 提交
08      return item                                                   # 返回 item
```

（14）打开 settings.py 文件，在该文件中找到激活项目管道的代码并解除注释状态，然后设置数

据库信息的变量。代码如下：

```
01  # 配置 item 项目管道
02  # 参考 https://doc.scrapy.org/en/latest/topics/item-pipeline.html
03  # 配置数据库连接信息
04  SQL_HOST = 'localhost'                                    # 数据库地址
05  SQL_USER = 'root'                                         # 用户名
06  SQL_PASSWORD='root'                                       # 密码
07  SQL_DATABASE = 'jd_data'                                  # 数据库名称
08  SQL_PORT = 3306                                           # 端口
09  # 开启 jd 项目管道
10  ITEM_PIPELINES = {
11      'jd.pipelines.JdPipeiine': 300,
12  }
```

（15）打开 jdSpider.py 文件，在该文件中再次启动爬虫，爬虫程序执行完毕后，打开 ranking 数据表，将显示如图 17.20 所示的数据信息。

对象　ranking @jd_data (stu...

开始事务　备注 · 筛选　排序　导入　导出

id	book_name	press	author
1	蒋金楠新作问世 ASP.NET Core 3 框架揭秘（上下册）	电子工业出版社	蒋金楠
2	零基础学Python（全彩版）	吉林大学出版社	明日科技
3	Python编程 从入门到实践	人民邮电出版社	埃里克·马瑟斯
4	数据中台：让数据用起来	机械工业出版社	付登坡
5	利用Python进行数据分析（原书第2版）	机械工业出版社	韦斯·麦金尼
6	C++ Primer Plus（第6版 中文版）	人民邮电出版社	Stephen Prata
7	深入理解Java虚拟机：JVM高级特性与最佳实践（第3版）	机械工业出版社	周志明
8	Java核心技术 卷I 基础知识（原书第11版）	机械工业出版社	凯·S.霍斯特曼
9	深入理解计算机系统（原书第3版）	机械工业出版社	兰德尔 E.布莱恩特
10	算法(第4版)	人民邮电出版社	Robert Sedgewick
11	Word+Excel+PPT+PS+移动办公office 5合1完全自学视	中国水利水电出版社	IT教育研究工作室
12	机器学习	清华大学出版社	周志华
13	算法导论（原书第3版）/计算机科学丛书	机械工业出版社	Thomas H.Cormen
14	C Primer Plus 第6版 中文版	人民邮电出版社	史蒂芬·普拉达
15	剑指Offer：名企面试官精讲典型编程题（第2版）	电子工业出版社	何海涛
16	Java编程思想（第4版）	机械工业出版社	Bruce Eckel
17	计算机网络：自顶向下方法(原书第7版)	机械工业出版社	James
18	JavaScript高级程序设计（第3版）	人民邮电出版社	Nicholas C.Zakas
19	Word Excel PPT 2019办公应用从入门到精通	人民邮电出版社	神龙工作室
20	Python从入门到项目实践（全彩版）	吉林大学出版社	明日科技

图 17.20　插入 ranking 数据表中的排行数据

17.5　自定义中间件

Scrapy 中内置了多个中间件，不过在多数情况下开发者都会选择创建一个属于自己的中间件，这样既可以满足自己的开发需求，还可以节省很多开发时间。在实现自定义中间件时需要重写部分方法，因为 Scrapy 引擎需要根据这些方法来执行并处理，如果没有重写这些方法，Scrapy 的引擎将会按照原有的方法而执行，从而失去了自定义中间件的意义。

17.5.1　设置随机请求头

设置请求头是爬虫程序中必不可少的一项设置，多数网站都会根据请求头内容制定一些反爬策略，在 Scrapy 框架中如果只是简单地设置一个请求头的话，则可以在当前的爬虫文件中以参数的形式添加在网络请求中。示例代码如下：

```
01  import scrapy                                                    # 导入框架
02  class HeaderSpider(scrapy.Spider):
03      name = "header"                                              # 定义爬虫名称
04
05      def start_requests(self):
06          self.headers = {'User-Agent':'Mozilla/5.0 (Windows NT 10.0; '
07                                  'Win64; x64; rv:74.0) Gecko/20100101 Firefox/74.0'}
08          return [scrapy.Request('http://httpbin.org/get',
09                                  headers=self.headers,callback=self.parse)]
10
11      # 响应信息
12      def parse(self, response):
13          print(response.text)                                     # 打印返回的响应信息
```

程序运行结果如图 17.21 所示。

```
{
  "args": {},
  "headers": {
    "Accept": "text/html,application/xhtml+xml,application/xml;q=0.9,*/*;q=0.8",
    "Accept-Encoding": "gzip,deflate",
    "Accept-Language": "en",
    "Host": "httpbin.org",
    "User-Agent": "Mozilla/5.0 (Windows NT 10.0; Win64; x64; rv:74.0) Gecko/20100101 Firefox/74.0",
    "X-Amzn-Trace-Id": "Root=1-5e859572-9d0333506e51afd083a57ca8"
  },
  "origin": "175.19.143.94",
  "url": "http://httpbin.org/get"
}
```

图 17.21　添加请求头后的响应结果

注意

在没有使用指定的请求头时，发送网络请求将使用 scrapy 默认的请求头信息，信息内容为 "User-Agent": "Scrapy/1.6.0 (+https://scrapy.org)"。

【例 17.6】　设置随机请求头。（**实例位置：资源包\Code\17\06**）

当实现多个网络请求时，最好是每发送一次请求更换一个请求头，这样可以避免针对请求头的反爬策略。对于这样的需求可以使用自定义中间件的方式实现一个获取随机请求头的中间件。具体实现步骤如下。

（1）打开命令行窗口，首先通过 scrapy startproject header 命令创建一个名称为 header 的项目，然后通过 cd header 命令打开项目最外层的文件夹，最后通过 scrapy genspider headerSpider quotes.toscrape.com 命令创建名称为 headerSpider 的爬虫文件。命令行操作如图 17.22 所示。

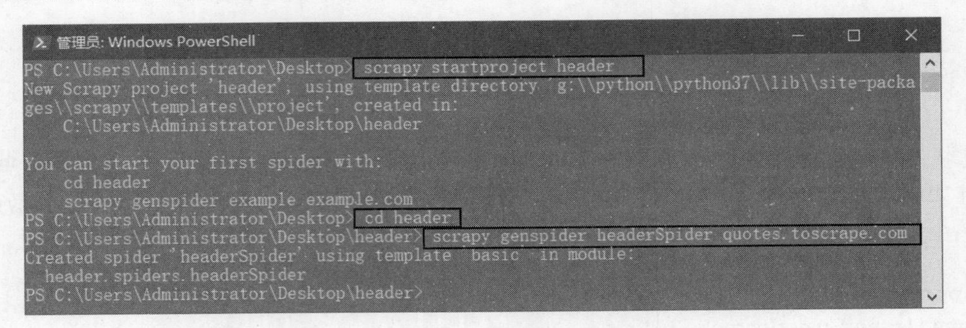

图 17.22　命令行操作

（2）打开 headerSpider.py 文件，配置测试网络请求的爬虫代码。示例代码如下：

```
01 def start_requests(self):
02     # 设置爬取目标的地址
03     urls = [
04         'http://quotes.toscrape.com/page/1/',
05         'http://quotes.toscrape.com/page/2/',
06     ]
07
08     # 获取所有地址，有几个地址发送几次请求
09     for url in urls:
10         # 发送网络请求
11         yield scrapy.Request(url=url,callback=self.parse)
12 def parse(self, response):
13     # 打印每次网络请求的请求头信息
14     print('请求信息为：',response.request.headers.get('User-Agent'))
15     pass
```

（3）安装 fake-useragent 模块，然后打开 middlewares.py 文件，在该文件中首先导入 fake-useragent 模块中的 UserAgent 类，然后创建 RandomHeaderMiddleware 类并通过 init()函数进行类的初始化工作。代码如下：

```
01 from fake_useragent import UserAgent                    # 导入请求头类
02 # 自定义随机请求头的中间件
03 class RandomHeaderMiddleware(object):
04     def __init__(self, crawler):
05         self.ua = UserAgent()                            # 随机请求头对象
06         # 如果配置文件中不存在，那么就使用默认的 Google Chrome 请求头
07         self.type = crawler.settings.get("RANDOM_UA_TYPE", "chrome")
```

（4）重写 from_crawler()方法，在该方法中将 cls 实例对象返回。代码如下：

```
01 @classmethod
02 def from_crawler(cls, crawler):
03     # 返回 cls()实例对象
04     return cls(crawler)
```

（5）重写 process_request()方法，在该方法中实现设置随机生成的请求头信息。代码如下：

```
01  # 发送网络请求时调用该方法
02  def process_request(self, request, spider):
03      # 设置随机生成的请求头
04      request.headers.setdefault('User-Agent',getattr(self.ua, self.type))
```

（6）打开 settings.py 文件，在该文件中找到 DOWNLOADER_MIDDLEWARES 配置信息，然后配置自定义的请求头中间件，并把默认生成的下载中间件禁用，最后在配置信息的下面添加请求头类型。示例代码如下：

```
01  DOWNLOADER_MIDDLEWARES = {
02      # 启动自定义随机请求头中间件
03      'header.middlewares.RandomHeaderMiddleware':400,
04      # 设为 None，禁用默认创建的下载中间件
05      'header.middlewares.HeaderDownloaderMiddleware': None,
06  }
07  # 配置请求头类型为随机，此处还可以设置为 ie、firefox 以及 chrome
08  RANDOM_UA_TYPE = "random"
```

（7）启动 headerSpider 爬虫，控制台将输出两次请求分别使用的请求头信息，如图 17.23 所示。

```
2020-04-03 13:52:33 [scrapy.core.engine] DEBUG: Crawled (200) <GET http://quotes.toscrape.com/page/1/> (referer: None)
请求信息为： b'Mozilla/5.0 (X11; OpenBSD i386) AppleWebKit/537.36 (KHTML, like Gecko) Chrome/36.0.1985.125 Safari/537.36'
2020-04-03 13:52:33 [scrapy.core.engine] DEBUG: Crawled (200) <GET http://quotes.toscrape.com/page/2/> (referer: None)
请求信息为： b'Mozilla/5.0 (X11; Ubuntu; Linux x86_64; rv:21.0) Gecko/20100101 Firefox/21.0'
```

图 17.23　输出请求头信息

说明

本次自定义中间件中重点需要重写 process_request()方法，该方法是 Scrapy 发送网络请求时所调用的，参数 request 表示当前的请求对象，例如请求头、请求方式以及请求地址等信息。参数 spider 表示爬虫程序。该方法返回值具体说明如下。

- ☑ None：最常见的返回值，表示该方法已经执行完成并向下执行爬虫程序。
- ☑ Response：停止该方法的执行，开始执行 process_response()方法。
- ☑ Request：停止当前的中间件，将当前的请求交给 Scrapy 引擎重新执行。
- ☑ IgnoreRequest：抛出异常对象，再通过 process_exception()方法处理异常，结束当前的网络请求。

17.5.2　设置 Cookies

熟练地使用 Cookies 在编写爬虫程序时是非常重要的，Cookies 代表用户信息，如果需要爬取登录后网页的信息时，就可以将 Cookies 信息保存，然后再第二次获取登录后的信息时就不需要再次登录了，直接使用 Cookies 进行登录即可。在 Scrapy 中如果想在 Spider（爬虫）文件中直接定义并设置 Cookies 参数时，则可以参考以下示例代码：

```
01  # -*- coding: utf-8 -*-
02  import scrapy
```

```
03
04
05  class CookiespiderSpider(scrapy.Spider):
06      name = 'cookieSpider'                              # 爬虫名称
07      allowed_domains = ['httpbin.org/get']              # 域名列表
08      start_urls = ['http://httpbin.org/get']            # 请求初始化列表
09      cookies = {'CookiesDemo':'python'}                 # 模拟 Cookies 信息
10
11      def start_requests(self):
12          # 发送网络请求，请求地址为 start_urls 列表中的第一个地址
13          Yield scrapy.Request(url=self.start_urls[0],cookies=self.cookies,callback=self.Parse)
14
15      # 响应信息
16      def parse(self, response):
17          # 打印响应结果
18          print(response.text)
19          pass
```

程序运行结果如图 17.24 所示。

```
{
  "args": {},
  "headers": {
    "Accept": "text/html,application/xhtml+xml,application/xml;q=0.9,*/*;q=0.8",
    "Accept-Encoding": "gzip,deflate",
    "Accept-Language": "en",
    "Cookie": "CookiesDemo=python",
    "Host": "httpbin.org",
    "User-Agent": "Scrapy/1.5.2 (+https://scrapy.org)",
    "X-Amzn-Trace-Id": "Root=1-5e8bda2e-0f3126c44bdc09e936468be4"
  },
  "origin": "175.19.143.94",
  "url": "http://httpbin.org/get"
}
```

图 17.24　打印测试的 Cookies 信息

注意

以上示例代码中的 Cookies 是一个模拟测试所使用的信息，并不是一个真实有效的 Cookies 信息，所以读者将 Cookies 信息设置为爬取网站对应的真实 Cookies 即可。

【例 17.7】　通过 Cookies 模拟自动登录。（**实例位置：资源包\Code\17\07**）

在 Scrapy 中除了使用以上示例代码中的方法设置 Cookies 外，也可以使用自定义中间件的方式设置 Cookies。以爬取某网站登录后的用户名信息为例，具体实现步骤如下。

（1）在 cookieSpider.py 文件中编写爬虫代码。代码如下：

```
01  # -*- coding: utf-8 -*-
02  import scrapy
03
04
05  class CookiespiderSpider(scrapy.Spider):
06      name = 'cookieSpider'                              # 爬虫名称
07      allowed_domains = ['douban.com']                   # 域名列表
```

```
08        start_urls = ['http://www.douban.com']                    # 请求初始化列表
09
10        def start_requests(self):
11            # 发送网络请求，请求地址为 start_urls 列表中的第一个地址
12            yield scrapy.Request(url=self.start_urls[0],callback=self.parse)
13
14        # 响应信息
15        def parse(self, response):
16            # 打印登录后的用户名信息
17            print(response.xpath('//*[@id="db-global-nav"]/div/div[1]/ul/li[2]/a/span[1]/text()').extract_first())
18            pass
```

（2）在 middlewares.py 文件中，定义用于格式化与设置 cookies 的中间件，代码如下：

```
01  # 自定义 cookies 中间件
02  class CookiesdemoMiddleware(object):
03      # 初始化
04      def __init__(self,cookies_str):
05          self.cookies_str = cookies_str
06
07      @classmethod
08      def from_crawler(cls, crawler):
09          return cls(
10              # 获取配置文件中的 Cookies 信息
11              cookies_str = crawler.settings.get('COOKIES_DEMO')
12          )
13      cookies = {}                                             # 保存格式化以后的 Cookies
14      def process_request(self, request, spider):
15          for cookie in self.cookies_str.split(';'):            # 通过“;（分号）”分割 Cookies 字符串
16              key, value = cookie.split('=', 1)                 # 将 key 与值进行分割
17              self.cookies.__setitem__(key,value)               # 将分割后的数据保存至字典中
18          request.cookies = self.cookies                        # 设置格式化后的 Cookies
```

（3）在 middlewares.py 文件中，定义随机设置请求头的中间件。代码如下：

```
01  from fake_useragent import UserAgent                         # 导入请求头类
02  # 自定义随机请求头的中间件
03  class RandomHeaderMiddleware(object):
04      def __init__(self, crawler):
05          self.ua = UserAgent()                                # 随机请求头对象
06          # 如果配置文件中不存在，那么就使用默认的 Google Chrome 请求头
07          self.type = crawler.settings.get("RANDOM_UA_TYPE", "chrome")
08
09      @classmethod
10      def from_crawler(cls, crawler):
11          # 返回 cls()实例对象
12          return cls(crawler)
13
14      # 发送网络请求时调用该方法
15      def process_request(self, request, spider):
```

```
16            # 设置随机生成的请求头
17            request.headers.setdefault('User-Agent', getattr(self.ua, self.type))
```

（4）打开 settings.py 文件，在该文件中首先将 DOWNLOADER_MIDDLEWARES 配置信息中的默认配置信息禁用，然后添加用于处理 Cookies 与随机请求头的配置信息并激活，最后定义从浏览器中获取的 Cookies 信息。代码如下：

```
01  DOWNLOADER_MIDDLEWARES = {
02      # 启动自定义 Cookies 中间件
03      'cookiesDemo.middlewares.CookiesdemoMiddleware': 201,
04      # 启动自定义随机请求头中间件
05     'cookiesDemo.middlewares.RandomHeaderMiddleware':202,
06      # 禁用默认生成的配置信息
07     'cookiesDemo.middlewares.CookiesdemoDownloaderMiddleware': None,
08  }
09  # 定义从浏览器中获取的 Cookies
10  COOKIES_DEMO = '此处填写登录后网页中的 cookie 信息'
```

程序运行结果如下：

```
阿四 sir 的账号
```

17.5.3 设置代理 ip

使用代理 ip 实现网络爬虫是有效解决反爬虫的一种方法，如果只是想在 Scrapy 中简单地应用一次代理 ip 时，则可以使用以下代码：

```
01  # 发送网络请求
02  def start_requests(self):
03      return [scrapy.Request('http://httpbin.org/get',callback = self.parse,
04                             meta={'proxy':'http://117.88.177.0:3000'})]
05  # 响应信息
06  def parse(self, response):
07      print(response.text)                                    # 打印返回的响应信息
08      pass
```

程序运行结果如图 17.25 所示。

```
{
  "args": {},
  "headers": {
    "Accept": "text/html,application/xhtml+xml,application/xml;q=0.9,*/*;q=0.8",
    "Accept-Encoding": "gzip,deflate",
    "Accept-Language": "en",
    "Cache-Control": "max-age=259200",
    "Host": "httpbin.org",
    "User-Agent": "Scrapy/1.6.0 (+https://scrapy.org)",
    "X-Amzn-Trace-Id": "Root=1-5e86e2d7-d982d9be2f8b7227b34cb2a2"
  },
  "origin": "117.88.177.0",
  "url": "http://httpbin.org/get"
}
```

图 17.25　显示设置固定的代理 ip

在使用代理 ip 发送网络请求时，需要确保代理 ip 是一个有效的 ip，否则会出现错误。

【例 17.8】　随机代理中间件。（**实例位置：资源包\Code\17\08**）

如果需要发送多个网络请求时，则可以自定义一个代理 ip 的中间件，在这个中间件中使用随机的方式从代理 ip 列表内随机抽取一个有效的代理 ip，并通过这个有效的代理 ip 实现网络请求。实现的具体步骤如下。

（1）在 ipSpider.py 文件中编写爬虫代码。代码如下：

```
01  #发送网络请求
02  def start_requests(self):
03      return [scrapy.Request('http://httpbin.org/get',callback = self.parse)]
04  # 响应信息
05  def parse(self, response):
06      print(response.text)                                # 打印返回的响应信息
07      pass
```

（2）打开 middlewares.py 文件，在该文件中创建 IpRandomProxyMiddleware 类，然后定义保存代理 ip 的列表，最后重写 process_request()方法，在该方法中实现发送网络请求时随机抽取有效的代理 ip，代码如下：

```
01  import random                                           # 导入随机模块
02
03  class IpRandomProxyMiddleware(object):
04      # 定义有效的代理 ip 列表
05      PROXIES = [
06          '117.88.177.0:3000',
07          '117.45.139.179:9006',
08          '202.115.142.147:9200',
09          '117.87.50.89:8118']
10      # 发送网络请求时调用
11      def process_request(self, request, spider):
12          proxy = random.choice(self.PROXIES)             # 随机抽取代理 ip
13          request.meta['proxy'] = 'http://'+proxy         # 设置网络请求所使用的代理 ip
```

（3）在 settings.py 文件中修改 DOWNLOADER_MIDDLEWARES 配置信息，先将默认生成的配置信息禁用，然后激活自定义随机获取代理 ip 的中间件。代码如下：

```
01  DOWNLOADER_MIDDLEWARES = {
02      # 激活自定义随机获取代理 ip 的中间件
03      'ipDemo.middlewares.IpRandomProxyMiddleware':200,
04      # 禁用默认生成的中间件
05     'ipDemo.middlewares.IpdemoDownloaderMiddleware': None
06  }
```

程序运行结果如图 17.26 所示。

```
{
  "args": {},
  "headers": {
    "Accept": "text/html,application/xhtml+xml,application/xml;q=0.9,*/*;q=0.8",
    "Accept-Encoding": "gzip,deflate",
    "Accept-Language": "en",
    "Host": "httpbin.org",
    "User-Agent": "Scrapy/1.6.0 (+https://scrapy.org)",
    "X-Amzn-Trace-Id": "Root=1-5e86ea32-f46f398867d1ac4894d9bd08"
  },
  "origin": "117.87.50.89",
  "url": "http://httpbin.org/get"
}
```

图 17.26　显示随机抽取的代理 ip

说明

由于上面示例中的代理 ip 均为免费的代理 ip，所以读者在运行示例代码时需要将其替换为最新可用的代理 ip。

17.6　文件下载

Scrapy 提供了可以专门处理下载的 Pipeline（项目管道），其中包括 Files Pipeline（文件管道）以及 Images Pipeline（图像管道）。两种项目管道的使用方式相同，只是在使用 Images Pipeline（图像管道）时可以将所有下载的图片格式转换为 JPEG/RGB 格式，并可以设置缩略图。

以继承 ImagesPipeline 类为例，可以重写以下 3 个方法。

- ☑ file_path()：该方法用于返回指定文件名的下载路径，第一个 request 参数是当前下载对应的 request 对象。
- ☑ get_media_requests()：该方法中的第一个参数为 Item 对象，这里可以通过 item 获取 url，然后将 url 加入请求队列，等待请求。
- ☑ item_completed()：当单个 Item 完成下载后的处理方法，通过该方法可以实现筛选下载失败的图片。该方法中的第一个参数 results 就是当前 Item 对应的下载结果，其中包含下载成功或失败的信息。

【例 17.9】　下载京东外设商品图片。（**实例位置：资源包\Code\17\09**）

以下载京东外设商品图片为例，使用 ImagesPipeline 下载图片的具体步骤如下。

（1）在命令行窗口中通过命令创建名称为 imagesDemo 的 Scrapy 项目，然后在该项目中的 spiders 文件夹内创建 imgesSpider.py 爬虫文件，接着打开 items.py 文件，在该文件中创建存储商品名称与图片地址的 Field()对象。代码如下：

```
01  import scrapy                                    # 导入 scrapy 模块
02
03  class ImagesdemoItem(scrapy.Item):
04      wareName = scrapy.Field()                    # 存储商品名称
05      imgPath = scrapy.Field()                     # 存储商品图片地址
```

（2）打开 imgesSpider.py 文件，在该文件中首先导入 json 模块，然后重写 start_requests()方法实现获取 json 信息的网络请求，接着重写 parse()方法，在该方法中实现商品名称与图片地址的提取。代码如下：

```
01  # -*- coding: utf-8 -*-
02  import scrapy                                                    # 导入 scrapy 模块
03  import json                                                      # 导入 json 模块
04  # 导入 ImagesdemoItem 类
05  from imagesDemo.items import ImagesdemoItem
06  class ImgesspiderSpider(scrapy.Spider):
07      name = 'imgesSpider'                                         # 爬虫名称
08      allowed_domains = ['ch.jd.com']                              # 域名列表
09      start_urls = ['http://ch.jd.com/']                           # 网络请求初始列表
10
11      def start_requests(self):
12          url = 'http://ch.jd.com/hotsale2?cateid=686'             # 获取 json 信息的请求地址
13          yield scrapy.Request(url, self.parse)                    # 发送网络请求
14
15      def parse(self, response):
16          data = json.loads(response.text)                         # 将返回的 json 信息转换为字典
17          products = data['products']                              # 获取所有数据信息
18          for image in products:                                   # 循环遍历信息
19              item = ImagesdemoItem()                              # 创建 item 对象
20              item['wareName'] = image.get('wareName').replace('/','')  # 存储商品名称
21              # 存储商品对应的图片地址
22              item['imgPath'] = 'http://img12.360buyimg.com/n1/s320x320_' + image.get('imgPath')
23              yield item
```

（3）打开 pipelines.py 文件，在该文件中首先要导入 ImagesPipeline 类，然后让自己定义的类继承自 ImagesPipeline 类。接着重写 file_path()方法与 get_media_requests()方法，分别用于实现设置图片文件的名称与发送获取图片的网络请求。代码如下：

```
01  from scrapy.pipelines.images import ImagesPipeline               # 导入 ImagesPipeline 类
02  import scrapy                                                    # 导入 scrapy
03  class ImagesdemoPipeline(ImagesPipeline):                        # 继承 ImagesPipeline 类
04      # 设置文件保存的名称
05      def file_path(self, request, response=None, info=None):
06          file_name = request.meta['name']+'.jpg'                  # 将商品名称设置为图片名称
07          return file_name                                         # 返回文件名称
08
09      # 发送获取图片的网络请求
10      def get_media_requests(self, item, info):
11          # 发送网络请求并传递商品名称
12          yield scrapy.Request(item['imgPath'],meta={'name':item['wareName']})
```

（4）在 settings.py 文件中激活 ITEM_PIPELINES 配置信息，然后在下面定义 IMAGES_STORE 变量并指定图片下载后所保存的位置。代码如下：

```
01    ITEM_PIPELINES = {
02        # 激活下载京东商品图片的管道
03        'imagesDemo.pipelines.ImagesdemoPipeline': 300,
04    }
05    IMAGES_STORE = './images'                      # 此处的路径变量名称必须是固定的 IMAGES_STORE
```

启动 imgesSpider 爬虫，下载完成后，打开项目结构中的 images 文件夹将显示如图 17.27 所示的商品图片。

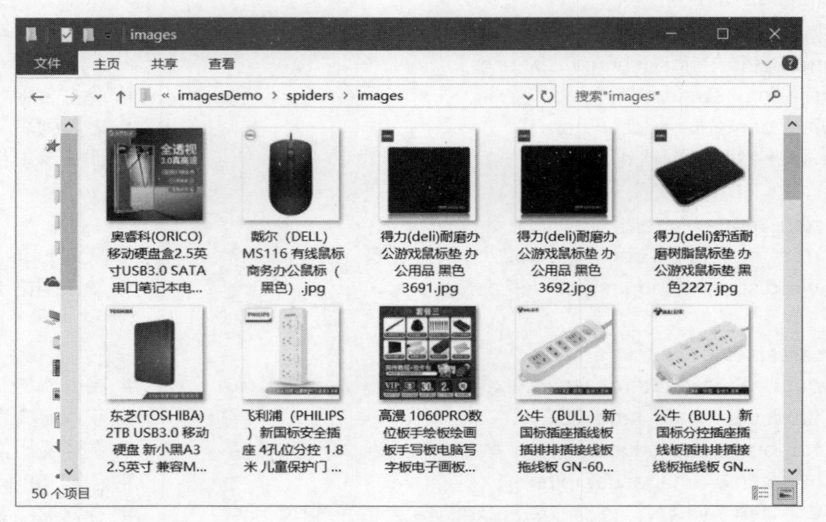

图 17.27　京东商品图片

17.7　小　　结

本章主要介绍了如何使用 Scrapy 爬虫框架来爬取数据。在搭建 Scrapy 爬虫框架时，建议读者使用 Anaconda 来搭建 Scrapy 爬虫框架，否则会在搭建框架时花费不少时间。在 Scrapy 的基础应用中我们学习了如何创建 Scrapy 项目、爬虫，以及如何获取数据。接着我们学习了项目管道的作用，并通过项目管道将爬取的数据存储到数据库中。我们还学习了自定义中间件，其中包括设置随机请求头、设置 Cookies 以及设置代理 ip。最后我们学习了专门处理下载的 Pipeline（项目管道），其中包括 Files Pipeline（文件管道）以及 Images Pipeline（图像管道），并通过图像管道实现了京东图片的下载。使用爬虫框架可以更加规范地爬取数据，所以建议读者认真学习 Scrapy 爬虫框架。

第 18 章

Scrapy_Redis 分布式爬虫

分布式爬虫就像是工厂生产产品一样，一个人生产的效率是有限的，如果多个人同时生产，这样的产能效率会大大提升，完成生产所需要的时间也会相对减少。分布式爬虫也就是将一个爬虫任务分配给多个相同的爬虫程序执行，而每个爬虫程序所爬取的内容不同。本章将介绍如何使用 Scrapy 爬虫框架与 Redis 数据库实现分布式爬虫。

18.1 安装 Redis 数据库

Redis（Remote Dictionary Server），即远程字典服务，是一个开源的使用 ANSI C 语言所编写、支持网络、可基于内存亦可持久化的日志型、Key-Value 数据库（与 Python 中的字典数据类似），并提供多种语言的 API。

它通常被称为数据结构服务器，因为值（value）可以是字符串（String）、哈希（Hash）、列表（list）、集合（sets）和有序集合（sorted sets）等类型。

Redis 数据库在分布式爬虫中担任了任务队列的作用，主要负责检测及保存每个爬虫程序所爬取的内容，有效地控制每个爬虫之间的重复爬取问题。

使用 Scrapy 实现分布式爬虫时，需要先安装 Redis 数据库，以 Windows 系统为例可以在浏览器中打开（https://github.com/microsoftarchive/redis/releases）下载地址，然后下载（Redis-x64-3.2.100.msi）Redis 数据库版本，如图 18.1 所示。

说明

Redis 数据库的安装文件下载完成后，根据提示默认安装即可。

Redis 数据库安装完成后，在 Redis 数据库所在的目录下，双击 redis-cli.exe 打开 Redis 命令行窗口，在窗口中输入 set a demo 表示向数据库中写入 key 为 a、value 为 demo 的数据，按 Enter 键后显示 ok 表示写入成功。然后输入 get a，表示获取 key 为 a 的数据，按 Enter 键后显示对应的数据，如图 18.2 所示。

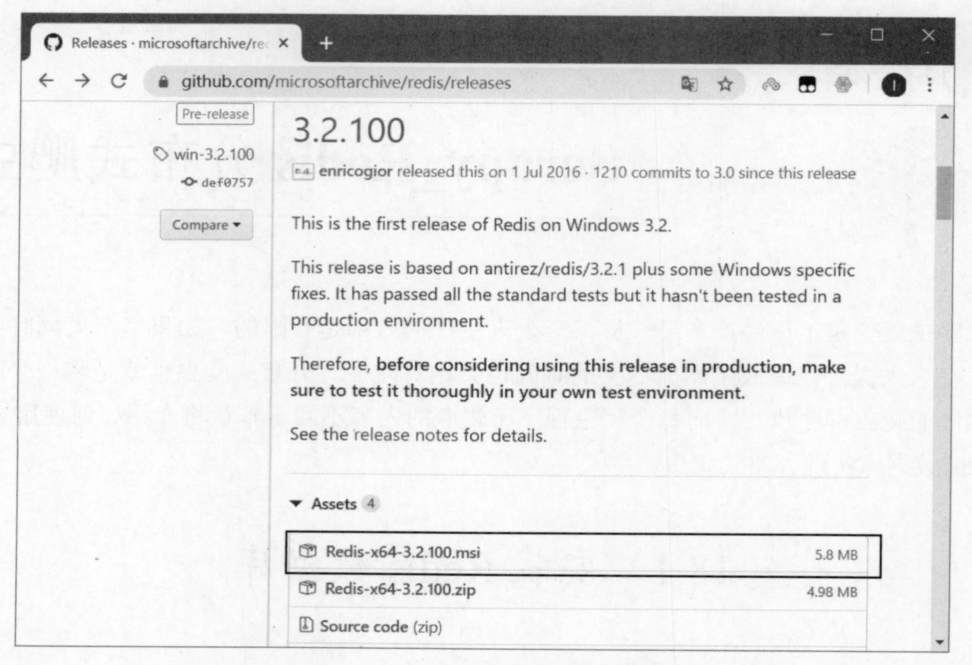

图 18.1　下载 Redis 数据库安装文件

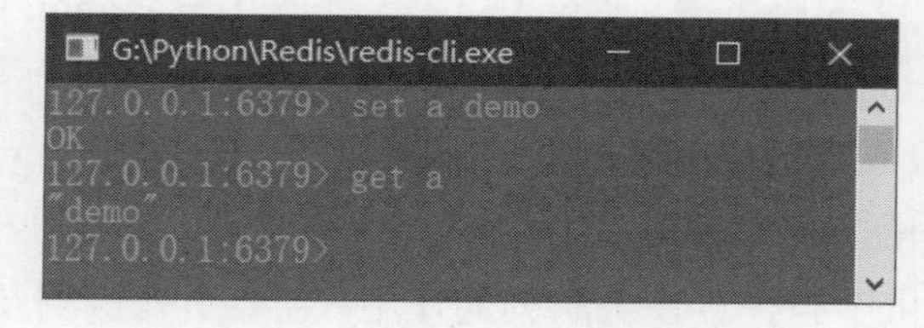

图 18.2　测试 Redis 数据库

说明

关于 Redis 数据库的其他命令可以参考（https://redis.io/commands）Redis 的官方地址。

在默认情况下，Redis 数据库是没有可视化窗口工具的，如果需要查看 Redis 的数据结构，则可以在（https://redisdesktop.com/pricing）官方地址中下载 Redis Desktop Manager，下载完成后默认安装即可。安装完成后启动 Redis Desktop Manager 可视化窗体，然后单击左上角的“连接到 Redis 服务器”，接着在连接设置中设置连接名字，如果在安装 Redis 数据库时没有修改默认地址（127.0.0.1）与端口号（6379），则直接单击左下角的“测试连接”按钮，弹出“连接 Redis 服务器成功”提示窗口后，单击右下角的“确定”按钮即可，操作步骤如图 18.3 所示。

Redis 服务器的连接创建完成后，单击左侧的连接名称 Redis_Connect，即可查询 Redis 数据库中的数据，如图 18.4 所示。

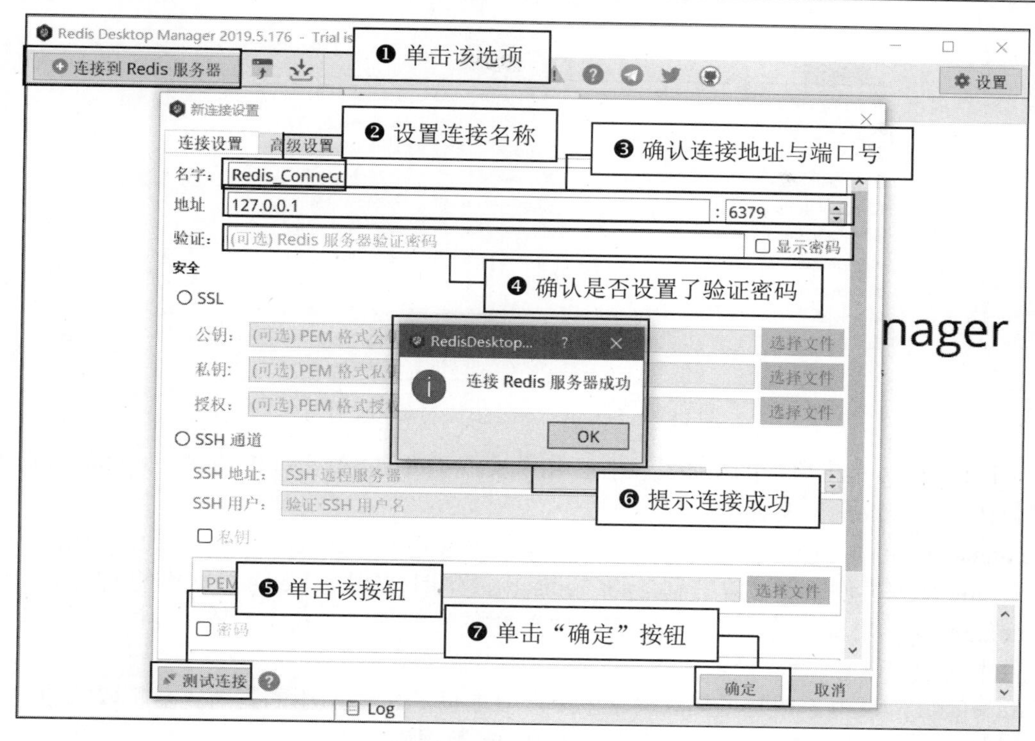

图 18.3　连接 Redis 服务器

图 18.4　查看数据

18.2　Scrapy-Redis 模块

Scrapy-Redis 模块相当于 Scrapy 爬虫框架与 Redis 数据库的桥梁，该模块是在 Scrapy 的基础上进行修改和扩展而来，既保留了 Scrapy 爬虫框架中原有的异步功能，又实现了分布式的功能。Scrapy-Redis 模块是第三方模块，所以在使用前需要通过 pip install scrapy-redis 命令进行模块的安装。

Scrapy-Redis 模块安装完成后，在模块的安装目录中包含了如图 18.5 所示的源码文件。

图 18.5 中的所有文件都是互相调用的关系，每个文件都有自己需要实现的功能，具体的功能说明

如下。

名称	修改日期	类型	大小
__pycache__	2020/4/18 13:48	文件夹	
__init__.py	2020/4/18 13:48	JetBrains PyChar...	1 KB
connection.py	2020/4/18 13:48	JetBrains PyChar...	3 KB
defaults.py	2020/4/18 13:48	JetBrains PyChar...	1 KB
dupefilter.py	2020/4/18 13:48	JetBrains PyChar...	4 KB
picklecompat.py	2020/4/18 13:48	JetBrains PyChar...	1 KB
pipelines.py	2020/4/18 13:48	JetBrains PyChar...	3 KB
queue.py	2020/4/18 13:48	JetBrains PyChar...	5 KB
scheduler.py	2020/4/18 13:48	JetBrains PyChar...	6 KB
spiders.py	2020/4/18 13:48	JetBrains PyChar...	7 KB
utils.py	2020/4/18 13:48	JetBrains PyChar...	1 KB

图 18.5　Scrapy-Redis 模块的源码文件

- ☑ __init__.py：是模块中的初始化文件，用于实现与 Redis 数据库的连接，具体的数据库连接函数在 connection.py 文件中。
- ☑ connection.py：用于连接 Redis 数据库，在该文件中 get_redis_from_settings()函数用于获取 Scrapy 配置文件中的配置信息，get_redis()函数用于实现与 Redis 数据库的连接。
- ☑ defaults.py：模块中的默认配置信息，如果没有在 Scrapy 项目中配置相关信息，则将使用该文件中的配置信息。
- ☑ dupefilter.py：用于判断重复数据，该文件中重写了 Scrapy 中的判断重复爬取的功能，将已经爬取的请求地址（URL）按照规则写入 Redis 数据库中。
- ☑ picklecompat.py：将数据转换为序列化格式的数据，解决对 Redis 数据库的写入格式问题。
- ☑ pipelines.py：与 Scrapy 中的 pipelines 是同一对象，用于实现数据库的连接及数据的写入。
- ☑ queue.py：用于实现分布式爬虫的任务队列。
- ☑ scheduler.py：用于实现分布式爬虫的调度工作。
- ☑ spiders.py：重写 Scrapy 中的原有爬取方式。
- ☑ utils.py：设置编码方式，用于更好地兼容 Python 的其他版本。

18.3　分布式爬取中文日报新闻数据

【例 18.1】　分布式爬取中文日报新闻数据。（**实例位置：资源包\Code\18\01**）

新闻数据的信息量是非常大的，所以在爬取信息量非常大的数据时，使用分布式爬虫既可以满足爬取数据的工作效率又能满足每条数据的唯一性。下面通过 Scrapy_Redis 的分布式爬虫，爬取中文日报的新闻数据。

18.3.1　分析网页地址

打开中文日报要闻首页地址（http://china.chinadaily.com.cn/5bd5639ca3101a87ca8ff636/page_1.html），然后在新闻网页的底部单击第 2 页，查看两页地址的切换规律。用于测试的两页网页地址如下：

```
http://china.chinadaily.com.cn/5bd5639ca3101a87ca8ff636/page_1.html
http://china.chinadaily.com.cn/5bd5639ca3101a87ca8ff636/page_2.html
```

说明

从两页的网页地址中可以看出，只需要将地址尾部 page_1 进行数字的切换即可。

在新闻列表中按 F12 键开启开发者工具，然后依次找到“新闻标题”“新闻地址”“新闻简介”以及当前新闻的“更新时间”所在 HTML 代码中的位置，如图 18.6 所示。

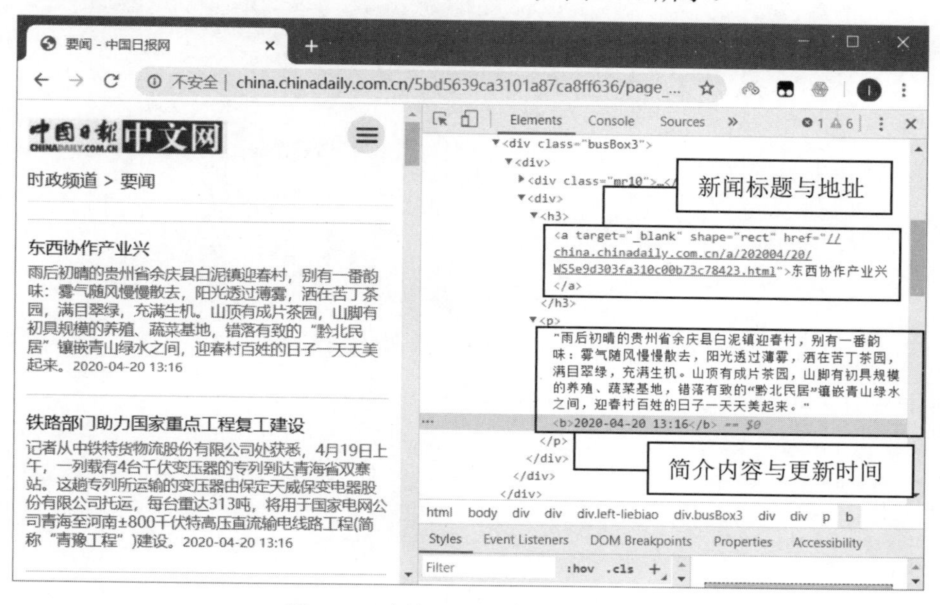

图 18.6　确认 HTML 代码中的位置

18.3.2　创建 MySQL 数据表

在 MySQL 数据管理工具中，新建名称为 news_data 的数据库，具体参数如图 18.7 所示。在 news_data 数据库中创建名称为 news 的数据表，数据表的具体结构如图 18.8 所示。

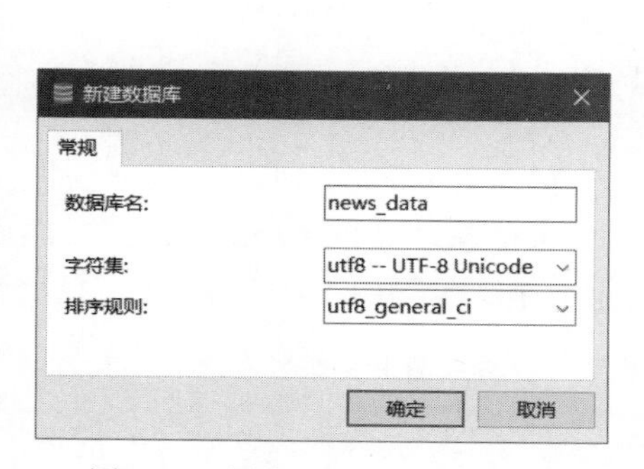

图 18.7　新建 news_data 数据库

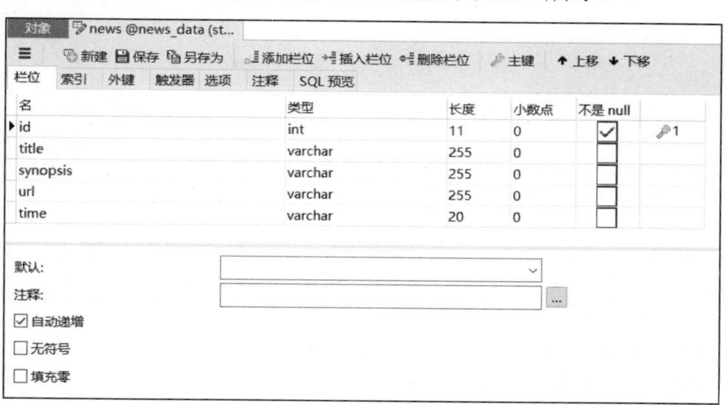

图 18.8　news 数据表结构

18.3.3 创建 Scrapy 项目

在指定路径下启动命令行窗口，然后通过 scrapy startproject distributed 命令，创建名称为 distributed 的项目结构，然后通过 cd distributed 命令进入项目文件夹，最后通过 scrapy genspider distributedSpider china.chinadaily.com.cn 命令创建一个 distributedSpider.py 爬虫文件。具体的执行步骤如图 18.9 所示。

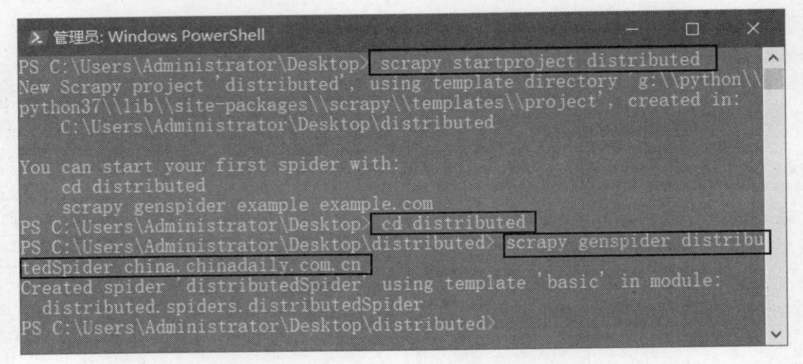

图 18.9 创建 Scrapy 项目命令执行步骤

Scrapy 项目创建完成后，完整的项目结构如图 18.10 所示。

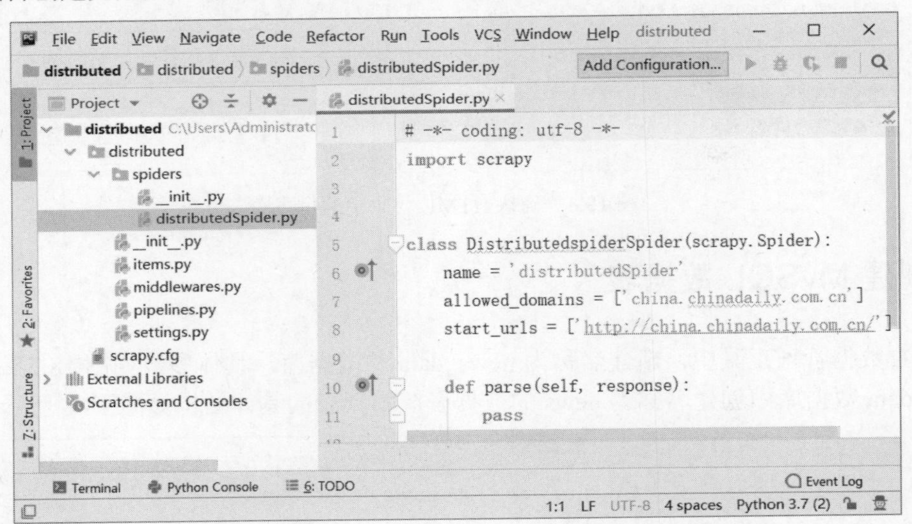

图 18.10 distributed 项目结构

1. 创建随机请求头

（1）打开 middlewares.py 文件，在该文件中首先导入 fake-useragent 模块中的 UserAgent 类，然后创建 RandomHeaderMiddleware 类并通过 init()函数进行类的初始化工作。代码如下：

```
01 from fake_useragent import UserAgent                    # 导入请求头类
02 # 自定义随机请求头的中间件
03 class RandomHeaderMiddleware(object):
```

```
04      def __init__(self, crawler):
05          self.ua = UserAgent()                                # 随机请求头对象
06          # 如果配置文件中不存在，则使用默认的 Google Chrome 请求头
07          self.type = crawler.settings.get("RANDOM_UA_TYPE", "chrome")
```

（2）重写 from_crawler()方法，在该方法中将 cls 实例对象返回。代码如下：

```
01  @classmethod
02  def from_crawler(cls, crawler):
03      # 返回 cls()实例对象
04      return cls(crawler)
```

（3）重写 process_request()方法，在该方法中实现设置随机生成的请求头信息。代码如下：

```
01  # 发送网络请求时调用该方法
02  def process_request(self, request, spider):
03      # 设置随机生成的请求头
04      request.headers.setdefault('User-Agent',getattr(self.ua, self.type))
```

2．编写 items 文件

打开 items.py 文件，然后编写保存新闻标题、新闻简介、新闻详情页地址以及新闻发布时间的 item 对象。代码如下：

```
01  import scrapy
02
03  class DistributedItem(scrapy.Item):
04      news_title = scrapy.Field()                          # 保存新闻标题
05      news_synopsis = scrapy.Field()                       # 保存新闻简介
06      news_url = scrapy.Field()                            # 保存新闻详情页面的地址
07      news_time = scrapy.Field()                           # 保存新闻发布时间
08      pass
```

3．编写 pipelines 文件

（1）打开 pipelines.py 文件，在该文件中首先导入 pymysql 数据库操作模块，然后通过 init 方法初始化数据库参数。代码如下：

```
01  import pymysql                                           # 导入数据库连接 pymysql 模块
02
03  class DistributedPipeline(object):
04      # 初始化数据库参数
05      def __init__(self,host,database,user,password,port):
06          self.host = host
07          self.database = database
08          self.user = user
09          self.password = password
10          self.port = port
```

（2）重写 from_crawler()方法，在该方法中返回通过 crawler 获取的配置文件中数据库参数的 cls()实例对象。代码如下：

```
01  @classmethod
02  def from_crawler(cls,crawler):
03      # 返回 cls()实例对象，其中包含通过 crawler 获取配置文件中的数据库参数
04      return cls(
05          host=crawler.settings.get('SQL_HOST'),
06          user=crawler.settings.get('SQL_USER'),
07          password=crawler.settings.get('SQL_PASSWORD'),
08          database = crawler.settings.get('SQL_DATABASE'),
09          port = crawler.settings.get('SQL_PORT')
10      )
```

（3）重写 open_spider()方法，在该方法中实现启动爬虫时进行数据库的连接，以及创建游标。代码如下：

```
01  # 打开爬虫时调用
02  def open_spider(self, spider):
03      # 数据库连接
04      self.db = pymysql.connect(self.host,self.user,self.password,self.database,self.port,charset='utf8')
05      self.cursor = self.db.cursor()                          # 创建游标
```

（4）重写 close_spider()方法，在该方法中实现关闭爬虫时关闭数据库的连接。代码如下：

```
01  # 关闭爬虫时调用
02  def close_spider(self, spider):
03      self.db.close()
```

（5）重写 process_item()方法，在该方法中首先将 item 对象转换为字典类型的数据，然后将 4 列数据插入数据库中，接着提交并返回 item。代码如下：

```
01  def process_item(self, item, spider):
02      data = dict(item)                                   # 将 item 转换成字典类型
03      # SQL 语句
04      sql = 'insert into news (title,synopsis,url,time) values(%s,%s,%s,%s)'
05      # 执行插入多条数据
06      self.cursor.executemany(sql, [(data['news_title'], data['news_synopsis'],data['news_url'],data['news_time'])])
07      self.db.commit()                                    # 提交
08      return item                                         # 返回 item
```

4．编写 spider 文件

（1）打开 distributedSpider.py 文件，首先导入 Item 对象，然后重写 start_requests()方法，通过 for 循环实现新闻列表 100 页的网络请求。代码如下：

```
01  # -*- coding: utf-8 -*-
02  import scrapy
03  from distributed.items import DistributedItem                # 导入 Item 对象
04  class DistributedspiderSpider(scrapy.Spider):
05      name = 'distributedSpider'
06      allowed_domains = ['china.chinadaily.com.cn']
07      start_urls = ['http://china.chinadaily.com.cn/']
```

```
08        # 发送网络请求
09        def start_requests(self):
10            for i in  range(1,101):                    # 由于新闻网页共计 100 页，所以循环执行 100 次
11                # 拼接请求地址
12                url = self.start_urls[0] + '5bd5639ca3101a87ca8ff636/page_{page}.html'.format(page=i)
13                # 执行请求
14                yield scrapy.Request(url=url,callback=self.parse)
```

（2）在 parse()方法中，首先创建 Item 实例对象，然后通过 css 选择器获取单页新闻列表中的所有新闻内容，然后使用 for 循环将提取的信息逐个添加至 item 中。代码如下：

```
01  # 处理请求结果
02  def parse(self, response):
03      item = DistributedItem()                         # 创建 item 对象
04      all = response.css('.busBox3')                  # 获取每页所有新闻内容
05      for i in all:                                    # 循环遍历每页中每条新闻
06          title = i.css('h3 a::text').get()            # 获取每条新闻标题
07          synopsis = i.css('p::text').get()            # 获取每条新闻简介
08          url = 'http:'+i.css('h3 a::attr(href)').get() # 获取每条新闻详情页地址
09          time_ = i.css('p b::text').get()             # 获取新闻发布时间
10          item['news_title'] = title                   # 将新闻标题添加至 item
11          item['news_synopsis'] = synopsis             # 将新闻简介内容添加至 item
12          item['news_url'] = url                       # 将新闻详情页地址添加至 item
13          item['news_time'] = time_                    # 将新闻发布时间添加至 item
14          yield item                                   # 打印 item 信息
15      pass
```

（3）导入 CrawlerProcess 类与获取项目配置信息的函数，创建程序入口实现爬虫的启动。代码如下：

```
01  # 导入 CrawlerProcess 类
02  from scrapy.crawler import CrawlerProcess
03  # 导入获取项目的配置信息
04  from scrapy.utils.project import get_project_settings
05
06  # 程序入口
07  if __name__=='__main__':
08      # 创建 CrawlerProcess 类对象并传入项目设置信息的参数
09      process = CrawlerProcess(get_project_settings())
10      # 设置需要启动的爬虫名称
11      process.crawl('distributedSpider')
12      # 启动爬虫
13      process.start()
```

5．编写配置文件

打开 settings.py 文件，在该文件中对整个分布式爬虫项目进行配置。具体的配置代码如下：

```
01  BOT_NAME = 'distributed'
02
03  SPIDER_MODULES = ['distributed.spiders']
04  NEWSPIDER_MODULE = 'distributed.spiders'
```

```
05
06  # Obey robots.txt rules
07  ROBOTSTXT_OBEY = True
08
09  # 启用 redis 调度存储请求队列
10  SCHEDULER    = 'scrapy_redis.scheduler.Scheduler'
11  # 确保所有爬虫通过 redis 共享相同的重复筛选器
12  DUPEFILTER_CLASS    = 'scrapy_redis.dupefilter.RFPDupeFilter'
13  # 不清理 redis 队列，允许暂停/恢复爬虫
14  SCHEDULER_PERSIST =True
15  # 使用默认的优先级队列调度请求
16  SCHEDULER_QUEUE_CLASS ='scrapy_redis.queue.PriorityQueue'
17  REDIS_URL ='redis://localhost:6379'                          # Redis 数据库连接地址
18  DOWNLOADER_MIDDLEWARES = {
19      # 启动自定义随机请求头中间件
20      'distributed.middlewares.RandomHeaderMiddleware': 200,
21      # 'distributed.middlewares.DistributedDownloaderMiddleware': 543,
22  }
23  # 配置请求头类型为随机，此处还可以设置为 ie、firefox 以及 chrome
24  RANDOM_UA_TYPE = "random"
25  ITEM_PIPELINES = {
26      'distributed.pipelines.DistributedPipeline': 300,
27      'scrapy_redis.pipelines.RedisPipeline':400
28  }
29  # 配置数据库连接信息
30  SQL_HOST = 'localhost'                                       # MySQL 数据库地址
31  SQL_USER = 'root'                                            # 用户名
32  SQL_PASSWORD='root'                                          # 密码
33  SQL_DATABASE = 'news_data'                                   # 数据库名称
34  SQL_PORT = 3306                                              # 端口
```

注意

以上配置文件中的 Redis 与 MySQL 数据库地址默认设置为本地连接，当实现多台计算机共同启动分布式爬虫时，需要将默认的 localhost 修改为数据库的服务器地址。

18.3.4 启动分布式爬虫

分布式爬虫在启动前，需要将 Redis（任务队列）与 MySQL（保存爬取数据）数据库布置好，可以将数据库配置在服务器上，也可以配置在某台计算机上。然后将写好的爬虫程序分别在多台计算机上同时启动，并需要将每个爬虫中settings.py文件内的数据库连接地址设置为数据库所在的服务器或计算机的固定地址。分布式爬虫的实现方式如图 18.11 所示。

下面以将 Redis 与 MySQL 数据库配置在某台 Windos 系统的计算机中为例，实现分布式爬虫，具体步骤如下。

（1）在命令行窗口中通过 ipconfig 命令，获取 Redis 与 MySQL 所在计算机的 ip 地址，如图 18.12 所示。

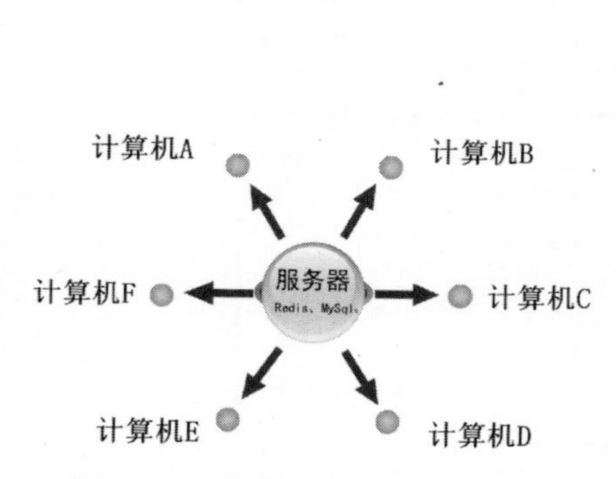

图 18.11　分布式爬虫的实现方式

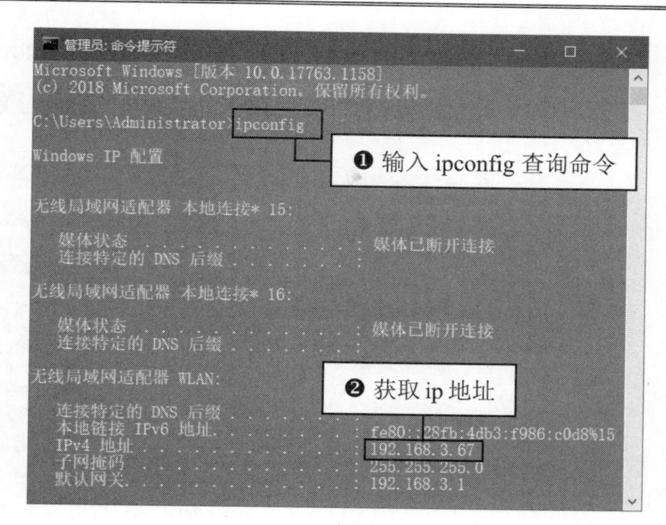

图 18.12　获取 ip 地址

（2）Redis 数据库在默认情况下是不允许其他计算机进行访问的，需要在 Redis 安装目录下找到 redis.windows-service.conf 文件，文件位置如图 18.13 所示。

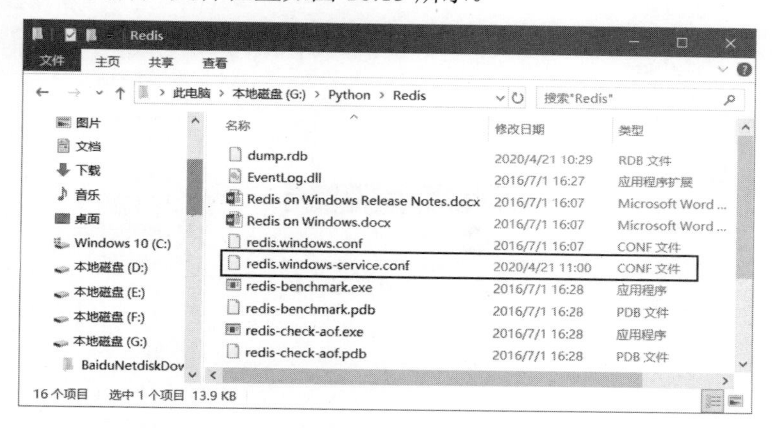

图 18.13　Redis 配置文件位置

（3）将图 18.13 中的 redis.windows-service.conf 文件以“记事本”的方式打开，然后将文件中默认绑定的 ip 地址注释并修改为计算机当前的 ip 地址，如图 18.14 所示，最后进行文件的保存。

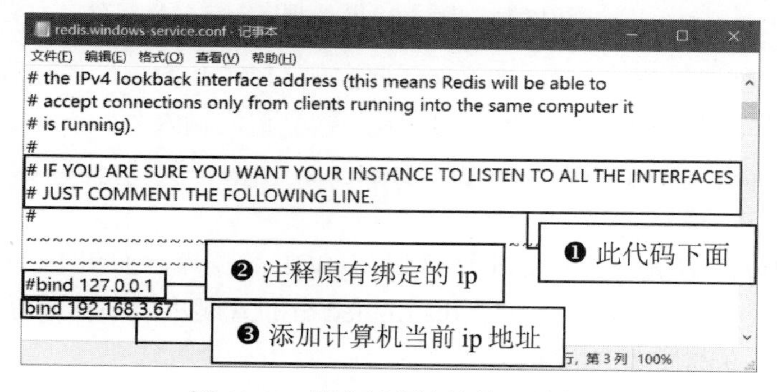

图 18.14　绑定远程连接的 ip 地址

（4）在 Redis 数据库所在的计算机中，重新启动 Redis 服务，如图 18.15 所示。

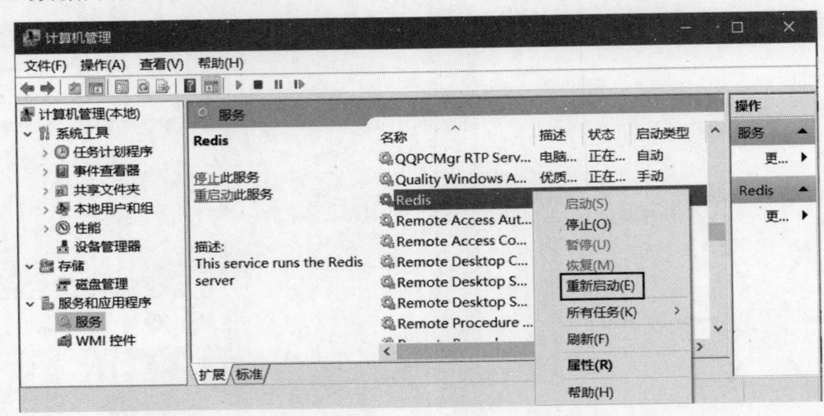

图 18.15　重新启动 Redis 服务

（5）打开 Redis 数据库的管理工具 RedisDesktopManager，然后通过 redis.windows-service.conf 文件中所绑定的 ip 地址 192.168.3.67，测试 Redis 数据库连接是否正常，如图 18.16 所示。

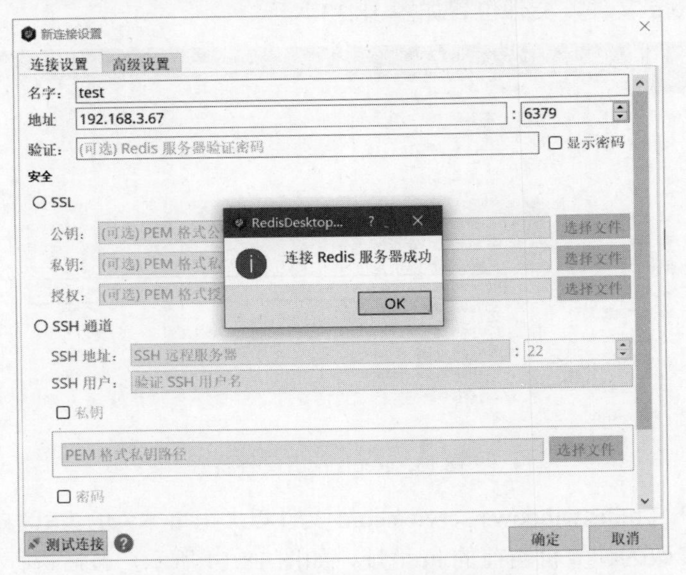

图 18.16　测试 Redis 数据库连接

（6）Redis 数据库实现了远程连接后，接下来需要实现 MySQL 数据库的远程连接，首先打开 MySql Command Line Client 窗口，然后输入数据库连接密码，接着依次输入“use mysql;”按 Enter 键、“update user set host = '%' where user = 'root';”按 Enter 键、“flush privileges;”按 Enter 键，具体操作步骤如图 18.17 所示。

（7）测试 ip 192.168.3.67 是否可以正常连接到 MySQL 数据库，如图 18.18 所示。

（8）在两台计算机 A 与 B 中，分别运行 distributed 分布式爬虫的项目源码，在控制台中将显示不同的请求地址，如图 18.19 与图 18.20 所示。

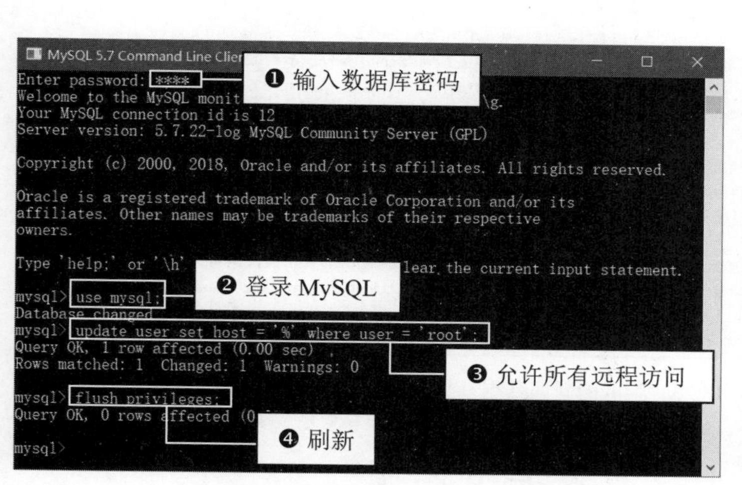

图 18.17　实现 MySQL 数据库的远程连接

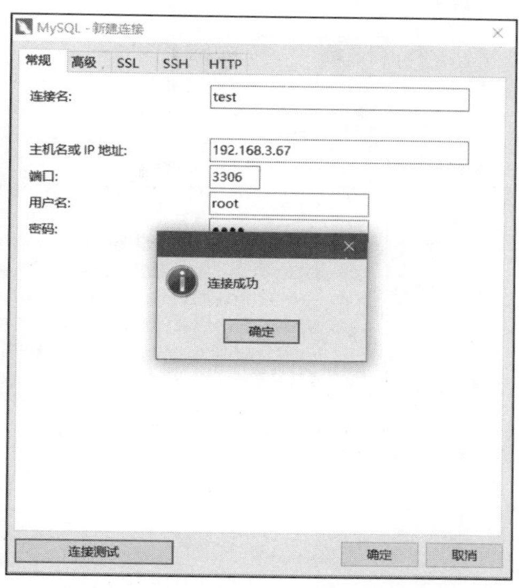

图 18.18　测试 MySQL 远程连接的 ip 地址

```
2020-04-21 14:21:02 [scrapy.core.engine] DEBUG: Crawled (200) <GET http://china.chinadaily.com.cn/robots.txt> (referer: None)
2020-04-21 14:21:03 [scrapy.core.engine] DEBUG: Crawled (200) <GET http://china.chinadaily.com.cn/5bd5639ca3101a87ca8ff636/page_35.html> (referer: None)
2020-04-21 14:21:03 [scrapy.core.engine] DEBUG: Crawled (200) <GET http://china.chinadaily.com.cn/5bd5639ca3101a87ca8ff636/page_32.html> (referer: None)
2020-04-21 14:21:03 [scrapy.core.scraper] DEBUG: Scraped from <200 http://china.chinadaily.com.cn/5bd5639ca3101a87ca8ff636/page_35.html>
```

图 18.19　计算机 A 请求地址

```
2020-04-21 14:21:00 [scrapy.core.engine] DEBUG: Crawled (200) <GET http://china.chinadaily.com.cn/5bd5639ca3101a87ca8ff636/page_3.html> (referer: None)
2020-04-21 14:21:00 [scrapy.core.engine] DEBUG: Crawled (200) <GET http://china.chinadaily.com.cn/5bd5639ca3101a87ca8ff636/page_2.html> (referer: None)
2020-04-21 14:21:00 [scrapy.core.engine] DEBUG: Crawled (200) <GET http://china.chinadaily.com.cn/5bd5639ca3101a87ca8ff636/page_4.html> (referer: None)
2020-04-21 14:21:00 [scrapy.core.engine] DEBUG: Crawled (200) <GET http://china.chinadaily.com.cn/5bd5639ca3101a87ca8ff636/page_5.html> (referer: None)
2020-04-21 14:21:00 [scrapy.core.scraper] DEBUG: Scraped from <200 http://china.chinadaily.com.cn/5bd5639ca3101a87ca8ff636/page_3.html>
```

图 18.20　计算机 B 请求地址

说明

从图 18.19 与图 18.20 所示的请求地址中可以看出，两台计算机执行同样的爬虫程序，但发送的网络请求却是不同的，发挥出了分布式爬虫的特点，提高了爬取效率但并不爬取相同数据。

（9）两台计算机分布式爬虫任务执行完成后，打开 RedisDesktopManager 可视化工具，其中 dupefilter 中保存了已经判重后的网页 URL 地址，如图 18.21 所示，不过该 URL 数据是经过编码后写入 Redis 数据库中的。而 items 中则保存了网页中所爬取的数据，如图 18.22 所示。

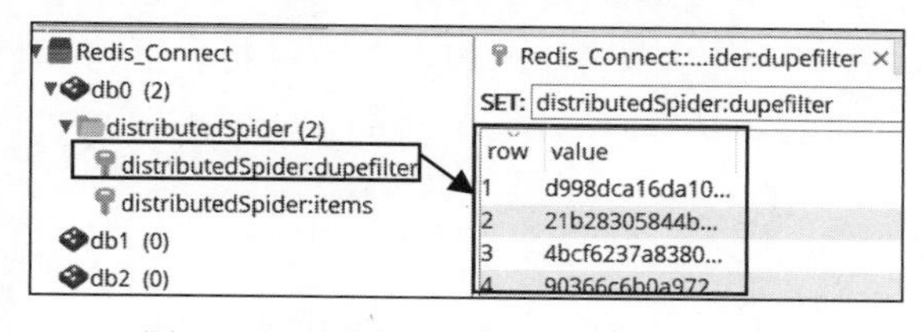

图 18.21　判重后的网页 URL 地址

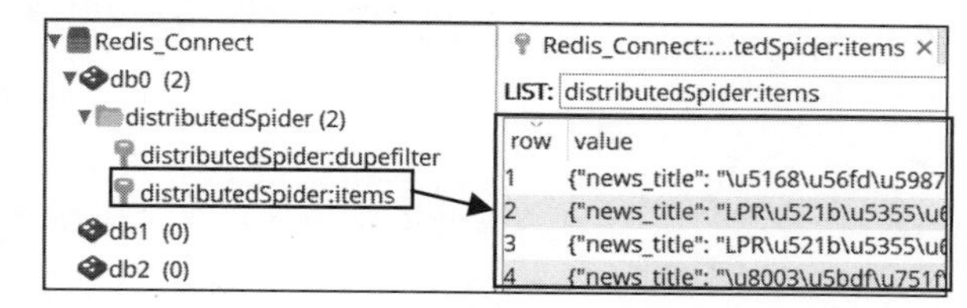

图 18.22　网页中所爬取的数据

（10）打开 MySQL 数据库可视化管理工具，打开 news_data 数据库中的 news 数据表，爬取的新闻数据如图 18.23 所示。

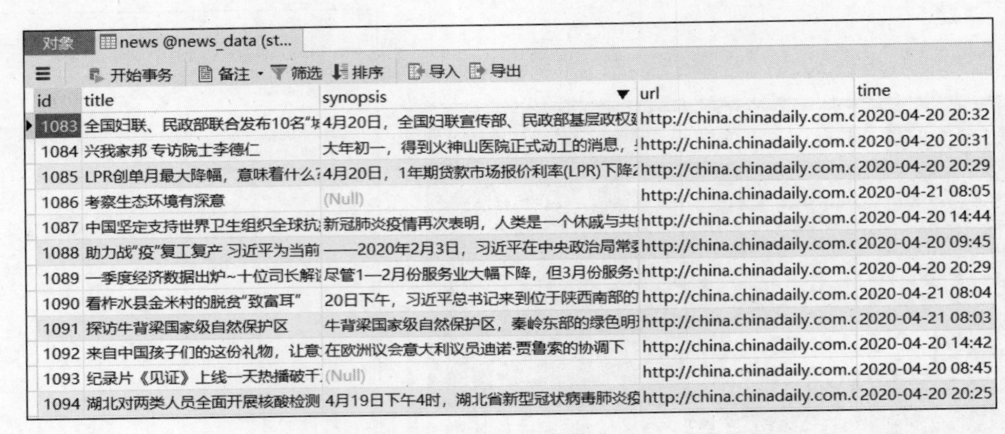

对象 | news @news_data (st...

开始事务 | 备注 | 筛选 | 排序 | 导入 | 导出

id	title	synopsis	url	time
1083	全国妇联、民政部联合发布10名“	4月20日，全国妇联宣传部、民政部基层政权	http://china.chinadaily.com.	2020-04-20 20:32
1084	兴我家邦 专访院士李德仁	大年初一，得到火神山医院正式动工的消息，	http://china.chinadaily.com.	2020-04-20 20:31
1085	LPR创单月最大降幅，意味着什么	4月20日，1年期贷款市场报价利率(LPR)下降	http://china.chinadaily.com.	2020-04-20 20:29
1086	考察生态环境有深意	(Null)	http://china.chinadaily.com.	2020-04-21 08:05
1087	中国坚定支持世界卫生组织全球抗	新冠肺炎疫情再次表明，人类是一个休戚与共	http://china.chinadaily.com.	2020-04-20 14:44
1088	助力战“疫”复工复产 习近平为当前	——2020年2月3日，习近平在中央政治局常	http://china.chinadaily.com.	2020-04-20 09:45
1089	一季度经济数据出炉~十位司长解	尽管1—2月份服务业大幅下降，但3月份服务	http://china.chinadaily.com.	2020-04-20 20:29
1090	看柞水县金米村的脱贫“致富耳”	20日下午，习近平总书记来到位于陕西南部的	http://china.chinadaily.com.	2020-04-21 08:04
1091	探访牛背梁国家级自然保护区	牛背梁国家级自然保护区，秦岭东部的绿色明	http://china.chinadaily.com.	2020-04-21 08:03
1092	来自中国孩子们的这份礼物，让意	在欧洲议会意大利议员迪诺·贾鲁索的协调下	http://china.chinadaily.com.	2020-04-20 14:42
1093	纪录片《见证》上线一天热播破千	(Null)	http://china.chinadaily.com.	2020-04-20 08:45
1094	湖北对两类人员全面开展核酸检测	4月19日下午4时，湖北省新型冠状病毒肺炎疫	http://china.chinadaily.com.	2020-04-20 20:25

图 18.23　爬取的新闻数据

18.4　自定义分布式爬虫

【例 18.2】　使用自定义分布式爬取诗词排行榜。（**实例位置：资源包\Code\18\02**）

学习了 Scrapy-Redis 的分布式原理后，可以发现只需要将已经发送过的网络请求地址保存在 Redis 数据库中，Scrapy 就不会再对 Redis 数据库中已经存在的请求地址发送第二次请求了，而是直接执行下一条网络请求。根据这样的规律便可使用 Redis 数据库与 Scrapy 爬虫框架实现一个自定义分布式爬虫。下面以爬取“诗词排行榜”为例，实现一个自定义的分布式爬虫，具体步骤如下。

（1）打开“诗词排行榜”网页地址（http://www.shicimingju.com/paiming），如图 18.24 所示。

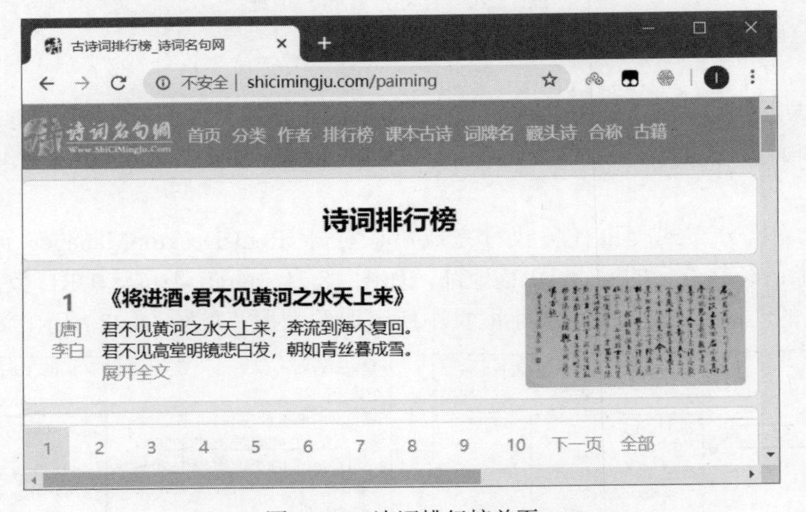

图 18.24　诗词排行榜首页

（2）单击首页中的“全部”按钮，查看诗词排行榜的全部页码，如图 18.25 所示。

（3）在全部页码中选择最后一页（当前为 100），然后观察请求地址是否有变化，如图 18.26 所示。

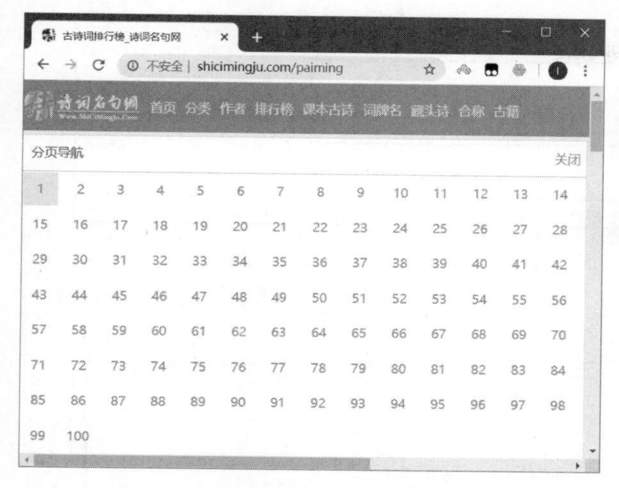

图 18.25　查看诗词排行榜全部页码

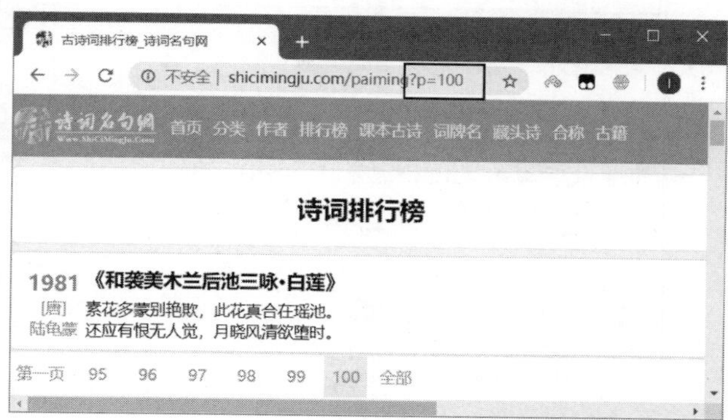

图 18.26　观察请求地址的变化

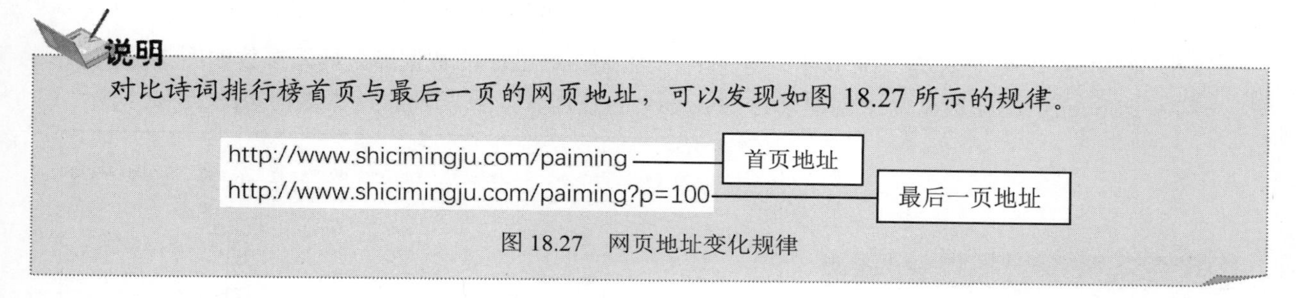

说明

对比诗词排行榜首页与最后一页的网页地址，可以发现如图 18.27 所示的规律。

图 18.27　网页地址变化规律

（4）根据图 18.27 所示规律，在首页地址尾部添加“?p=1”，测试是否可以正常访问首页中的诗词排行榜信息，确认结果如图 18.28 所示。

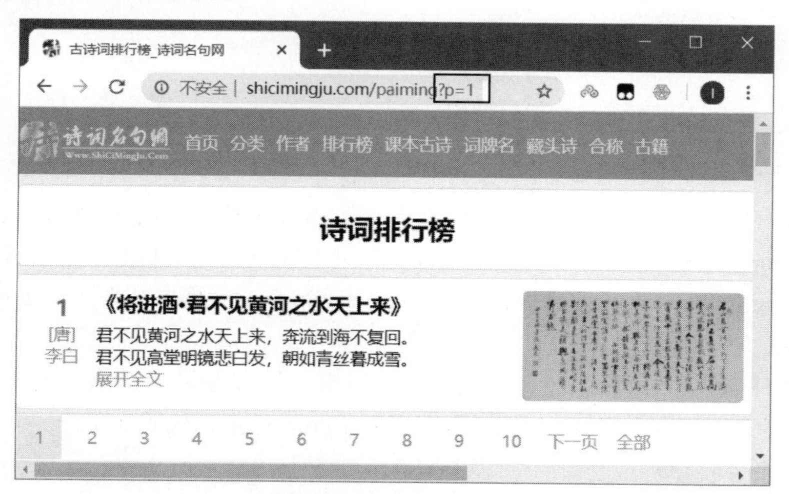

图 18.28　确认首页结果

（5）在诗词排行榜首页，按 F12 键打开浏览器开发者工具，确认诗词信息所在 HTML 代码中的位置，如图 18.29 所示。

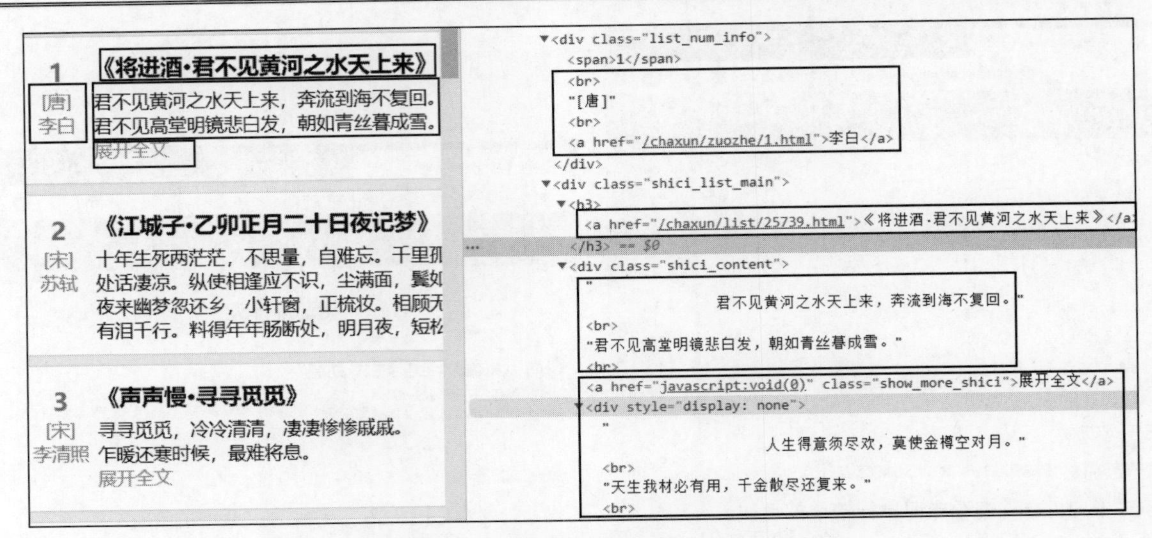

图 18.29　确认诗词信息所在 HTML 代码中的位置

（6）在 MySQL 数据库管理工具中，新建名称为 poetry_data 的数据库，具体参数如图 18.30 所示。

（7）在 poetry_data 数据库中创建名称为 poetry 的数据表，数据表的具体结构如图 18.31 所示。

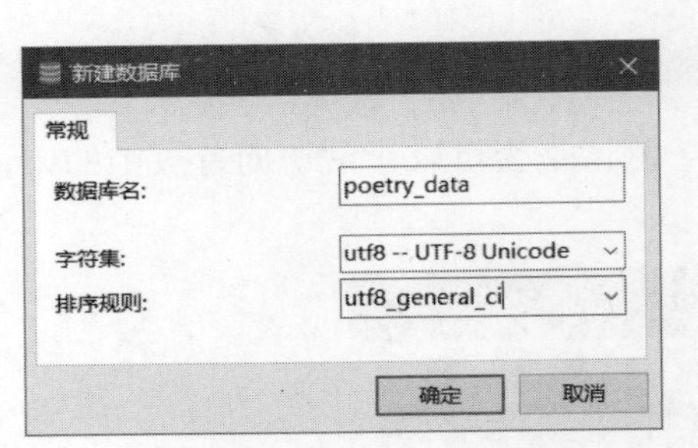

图 18.30　新建 poetry_data 数据库

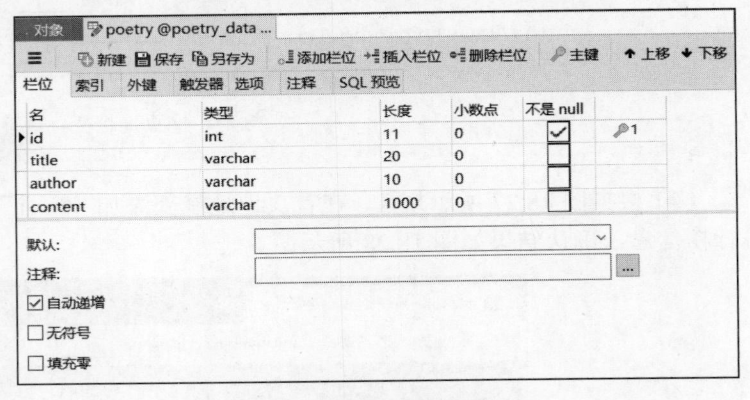

图 18.31　poetry 数据表结构

（8）在指定路径下启动命令行窗口，然后在命令行窗口中输入 scrapy startproject poetry 命令创建名称为 poetry 的 Scrapy 爬虫项目，然后输入 cd poetry 进入项目文件夹目录，最后输入 scrapy genspider poetrySpider shicimingju.com/paiming 命令创建一个 poetrySpider.py 爬虫文件。Scrapy 项目创建完成后，完整的项目结构如图 18.32 所示。

（9）首先参考 18.3.3 节中的第 1 小节“创建随机请求头”，创建随机请求头的中间件，然后在 items 文件中创建用于保存诗词标题、诗词作者及诗词内容的 item 对象。代码如下：

```
01  import scrapy
02
03  class PoetryItem(scrapy.Item):
04      title = scrapy.Field()                                  # 保存诗词标题
05      author = scrapy.Field()                                 # 保存诗词作者
```

```
06        content = scrapy.Field()                                        # 保存诗词内容
07        pass
```

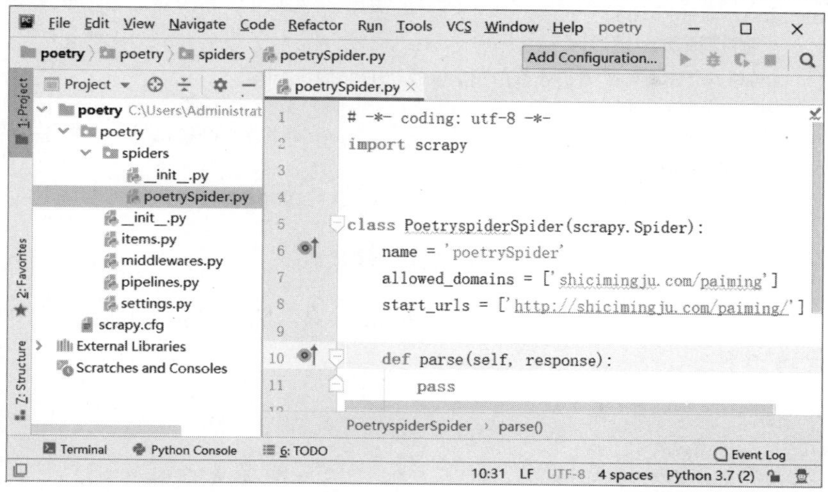

图 18.32　完整的 poetry 项目结构

（10）首先参考 18.3.3 节中的第 3 部分“编写 pipelines 文件”，创建项目管道中 MySQL 数据库的相关操作，然后重写 process_item()方法，在该方法中将所有爬取到的诗词数据插入 MySQL 数据库中。关键代码如下：

```
01  def process_item(self, item, spider):
02        data = dict(item)                                               # 将 item 转换成字典类型
03        # SQL 语句
04        sql = 'insert into poetry (title,author,content) values(%s,%s,%s)'
05        # 执行插入多条数据
06        self.cursor.executemany(sql, [(data['title'], data['author'], data['content'])])
07        self.db.commit()                                                # 提交
08        return item                                                     # 返回 item
```

（11）在 poetrySpider.py 文件中，导入需要使用的模块与类，然后重写 start_requests()方法，在该方法中首先对 Redis 数据库进行连接，然后在 for 循环中判断 Redis 数据库中是否存在当前的请求地址，如果不存在就发送请求，否则将进行提示。代码如下：

```
01  # -*- coding: utf-8 -*-
02  import scrapy
03
04  from poetry.items import PoetryItem                                   # 导入 Item 对象
05  from redis import Redis                                               # 导入 Redis 对象
06  import re                                                             # 导入正则表达式
07  class PoetryspiderSpider(scrapy.Spider):
08        name = 'poetrySpider'
09        allowed_domains = ['shicimingju.com/paiming']
10        start_urls = ['http://shicimingju.com/paiming/']
11        # 实现网络请求
12        def start_requests(self):
```

```
13              # 创建 redis 链接对象
14              conn = Redis(host='自己的 ip 地址', port=6379)
15              for i in range(1, 101):              # 由于诗词排行榜网页共计 100 页，所以循环执行 100 次
16                  # 拼接请求地址
17                  url = self.start_urls[0] + '?/p={page}'.format(page=i)
18                  add = conn.sadd('poetry_url', url)                # 添加请求地址
19                  if add==1:                                         # 如果 redis 中没有当前 url，就发送请求
20                      # 执行请求
21                      yield scrapy.Request(url=url, callback=self.parse)
22                  else:
23                      print('第',i,'页请求地址已存在无须请求！')
```

（12）重写 parse()方法，在该方法中首先创建 Item 对象，然后将提取的数据添加至 item 中，最后打印 item 信息。代码如下：

```
01  # 处理请求结果
02  def parse(self, response):
03      item = PoetryItem()                                # 创建 item 对象
04      shici_all=response.css('.card.shici_card')        # 获取每页所有诗词内容
05      for shici in shici_all:                            # 循环遍历每页中每个诗词
06          title= shici.css('h3 a::text').get()          # 获取诗词标题名称
07          author = shici.xpath('./div[@class= "list_num_info"]')\
08              .xpath('string()').get()                   # 获取作者
09          author = author.strip()                        # 删除所有空格
10          content = shici.css('.shici_content').xpath('string()').getall()[0]
11          if '展开全文'in content:                        # 判断诗词内容是否为展开全文模式
12              content=re.sub(' |展开全文|收起|\n','',content)
13          else:
14              content = re.sub(' |\n','',content)
15          item['title'] = title                          # 将诗词标题名称添加至 item
16          item['author'] = author                        # 将诗词作者添加至 item
17          item['content'] = content                      # 将诗词内容添加至 item
18          yield item                                     # 打印 item 信息
19      pass
```

（13）导入 CrawlerProcess 类与获取项目的配置信息的函数，创建程序入口实现爬虫的启动。代码如下：

```
01  # 导入 CrawlerProcess 类
02  from scrapy.crawler import CrawlerProcess
03  # 导入获取项目的配置信息
04  from scrapy.utils.project import get_project_settings
05
06  # 程序入口
07  if __name__=='__main__':
08      # 创建 CrawlerProcess 类对象并传入项目设置信息参数
09      process = CrawlerProcess(get_project_settings())
10      # 设置需要启动的爬虫名称
11      process.crawl('poetrySpider')
```

```
12          # 启动爬虫
13          process.start()
```

（14）打开 settings.py 文件，在该文件中对整个分布式爬虫项目进行配置。具体的配置代码如下：

```
01  BOT_NAME = 'poetry'
02
03  SPIDER_MODULES = ['poetry.spiders']
04  NEWSPIDER_MODULE = 'poetry.spiders'
05
06  # Obey robots.txt rules
07  ROBOTSTXT_OBEY = True
08  DOWNLOADER_MIDDLEWARES = {
09      'poetry.middlewares.PoetryDownloaderMiddleware': 543,
10  }
11
12  # 配置请求头类型为随机，此处还可以设置为 ie、firefox 以及 chrome
13  RANDOM_UA_TYPE = "random"
14  ITEM_PIPELINES = {
15      'poetry.pipelines.PoetryPipeline': 300,
16  }
17
18  # 配置数据库连接信息
19  SQL_HOST = '自己电脑的 ip 地址'                                    # 数据库地址
20  SQL_USER = 'root'                                                # 用户名
21  SQL_PASSWORD='root'                                              # 密码
22  SQL_DATABASE = 'poetry_data'                                     # 数据库名称
23  SQL_PORT = 3306                                                  # 端口
```

（15）在计算机 A 与计算机 B 中，分别运行 poetry 分布式爬虫的项目源码，当其中一台计算机发送已经请求过的 url 地址时，在控制台将显示如图 18.33 所示的提示信息。

数据爬取完成后，Redis 数据库中保存的请求地址如图 18.34 所示。而 MySQL 数据库中保存的爬取数据如图 18.35 所示。

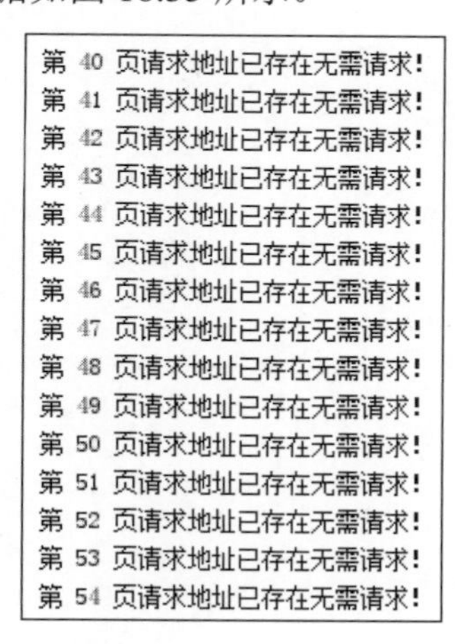

图 18.33　提示信息

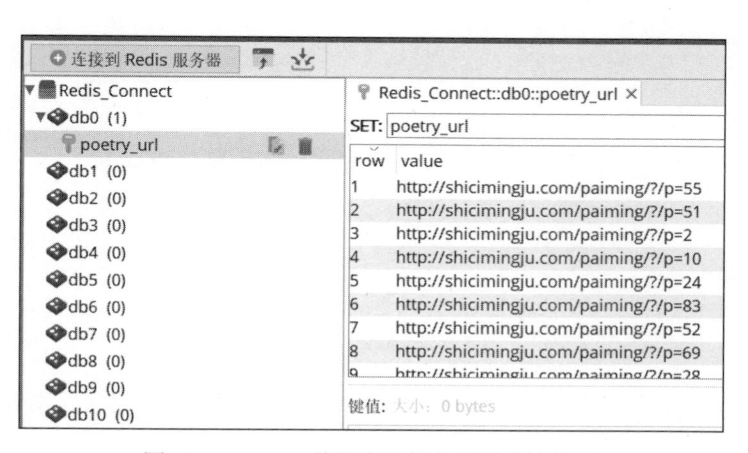

图 18.34　Redis 数据库中保存的请求地址

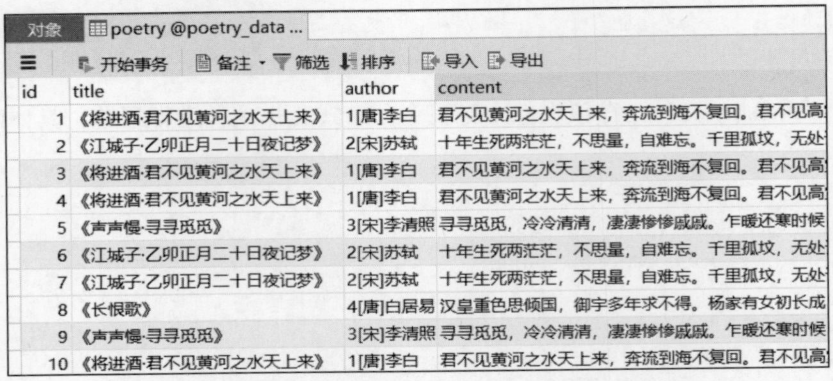

对象 poetry @poetry_data ...

开始事务 备注 · 筛选 排序 导入 导出

id	title	author	content
1	《将进酒·君不见黄河之水天上来》	1[唐]李白	君不见黄河之水天上来，奔流到海不复回。君不见高
2	《江城子·乙卯正月二十日夜记梦》	2[宋]苏轼	十年生死两茫茫，不思量，自难忘。千里孤坟，无处
3	《将进酒·君不见黄河之水天上来》	1[唐]李白	君不见黄河之水天上来，奔流到海不复回。君不见高
4	《将进酒·君不见黄河之水天上来》	1[唐]李白	君不见黄河之水天上来，奔流到海不复回。君不见高
5	《声声慢·寻寻觅觅》	3[宋]李清照	寻寻觅觅，冷冷清清，凄凄惨惨戚戚。乍暖还寒时候
6	《江城子·乙卯正月二十日夜记梦》	2[宋]苏轼	十年生死两茫茫，不思量，自难忘。千里孤坟，无处
7	《江城子·乙卯正月二十日夜记梦》	2[宋]苏轼	十年生死两茫茫，不思量，自难忘。千里孤坟，无处
8	《长恨歌》	4[唐]白居易	汉皇重色思倾国，御宇多年求不得。杨家有女初长成
9	《声声慢·寻寻觅觅》	3[宋]李清照	寻寻觅觅，冷冷清清，凄凄惨惨戚戚。乍暖还寒时候
10	《将进酒·君不见黄河之水天上来》	1[唐]李白	君不见黄河之水天上来，奔流到海不复回。君不见高

图 18.35　MySQL 数据库中保存的爬取数据

18.5　小　　结

本章主要介绍了如何使用 Scrapy-Redis 模块实现分布式爬虫。分布式爬虫其实就是将一个爬虫程序分布在多个计算机上同时执行，而每台计算机所爬取的内容是不同的，从而提高了爬虫效率。分布式爬虫的实现方式有多种，而本章所介绍的是通过 Scrapy 爬虫框架与 Redis 数据库来实现的分布式爬虫。其规律就是只需要将已经发送过的网络请求地址保存在 Redis 数据库中，Scrapy 就不会再对 Redis 数据库中已经存在的请求地址发送第二次请求了，而是直接执行下一条网络请求。根据这样的规律读者可以使用 Redis 数据库与 Scrapy 爬虫框架实现一个自定义分布式爬虫。

第 4 篇　项目实战

本篇通过一个完整的电商数据侦探爬虫项目，运用软件工程与网络爬虫的设计思想，让读者学习如何进行网络爬虫软件项目的实战开发。书中按照“需求分析→系统设计→公共模块设计→数据库设计→实现项目”的流程进行介绍，带领读者一步一步亲身体验开发项目的全过程。

第 19 章

数据侦探

作为一个电商老板来说，业内行情信息很重要。要想知己知彼，就必须经常查看竞争对手的相关信息。这样不但可以了解对手的销售情况，还可以根据对手产品的销售情况改良自己的销售方案，然后让自己的产品大卖。本章将通过 PyQt5、Matplotlib、Requests、Json 以及 PyMySQL 等模块，实现一个“数据侦探”应用，通过该应用可以快速查看电商行业内竞争产品的相关信息。

19.1 需 求 分 析

为了让店主可以很轻松地观察行业内部的电商信息，该工具将具备以下功能。

☑ 主窗体显示热卖前 10 名的商品信息。

☑ 饼图显示热卖排行所有商品分类比例。

☑ 关注兴趣商品。

☑ 主窗体显示已关注商品的名称。

☑ 显示热卖商品排行榜的所有信息。

☑ 关注商品中、差评预警。

☑ 关注商品价格变化预警。

☑ 更新关注商品的信息。

19.2 系 统 设 计

19.2.1 系统功能结构

数据侦探应用程序的功能结构主要分为 3 类：热卖排行榜、关注商品预警以及系统。详细的功能结构如图 19.1 所示。

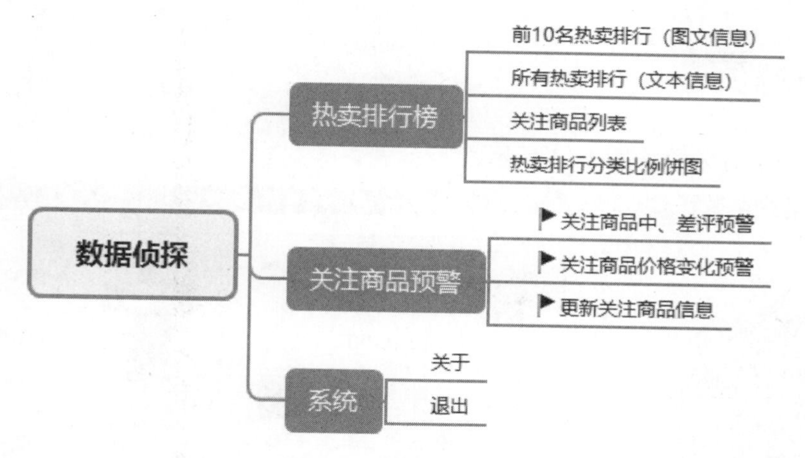

图 19.1　系统功能结构

19.2.2　系统业务流程

在开发数据侦探应用程序时，需要先思考该程序的业务流程。根据需求分析与功能结构，设计出如图 19.2 所示的系统业务流程图。

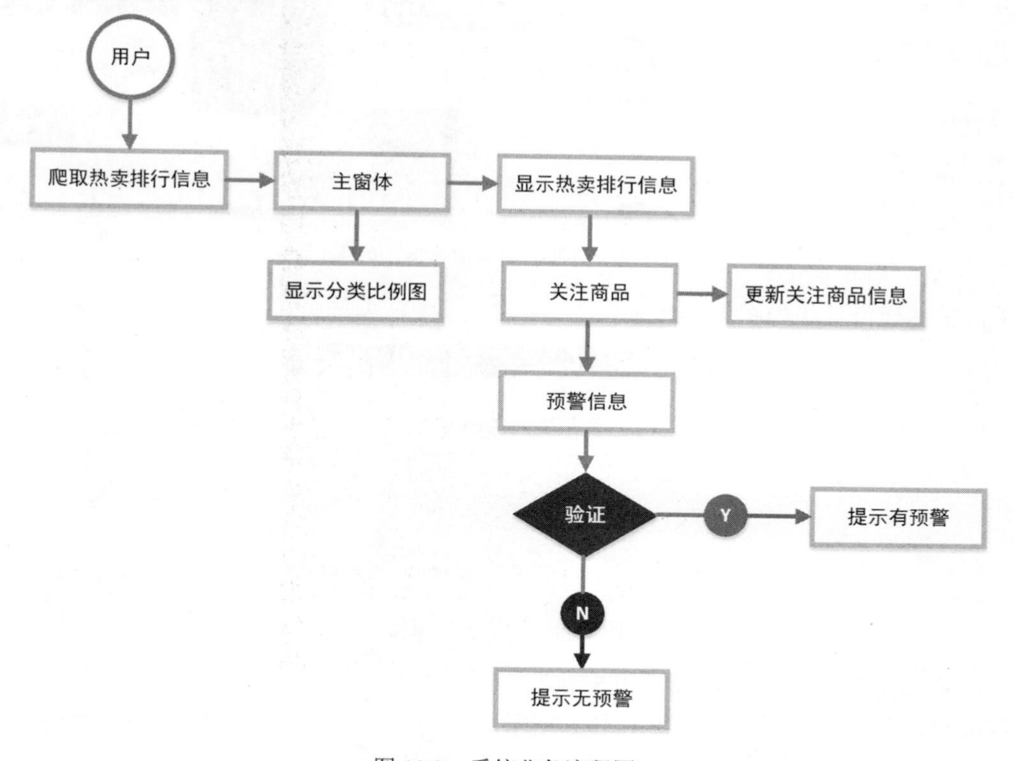

图 19.2　系统业务流程图

19.2.3 系统预览

数据侦探主窗体运行效果如图 19.3 所示。

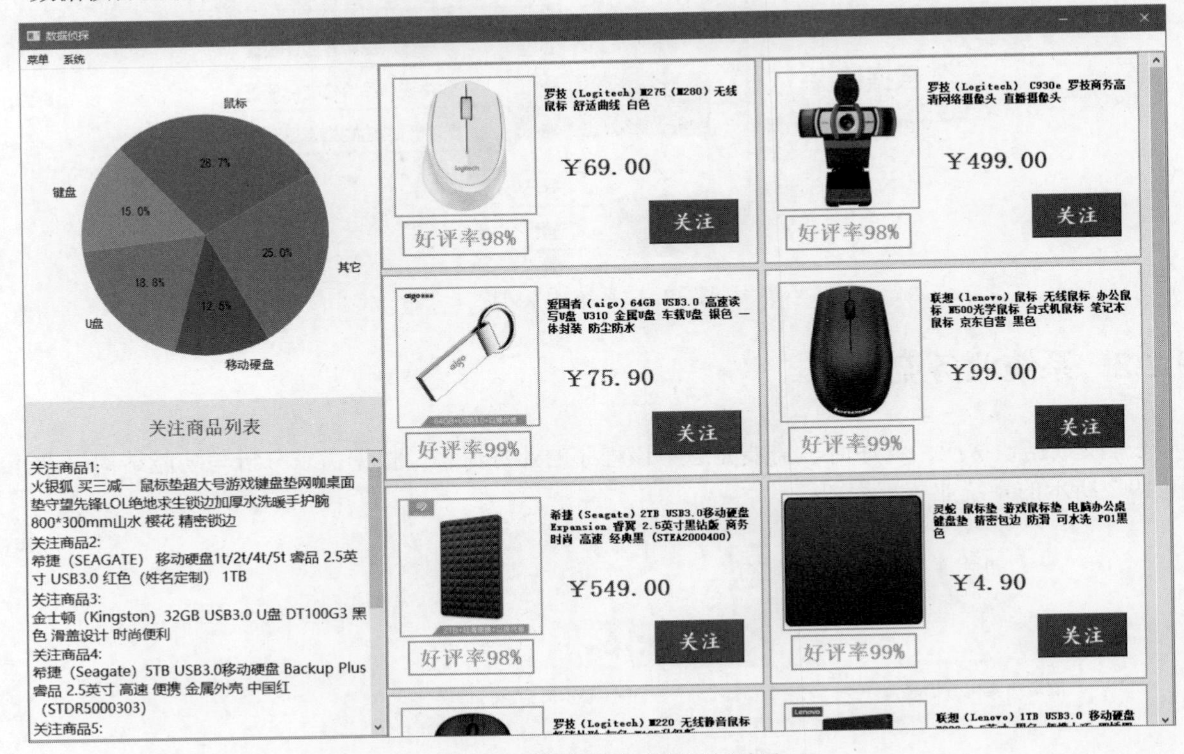

图 19.3 数据侦探主窗体运行效果

确认关注窗体运行效果如图 19.4 所示。

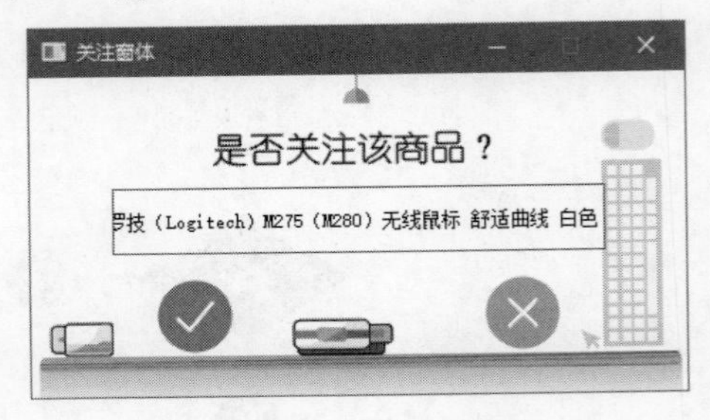

图 19.4 确认关注窗体

外设产品热卖榜窗体运行效果如图 19.5 所示。
关注商品评价预警窗体运行效果如图 19.6 所示。
关注商品价格预警窗体运行效果如图 19.7 所示。
关于窗体运行效果如图 19.8 所示。

外设产品热卖榜

外设产品热卖榜

排名	商品名称	京东价	京东id
1	罗技（Logitech）M275（M280）无线鼠标 舒适曲线 白色	69.00	1208744
2	罗技（Logitech） C930e 罗技商务高清网络摄像头 直播摄像头	499.00	1140630
3	爱国者（aigo）64GB USB3.0 高速读写U盘 U310 金属U盘 车载U盘 银色 一体封装 防尘防水	75.90	100001264742
4	联想（lenovo）鼠标 无线鼠标 办公鼠标 N500光学鼠标 台式机鼠标 笔记本鼠标 京东自营 黑色	99.00	3372642
5	希捷（Seagate）2TB USB3.0移动硬盘 Expansion 睿翼 2.5英寸黑钻版 商务时尚 高速 经典黑 (STEA2000400)	549.00	1429791
6	灵蛇 鼠标垫 游戏鼠标垫 电脑办公桌键盘垫 精密包边 防滑 可水洗 P01黑色	4.90	4062692
7	罗技（Logitech）M220 无线静音鼠标 畅销外形 灰色 M185升级版	75.00	3290987
8	联想（Lenovo）1TB USB3.0 移动硬盘 F308 2.5英寸 黑色 便携小巧 即插即用 稳定传输	349.00	1274109
9	罗技（Logitech）MK275 无线光电键鼠套装 无线鼠标无线键盘套装 三年质保	99.00	2291748
10	得力(deli)耐磨办公游戏鼠标垫 黑色3692	9.90	1013024
11	爱国者（aigo）16GB Micro USB USB3.0 手机U盘 U385银色 双接口手机电脑两用	49.90	5522777
12	火银狐 买三减一 鼠标垫超大号游戏键盘垫网咖桌面垫守望先锋LOL绝地求生锁边加厚水洗暖手护腕 900*400mm世界时区 精密锁边	19.90	11372584801
13	金士顿（Kingston）64GB USB3.0 U盘 DT100G3 黑色 滑盖设计 时尚便利	89.90	854802
14	西部数据(WD)1TB USB3.0移动硬盘My Passport 2.5英寸 经典黑(硬件加密 自动备份)WDBYNN0010BBK	379.00	3995560
15	朗科（Netac）8GB USB2.0 U盘U195 天蓝色 炫彩Mini加密U盘	19.90	2012355
16	飞遁（LESAILES）260*210*3mm 自营游戏鼠标垫小号 加厚 精密包边 底部防滑 办公游戏皆宜 黑色凑单	4.90	6475800

图 19.5　外设产品热卖榜窗体

评价预警窗口

关注商品的名称	最新的中评信息	最新的差评信息
火银狐 买三减一 鼠标垫超大号游戏键盘垫网咖桌面垫守望先锋LOL绝地求生锁边加厚水洗暖手护腕 800*300...	无	无
希捷（SEAGATE） 移动硬盘1t/2t/4t/5t 睿品 2.5英寸 USB3.0 红色（姓名定制） 1TB	无	无
金士顿（Kingston）32GB USB3.0 U盘 DT100G3 黑色 滑盖设计 时尚便利	有	无
希捷（Seagate）5TB USB3.0移动硬盘 Backup Plus 睿品 2.5英寸 高速 便携 金属外壳 中国红（STDR5000...	无	无
闪迪 （SanDisk） 128GB USB3.0 U盘 CZ73酷铄 蓝色 读速150MB/s 金属外壳 内含安全加密软件	无	无
罗技（Logitech）M170（M171）无线鼠标 灰色	无	无
罗技（Logitech）M330 无线静音鼠标 舒适曲线 黑色 M275升级版	无	无
罗技（Logitech）M185（M186）无线鼠标 黑色灰边	无	无
西部数据(WD)2TB USB3.0移动硬盘My Passport 2.5英寸 活力橙(硬件加密 自动备份)WDBS4B0020BOR	无	无

图 19.6　关注商品评价预警窗体

价格预警窗口

关注商品的名称	最新的价格信息
火银狐 买三减一 鼠标垫超大号游戏键盘垫网咖桌面垫守望先锋LOL绝地求生锁边加厚水洗暖手护腕 800*300...	无
希捷（SEAGATE） 移动硬盘1t/2t/4t/5t 睿品 2.5英寸 USB3.0 红色（姓名定制） 1TB	无
金士顿（Kingston）32GB USB3.0 U盘 DT100G3 黑色 滑盖设计 时尚便利	无
希捷（Seagate）5TB USB3.0移动硬盘 Backup Plus 睿品 2.5英寸 高速 便携 金属外壳 中国红（STDR5000...	无
闪迪 （SanDisk） 128GB USB3.0 U盘 CZ73酷铄 蓝色 读速150MB/s 金属外壳 内含安全加密软件	无
罗技（Logitech）M170（M171）无线鼠标 灰色	无
罗技（Logitech）M330 无线静音鼠标 舒适曲线 黑色 M275升级版	无
罗技（Logitech）M185（M186）无线鼠标 黑色灰边	无
西部数据(WD)2TB USB3.0移动硬盘My Passport 2.5英寸 活力橙(硬件加密 自动备份)WDBS4B0020BOR	无

图 19.7　关注商品价格预警窗体

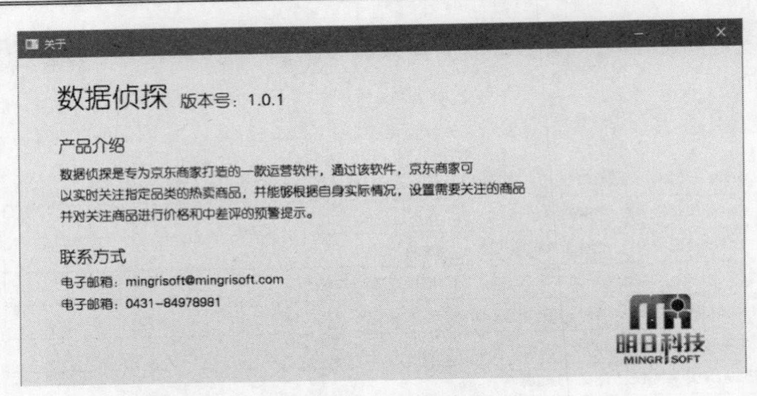

图 19.8　关于窗体

19.3　系统开发必备

19.3.1　开发工具准备

开发工具准备如下。

☑ 操作系统：Windows 7、Windows 8、Windows 10。
☑ 开发工具：PyCharm。
☑ Python 内置模块：sys、urllib.request、shutil、os、json、re。
☑ 第三方模块：PyQt5、Pyqt5-tools、Requests、PyMySQL、Matplotlib。
☑ 数据库：MySQL5.7。
☑ MySQL 图形化管理软件：Navicat for MySQL。

19.3.2　文件夹组织结构

数据侦探的文件夹组织结构主要分为 img_download（保存下载的图片）、img_resources（保存图片资源）、ui（保存 ui 文件），详细结构如图 19.9 所示。

data_detective	项目包
img_download	保存下载图片
img_resources	保存图片资源
ui	保存窗体ui文件
about_window.py	关于窗体代码
attention_window.py	关注窗体代码
chart.py	饼图代码
crawl.py	爬虫代码
evaluate_warning_window.py	评价预警窗体代码
heat_window.py	热卖排行榜窗体代码
mysql.py	数据库操作代码
price_warning_window.py	价格预警窗体代码
show_window.py	显示与控制窗体代码
window.py	主窗体代码

图 19.9　项目文件结构

19.4　主窗体的 UI 设计

19.4.1　主窗体的布局

在创建“数据侦探”主窗体时，主要需要设计 3 个区域，分别是用于显示热卖产品分类比例的饼图区域、显示关注商品列表的区域以及显示热卖商品排行前 10 名的图文列表区域。通过 Qt Designer 设计的主窗体预览效果如图 19.10 所示。

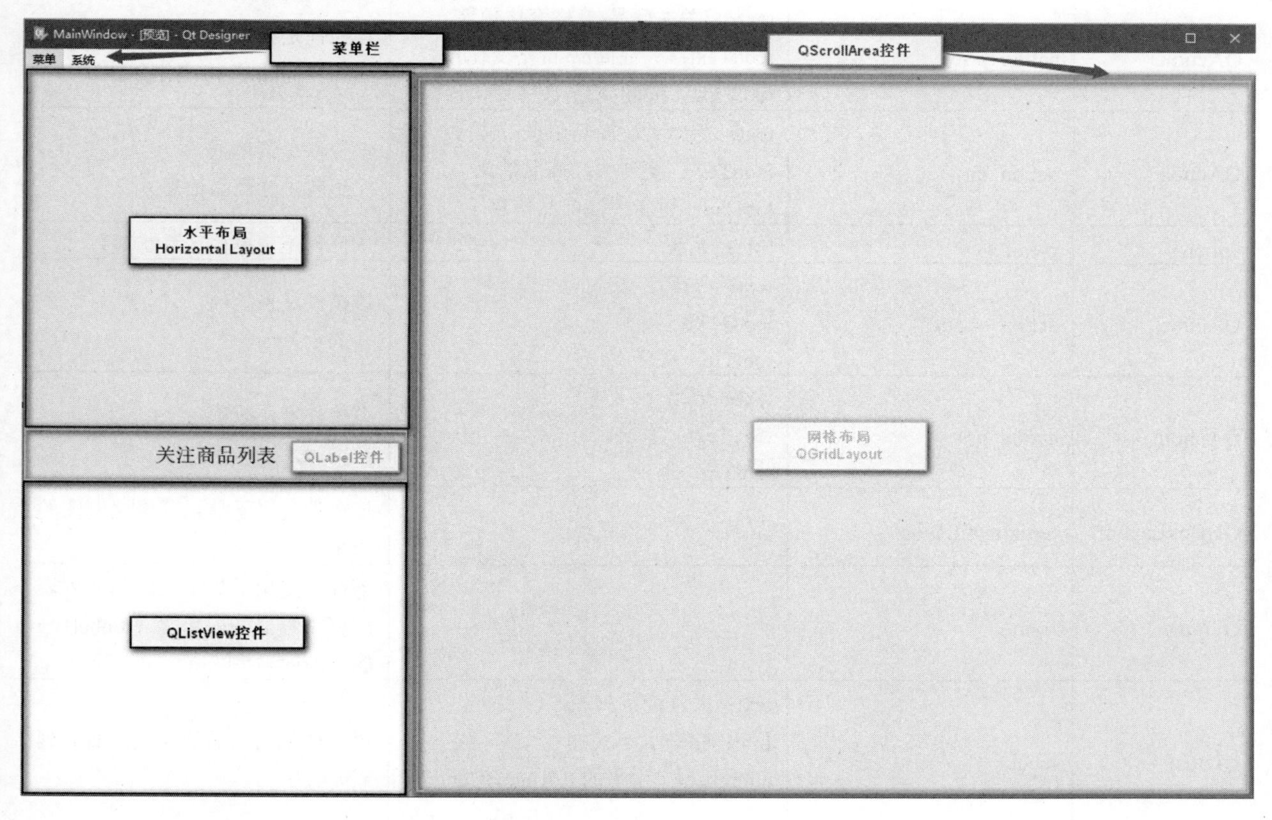

图 19.10　主窗体设计预览效果

主窗体内控件的对象名称及属性设置如表 19.1 所示。

表 19.1　主窗体控件

控 件 名 称	对 象 名 称	属　　性	描　　述
Q MainWindow	MainWindow	minimumSize：宽度 1280 高度 796 maximumSize：宽度 1280 高度 796 windowTitle：数据侦探	该控件是主窗体控件

续表

控件名称	对象名称	属性	描述
QMenuBar	menubar	无	该控件是主窗体菜单栏
Qmenu	menu	title：菜单	该控件是菜单栏（菜单项）
QAction	action_heat	text：外设产品热卖榜 iconText：外设产品热卖榜 toolTip：外设产品热卖榜	该控件是菜单项（外设产品热卖榜）
QAction	action_evaluate	text：关注商品-中差评预警 iconText：关注商品-中差评预警 toolTip：关注商品-中差评预警	该控件是菜单项（关注商品-中差评预警）
QAction	action_price	text：关注商品-价格变化预警 iconText：关注商品-价格变化预警 toolTip：关注商品-价格变化预警	该控件是菜单项（关注商品-价格变化预警）
QAction	action_up	text：更新关注商品信息 iconText：更新关注商品信息 toolTip：更新关注商品信息	该控件是菜单项（更新关注商品信息）
Qmenu	menu_sys	title：系统	该控件是菜单栏（系统项）
QAction	action_about	text：关于 iconText：关于 toolTip：关于	该控件是系统项（关于）
QAction	action_out	text：退出 iconText：退出 toolTip：退出	该控件是系统项（退出）
QHBoxLayout	horizontalLayout	无	该控件是用于显示分类比例图的水平布局
QFrame	frame	无	该控件是用于显示关注商品列表的整个容器（内包含 QLabel 与 QListView）
QLabel	label	text：关注商品列表 font：字体大小（16） alignment：水平的（AlignHCenter） 垂直的（AlignVCenter）	该控件是用于显示（关注商品列表）文字
QListView	listView	无	该控件用于显示关注商品的名称列表
QScrollArea	scrollArea	无	该控件是右侧列表的滚动条
QWidget	scrollAreaWidgetContents	无	该控件用于显示滚动条内容，是默认生成
QGridLayout	gridLayout	无	该控件为网格布局

主窗体布局中各控件嵌套结构如图 19.11 所示。

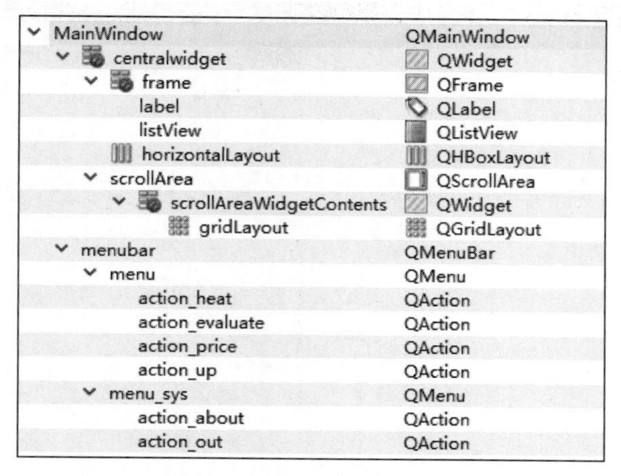

图 19.11　主窗体布局中各控件嵌套结构

19.4.2　主窗体显示效果

窗体设计完成后，保存为 window.ui 文件，然后将该文件转换为 window.py 文件。

由于该项目中需要显示的窗体较多，所以为了更方便地管理这些窗体，需要在项目文件夹中创建一个 show_window.py 文件，该文件用于控制其他窗体的显示与功能。show_window.py 文件创建完成后首先需要导入主窗体的 ui 类与显示主窗体的相关模块，然后创建主窗体初始化类，最后在程序入口创建主窗体对象并显示主窗体。代码如下：

```
01  from window import Ui_MainWindow                # 导入主窗体类
02  # 导入 Pyqt5
03  from PyQt5 import QtWidgets, QtCore, QtGui
04  from PyQt5.QtWidgets import QMainWindow, QApplication
05  import sys                                      # 导入系统模块
06
07  # 主窗体初始化类
08  class Main(QMainWindow, Ui_MainWindow):
09
10      def __init__(self):
11          super(Main, self).__init__()
12          self.setupUi(self)
13
14  if __name__ == '__main__':
15      app = QApplication(sys.argv)                # 创建 QApplication 对象，作为 GUI 主程序入口
16      main = Main()                               # 创建主窗体对象
17      main.show()                                 # 显示主窗体
18      sys.exit(app.exec_())                       # 需要时执行窗体退出
```

运行 show_window.py 文件将显示如图 19.12 所示的主窗体界面。

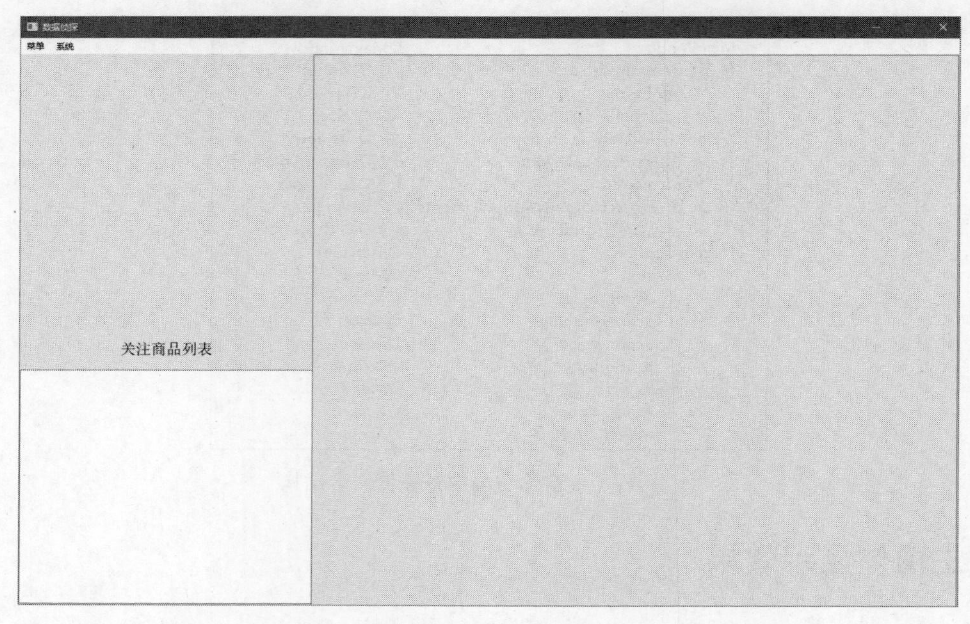

图 19.12　主窗体界面

19.5　设计数据库表结构

在获取所有的热卖排行榜信息之前，需要设计数据库的表结构。首先需要创建一个名称为 jd_peripheral 的数据库，然后在该数据库中创建两个表。一个（jd_ranking）用于保存热卖排行榜信息，另一个（attention）用于保存在热卖排行榜中所关注的商品信息。

经过分析，热卖排行榜中商品名称、商品价格、商品 id 以及商品好评率比较有价值，所以在 jd_ranking 数据表中可以设置字段名称为 id、name、jd_price、jd_id、good，如图 19.13 所示。

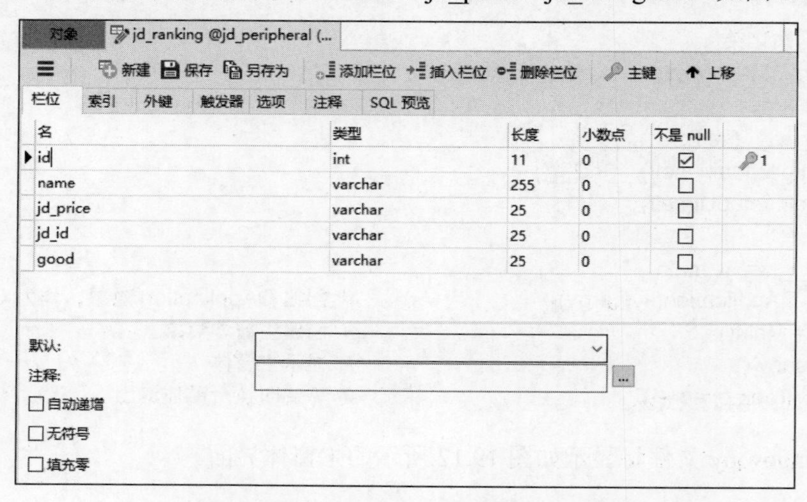

图 19.13　jd_ranking 数据表结构字段名称

在设计 attention 数据表结构时，需要考虑到关注商品的预警功能。所以在设计字段名称时，不仅需要设置 jd_ranking 数据表中的基本字段，还需要设置商品的中评时间与差评时间。所以 attention 数据表中的字段名称为 id、name、jd_price、jd_id、good、middle_time 以及 poor_time，如图 19.14 所示。

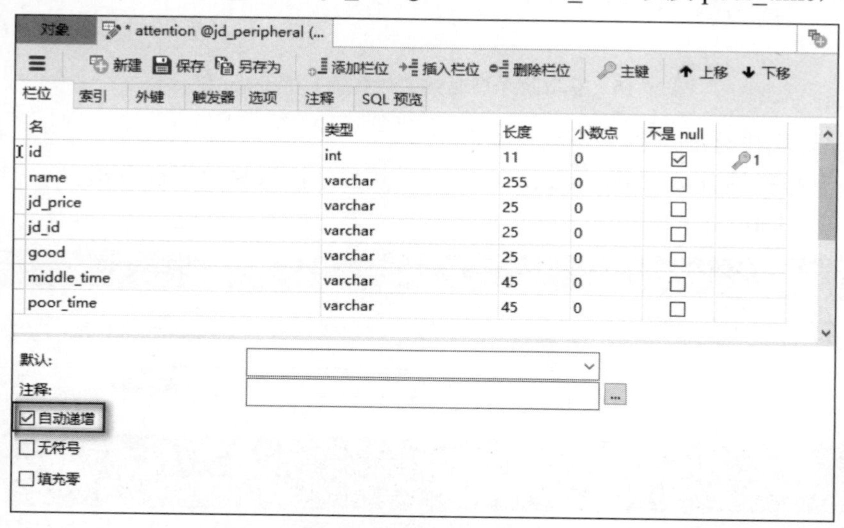

图 19.14　attention 数据表结构字段名称

说明

attention 数据表中 id 需要设置为自动递增。

因为两个数据表中多数字段信息都是相同的，所以这里仅通过表 19.2 介绍所有表结构字段名称的含义。

表 19.2　表结构字段名称的含义

字段名称	含　义	字段名称	含　义
id	id 是数据库中定义数据的编号	good	对应商品在京东商城中的好评率
name	对应商品的名称	middle_time	对应商品关注时最新的中评时间
jd_price	对应京东商品的价格	poor_time	对应商品关注时最新的差评时间
jd_id	对应商品在京东商城中的商品 id		

19.6　爬取数据

19.6.1　获取京东商品热卖排行信息

在获取京东商品热卖排行信息时，首先定位需要爬取哪一类的商品热卖排行信息，然后再考虑需要爬取排行榜中的哪些关键信息，例如，商品的图片、商品的名称等。接下来找到商品热卖排行的网络地址，发送网络请求获取关键信息。获取京东商品热卖排行信息的业务流程如图 19.15 所示。

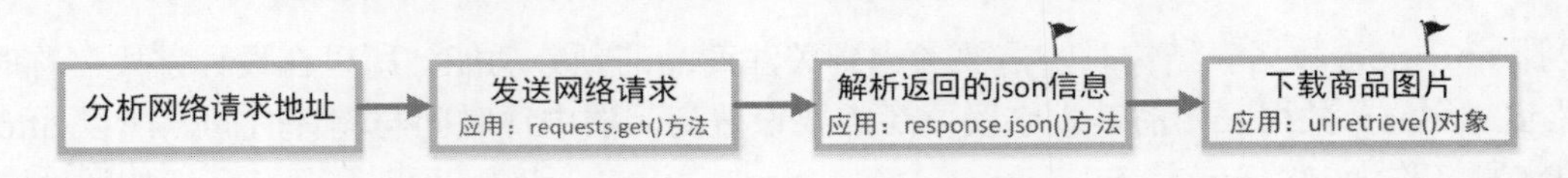

注：带 的为重点难点

图 19.15　获取京东商品热卖排行信息的业务流程图

获取京东商品热卖排行信息的具体步骤如下。

（1）打开京东排行榜首页（https://top.jd.com/），然后依次选择“全部分类”→“电脑、办公”→“外设产品”，如图 19.16 所示。

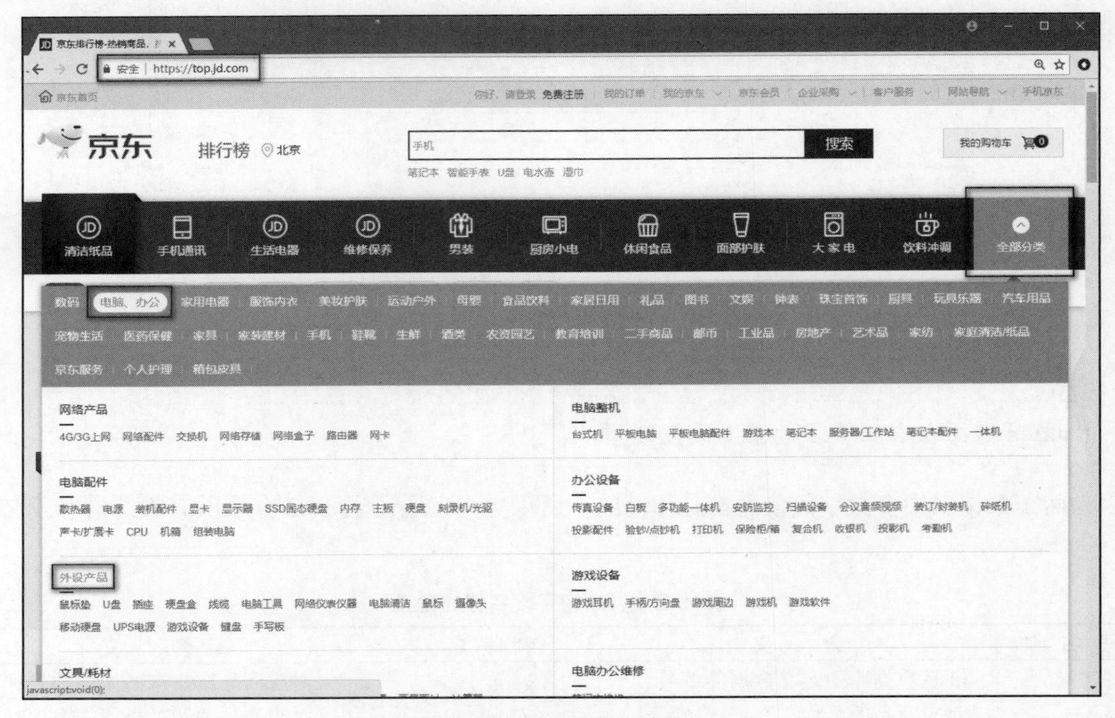

图 19.16　选择商品排行分类

（2）在外设产品热卖排行榜页面选择“查看完整榜单”，如图 19.17 所示。

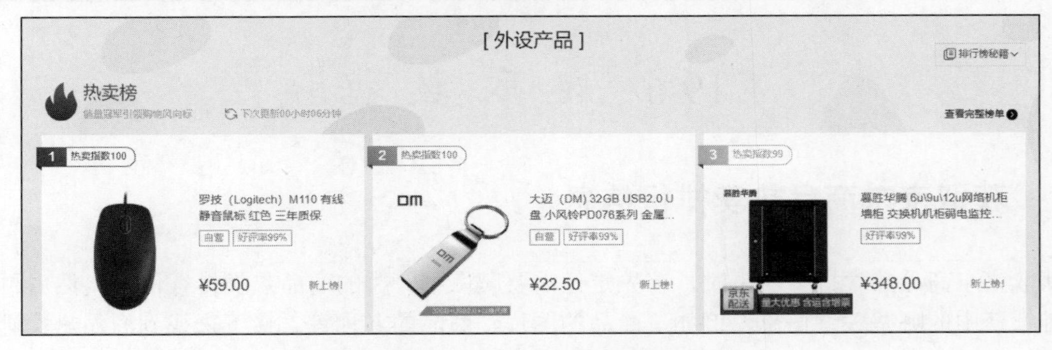

图 19.17　查看外设产品热卖完整榜单

（3）在打开的“外设产品热卖榜”网页中按 F12 键打开“开发者工具”，然后选择“网络监视器”并在网络类型中选择 JS，再按 F5 键刷新，将出现多条网络请求信息，如图 19.18 所示。

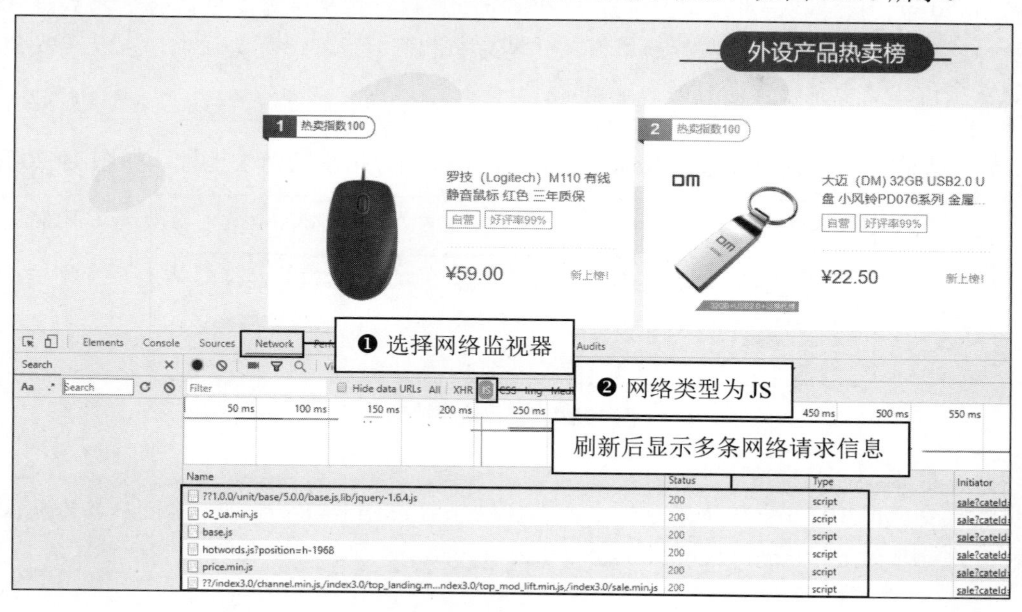

图 19.18　查看请求信息

（4）接下来需要在众多的请求信息中，找到可以获取商品名称、商品好评率的请求信息，首先在左侧的搜索区域查找关键字，例如，某商品的名称“罗技”，然后单击旁边的刷新按钮，将显示与关键字匹配的请求信息，单击该信息，通过预览信息的方式查看网络请求所返回的数据是否为可用数据，如图 19.19 所示。

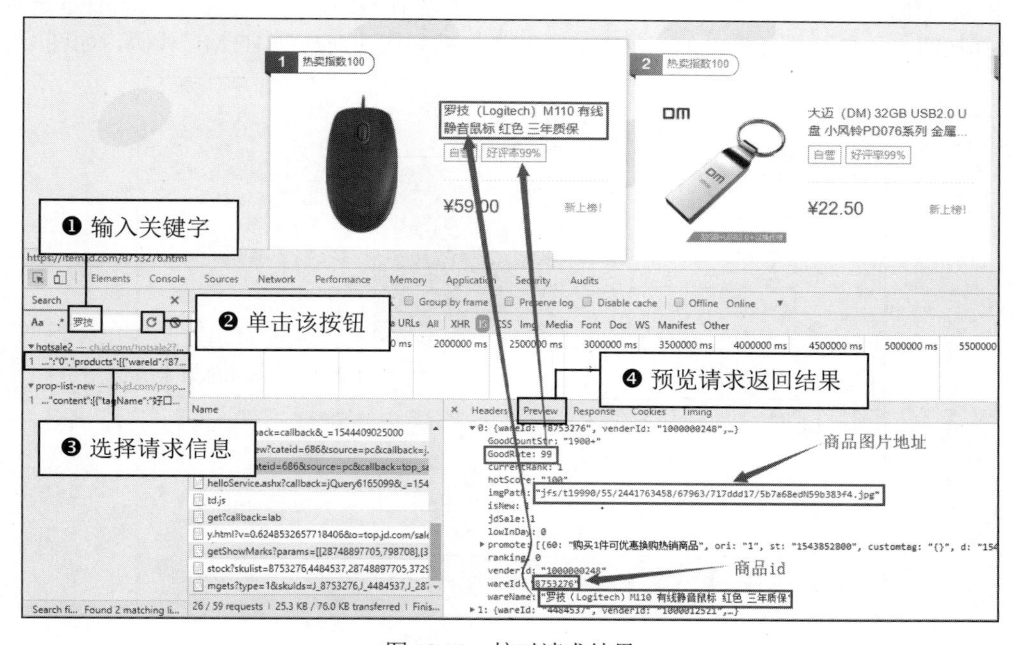

图 19.19　核对请求结果

说明

在图 19.19 中，核对的请求结果为 json 信息，所以在核对信息时需要根据 json 格式进行逐层查找所要核对的信息，当返回结果与页面中商品信息完全相同时，可以判定该条请求就是我们所需要的“获取京东商品热卖排行信息”的网络请求。

（5）请求结果核对完成后，选择 Headers 选项即可找到该请求的请求地址，如图 19.20 所示。

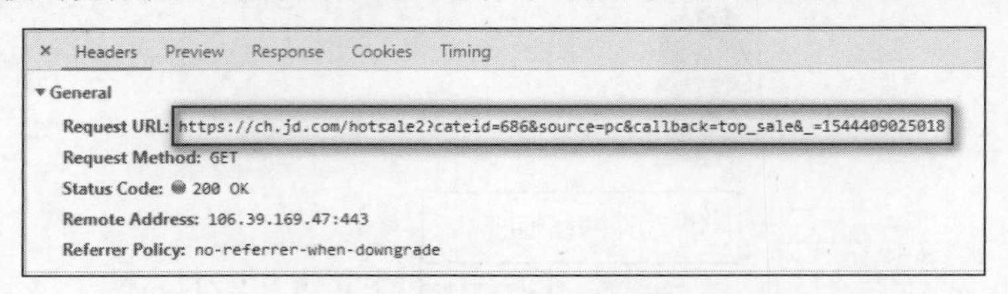

图 19.20　查找请求地址

说明

根据测试发现图 19.20 中的请求地址中，参数仅保留 cateid=686 即可，其他参数为默认参数可以舍弃，有效地址为 https://ch.jd.com/hotsale2?cateid=686。

注意

由于京东官方网站不断更新，所以获取请求地址时，需要以京东官方网站更新的地址为准。

（6）在图 19.20 所示的请求结果中可以看到商品图片的地址，但是通过网页直接访问却无法显示对应的商品图片，此时可以在“商品热卖排行榜”网页的 HTML 代码中查看商品图片的网络地址，并与图 19.20 中的图片地址进行核对，找到真正地址的规律。首先在网络监视器中单击 Elements 选项，然后单击左侧的选择按钮，再单击排行榜中的商品图片，将显示商品图片对应的 HTML 代码，如图 19.21 所示。

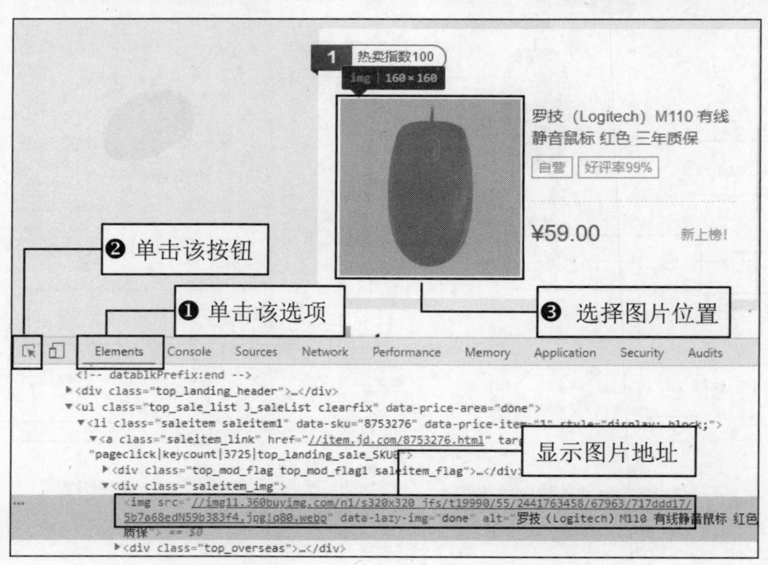

图 19.21　HTML 代码中的图片地址

（7）将<img>标签内的 src 中的地址与图 19.19 中的图片地址进行比较，可以发现两个地址后半部分几乎相同，如图 19.22 所示。

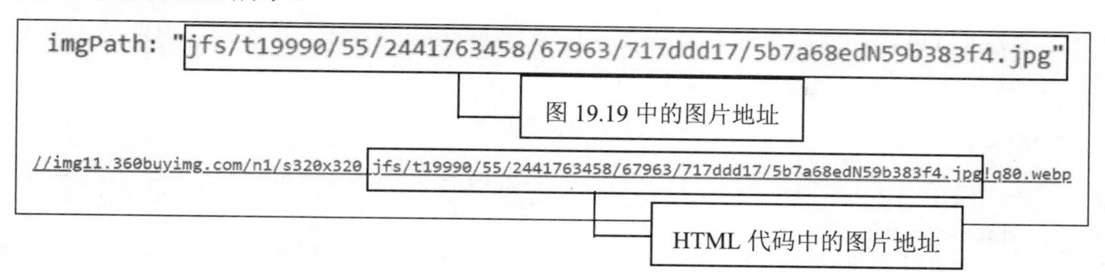

图 19.22　比较图片地址规律

（8）比较后可以发现，图 19.19 中的图片地址为地址参数，而该地址参数对应着每个不同的商品。HTML 代码中的图片地址为组合地址，根据以上规律拼接商品图片地址为 http://img11.360buyimg.com/n1/s320x320_jfs/t19990/55/2441763458/67963/717ddd17/5b7a68edN59b383f4.jpg，在浏览器中直接运行该地址将显示如图 19.23 所示的效果。

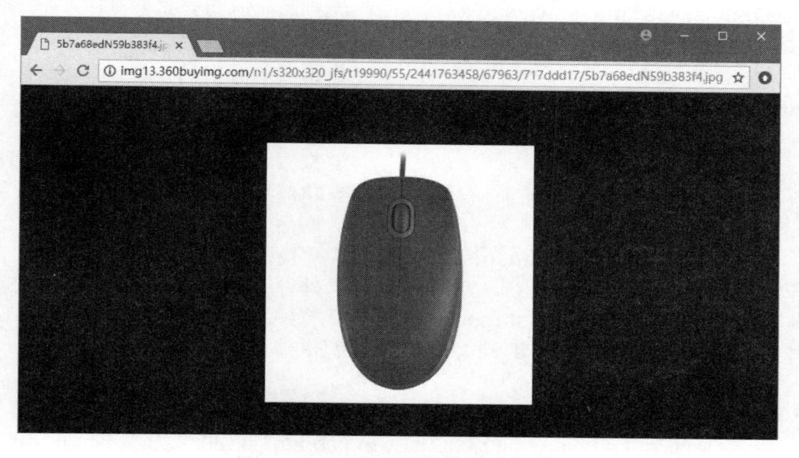

图 19.23　测试拼接的图片地址

说明

找到规律后可以将地址前半部分作为固定地址，然后与不同的地址参数（每个商品返回不同地址参数）进行拼接即可获取商品图片。

（9）请求地址分析完成后，在项目文件夹中创建名称为 crawl 的 Python 文件，该文件用于爬取网页信息。在 crawl 文件中首先导入爬取网页信息的必要模块，然后定义一个用于保存排行数据的列表，代码如下：

```
01    import requests                                    # 导入网络请求模块
02    from urllib.request import urlretrieve             # 直接远程下载图片
03    import shutil                                      # 文件夹控制
04    import json                                        # 导入 json 模块
05    import re                                          # 导入 re 模块
```

```
06    import os                                          # 导入 os 模块
07    rankings_list = []                                 # 保存排行数据的列表
```

（10）创建 Crawl 类，然后在该类中创建 get_rankings_json ()方法，在该方法中定义 3 个用于保存爬取信息的列表，然后发送网络请求并处理请求结果。代码如下：

```
01  class Crawl(object):
02
03      # 获取排行
04      def get_rankings_json(self, url):
05          self.jd_id_list = []                           # 保存京东 id 的列表
06          self.name_list = []                            # 保存商品名称的列表
07          self.good_list =[]                             # 保存好评率的列表
08          response = requests.get(url)                   # 发送网络请求，获取服务器响应
09          json_str = str(response.json())                # 将请求结果的 json 信息转换为字符串
10          dict_json = eval(json_str)                     # 将 json 字符串信息转换为字典，方便提取信息
11          jd_id_str =''
12          # 每次获取数据之前，先将保存图片的文件夹清空，清空后再创建目录
13          if os.path.exists('img_download'):             # 判断 img 目录是否存在
14              shutil.rmtree('img_download')              # 删除 img 目录
15              os.makedirs('img_download')                # 创建 img 目录
16          for index,i in enumerate(dict_json['products']):
17              id = i['wareId']                           # 京东 id 号码
18              J_id = 'J_'+i['wareId']                    # 京东 id，添加 J_用于作为获取价格参数
19              self.jd_id_list.append(id)                 # 将商品 id 添加至列表中
20              name = i['wareName']                       # 商品名称
21              self.name_list.append(name)                # 将商品名称添加至列表中
22              good = i['GoodRate']                       # 好评率
23              self.good_list.append(str(good)+'%')       # 将好评率添加至列表中
24              jd_id_str = jd_id_str + J_id+','           # 拼接京东 id 字符串
25              if index<=10:
26                  # 图片地址
27                  imgPath = 'http://img13.360buyimg.com/n1/s320x320_'+i['imgPath']
28                  # 根据下标命名图片名称
29                  urlretrieve(imgPath,'img_download/'+str(index)+'.jpg')
30          return jd_id_str
```

说明

由于在获取价格时需要使用商品 id，所以该步骤直接将 id 进行字符串连接处理，作为获取商品价格的参数。

（11）在项目文件夹中创建 3 个文件夹，分别是 img_download（保存下载图片）、img_resources（保存图片资源）以及 ui（保存窗体 ui 文件）。

19.6.2 获取价格信息

由于在“获取京东商品热卖排行信息”的请求结果中并没有找到关于价格的信息。所以接下来需

要找到获取“商品价格”的请求地址，然后根据请求地址返回结果找到对应的商品价格信息。获取价格信息的业务流程如图 19.24 所示。

图 19.24　获取价格信息的业务流程图

获取价格信息的具体步骤如下。

（1）同样在浏览器的“开发者工具”中，直接搜索与价格相关的关键词，例如，第一个商品的价格 59.00，然后单击旁边的“刷新”按钮，将显示与关键字匹配的请求信息，单击该信息，通过预览信息的方式查看网络请求所返回的数据是否为可用数据，如图 19.25 所示。

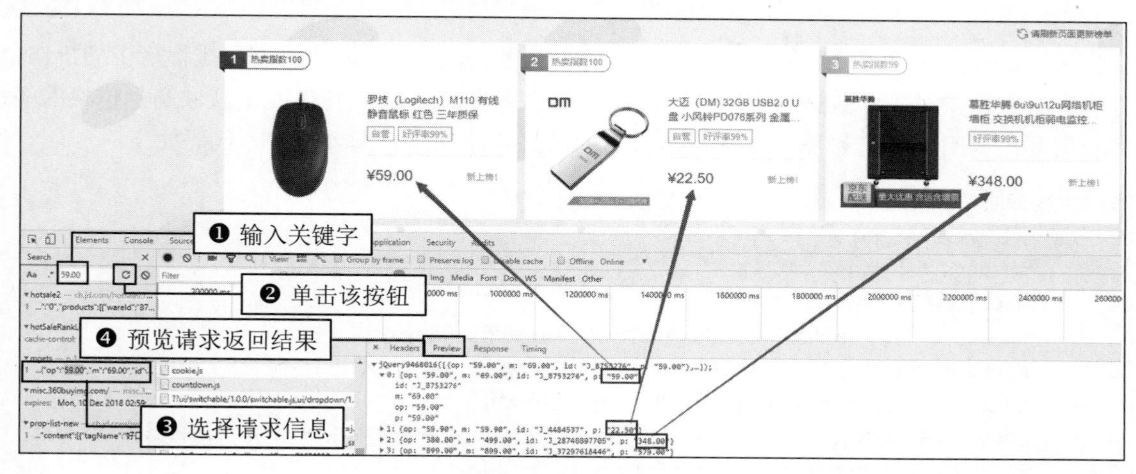

图 19.25　核对请求结果

（2）请求结果核对完成后，选择 Headers 选项即可找到该请求的请求地址，如图 19.26 所示。

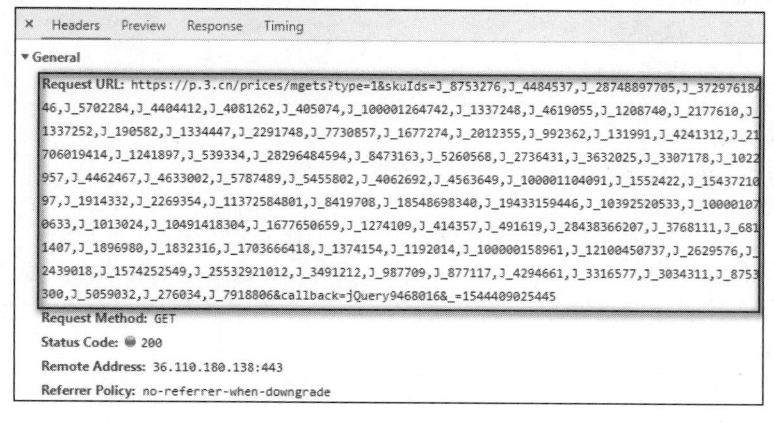

图 19.26　查找请求地址

说明

根据测试发现图 19.26 中的请求地址中，参数仅保留 skuIds= “商品 id 字符串” 即可，其他参数为默认参数可以舍弃，有效地址为 https://p.3.cn/prices/mgets?type=1&skuIds={id_str}。其中{id_str}为用户需要查询的商品 id，为了避免出现多次请求的现象，需要将多个商品 id 连接成 id 字符串，例如，https://p.3.cn/prices/mgets?type=1&skuIds=J_8753276,J_4484537,J_28748897705 为查询 3 个商品的价格信息，将得到如图 19.27 所示的 json 信息。

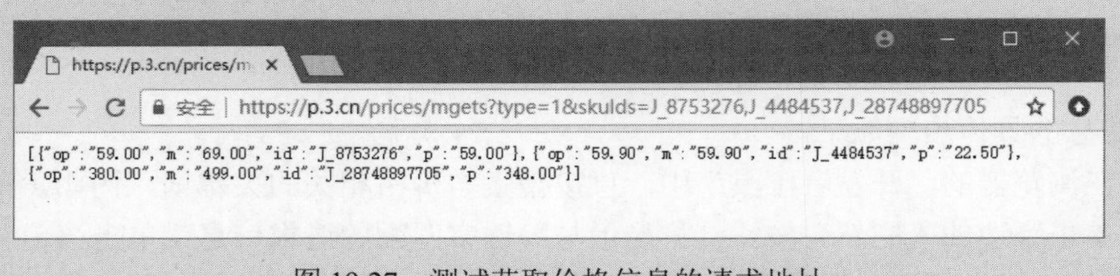

图 19.27　测试获取价格信息的请求地址

（3）在 crawl.py 文件的 Crawl 类中创建 get_price()方法，用于获取热销商品排行榜中的价格信息。在该方法中首先需要对排行数据的列表进行清空，然后根据商品 id 字符串发送获取商品价格的网络请求，最后需要在返回的 json 数据中提取商品价格的信息并添加至数据列表中。代码如下：

```
01  # 获取商品价格
02  def get_price(self, id):
03      rankings_list.clear()                                    # 清空排行数据的列表
04      # 获取价格的网络请求地址
05      price_url = 'http://p.3.cn/prices/mgets?type=1&skuIds={id_str}'
06      # 将京东 id 作为参数发送获取商品价格的网络请求
07      response = requests.get(price_url.format(id_str=id))
08      price = response.json()                                  # 获取价格 json 数据，该数据为 list 类型
09      for index, item in enumerate(price):
10          # 商品名称
11          name = self.name_list[index]
12          # 京东价格
13          jd_price = item['p']
14          # 每个商品的京东 id
15          jd_id = self.jd_id_list[index]
16          # 好评率
17          good = self.good_list[index]
18          # 将所有数据添加到列表中
19          rankings_list.append((index+1,name, jd_price, jd_id,good))
20      return rankings_list                                     # 返回所有排行数据列表
```

19.6.3　获取评价信息

由于商品评价信息并不在“外设产品热卖榜”的页面中，所以需要换个思路来获得评价信息所对

应的请求地址。首先需要思考评价信息多数都会显示在商品的详情页面中，所以需要先打开某个商品的详情页面，然后再查找获取评价信息的请求地址。获取评价信息的业务流程如图 19.28 所示。

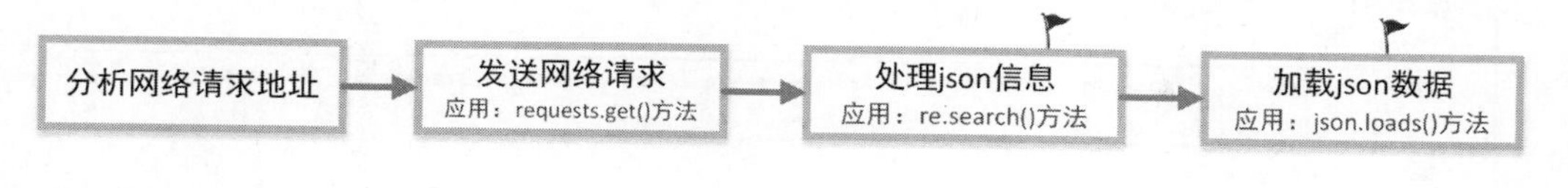

注：带 的为重点难点

图 19.28　获取评价信息的业务流程图

获取评价信息的步骤如下。

（1）打开“外设产品热卖榜”网页中的任意一件商品，然后在对应商品的详情网页中选择“商品评价”，选中“只看当前商品评价”，再打开浏览器的“开发者工具”并选择“网络监视器”，最后在网页的“推荐排序”中选择“时间排序”，如图 19.29 所示。

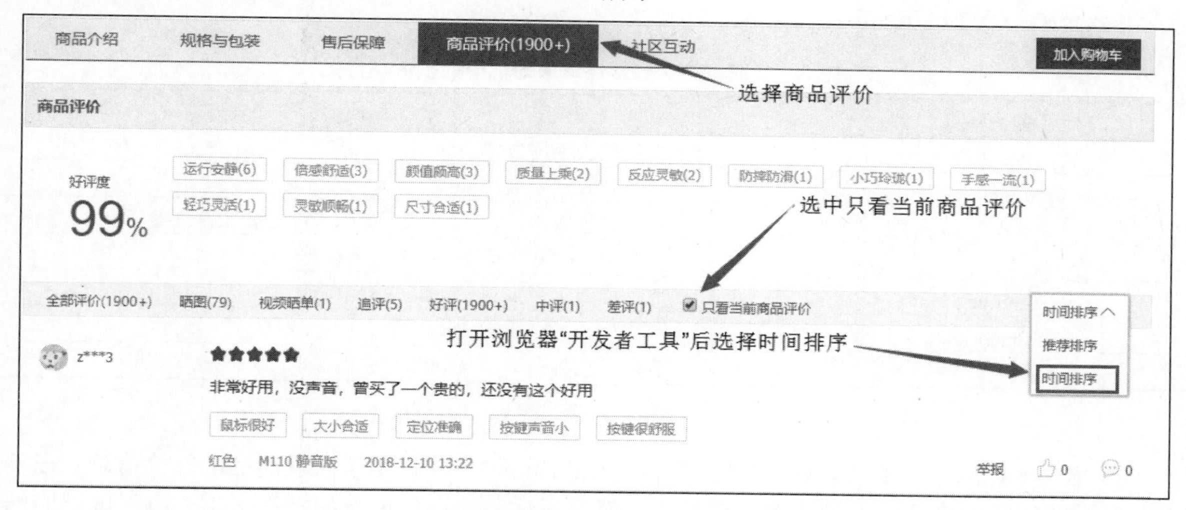

图 19.29　获取评价信息的网络请求

（2）在“推荐排序”中选择了“时间排序”后，网络监视器中会显示当前操作所触发的请求信息，然后在请求信息中查找类型为 script 的网络请求，如图 19.30 所示。

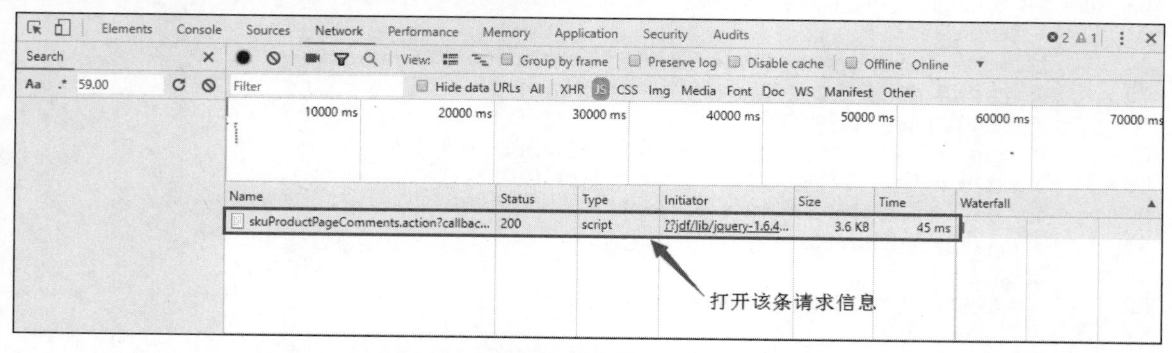

图 19.30　查找获取评价信息的网络请求

（3）打开请求信息后，在请求头部信息中找到获取评价信息的网络请求地址，如图 19.31 所示。

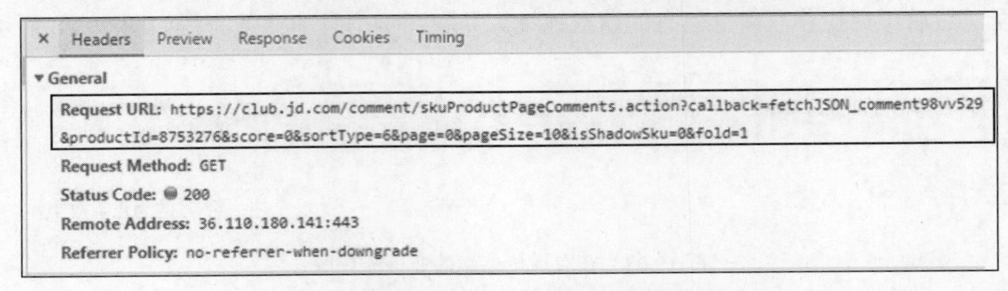

图 19.31　找到获取评价信息的网络请求地址

说明

通过分析与测试，在发送获取评价信息的网络请求地址时，需要填写对应的 6 个参数，具体的参数及参数含义如表 19.3 所示。

表 19.3　获取评价信息网络请求地址中的参数及含义

参　数	含　义
callback	该参数默认不需要修改
productId	书名对应的京东商品 id
score	评价等级参数差评为 1、中评为 2、好评为 3、0 为全部
sortType	排序类型，6 为时间排序，5 为推荐排序
pageSize	指定每页展示多少评论，默认为 10 条
isShadowSku	该参数默认不需要修改
page	当前是第几页评论，从 0 开始递增

（4）在 crawl.py 文件的 Crawl 类中创建 get_evaluation()方法，用于获取商品的评价信息。在该方法中首先需要定义网络请求地址中的必要参数，然后发送获取评价信息的网络请求，再提取返回的评价信息，最后根据不同的需求返回需要的信息。

```
01  # 获取评价内容，score 参数差评为 1、中评为 2、好评为 3、0 为全部
02  def get_evaluation(self, score, id):
03      # 创建头部信息
04      headers = {'User-Agent': 'OW64; rv:59.0) Gecko/20100101 Firefox/59.0'}
05      # 评价请求地址参数，callback 为对应书名 json 的 id
06      # productId 书名对应的京东 id
07      # score 评价等级参数差评为 1、中评为 2、好评为 3、0 为全部
08      # sortType 类型，6 为时间排序，5 为推荐排序
09      # pageSize 每页显示评价 10 条
10      # page 页数
11      params = {
12          'callback': 'fetchJSON_comment98vv10635',
13          'productId': id,
14          'score': score,
15          'sortType': 6,
```

```
16                'pageSize': 10,
17                'isShadowSku': 0,
18                'page': 0,
19            }
20            # 评价请求地址
21            url = 'https://club.jd.com/comment/skuProductPageComments.action'
22            # 发送请求
23            evaluation_response = requests.get(url, params=params,headers=headers)
24            if evaluation_response.status_code == 200:
25                evaluation_response = evaluation_response.text
26                try:
27                    # 去除 json 外层的括号与名称
28                    t = re.search(r'({.*})', evaluation_response).group(0)
29                except Exception as e:
30                    print('评价的 json 数据匹配异常！')
31                j = json.loads(t)                                    # 加载 json 数据
32                commentSummary = j['comments']
33                for comment in commentSummary:
34                    # 评价内容
35                    c_contetn = comment['content']
36                    # 时间
37                    c_time = comment['creationTime']
38                    # 京东昵称
39                    c_name = comment['nickname']
40                    # 好评差评 1 差评 2-3 中评 4-5 好评
41                    c_score = comment['score']
42                # 判断没有指定的评价内容时
43                if len(commentSummary) == 0:
44                    # 返回无
45                    return  '无'
46                else:
47                    # 根据不同需求返回不同数据，这里仅返回最新的评价时间
48                    return  commentSummary[0]['creationTime']
```

19.6.4　定义数据库操作文件

根据以上 3 节的学习内容即可获取“京东商品热卖排行榜”的相关信息，接下来需要将所有获取到的信息保存至数据库中，具体步骤如下。

（1）在项目文件夹中创建 mysql.py 文件，用于进行数据库的操作，在该文件中首先导入操作 MySQL 数据库的模块，然后创建 MySQL 类，在该类中首先创建 connection_sql()方法，用于连接 MySQL 数据库。创建 close_sql()方法，用于关闭数据库。代码如下：

```
01  import pymysql                                              # 导入操作 MySQL 数据库的模块
02
03  class MySQL(object):
04      # 连接数据库
05      def connection_sql(self):
```

```
06                # 连接数据库
07                self.db = pymysql.connect(host="localhost", user="root",
08                                          password="root", db="jd_peripheral", port=3306,charset='utf8')
09                return self.db
10
11            # 关闭数据库
12            def close_sql(self):
13                self.db.close()
```

（2）创建 insert_ranking()方法，该方法用于向数据库中插入排行信息的数据。代码如下：

```
01    # 排行数据插入方法，该方法可以根据更换表名插入排行数据
02    def insert_ranking(self, cur, value, table):
03        # 插入数据的 SQL 语句
04        sql_insert = "insert into  {table} (id,name,jd_price,jd_id,good)" \
05                     " values(%s,%s,%s,%s,%s)on duplicate" \
06                     " key update name=values(name),jd_price=values(jd_price)," \
07                     "jd_id=values(jd_id),good=values(good)".format(table=table)
08        try:
09            # 执行 SQL 语句
10            cur.executemany(sql_insert, value)
11            # 提交
12            self.db.commit()
13        except Exception as e:
14            # 错误回滚
15            self.db.rollback()
16            # 输出错误信息
17            print(e)
```

（3）创建 insert_attention()方法，该方法用于向数据库中插入关注商品的数据。代码如下：

```
01    # 关注数据插入方法，该方法可以根据更换表名插入排行数据
02    def insert_attention(self, cur, value, table):
03        # 插入数据的 SQL 语句
04        sql_insert = "insert into  {table} (name,jd_price,jd_id,good,middle_time,poor_time)" \
05                           " values(%s,%s,%s,%s,%s,%s)".format(table=table)
06        try:
07            # 执行 SQL 语句
08            cur.executemany(sql_insert, value)
09            # 提交
10            self.db.commit()
11        except Exception as e:
12            # 错误回滚
13            self.db.rollback()
14            # 输出错误信息
15            print(e)
```

（4）创建 query_top10_info()方法，该方法用于查询排行数据表前 10 名的商品名称、价格、好评率。代码如下：

```
01  def query_top10_info(self, cur):
02      query_sql = "select name,jd_price,good from jd_ranking where id<=10"
03      cur.execute(query_sql)                              # 执行 SQL 语句
04      results = cur.fetchall()                            # 获取查询的所有记录
05      return results                                      # 返回所有数据
```

（5）创建 query_id_info()方法，该方法用于根据 id 查询排行数据表数据内容。代码如下：

```
01  def query_id_info(self, cur,id):
02      query_sql = "select name,jd_price,jd_id,good from jd_ranking where id={id}".format(id=id)
03      cur.execute(query_sql)                              # 执行 SQL 语句
04      results = cur.fetchone()                            # 获取查询的记录
05      return results                                      # 返回所有数据
```

（6）创建 query_is_name()方法，该方法用于查询关注商品的数据表中是否有相同的商品名称。代码如下：

```
01  def query_is_name(self, cur, name):
02      query_sql = "select count(*) from attention where name='{name}'".format(name=name)
03      cur.execute(query_sql)                              # 执行 SQL 语句
04      results = cur.fetchall()                            # 获取查询的所有记录
05      return results[0][0]                                # 返回所有数据
```

（7）创建 query_rankings()方法，该方法用于查询商品的排行信息。代码如下：

```
01  def query_rankings(self, cur, table):
02      query_sql = "select id,name,jd_price,jd_id,good from {table}".format(table=table)
03      cur.execute(query_sql)                              # 执行 SQL 语句
04      results = cur.fetchall()                            # 获取查询的所有记录
05      row = len(results)                                  # 获取信息条数，作为表格的行
06      column = len(results[0])                            # 获取字段数量，作为表格的列
07      return row, column, results                         # 返回信息行与信息列（字段对应的信息）
```

（8）创建 query_rankings_name()方法，该方法用于查询排行榜中所有的商品名称。代码如下：

```
01  def query_rankings_name(self, cur, table):
02      name_all_list =[]                                   # 保存所有商品名称的列表
03      query_sql = "select name from {table}".format(table=table)
04      cur.execute(query_sql)                              # 执行 SQL 语句
05      results = cur.fetchall()                            # 获取查询的所有记录
06      for r in results:
07          name_all_list.append(r[0].replace(' ',''))
08      return name_all_list                                # 返回所有排行商品名称的列表
```

（9）创建 query_evaluate_rankings()方法，该方法用于查询已经关注的商品信息。代码如下：

```
01  def query_evaluate_rankings(self, cur, table):
02      query_sql = "select id,name,jd_price,jd_id,good,middle_time,poor_time from {table}".format(table=table)
03      cur.execute(query_sql)                              # 执行 SQL 语句
04      results = cur.fetchall()                            # 获取查询的所有记录
05      if len(results)!=0:
```

```
06              row = len(results)                          # 获取信息条数，作为表格的行
07              column = len(results[0])                    # 获取字段数量，作为表格的列
08              return row, column, results                 # 返回信息行与信息列（字段对应的信息）
09          else:
10              return 0,0,0
```

（10）创建 update_attention()方法，该方法用于更新关注的商品信息。代码如下：

```
01  def update_attention(self, cur, table, column, id):
02      sql_update = "update {table} set {column} where id = {id}".format(table=table, column=column, id=id)
03      try:
04          cur.execute(sql_update)                         # 执行 SQL 语句
05          # 提交
06          self.db.commit()
07      except Exception as e:
08          # 错误回滚
09          self.db.rollback()
10          # 输出错误信息
11          print(e)
```

（11）创建 delete_attention()方法，用于删除关注商品的信息。代码如下：

```
01  def delete_attention(self,cur,name):
02      delete_sql = "delete from attention where name='{name}'".format(name=name)
03      try:
04          cur.execute(delete_sql)                         # 执行 SQL 语句
05          # 提交
06          self.db.commit()
07      except Exception as e:
08          # 错误回滚
09          self.db.rollback()
10          # 输出错误信息
11          print(e)
```

19.7 主窗体的数据展示

在实现主窗体数据展示时，考虑到主窗体中共有 3 个区域，显示前 10 名热卖榜图文信息、显示关注商品列表、显示商品分类饼图，所以首先需要动态创建“显示前 10 名热卖榜图文信息”的布局，并实现商品的关注功能；然后需要单独创建一个图表文件，用来显示商品分类比例的饼图；最后根据数据库操作文件将所有的数据显示在主窗体中。

19.7.1 显示前 10 名热卖榜图文信息

在实现显示前 10 名热卖榜图文信息时，首先需要导入相关的自定义模块文件，然后需要爬取热卖榜信息并将信息写入数据库中，接下来需要从数据库中提取前 10 名的热卖榜信息，再动态创建显示图

文信息的布局，最后将提取的数据显示在布局中。具体步骤如下。

（1）打开 show_window.py 文件，首先导入自定义数据库操作类与自定义爬虫类，然后创建数据库类与爬虫类对象，再创建连接数据库对象与创建数据库游标。代码如下：

```
01  from mysql import MySQL                                  # 导入自定义数据库操作类
02  from crawl import Crawl                                  # 导入自定义爬虫类
03  mycrawl = Crawl()                                        # 创建爬虫类对象
04  mysql = MySQL()                                          # 创建数据库对象
05  # 连接数据库
06  sql = mysql.connection_sql()
07  # 创建游标
08  cur = sql.cursor()
```

（2）在 show_window.py 文件的 Main 类的__init__()方法中获取热卖排行榜信息与商品价格，然后将所有的信息插入数据库中。代码如下：

```
01  # 获取热卖排行榜信息
02  id_str = mycrawl.get_rankings_json('https://ch.jd.com/hotsale2?cateid=686')
03  # 获取价格，然后在该方法中将所有数据保存至列表并返回
04  rankings_list = mycrawl.get_price(id_str)
05  mysql.insert_ranking(cur, rankings_list, 'jd_ranking')         # 将数据插入数据库
```

（3）在 Main 类中创建 show_top10()方法，用于显示前 10 名热卖榜图文信息。首先在该方法中创建外层布局 QWidget 控件。代码如下：

```
01  def show_top10(self):
02      # 查询排行数据表前 10 名商品名称，价格，好评率
03      top_10_info = mysql.query_top10_info(cur)
04      # 行数标记
05      i = -1
06      for n in range(10):
07          # x 确定每行显示的个数 0，1，2 每行 3 个
08          x = n % 2
09          # 当 x 为 0 时设置换行 行数+1
10          if x == 0:
11              i += 1
12          # 创建布局
13          self.widget = QtWidgets.QWidget()
14          # 给布局命名
15          self.widget.setObjectName("widget" + str(n))
16          # 设置布局样式
17          self.widget.setStyleSheet('QWidget#' + "widget" + str(
18              n) + "{border:2px solid rgb(175, 175, 175);background-color: rgb(255, 255, 255);}")
```

（4）在 show_top10()方法中，依次添加代码，在 QWidget 控件中创建用于显示商品图片的 QLabel 控件。代码如下：

```
01  # 创建 Qlabel 控件用于显示图片，设置控件在 QWidget 中
02  self.label = QtWidgets.QLabel(self.widget)
```

```
03  # 设置大小
04  self.label.setGeometry(QtCore.QRect(15, 15, 160, 160))
05  # 设置要显示的图片
06  self.label.setPixmap(QtGui.QPixmap('img_download/' + str(n) + '.jpg'))
07  # 图片的显示方式，让图片适应 QLabel 的大小
08  self.label.setScaledContents(True)
09  # 给显示图片的 label 控件命名
10  self.label.setObjectName("img_download" + str(n))
11  # 设置控件样式
12  self.label.setStyleSheet('border:2px solid rgb(175, 175, 175);')
```

（5）依次添加代码，在 QWidget 控件中创建用于显示好评率的 QLabel 控件。代码如下：

```
01  # 创建用于显示好评的 Label 控件
02  self.label_good = QtWidgets.QLabel(self.widget)
03  # 给好评率控件命名
04  self.label_good.setObjectName("good" + str(n))
05  self.label_good.setGeometry(QtCore.QRect(24, 180, 141, 40)) # 设置控件位置及大小
06  # 设置控件的样式、边框与颜色
07  self.label_good.setStyleSheet("border: 2px solid rgb(255, 148, 61);color: rgb(255, 148, 61);")
08  self.label_good.setAlignment(QtCore.Qt.AlignCenter)           # 控件内文字居中显示
09  self.label_good.setText('好评率' + top_10_info[n][2])          # 显示好评率的文字
10  font = QtGui.QFont()                                          # 创建字体对象
11  font.setPointSize(18)                                         # 设置字体大小
12  font.setBold(True)                                            # 开启粗体属性
13  font.setWeight(75)                                            # 设置文字粗细
14  self.label_good.setFont(font)                                 # 设置字体
```

（6）依次添加代码，在 QWidget 控件中创建用于显示商品名称的 QLabel 控件。代码如下：

```
01  # 创建用于显示名称的 Label 控件
02  self.label_name = QtWidgets.QLabel(self.widget)
03  # 给显示名称控件命名
04  self.label_name.setObjectName("good" + str(n))
05  # 设置控件位置及大小
06  self.label_name.setGeometry(QtCore.QRect(185, 30, 228, 80))
07  self.label_name.setText(top_10_info[n][0])                    # 设置显示名称的文字
08  # 左上角为主显示文字
09  self.label_name.setAlignment(QtCore.Qt.AlignLeft | QtCore.Qt.AlignTop)
10  self.label_name.setWordWrap(True)                             # 设置文字自动换行
11  font = QtGui.QFont()                                          # 创建字体对象
12  font.setPointSize(9)                                          # 设置字体大小
13  font.setBold(True)                                            # 开启粗体属性
14  font.setWeight(75)                                            # 设置文字粗细
15  self.label_name.setFont(font)                                 # 设置字体
```

（7）依次添加代码，在 QWidget 控件中创建用于显示价格的 QLabel 控件。代码如下：

```
01  # 创建用于显示价格的 Label 控件
```

```
02  self.label_price = QtWidgets.QLabel(self.widget)
03  # 给显示价格控件命名
04  self.label_price.setObjectName("price" + str(n))
05  # 设置控件位置及大小
06  self.label_price.setGeometry(QtCore.QRect(200, 80, 228, 80))
07  # 设置控件样式
08  self.label_price.setStyleSheet("color: rgb(255, 0, 0);")
09  self.label_price.setText('￥' + top_10_info[n][1])              # 设置显示的价格文字
10  font = QtGui.QFont()                                         # 创建字体对象
11  font.setPointSize(20)                                        # 设置字体大小
12  font.setBold(True)                                           # 开启粗体属性
13  font.setWeight(75)                                           # 设置文字粗细
14  self.label_price.setFont(font)                               # 设置字体
```

（8）依次添加代码，在 QWidget 控件中创建用于关注商品的 QPushButton 按钮控件。代码如下：

```
01  # 创建用于显示关注商品的按钮控件
02  self.pushButton = QtWidgets.QPushButton(self.widget)
03  # 给显示价格控件命名
04  self.pushButton.setObjectName(str(n))
05  # 设置控件位置及大小
06  self.pushButton.setGeometry(QtCore.QRect(300, 160, 100, 50))
07  font = QtGui.QFont()                                         # 创建字体对象
08  font.setFamily("楷体")                                       # 设置字体
09  font.setPointSize(18)                                        # 设置字体大小
10  font.setBold(True)                                           # 开启粗体属性
11  font.setWeight(75)                                           # 设置文字粗细
12  self.pushButton.setFont(font)                                # 设置字体
13  # 设置关注按钮控件的样式
14  self.pushButton.setStyleSheet("background-color: rgb(223, 48, 51);color: rgb(255, 255, 255);")
15  self.pushButton.setText('关注')                               # 设置关注按钮显示文字
```

（9）依次添加代码，将动态创建的 Widegt 布局添加到网格布局中。然后设置滚动条的高度为动态高度，最后设置网格布局的动态高度。代码如下：

```
01  # 把动态创建的 widegt 布局添加到 gridLayout 中，i 和 x 分别代表行数及每行的个数
02  self.gridLayout.addWidget(self.widget, i, x)
03  # 设置高度为动态高度，根据行数确定高度每行为 300
04  self.scrollAreaWidgetContents.setMinimumHeight(i * 300)
05  # 设置网格布局控件动态高度
06  self.gridLayoutWidget.setGeometry(QtCore.QRect(0, 0, 850, (i * 300)))
```

（10）在主程序入口显示主窗体代码的下面，调用 show_top10()方法，实现显示前 10 名热卖榜图文信息。代码如下：

```
main.show_top10()                                                # 显示前 10 名热卖榜图文信息
```

运行 show_window.py 文件，将显示如图 19.32 所示的运行效果。

图 19.32　显示前 10 名热卖榜图文信息

说明

由于热卖商品排行榜数据会在指定的时间内自动更新，所以主窗体每次显示的所有信息可能会出现信息有所变化的现象。

19.7.2　显示关注商品列表

在实现显示关注商品列表时，需要先实现热卖商品的关注功能，所以需要为关注按钮设置关注事件，当单击指定商品的关注按钮时需要弹出一个确认关注的小窗体，避免关注错误。然后当单击确认按钮后需要将关注的商品信息保存至数据库中，并将关注的商品名称显示在关注商品的列表中。有了关注功能必然需要取消关注的功能，所以当我们单击关注商品列表中的某个商品名称时，将弹出确认取消关注的小窗体，然后进行取消关注的确认。

1．确认关注

（1）打开 Qt Designer 工具，首先将主窗体最大尺寸与最小尺寸设置为 400*200，并在主窗体中移除默认添加的状态栏（status bar）与菜单栏（menu bar）。然后向窗体中拖入一个 QLineEdit 控件，用于显示需要关注商品的名称。再向窗体中拖入两个 QPushButton 控件，分别用于做确认关注与取消关注的按钮。确认商品关注窗体的预览效果如图 19.33 所示。

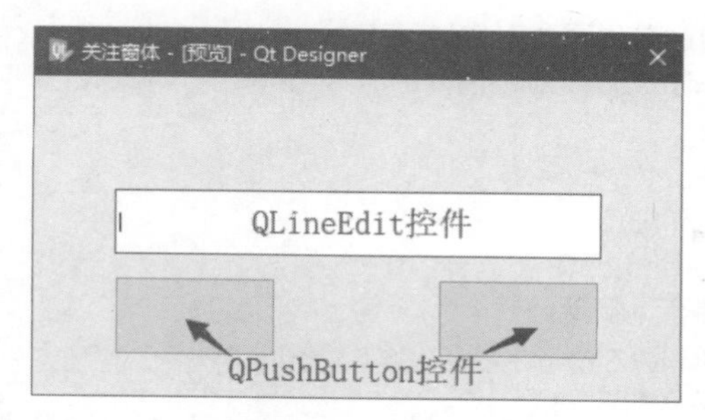

图 19.33　确认商品关注窗体的预览效果

（2）窗体设计完成后，保存为 attention_window.ui 文件，然后将该文件转换为 attention_window.py 文件，转换完成后打开 attention_window.py 文件，将默认生成的 Ui_MainWindow 类修改为 Attention_MainWindow。

（3）打开 show_window.py 文件，首先导入关注窗体文件中的 ui 类，然后定义一个用于显示提示对话框的方法。代码如下：

```
01  from attention_window import Attention_MainWindow                  # 导入关注窗体文件中的 ui 类
02  attention_info = ''                                                # 关注商品信息
03
04  # 显示消息提示框，参数 title 为提示框标题文字，message 为提示信息
05  def messageDialog(title, message):
06      msg_box = QtWidgets.QMessageBox(QtWidgets.QMessageBox.Warning, title, message)
07      msg_box.exec()
```

（4）在 Main 类中，创建 attention_btn()方法，该方法用于处理关注按钮的事件。代码如下：

```
01  # 关注按钮事件
02  def attention_btn(self):
03      # 获取信号源点击的按钮
04      sender = self.gridLayout.sender()
05      global attention_info
06      # 因为创建关注按钮对象名称是以 0 为起始，最后一个关注按钮为 9
07      # 所以用单击按钮的对象名称+1 作为数据库中的 id
08      attention_info = mysql.query_id_info(cur, int(sender.objectName()) + 1)
09      # 将商品名称显示在关注窗体的编辑框内
10      attention.lineEdit.setText(attention_info[0])
11      attention.open()                                               # 显示关注窗体
```

（5）依次添加代码，创建 show_attention_name()方法，该方法用于显示已经关注商品名称的列表。代码如下：

```
01  def show_attention_name(self):
02      self.name_list = []
03      # 查询已经关注的商品信息
04      row, column, results = mysql.query_evaluate_info(cur, 'attention')
05      if row != 0:
06          for index, i in enumerate(results):
```

```
07                  # 将关注商品名称添加至名称列表中
08                  self.name_list.append('关注商品' + str(index + 1) + ':\n' + i[1])
09              # 设置字体
10              font = QtGui.QFont()
11              font.setPointSize(12)
12              self.listView.setFont(font)
13              # 设置列表内容不可编辑
14              self.listView.setEditTriggers(QtWidgets.QAbstractItemView.NoEditTriggers)
15              self.listView.setWordWrap(True)                         # 自动换行
16              model = QtCore.QStringListModel()                       # 创建字符串列表模式
17              model.setStringList(self.name_list)                     # 设置字符串列表
18              self.listView.setModel(model)                           # 设置模式
19          else:
20              model = QtCore.QStringListModel()                       # 创建字符串列表模式
21              model.setStringList(self.name_list)                     # 设置字符串列表
22              self.listView.setModel(model)                           # 设置模式
```

（6）在 show_window.py 文件中，创建 Attention 类并在该类中通过__init__()方法对关注窗体进行初始化工作。代码如下：

```
01  # 关注窗体初始化类
02  class Attention(QMainWindow, Attention_MainWindow):
03      def __init__(self):
04          super(Attention, self).__init__()
05          self.setupUi(self)
06          # 开启自动填充背景
07          self.centralwidget.setAutoFillBackground(True)
08          palette = QtGui.QPalette()                                  # 调色板类
09          palette.setBrush(QtGui.QPalette.Background, QtGui.QBrush(
10              QtGui.QPixmap('img_resources/attention_bg.png')))   # 设置背景图片
11          self.centralwidget.setPalette(palette)                      # 为控件设置对应的调色板即可
12          # 设置背景透明
13          self.pushButton_yes.setStyleSheet("background-color:rgba(0,0,0,0)")
14          # 设置确认关注按钮的背景图片
15          self.pushButton_yes.setIcon(QtGui.QIcon('img_resources/yes_btn.png'))
16          # 设置按钮背景图大小
17          self.pushButton_yes.setIconSize(QtCore.QSize(100, 50))
18          # 设置背景透明
19          self.pushButton_no.setStyleSheet("background-color:rgba(0,0,0,0)")
20          # 设置确认关注按钮的背景图片
21          self.pushButton_no.setIcon(QtGui.QIcon('img_resources/no_btn.png'))
22          # 设置按钮背景图大小
23          self.pushButton_no.setIconSize(QtCore.QSize(100, 50))
```

（7）在 Attention 类中创建一个 open()方法，用于显示关注窗体。然后再创建一个 insert_attention_message()方法，用于向数据库中保存关注商品的信息。代码如下：

```
01  # 打开关注窗体
02  def open(self):
03      self.show()
04
05  # 向数据库中保存关注商品的信息
06  def insert_attention_message(self, attention_info):
07      # 判断数据库中是否已经关注了该商品
08      is_identical = mysql.query_is_name(cur, attention_info[0])
09      if is_identical == 0:
10          middle_time = mycrawl.get_evaluation(2, attention_info[2])
11          poor_time = mycrawl.get_evaluation(1, attention_info[2])
12          # 判断信息状态
13          if middle_time != None and poor_time != None:
14              # 将评价时间添加至商品数据中
15              attention_info = attention_info + (middle_time, poor_time)
16              mysql.insert_attention(cur, [attention_info], 'attention')        # 插入关注信息
17              messageDialog('提示！', '已关注' + attention_info[0])              # 提示
18              attention.close()                                                   # 关闭关注对话框
19              main.show_attention_name()                                          # 显示关注商品的名称
20          else:
21              print('无法获取评价时间！')
22      else:
23          messageDialog('警告！', '不可以关注相同的商品！')
24          attention.close()                                                       # 关闭关注窗体
```

（8）在主程序主入口，显示前 10 名热卖榜图文信息代码的下面，首先创建关注窗体对象，然后指定关注窗体中的按钮事件，最后显示关注的商品名称。代码如下：

```
01  # 关注窗体对象
02  attention = Attention()
03  # 指定关注窗体按钮（是）单击事件处理方法
04  attention.pushButton_yes.clicked.connect(
05      lambda: attention.insert_attention_message(attention_info))
06  # 指定关注窗体按钮（否）单击事件处理方法
07  attention.pushButton_no.clicked.connect(attention.close)
08  main.show_attention_name()                                  # 显示关注的商品名称
```

（9）最后在 Main 类的 show_top10()方法中，在设置关注按钮显示文字代码的下面，注册关注按钮信号槽。代码如下：

```
01  # 注册关注按钮信号槽
02  self.pushButton.clicked.connect(self.attention_btn)
```

（10）运行 show_window.py 文件，单击某商品的“关注”按钮，将显示确认关注的窗体，如图 19.34 所示。

（11）单击确认后，将显示已经关注（某某）商品的提示框，单击 ok 按钮，当前关注的商品名称将显示在关注商品的列表中，如图 19.35 所示。

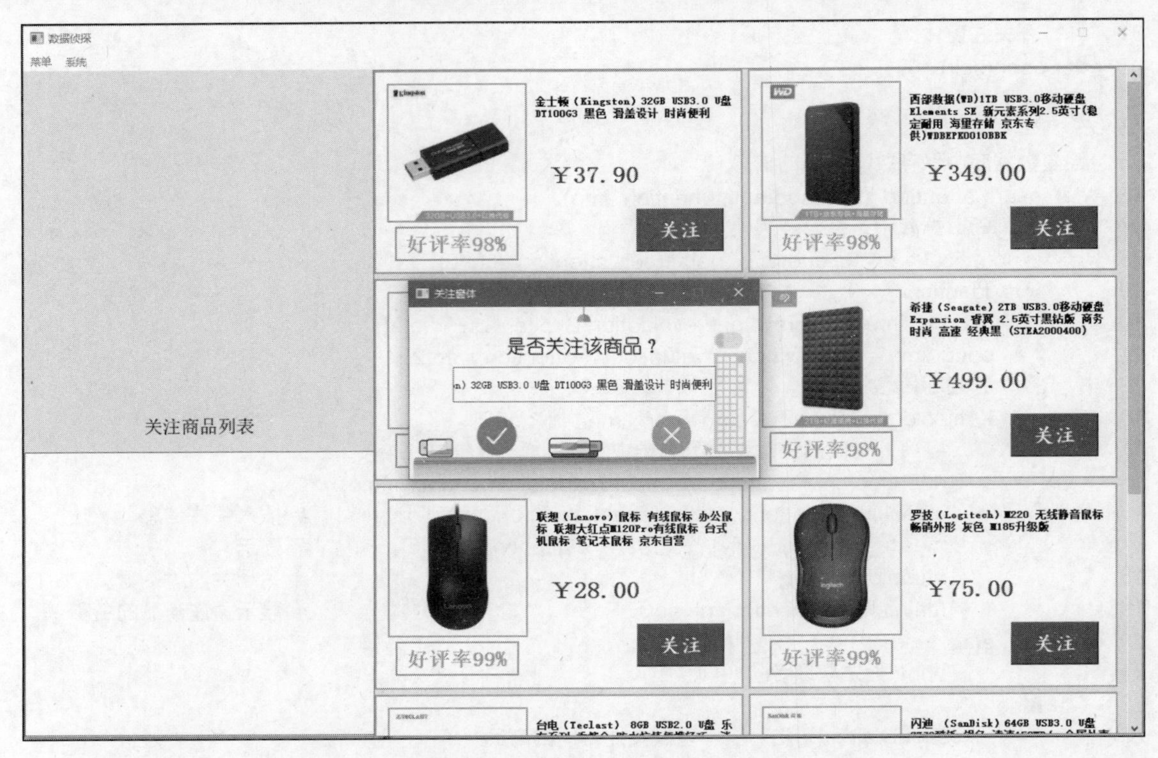

图 19.34　确认关注商品

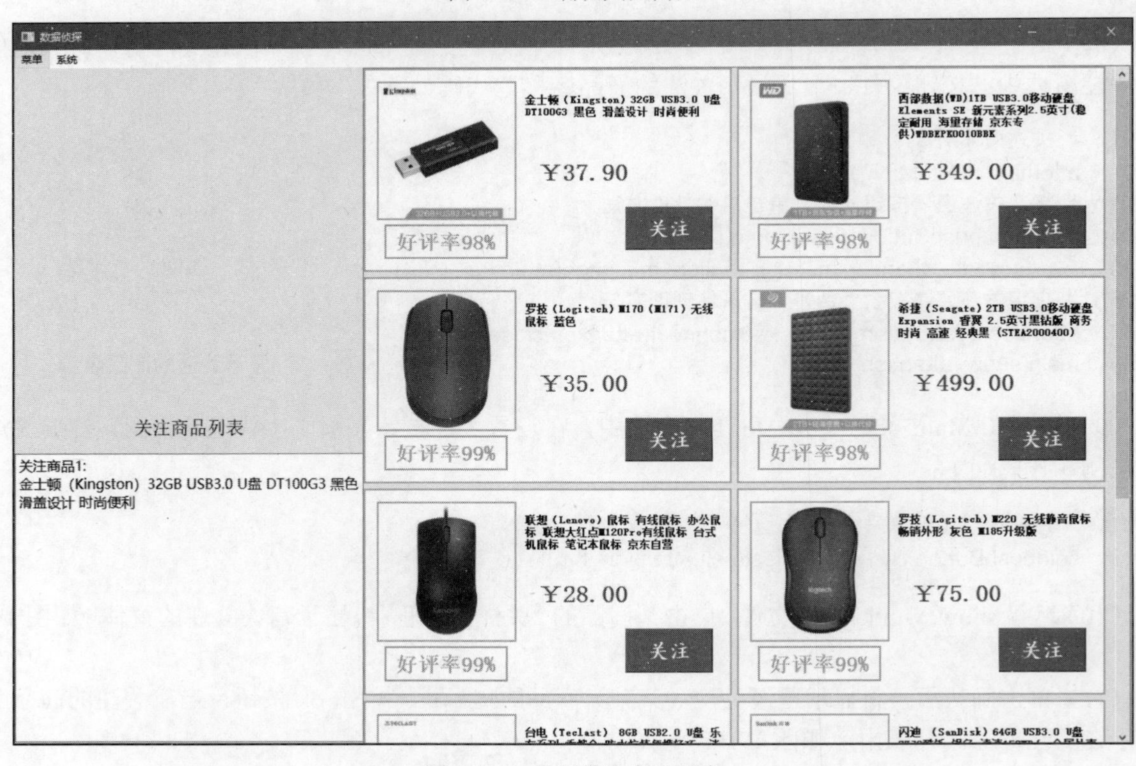

图 19.35　显示关注商品列表

2. 取消关注

由于取消关注的小窗体与确认关注窗体相同，只是背景图片与文字不同。所以这里不需要单独设计取消关注的小窗体，使用确认关注窗体，然后更换背景图片与文字即可。具体步骤如下。

（1）在 show_window.py 文件中，创建 Cancel_Attention 类并在该类中通过__init__()方法对取消关注窗体进行初始化工作。代码如下：

```
01  # 取消关注窗体初始化类
02  class Cancel_Attention(QMainWindow, Attention_MainWindow):
03      def __init__(self):
04          super(Cancel_Attention, self).__init__()
05          self.setupUi(self)
06          # 开启自动填充背景
07          self.centralwidget.setAutoFillBackground(True)
08          palette = QtGui.QPalette()                                  # 调色板类
09          palette.setBrush(QtGui.QPalette.Background, QtGui.QBrush(
10              QtGui.QPixmap('img_resources/cancel_attention_bg.png')))  # 设置背景图片
11          self.centralwidget.setPalette(palette)                      # 为控件设置对应的调色板即可
12          # 设置背景透明
13          self.pushButton_yes.setStyleSheet("background-color:rgba(0,0,0,0)")
14          # 设置确认关注按钮的背景图片
15          self.pushButton_yes.setIcon(QtGui.QIcon('img_resources/yes_btn.png'))
16          # 设置按钮背景图大小
17          self.pushButton_yes.setIconSize(QtCore.QSize(100, 50))
18          # 设置背景透明
19          self.pushButton_no.setStyleSheet("background-color:rgba(0,0,0,0)")
20          # 设置确认关注按钮的背景图片
21          self.pushButton_no.setIcon(QtGui.QIcon('img_resources/no_btn.png'))
22          # 设置按钮背景图大小
23          self.pushButton_no.setIconSize(QtCore.QSize(100, 50))
```

（2）在 Cancel_Attention 类中创建 open()方法，用于显示取消关注商品的窗体。代码如下：

```
01  # 显示取消关注的窗体
02  def open(self,qModelIndex):
03      # 在关注商品名称列表中，获取被单击的那个商品的名称
04      name = main.name_list[qModelIndex.row()].lstrip('关注商品'+str(qModelIndex.row()+1)+':\n')
05      # 将商品名称显示在关注窗体的编辑框内
06      cancel_attention.lineEdit.setText(name)
07      cancel_attention.show()                                     # 显示关注窗体
```

（3）依次添加代码，创建 unfollow()方法，该方法用于实现取消关注某个商品。代码如下：

```
01  #  取消关注的方法
02  def unfollow(self):
```

```
03        # 获取编辑框内的商品名称
04        name = cancel_attention.lineEdit.text()
05        mysql.delete_attention(cur,name)                    # 删除数据库中对应关注的商品信息
06        main.show_attention_name()                          # 显示关注商品名称列表
07        cancel_attention.close()                            # 关掉取消关注的窗体
```

（4）在主程序主入口，显示关注商品名称代码的下面，首先创建取消关注窗体对象，然后指定显示关注商品名称列表事件，最后指定取消关注窗体中的按钮事件。代码如下：

```
01  # 取消关注窗体对象
02  cancel_attention = Cancel_Attention()
03  # 指定显示关注商品名称列表事件
04  main.listView.clicked.connect(cancel_attention.open)
05  # 指定取消关注窗体按钮（是）单击事件处理方法
06  cancel_attention.pushButton_yes.clicked.connect(cancel_attention.unfollow)
07  # 指定取消关注窗体按钮（否）单击事件处理方法
08  cancel_attention.pushButton_no.clicked.connect(cancel_attention.close)
```

（5）运行 show_window.py 文件，在关注商品列表中单击不需要关注的商品名称，将显示确认取消关注的对话框，如图 19.36 所示。

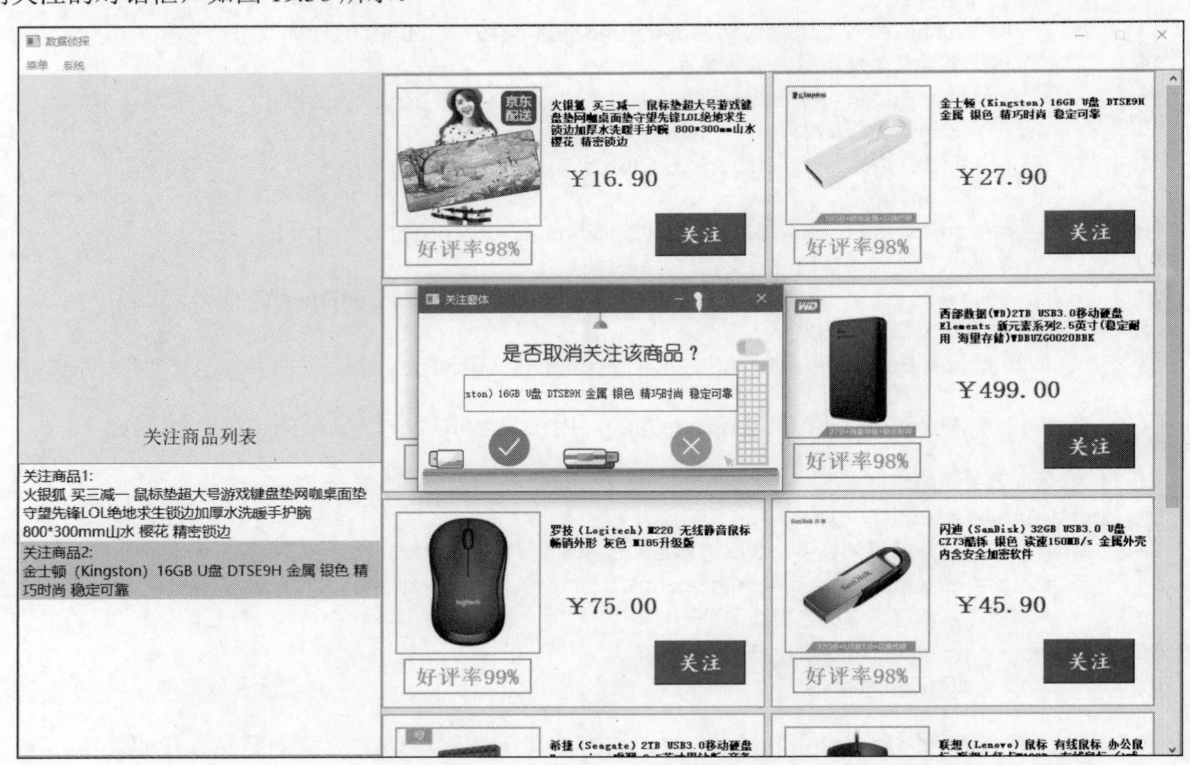

图 19.36　确认取消关注商品

（6）单击确认按钮后，将从关注商品列表中移除需要取消关注的商品名称，如图 19.37 所示。

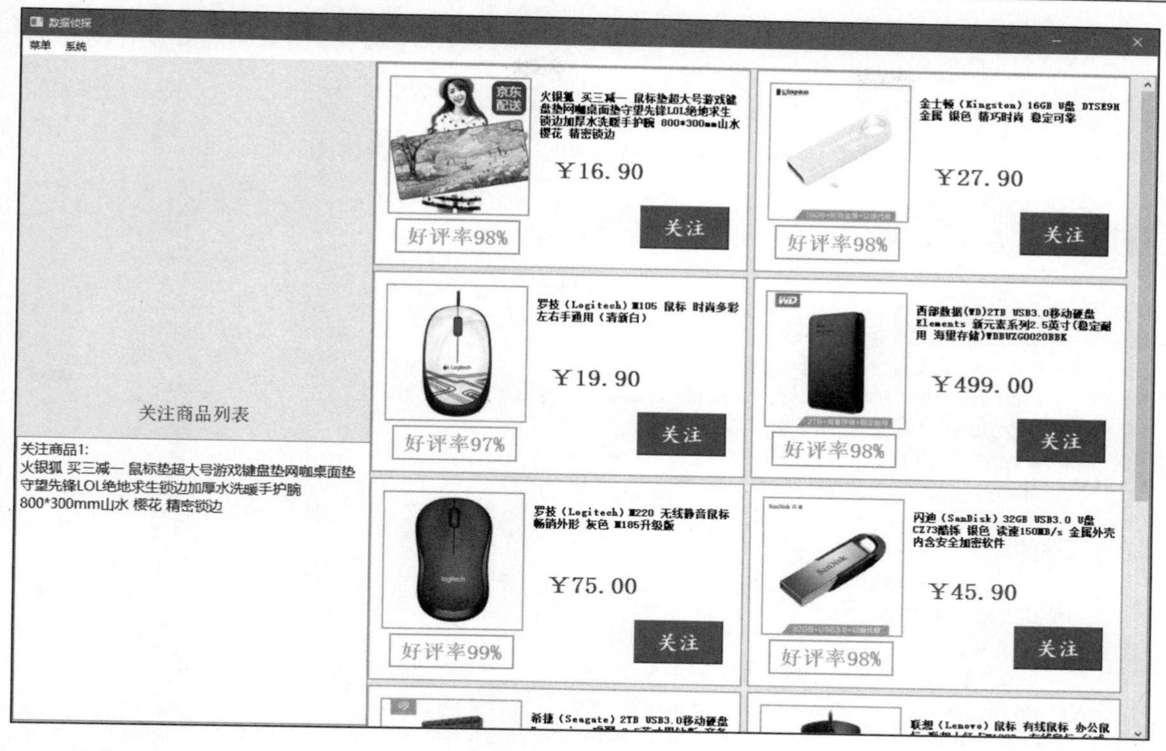

图 19.37　取消关注商品

19.7.3　显示商品分类比例饼图

在实现显示商品分类比例饼图时，首先需要创建一个图表文件，然后在图表文件中创建用于显示饼图的方法。再将计算后的商品分类比例作为参数传递至显示饼图的方法中，最后将显示商品分类比例的饼图显示在主窗体中即可。具体步骤如下。

（1）在项目文件夹中创建 chart.py 文件，然后在该文件中导入图表相关的模块，再创建 PlotCanvas 类，并在该类中通过__init__()方法进行类的初始化工作。代码如下：

```
01  # 图形画布
02  from matplotlib.backends.backend_qt5agg import FigureCanvasQTAgg as FigureCanvas
03  import matplotlib                                          # 导入图表模块
04  import matplotlib.pyplot as plt                            # 导入绘图模块
05
06
07  class PlotCanvas(FigureCanvas):
08
09      def __init__(self, parent=None, width=0, height=0, dpi=100):
10          # 避免中文乱码
11          matplotlib.rcParams['font.sans-serif'] = ['SimHei']
12          matplotlib.rcParams['axes.unicode_minus'] = False
13          # 创建图形
14          fig = plt.figure(figsize=(width, height), dpi=dpi)
```

```
15                # 初始化图形画布
16                FigureCanvas.__init__(self, fig)
17                self.setParent(parent)                              # 设置父类
```

（2）在 PlotCanvas 类中创建 pie_chart()方法，用于显示商品分类饼图。代码如下：

```
01  # 显示商品分类饼图
02  def pie_chart(self, size):
03      """
04      绘制饼图
05      explode：设置各部分突出
06      Label：设置各部分标签
07      Labeldistance：设置标签文本距圆心位置，1.1 表示 1.1 倍半径
08      autopct：设置圆里面文本
09      shadow：设置是否有阴影
10      startangle：起始角度，默认从 0 开始逆时针转
11      pctdistance：设置圆内文本距圆心距离
12      返回值
13      l_text：圆内部文本，matplotlib.text.Text object
14      p_text：圆外部文本
15      """
16      label_list = [ '鼠标','键盘','U 盘','移动硬盘','其他']         # 各部分标签
17      plt.pie(size, labels=label_list,   labeldistance=1.1,
18              autopct="%1.1f%%", shadow=False, startangle=30, pctdistance=0.6)
19      plt.axis("equal")                                   # 设置横轴和纵轴大小相等，这样饼才是圆的
```

（3）打开 show_window.py 文件在该文件中首先导入自定义的饼图类。代码如下：

```
from chart import PlotCanvas                                # 导入自定义饼图类
```

（4）在 Main 类中创建 show_classification()方法，在该方法中首先获取排行榜中所有商品的名称与数量，然后定义统计分类数量的变量，最后创建两个列表，一个用于保存需要移除的商品名称，另一个用于保存所有分类比例的数据。代码如下：

```
01  # 显示商品分类比例饼图
02  def show_classification(self):
03      name_all = mysql.query_rankings_name(cur, 'jd_ranking') # 获取排行榜中所有商品名称
04      name_number = len(name_all)                         # 获取排行榜中所有商品数量
05      number = 0                                          # 定义统计分类数量的变量
06      remove_list = []                                    # 保存需要移除的商品名称
07      class_list = []                                     # 所有分类比例数据列表
```

（5）依次添加代码，由于鼠标垫与鼠标的关键字比较接近，所以需要先将鼠标垫相关的商品名称排除，然后再统计鼠标商品分类所占的比例。代码如下：

```
01  # 因为鼠标垫与鼠标名称接近，所以先移除鼠标垫
02  for name in name_all:
03      if '鼠标垫' in name:
04          remove_list.append(name)
05  # 循环移除鼠标垫相关商品
06  for r_name in remove_list:
```

```
07          name_all.remove(r_name)
08
09  # 获取鼠标占有比例
10  for name in name_all:
11      if '鼠标' in name:
12          number += 1
13  # 计算鼠标百分比
14  mouse_ratio = float('%.1f' % ((number / name_number) * 100))
15  class_list.append(mouse_ratio)                    # 向分类比例列表添加鼠标百分比数据
```

（6）依次添加代码，分别计算并获取键盘分类占有比例、U 盘分类占有比例、移动硬盘分类占有比例以及根据以上的分类比例计算其他类的占有比例。代码如下：

```
01  # 获取键盘占有比例
02  number = 0
03  for name in name_all:
04      if '键盘' in name:
05          number += 1
06  # 计算键盘百分比
07  keyboard_ratio = float('%.1f' % ((number / name_number) * 100))
08  class_list.append(keyboard_ratio)                 # 向分类比例列表添加键盘百分比数据
09
10  # 获取 U 盘占有比例
11  number = 0
12  for name in name_all:
13      if 'U 盘' in name or 'u 盘' in name:
14          number += 1
15  # 计算 U 盘百分比
16  u_ratio = float('%.1f' % ((number / name_number) * 100))
17  class_list.append(u_ratio)                        # 向分类比例列表添加 U 盘百分比数据
18
19  # 获取移动硬盘占有比例
20  number = 0
21  for name in name_all:
22      if '移动硬盘' in name:
23          number += 1
24  # 计算移动硬盘百分比
25  move_ratio = float('%.1f' % ((number / name_number) * 100))
26  class_list.append(move_ratio)                     # 向分类比例列表添加移动硬盘百分比数据
27
28  # 计算其他百分比
29  other_ratio = float('%.1f' % (100 - (mouse_ratio + keyboad_ratio + u_ratio + move_ratio)))
30  class_list.append(other_ratio)                    # 向分类比例列表添加其他百分比数据
```

（7）依次添加代码，首先创建饼图类对象，然后调用显示饼图的方法，最后将饼图添加在主窗体的水平布局中。代码如下：

```
01  pie = PlotCanvas()                                # 创建饼图类对象
02  pie.pie_chart(class_list)                         # 调用显示饼图的方法
03  self.horizontalLayout.addWidget(pie)              # 将饼图添加在主窗体的水平布局中
```

（8）在主程序入口中，显示关注商品名称代码的下面，调用 show_classification()方法，实现显示商品分类比例饼图。代码如下：

```
main.show_classification()                                   # 显示商品分类比例饼图
```

（9）运行 show_window.py 文件，主窗体的左上角将显示商品分类比例的饼图，如图 19.38 所示。

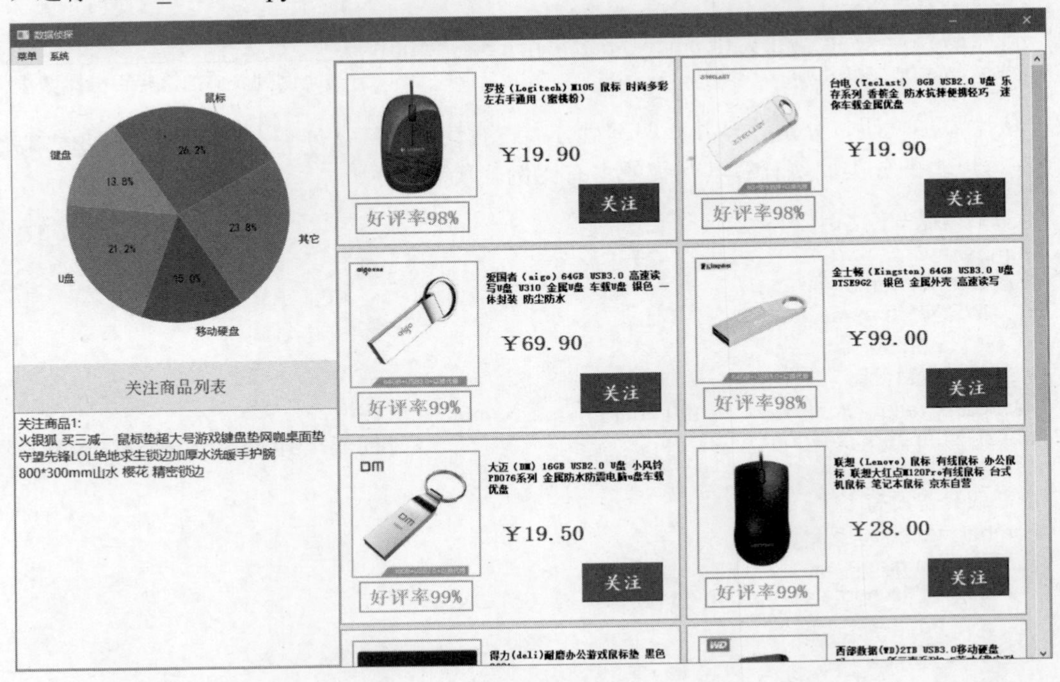

图 19.38　显示商品分类比例饼图

19.8　外设产品热卖榜

在显示外设产品热卖榜时，需要先创建一个显示该数据的窗体，并在该窗体中通过表格控件将排行数据显示出来。具体步骤如下。

（1）打开 Qt Designer 工具，首先将主窗体的最大尺寸与最小尺寸设置为 1040*600，并在主窗体中移除默认添加的状态栏（status bar）与菜单栏（menu bar）。然后向窗体中拖入一个 QTableWidget 控件，用于以表格的方式显示外设产品热卖排行信息。再拖曳一个 QLabel 控件，用于显示排行榜的标题文字。预览效果如图 19.39 所示。

（2）窗体设计完成后，保存为 heat_window.ui 文件，然后将该文件转换为 heat_window.py 文件，转换完成后打开 heat_window.py 文件，将默认生成的 Ui_MainWindow 类修改为 Heat_MainWindow 类。

（3）打开 show_window.py 文件，导入热卖排行榜窗体文件中的 ui 类，代码如下：

```
from heat_window import Heat_MainWindow                      # 导入热卖排行榜窗体文件中的 ui 类
```

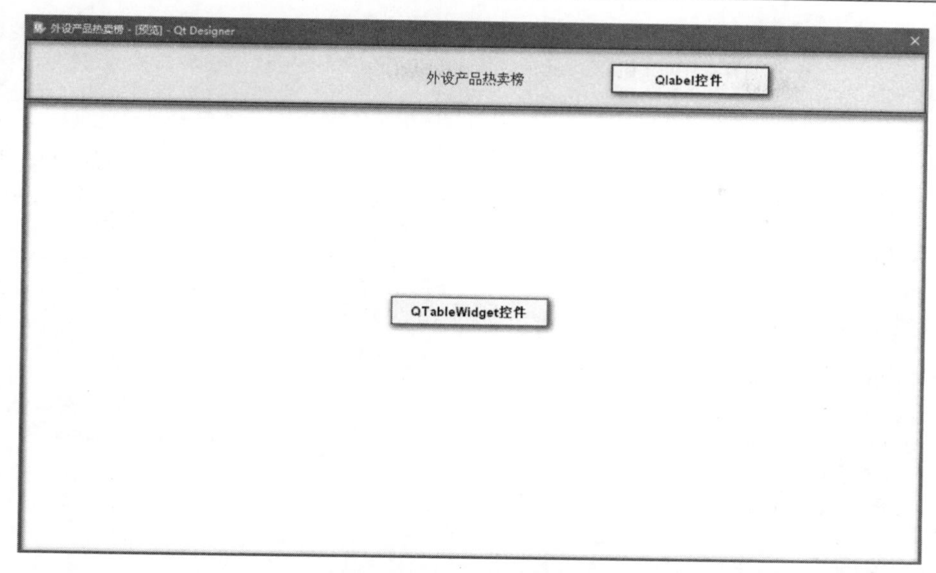

图 19.39　外设产品热卖榜窗体预览界面

（4）在 show_window.py 文件中，创建 Heat 类并在该类中通过__init__()方法初始化外设产品热卖榜表格中的排行信息。代码如下：

```
01  # 热卖榜窗体初始化类
02  class Heat(QMainWindow, Heat_MainWindow):
03      def __init__(self):
04          super(Heat, self).__init__()
05          self.setupUi(self)
06          # 开启自动填充背景
07          self.centralwidget.setAutoFillBackground(True)
08          palette = QtGui.QPalette()                                    # 调色板类
09          # 设置背景图片
10          palette.setBrush(QtGui.QPalette.Background,
11                           QtGui.QBrush(QtGui.QPixmap('img_resources/rankings_bg.png')))
12          self.centralwidget.setPalette(palette)                        # 为控件设置对应的调色板即可
13          # 获取热卖排行榜数据信息
14          row, column, results = mysql.query_rankings(cur, 'jd_ranking')
15          # 设置表格内容不可编辑
16          self.tableWidget.setEditTriggers(QtWidgets.QAbstractItemView.NoEditTriggers)
17          self.tableWidget.verticalHeader().setHidden(True)             # 隐藏行号
18          self.tableWidget.setRowCount(row)                             # 根据数据库内容设置表格行
19          self.tableWidget.setColumnCount(column)                       # 设置表格列
20          # 设置表格头部
21          self.tableWidget.setHorizontalHeaderLabels(['排名', '商品名称', '京东价', '京东 id','好评率'])
22          self.tableWidget.setStyleSheet("background-color:rgba(0,0,0,0)")# 设置背景透明
23          # 根据窗体大小拉伸表格
24          self.tableWidget.horizontalHeader().setSectionResizeMode(
25              QtWidgets.QHeaderView.ResizeToContents)
26          for i in range(row):
27              for j in range(column):
```

```
28                  temp_data = results[i][j]                        # 临时记录，不能直接插入表格
29                  data = QtWidgets.QTableWidgetItem(str(temp_data))  # 转换后可插入表格
30                  self.tableWidget.setItem(i, j, data)             # 设置表格显示的数据
```

（5）在 Heat 类中，创建 open()方法用于打开热卖榜窗体，然后创建 heat_itemDoubleClicked()方法，在该方法中实现双击热卖排行榜中某个商品，弹出确认关注窗口并进行关注功能。代码如下：

```
01  # 打开热卖榜窗体
02  def open(self):
03      self.show()
04
05  # 热卖榜窗体双击事件处理方法
06  def heat_itemDoubleClicked(self):
07      item = self.tableWidget.currentItem()                # 表格 item 对象
08      # 判断是否是商品名称的列
09      if item.column() == 1:
10          # 将商品名称显示在关注窗体的编辑框内
11          attention.lineEdit.setText(item.text())
12          global attention_info
13          # 查询需要关注商品的信息
14          attention_info = mysql.query_id_info(cur, item.row() + 1)
15          attention.open()                                 # 显示关注窗体
```

（6）在主程序入口中的指定取消关注窗体按钮事件代码的下面，创建热卖排行榜窗体对象然后指定热卖排行榜表格的双击事件处理方法，最后指定主窗体菜单打开热卖排行榜窗体的事件处理方法。代码如下：

```
01  # 热卖排行榜窗体对象
02  heat = Heat()
03  # 指定热卖榜表格的双击事件处理方法
04  heat.tableWidget.itemDoubleClicked.connect(heat.heat_itemDoubleClicked)
05  # 指定主窗体菜单打开热卖排行榜窗体的事件处理方法
06  main.action_heat.triggered.connect(heat.open)
```

（7）运行 show_window.py 文件，在主窗体左侧顶部的菜单选项中选择“外设产品热卖榜”选项，如图 19.40 所示。

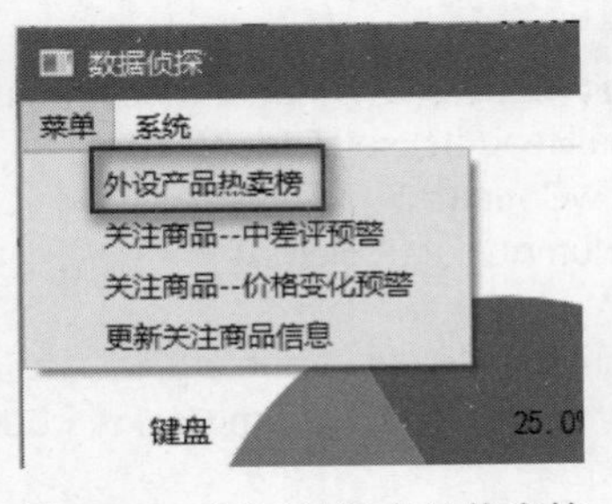

图 19.40　打开外设产品热卖榜

（8）打开外设产品热卖榜窗体后，双击需要关注的商品名称，将弹出确认关注的窗体，如图 19.41 所示。

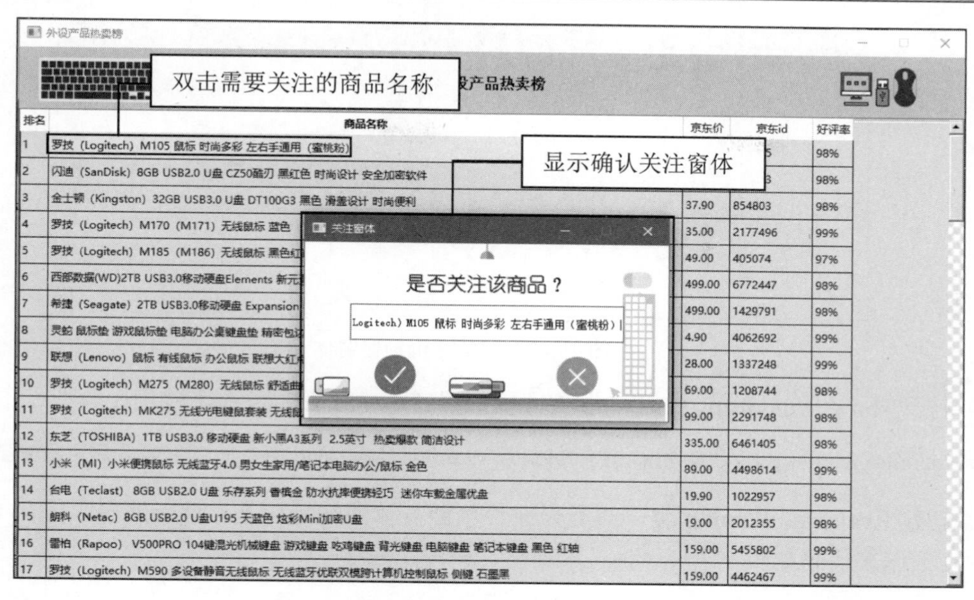

图 19.41　关联商品的关注功能

19.9　商　品　预　警

实现了外设产品热卖榜与关注功能后，接下来需要完成关注商品的预警功能。中、差评预警可以实时查看关注商品当前是否有了新的中、差评价信息，方便商家及时回复。价格预警信息可以方便商家了解商品当前的京东价格变化是“上涨”或者“下浮”。

19.9.1　关注商品中、差评预警

在实现关注商品中、差评预警功能时，首先需要创建一个中、差评预警窗体，在该窗体中以表格的形式显示当前已经关注的商品名称，并且在商品名称所对应的位置显示当前是否有新的中、差评价信息。实现的具体步骤如下。

（1）打开 Qt Designer 工具，首先将主窗体的最大尺寸与最小尺寸设置为 900*300，并在主窗体中移除默认添加的状态栏（status bar）与菜单栏（menu bar）。然后向窗体中拖入一个 QTableWidget 控件，设置表格为 3 列，并设置列名称与字体加粗。预览效果如图 19.42 所示。

说明

由于预警信息为动态加载，所以在设计窗体时并不需要设置表格的行属性。

（2）窗体设计完成后，保存为 evaluate_warning_window.ui 文件，然后将该文件转换为 evaluate_warning_window.py 文件，转换完成后打开 evaluate_warning_window.py 文件，将默认生成的 Ui_MainWindow 类修改为 Evaluate_Warning_MainWindow。

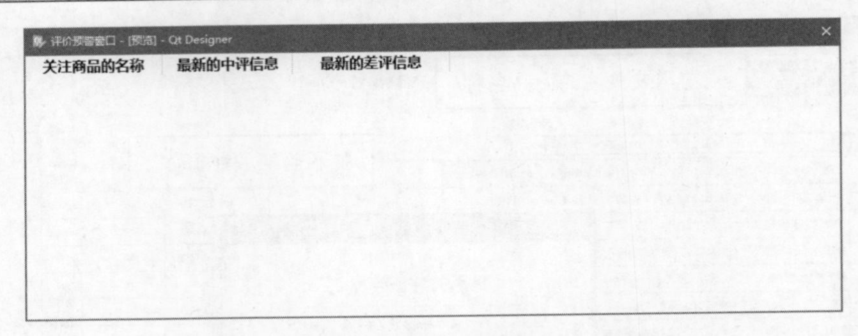

图 19.42　预览评价预警窗体

（3）打开 show_window.py 文件，导入评价预警窗体中的 ui 类。代码如下：

```
from evaluate_warning_window import Evaluate_Warning_MainWindow        # 导入评价预警窗体中的 ui 类
```

（4）创建 Evaluate_Warning 类，该类为评价预警窗体的初始化类，然后通过__init__()方法对该类进行初始化工作。代码如下：

```
01  # 评价预警窗体初始化类
02  class Evaluate_Warning(QMainWindow, Evaluate_Warning_MainWindow):
03      def __init__(self):                                                   # 初始化
04          super(Evaluate_Warning, self).__init__()
05          self.setupUi(self)
```

（5）在 Evaluate_Warning 类中，创建 open_warning()方法，用于打开评价预警窗体并显示预警内容。代码如下：

```
01  def open_warning(self):
02      # 开启自动填充背景
03      self.centralwidget.setAutoFillBackground(True)
04      palette = QtGui.QPalette()                                            # 调色板类
05      palette.setBrush(QtGui.QPalette.Background,
QtGui.QBrush(QtGui.QPixmap('img_resources/evaluate_warning_bg.png')))        # 设置背景图片
06      self.centralwidget.setPalette(palette)                                # 为控件设置对应的调色板即可
07      warning_list = []                                                     # 保存评价分析后的数据
08      # 查询关注商品的信息
09      row, column, results = mysql.query_evaluate_info(cur, 'attention')
10      # 设置表格内容不可编辑
11      self.tableWidget.setEditTriggers(QtWidgets.QAbstractItemView.NoEditTriggers)
12      self.tableWidget.verticalHeader().setHidden(True)                     # 隐藏行号
13      self.tableWidget.setRowCount(row)                                     # 根据数据库内容设置表格行
14      self.tableWidget.setColumnCount(column-4)                             # 设置表格列
15      # 分别设置列宽度
16      self.tableWidget.setColumnWidth(0,600)
17      self.tableWidget.setColumnWidth(1,140)
18      self.tableWidget.setColumnWidth(2,140)
19      self.tableWidget.setStyleSheet("background-color:rgba(0,0,0,0)")      # 设置背景透明
20
21      # 判断是否有关注商品的信息
22      if row != 0:
```

```
23              middle_time = ''
24              poor_time = ''
25              for i in range(len(results)):
26                  # 获取好评率与中评最新的时间
27                  new_middle_time = mycrawl.get_evaluation(2,results[i][3])
28                  # 获取差评最新的时间
29                  new_poor_time = mycrawl.get_evaluation(1,results[i][3])
30                  if results[i][5] == new_middle_time:
31                      middle_time = '无'
32                  else:
33                      middle_time = '有'
34                  if results[i][6] == new_poor_time:
35                      poor_time = '无'
36                  else:
37                      poor_time = '有'
38                  warning_list.append((results[i][1], middle_time, poor_time))
39              for i in range(len(results)):
40                  for j in range(3):
41                      temp_data = warning_list[i][j]                       # 临时记录，不能直接插入表格
42                      data = QtWidgets.QTableWidgetItem(str(temp_data))  # 转换后可插入表格
43                      data.setTextAlignment(QtCore.Qt.AlignCenter)
44                      evaluate.tableWidget.setItem(i, j, data)
45              self.show()                                                # 显示窗体
46          else:
47              messageDialog('警告！', '您并没有关注某件商品！')
```

（6）在主程序入口中，指定主窗体菜单打开热卖排行榜窗体的事件处理方法代码的下面，创建评价预警窗体对象，然后指定打开关注商品评价预警窗体的事件处理方法。代码如下：

```
01  # 评价预警窗体对象
02  evaluate = Evaluate_Warning()
03  # 指定打开关注商品评价预警窗体的事件处理方法
04  main.action_evaluate.triggered.connect(evaluate.open_warning)
```

（7）运行 show_window.py 文件，在主窗体左侧顶部的菜单选项中，单击“关注商品→中差评预警”选项，将显示如图 19.43 所示的评价预警窗体。

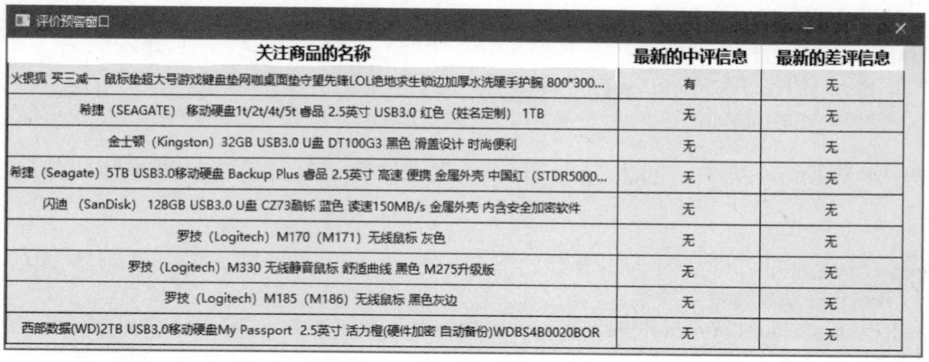

评价预警窗口

关注商品的名称	最新的中评信息	最新的差评信息
火银狐 买三减一 鼠标垫超大号游戏键盘垫网咖桌面垫守望先锋LOL绝地求生锁边加厚水洗暖手护腕 800*300...	有	无
希捷（SEAGATE） 移动硬盘1t/2t/4t/5t 睿品 2.5英寸 USB3.0 红色（姓名定制） 1TB	无	无
金士顿（Kingston）32GB USB3.0 U盘 DT100G3 黑色 滑盖设计 时尚便利	无	无
希捷（Seagate）5TB USB3.0移动硬盘 Backup Plus 睿品 2.5英寸 高速 便携 金属外壳 中国红（STDR5000...	无	无
闪迪 （SanDisk） 128GB USB3.0 U盘 CZ73酷铄 蓝色 读速150MB/s 金属外壳 内含安全加密软件	无	无
罗技（Logitech）M170（M171）无线鼠标 灰色	无	无
罗技（Logitech）M330 无线静音鼠标 舒适曲线 黑色 M275升级版	无	无
罗技（Logitech）M185（M186）无线鼠标 黑色灰边	无	无
西部数据(WD)2TB USB3.0移动硬盘My Passport 2.5英寸 活力橙(硬件加密 自动备份)WDBS4B0020BOR	无	无

图 19.43　显示评价预警窗体

19.9.2 关注商品价格变化预警

实现关注商品价格变化预警与实现关注商品中、差评预警几乎相同，也需要创建一个预警窗体，然后以表格的形式显示京东价格的预警信息，只是在信息处理上需要进行价格的比较，然后判断价格是“上涨”还是“下降”。实现的具体步骤如下。

（1）在 Qt Designer 工具中，首先将主窗体的最大尺寸与最小尺寸设置为 760*300，并在主窗体中移除默认添加的状态栏（status bar）与菜单栏（menu bar）。然后向窗体中拖入一个 QTableWidget 控件，设置表格为 2 列，并设置列名称与字体加粗。预览效果如图 19.44 所示。

图 19.44　预览价格变化预警窗体

（2）窗体设计完成后，保存为 price_warning_window.ui 文件，然后将该文件转换为 price_warning_window.py 文件，转换完成后打开 price_warning_window.py 文件，将默认生成的 Ui_MainWindow 类修改为 Price_Warning_MainWindow。

（3）打开 show_window.py 文件，首先导入价格预警窗体中的 ui 类，然后导入网络请求模块 requests。代码如下：

```
01  from price_warning_window import Price_Warning_MainWindow          # 导入价格预警窗体中的 ui 类
02  import requests                                                    # 网络请求模块
```

（4）创建 Price_Warning 类，该类为价格预警窗体的初始化类，然后通过__init__()方法对该类进行初始化工作。代码如下：

```
01  # 价格预警窗体初始化类
02  class Price_Warning(QMainWindow, Price_Warning_MainWindow):
03      def __init__(self):                                            # 初始化
04          super(Price_Warning, self).__init__()
05          self.setupUi(self)
```

（5）在 Price_Warning 类中，创建 open_price ()方法，用于打开价格预警窗体，并显示价格变化内容。代码如下：

```
01  def open_price(self):
02      # 开启自动填充背景
03      self.centralwidget.setAutoFillBackground(True)
04      palette = QtGui.QPalette()                                     # 调色板类
05      # 设置背景图片
```

```
06        palette.setBrush(QtGui.QPalette.Background,
07                         QtGui.QBrush(QtGui.QPixmap('img_resources/price_warning_bg.png')))
08        self.centralwidget.setPalette(palette)                          # 为控件设置对应的调色板即可
09        price_list = []                                                 # 保存价格分析后的数据
10        # 查询关注商品的信息
11        row, column, results = mysql.query_evaluate_info(cur, 'attention')
12        # 设置表格内容不可编辑
13        self.tableWidget.setEditTriggers(QtWidgets.QAbstractItemView.NoEditTriggers)
14        self.tableWidget.verticalHeader().setHidden(True)               # 隐藏行号
15        self.tableWidget.setRowCount(row)                               # 根据数据库内容设置表格行
16        self.tableWidget.setColumnCount(column - 5)                     # 设置表格列
17        # 分别设置列宽度
18        self.tableWidget.setColumnWidth(0, 600)
19        self.tableWidget.setColumnWidth(1, 140)
20        self.tableWidget.setStyleSheet("background-color:rgba(0,0,0,0)")  # 设置背景透明
21        # 判断是否有关注的商品信息
22        if row != 0:
23            jd_id_str = ''
24            for i in range(len(results)):
25                jd_id = 'J_' + results[i][3] + ','
26                jd_id_str = jd_id_str + jd_id
27            price_url = 'http://p.3.cn/prices/mgets?type=1&skuIds={id_str}'
28            response = requests.get(price_url.format(id_str=jd_id_str))   # 获取关注商品的价格
29            price_json = response.json()                       # 获取价格 json 数据，该数据为 list 类型
30            change = ''
31            for index, item in enumerate(price_json):
32                # 京东价格
33                new_jd_price = item['p']
34                if float(results[index][2]) < float(new_jd_price):
35                    change = '上涨'
36                if float(results[index][2]) == float(new_jd_price):
37                    change = '无'
38                if float(results[index][2]) > float(new_jd_price):
39                    change = '下浮'
40                price_list.append((results[index][1], change))
41            for i in range(len(results)):
42                for j in range(2):
43                    temp_data = price_list[i][j]                        # 临时记录，不能直接插入表格
44                    data = QtWidgets.QTableWidgetItem(str(temp_data))   # 转换后可插入表格
45                    data.setTextAlignment(QtCore.Qt.AlignCenter)
46                    price.tableWidget.setItem(i, j, data)
47            self.show()
48        else:
49            messageDialog('警告！', '您并没有关注某件商品！')
```

（6）在主程序入口中，在指定打开关注商品评价预警窗体的事件处理方法代码的下面，创建价格预警窗体对象，然后指定打开关注商品价格预警窗体的事件处理方法。代码如下：

```
01  # 价格预警窗体对象
02  price = Price_Warning()
03  # 指定打开关注商品价格预警窗体的事件处理方法
```

```
04    main.action_price.triggered.connect(price.open_price)
```

（7）运行 show_window.py 文件，在主窗体左侧顶部的菜单选项中，单击“关注商品→价格变化预警”选项，将显示如图 19.45 所示的价格预警窗体。

价格预警窗口

关注商品的名称	最新的价格信息
火银狐 买三减一 鼠标垫超大号游戏键盘垫网咖桌面垫守望先锋LOL绝地求生锁边加厚水洗暖手护腕 800*300...	上涨
希捷（SEAGATE） 移动硬盘1t/2t/4t/5t 睿品 2.5英寸 USB3.0 红色（姓名定制） 1TB	下浮
金士顿（Kingston）32GB USB3.0 U盘 DT100G3 黑色 滑盖设计 时尚便利	无
希捷（Seagate）5TB USB3.0移动硬盘 Backup Plus 睿品 2.5英寸 高速 便携 金属外壳 中国红（STDR5000...	无
闪迪 （SanDisk） 128GB USB3.0 U盘 CZ73酷铄 蓝色 读速150MB/s 金属外壳 内含安全加密软件	上涨
罗技（Logitech）M170（M171）无线鼠标 灰色	无
罗技（Logitech）M330 无线静音鼠标 舒适曲线 黑色 M275升级版	上涨
罗技（Logitech）M185（M186）无线鼠标 黑色灰边	无
西部数据(WD)2TB USB3.0移动硬盘My Passport 2.5英寸 活力橙(硬件加密 自动备份)WDBS4B0020BOR	无

图 19.45　显示价格变化预警窗体

19.9.3　更新关注商品信息

如果关注商品的信息过于老旧的话，预警窗体中的所有关注商品将都出现预警提示，那么商家将无法判断关注的这些商品是否真的出现了新的评价信息或者价格上的变化。所以需要根据商家的需求不定期的更新关注商品信息，这样才可以保证营销预警的作用。实现该功能的具体步骤如下。

（1）打开 show_window.py 文件，在 Main 类中创建 up()方法，该方法是更新预警信息按钮的单击事件处理方法。在该方法中首先需要让用户看到一个提示对话框，提示用户关注信息更新后将以新的信息进行对比并预警，如果用户同意，则单击提示对话框的确认按钮后再进行更新。代码如下：

```
01  def up(self):
02      warningDialog = QtWidgets.QMessageBox.warning(self,
03                                    '警告', '关注商品的预警信息更新后，将以新的信息进行对比并预警！',
04                                              QtWidgets.QMessageBox.Yes | QtWidgets.QMessageBox.No)
05      if warningDialog == QtWidgets.QMessageBox.Yes:
06          # 查询已经关注的商品信息
07          row, column, results = mysql.query_evaluate_info(cur,'attention')
08          if row !=0:
09              jd_id_str = ''
10              for i in range(len(results)):
11                  jd_id = 'J_' + results[i][3] + ','
12                  jd_id_str = jd_id_str + jd_id
13              price_url = 'http://p.3.cn/prices/mgets?type=1&skuIds={id_str}'
14              # 获取关注商品的价格
15              response = requests.get(price_url.format(id_str=jd_id_str))
16             price_json = response.json()                    # 获取价格 json 数据，该数据为 list 类型
17              for index, item in enumerate(results):
18                  # 获取中评最新的时间，由于返回的关注商品信息中包含行与列信息所有进行 i+2
19                 middle_time = mycrawl.get_evaluation(2, item[3])
20                  # 获取差评最新的时间
21                  poor_time = mycrawl.get_evaluation(1, item[3])
```

```
22                    price = price_json[index]['p']
23                    up = "middle_time='{mi_time}',poor_time='{p_time}',
24  jd_price='{price}'".format(
25                        mi_time=middle_time,
26                        p_time=poor_time, price=price)
27                    # 更新关注商品的预警信息
28                    mysql.update_attention(cur, 'attention', up, results[index][0])
29                messageDialog('提示！','已更新预警信息！')
30            else:
31                messageDialog('警告！','您并没有关注某件商品！')
```

（2）在主程序入口中，在指定打开关注商品价格预警窗体的事件处理方法代码的下面，指定打开更新关注商品信息的对话框。代码如下：

```
01  # 指定打开更新关注商品信息的对话框
02  main.action_up.triggered.connect(main.up)
```

（3）运行 show_window.py 文件，在主窗体左侧顶部的菜单选项中单击“更新关注商品信息”选项，将显示如图 19.46 所示的提示对话框。然后单击 Yes 按钮，等数秒后将显示如图 19.47 所示的已更新预警信息的提示对话框。

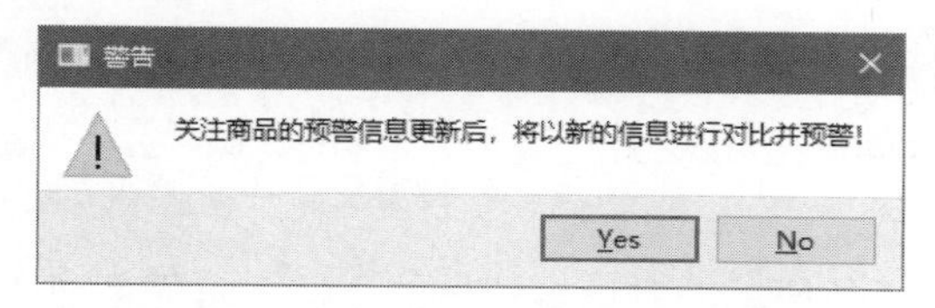

图 19.46　更新关注商品信息的提示对话框

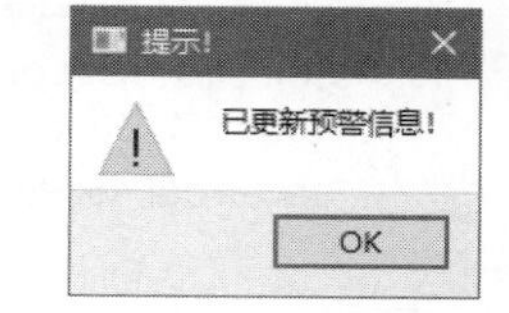

图 19.47　已更新预警信息提示框

（4）关注商品的预警信息更新完成后，再次打开价格变化预警窗体时，将没有任何预警信息，如图 19.48 所示。

价格预警窗口

关注商品的名称	最新的价格信息
火银狐 买三减一 鼠标垫超大号游戏键盘垫网咖桌面垫守望先锋LOL绝地求生锁边加厚水洗暖手护腕 800*300...	无
希捷（SEAGATE） 移动硬盘1t/2t/4t/5t 睿品 2.5英寸 USB3.0 红色（姓名定制） 1TB	无
金士顿（Kingston）32GB USB3.0 U盘 DT100G3 黑色 滑盖设计 时尚便利	无
希捷（Seagate）5TB USB3.0移动硬盘 Backup Plus 睿品 2.5英寸 高速 便携 金属外壳 中国红（STDR5000...	无
闪迪（SanDisk） 128GB USB3.0 U盘 CZ73酷铄 蓝色 读速150MB/s 金属外壳 内含安全加密软件	无
罗技（Logitech）M170（M171）无线鼠标 灰色	无
罗技（Logitech）M330 无线静音鼠标 舒适曲线 黑色 M275升级版	无
罗技（Logitech）M185（M186）无线鼠标 黑色灰边	无
西部数据(WD)2TB USB3.0移动硬盘My Passport 2.5英寸 活力橙(硬件加密 自动备份)WDBS4B0020BOR	无

图 19.48　再次打开关注商品价格变化预警窗体

19.10　系统功能

完成了以上的关键功能后，接下来需要完成顶部菜单栏中的系统功能。在系统功能中主要包含“关

于”和“退出”功能，其中“关于”窗体主要显示一些介绍该程序的用途以及版本号信息，然后还需要显示一些联系方式以及开发者的公司。而“退出”功能就是先关闭数据库的连接，然后直接关闭应用程序。实现的具体步骤如下。

（1）打开 Qt Designer 工具，首先将主窗体的最大尺寸与最小尺寸设置为 800*400，并在主窗体中移除默认添加的状态栏（status bar）与菜单栏（menu bar）。然后向窗体中拖入一个 QLabel 控件，用于显示“关于”窗体中的信息。

（2）窗体设计完成后，保存为 about_window.ui 文件，然后将该文件转换为 about_window.py 文件，转换完成后打开该文件，将默认生成的 Ui_MainWindow 类修改为 About_MainWindow。

（3）打开 show_window.py 文件，导入关于窗体 ui 类。代码如下：

```
from about_window import About_MainWindow                    # 导入关于窗体 ui 类
```

（4）创建 About_Window 类，该类为“关于”窗体的初始化类。然后通过__init__()方法对该类进行初始化工作。代码如下：

```
01  # 关于窗体初始化类
02  class About_Window(QMainWindow, About_MainWindow):
03      def __init__(self):
04          super(About_Window, self).__init__()
05          self.setupUi(self)
06          img = QtGui.QPixmap('img_resources/about_bg.png')    # 打开顶部位图
07          self.label.setPixmap(img)                            # 设置位图
```

（5）在主程序入口中，在指定打开更新关注商品信息的对话框代码的下面，首先创建“关于”窗体对象，然后指定关于事件的处理方法。代码如下：

```
01  # 关于窗体对象
02  about = About_Window()
03  # 指定关于事件处理方法
04  main.action_about.triggered.connect(about.show)
```

（6）运行 show_window.py 文件，在主窗体左侧顶部的系统选项中单击“关于”选项，将显示如图 19.49 所示的提示对话框。

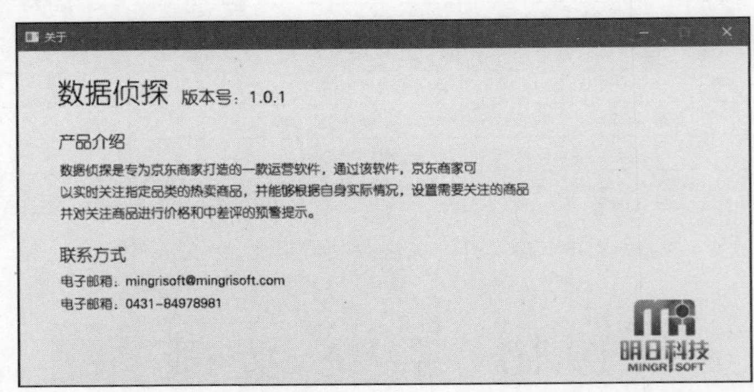

图 19.49　显示关于窗体

（7）关于功能完成后，接下来需要实现退出功能。首先在 Main 类中创建 close_main()方法，用于

实现关闭数据库连接并关闭应用主窗体。代码如下：

```
01  def close_main(self):
02      mysql.close_sql()                                    # 关掉数据库连接
03      self.close()                                         # 关掉窗体
```

（8）在主程序入口中，在指定关于事件处理方法代码的下面，指定退出事件的处理方法。代码如下：

```
01  # 指定退出事件的处理方法
02  main.action_out.triggered.connect(main.close_main)
```

（9）运行 show_window.py 文件，在主窗体左侧顶部的系统选项中，单击“退出”选项，此时将关闭数据侦探应用程序。

19.11　小　　结

本章主要介绍了数据侦探应用中每个模块的开发过程、项目的运行以及配置。通过对本章的学习，读者可以熟悉爬虫项目的开发流程，并重点掌握如何通过可视化窗口实现爬虫程序，然后将爬取的数据以可视化图表的形式进行展示，以及简单的数据分析。